LOCUS

L O C U S

LOCUS

LOCUS

from

vision

from 47　我們的新世界

The Age of Turbulence

作者： Alan Greenspan

譯者：林茂昌

責任編輯：湯皓全

美術編輯：何萍萍

法律顧問：全理法律事務所董安丹律師

出版者：大塊文化出版股份有限公司

台北市 105 南京東路四段 25 號 11 樓

www.locuspublishing.com

讀者服務專線： 0800-006689

TEL ：(02) 87123898　FAX ：(02) 87123897

郵撥帳號： 18955675　戶名：大塊文化出版股份有限公司

總經銷：大和書報圖書股份有限公司　地址：台北縣五股工業區五工五路 2 號

TEL ：(02) 89902588 (代表號)　FAX ：(02)22901658

排版：天翼電腦排版印刷有限公司　製版：源耕印刷事業有限公司

初版一刷： 2007 年 9 月

二版一刷： 2007 年 9 月

二版 4 刷：2007 年10月

定價：新台幣 450 元

Printed in Taiwan

The Age of Turbulence
我們的新世界

Alan Greenspan 著
林茂昌 譯

目次

獻給我心愛的安蕊亞（Andrea）

亞洲版序言

當我於二〇〇七年六月一個溫暖的日子裡抵達東京時，陽光從陰霾中射出。此行，是來和銀行家、保險公司執行長，及金融家交換看法，他們有許多人和我已經相識多年。在緊接著的會議中，他們對於日本人口快速老化，以及和一九七〇年代及一九八〇年代那段光輝日子比起來遲緩的成長，感到憂心忡忡——而東亞其他部分，在中國帶領之下，已經經歷了史上最非凡的經濟榮景，這點，更令他們憂慮不已。

我同意日本所面臨的挑戰非同小可。然而，我的看法和主人有些許的不同，沒有那麼悲觀。毫無疑問，巨大的變化正在進行。日本和其餘的已開發世界，正處於一個過程中，那就是把長期掌控的經濟領導地位，明顯地讓給了高度成長的東亞經濟體，尤其是中國、韓國、香港、臺灣、馬來西亞，和泰國。在二〇〇〇年到二〇〇六年之間，這些經濟體大幅增加其國內生產毛額（GDP）佔世界之比重，而世界銀行推估，這項比重到二〇三〇年還會進一步上升。

就在最近的一九九七年，這個區域裡還有許多經濟體捲入嚴重的金融危機，需要龐大的國際援助。這些經濟體如何有辦法在不到十年之間，將自己從困頓的借款人，轉變成名列前茅的一尾活龍？揚棄固定匯率體制是決定性的第一步，這種固定匯率，把他們的經濟和美元綁在一起，引發幾乎令他們疲於奔命的金融操作。這些不當操作就是所謂的利差交易，在釘住匯率制度之下，從已開發國家借錢，沒有避險，而將這筆錢轉貸給當時利率較高的國內。這種操作賺了一陣子，但最後導致整個東亞到俄羅斯都發生連鎖違約事件，甚至對美國造成威脅。

我稍後會在本書探討這個危機，包括為什麼尚未充分參與國際金融的中國，能夠在此次災難中毫髮未傷全身而退的問題。今天，中國及東亞新近工業化經濟體所展現出來的實質GDP年成長率介於百分之四到百分之十之間，遠超過日本和西方已開發經濟體。通貨膨脹率為個位數，長期利率也是一樣。

在日本發展出來的外銷成長模式，為後來的「亞洲虎」，以及更後來的中國所擁抱，這個模式是如何推動亞洲達到徹底超乎預期的繁榮，是本書的一個主題。今天，光是日本和中國的儲蓄加起來，就佔了全世界的四分之一，那是全球投資的資金來源。東亞新近工業化的經濟體則再貢獻出另外的百分之五。我把冷戰結束看成近代史上最重要的經濟事件，因為這個事件把龐大、受過教育而低薪的勞動力釋放出來，參與競爭的世界市場，他們不只來自東歐，還有不少來自當時所謂的第三世界，尤其是中國。中共的微妙變化，在柏林圍牆倒塌之後，加速邁向資本主義，顯示中央計劃經濟是失敗而不可行的經濟制度。

中國的外人直接投資，受到財產權保護提高之激勵，從一九九一年的四十億美元增加到二〇〇六年的一年七百多億美元。這些資本輸入所帶來的先進科技驅動中國成長，再加上出口爆炸性增加之支持，其成長率為二位數。日本和其他東亞國家有許多出口作業因而重新調整——在送到已開發市場，尤其是美國市場之前，先行運到中國作低成本的最後製造。

雖然東亞經濟體這種經濟成長爆炸乃是全球經濟活動的一大利多，我們卻不能期望這種成長能夠無限地持續下去。首先，借自日本和西方的科技，已經讓東亞的生產力上升到遠超過已開發世界的水準，這些已開發國家雖擁有先進的科技，卻只能靠創新按部就班地成長。當前東亞生產力的成長水準介於百分之三・五到九之間，終將滑落到低於百分之三的水準，我將在後面的章節中把這個數字定爲人類知識進步所能產生的最大成長率。然而，這或許是好幾年以後的事了。

值此過渡期，東亞正快速成長。即使是目前佔東亞GDP最大比重的日本，也已經開始擺脫自一九九〇年股市房市崩盤以來長達十五年的停滯。在人口快速老化的衝擊下，日本開始走出其幾乎與世隔絕的金融環境，這種金融隔絕，於二〇〇三年達到高峰，大多數日本人覺得把他們豐沛的儲蓄投資在以日幣計價的資產上，幾乎就是一種愛國義務。這種自我要求，不願投資海外的心理，導致大量的儲蓄，尤其是來自家庭、保險公司，和退休基金的儲蓄，以直接或間接透過日本龐大的郵政儲金系統，投資於日本政府公債。日幣氾濫導致十年期日本政府公債的殖利率下降到百分之〇・五，和當時美國十年期國庫券百分之三・六的殖利率相較，低得令人難以理解。只有百分之三的日本政府公債爲外人所持有（而且大部分是國際債券型基金所作的必要分散），而美國國庫券則有三分之一以上爲外人所持有。長期利率讓日本央行能夠把短期利率維持在接近零的水準。

以日幣計價的利率受到壓抑，而和其他國家利率之間的差距，則造成了另一種利差交易。日本人並不是把資本投注在殖利率較高的海外，而是間接以低利率把日幣借給外國人，讓他們能夠作爲週轉或是投資到高獲利的資產上，通常是信用風險極低的有價證券。其利差大到足以吸收匯率變動的風險。其實，這是日本人在補貼外國投資人。但自二〇〇三年以後，這種情況已經變了。日本投資人顯然已經對低報酬率感到厭煩，開始向海外尋找投資機會。其效果就是去除了日本許多的「本國偏誤」。日本投資人所作的淨國際收購（net foreign acquisitions）從二〇〇三年第一季的三・四兆日元上升到二〇〇七年第一季的六・七兆日元。自二〇〇三年以來，由於郵政儲金系統的存款縮減了幾乎百分之二十，日本政府公債有三分之一以上的發行必須向海外募集。由於國內需求退出，再加上必須吸引外國需求，十年期日本政府公債的利率被迫升到百分之二——還很低，但已上升不少。日本家庭對以海外資產爲主的信託基金之購買已經暴增。

當日本投資人對全球化變得更爲積極時，日本的銀行也重振其國際聲威。由於房地產價格於二〇〇六年穩定下來，日本銀行在多年的禁止和壓抑後，又回到了正常的放款業務。簡言之，當通貨緊縮退卻，成長率回升時，日本漸漸地又回到了「正常」經濟俱樂部。

毫無疑問，正如我後面的探討，在人口和勞動力衰退之下，日本要面對令人沮喪的未來。除非出生率意外上升，或是一場文化衝突把日本打開，引進大量移民，導致大勢逆轉，否則，該國的國際威望很可能會隨著其GDP佔全球和東亞的比重不斷下滑而漸漸褪去。然而，日本還是會和以前一樣，在科技和金融上繼續作爲一個富有而令人敬畏的世界力量。而二十一世紀應該對所有的東亞經濟體都很有利，因爲中國、韓國、新加坡、臺灣，和其他的新星，都將追求自己應有的繁榮和成長。

引言

二〇〇一年九月十一日下午，我從瑞士開完一場國際銀行家的例行會議，搭乘瑞士航空一二八班次飛機飛回華盛頓。我在機艙裡走動時，海外行程安全特遣隊的警衛長巴伯・艾格紐（Bob Agnew）在走道上把我攔住。巴伯是名退役的特務人員，友善但話不多。當時，他看起來很嚴肅。「主席先生，」他悄悄說道：「機長要當面向您報告。有二架飛機撞進了世貿中心（World Trade Center）。」我當時的表情看起來一定很滑稽，因爲他又補上一句：「我不是在開玩笑。」

到了駕駛艙，機長顯得相當緊張。他說我們國家已經遭到恐怖攻擊——有幾架飛機被挾持了，其中二架飛進世貿中心，一架飛進五角大廈。另一架則失蹤了。那就是他所有的情報，他用淡淡的英國腔說道。我們要飛回蘇黎世，而且，他不會向其他乘客說明理由。

「我們一定要回頭嗎？」我問道：「可不可以在加拿大降落？」他說不行，他下令飛回蘇黎世。

我走回座位時，機長宣布，航管已經指示我們飛回蘇黎世。座位上的電話立即變成忙線中，因此無法和地面聯絡。那個週末，和我一起到瑞士出差的聯準會同事都已經在其他飛機上了。因此無法瞭解事件的發展狀況，既然無事可做，也只好想想如何打發接下來的三個半小時。我看著窗外，也看看帶來的公事，幾疊放在公事包裡已經忘了的公文和經濟報告。這次攻擊是否只是開始，背後還有更大的陰謀？

當下我最關心的是我太太——安蕊亞（Andrea），她是NBC國外事務部駐華府主管。她不在紐約，這讓我鬆了一口氣，而且，她那天的行程也不是拜訪五角大廈。我想她應該在市中心的NBC辦公室裡，忙著處理這則新聞。因此，我告訴我自己，不要擔心……但，如果她在最後一分鐘去五角大廈拜訪某位將軍怎麼辦？

我擔心聯準會裡的同事。他們安全嗎？還有，他們的家人呢？員工應該會倉皇地應付這個危機。這次攻擊——珍珠港事件以來首次對美國本土的攻擊——會讓整個國家處於動盪不安的狀態。我必須關注的問題是，經濟會不會受創。

顯然，有可能會發生經濟危機。我認爲最壞的狀況，也就是金融體系瓦解，非常不可能發生。聯準會所負責的電子支付系統每天要處理全國各地，以及全世界許多國家各銀行間高達四兆美元的貨幣和證券匯撥作業。

我們總是認爲，如果你想讓美國經濟跛腳，你就把支付系統拿掉。銀行將被迫退回到沒有效率的實體貨幣匯款方式。企業界也只好仰賴以物易物和借條；全國的經濟活動水準可能會像石頭般一落千丈。

冷戰期間，爲了預防核子攻擊，聯準會就已經爲貨幣系統所依賴的通訊和資訊設備增設了大量備援。我們擁有所有的安全措施，因此，比如說，一家聯邦準備銀行的資料，在幾百英哩之外的另一家聯邦準備銀行，或是在某個遙遠的地方存有備份。遇到核子攻擊事件時，我們就可以非常迅速地在所有非核子汙染區啓動備援，繼續作業。聯準會副主席羅傑．弗格森（Roger Ferguson）在今天這種狀況下，應該會動員這個系統。我相信他和我們的同事會採取必要措施以維護全球美元系統繼續作業。

但是我再想深一點，我懷疑劫機者所要的並不只是金融系統的實體破壞而已。很可能，其目的是對美國資本主義，採取暴力上的象徵性行動——就像八年前世貿中心停車場裡的炸彈一樣。我所擔心的是這種攻擊所引發的恐懼——特別是後續還有更多的攻擊發生。像我們這麼複雜的經濟，人們必須經常保持互動並交換物資和勞務，而且分工非常細膩，以致於家庭必須靠商業才能生存。如果人們退出日常經濟生活——如果投資人砍股票、或是商人從交易中退卻下來、或是市民因爲害怕到大賣場會碰到自殺炸彈客而不敢出門——就會形成雪球效應。這種心理會導致恐慌和衰退。像我們目前所遭遇到的這種震撼，是會造成大眾從經濟活動中退卻，而導致經濟活動大幅凋敝。慘況可能倍增。

離飛機著陸還早，但我已得出結論，世界已經變得讓我難以定義了。我們美國人在冷戰之後數十年間所追求的自滿，就這麼粉碎了。

我們終於在當地時間八點半之後抵達蘇黎世——美國則是剛過中午不久。瑞士銀行官員在我下飛機時來接我，促我趕緊進到入境大廳裡的專用房間。他們問我們要不要看世貿雙子星大樓倒塌和五角大廈著火的錄影帶，但我謝絕了。我這輩子有很長的一段時間都在世貿大樓附近上班，那裡有我的朋友和我所認識的人。我想，死傷人數必定很可怕，其中應該包括我所認識的人。我不想看破壞的畫面。我只要一具打得通的電話。

我終於在八點五十幾分接上了安蕊亞的手機，聽到她的聲音，我終於眞正的安心了。我們互道平安之後，她說她很忙——她正在攝影棚現場，即將現場播出當天的最新新聞。我說：「趕快簡短告訴我那邊的情形。」

她一隻耳朵聽著我的手機，另一隻耳朵則用耳機聽紐約特殊事件製作人的電話，對方幾乎是用吼的：「安蕊亞，湯姆・布洛考（Tom Brokaw）要把現場交給你！你準備好了嗎？」她的時間只夠說：「仔細聽。」就這樣，她把手機開著，放在膝上，兀自面對鏡頭去了。我聽到了當時全美國所聽到的消息——失蹤的聯合航空九十三班機已經在賓州墜毀。

後來，我和身在聯準會的羅傑・弗格森通上電話。我們逐項討論我們的危機管理檢查表——誠如我所料，他一切都掌控得非常好。後來，飛往美國的民航機全部停飛，我聯絡白宮幕僚長安迪・卡德（Andy Card），請求交通支援，送我回華府。最後，我在安全特遣隊的保護下回旅館睡覺，等候指示。

天亮之前，我又飛了，在美國空軍KC—10加油機的機艙上——這可能是僅有的一架飛機。機組人員經常在北大西洋上執行空中加油任務。駕駛艙裡的氣氛很沉。「你絕不會相信，」機長說道：「聽聽看。」我把耳朵湊近耳機，但除了靜電聲，什麼都沒聽到。「通常，北大西洋上充滿了無線電聊天。」他解釋道：「這麼安靜有點詭異。」那裡顯然是空無一人。

當我們飛到東岸進入美國領空禁區時，幾架F16戰鬥機飛過來幫我們護航。機長得到允許飛過曼哈頓南端，那裡曾經是世貿雙子星大樓所在地，如今已是一片冒煙的廢墟。幾十年來，我的辦公室和那裡相隔不到幾條馬路，從一九六〇年代末期到一九七〇年代初期，我看著世貿雙子星大樓一天天地升起來。如今，從三萬五千英呎高空上看過去，其煙塵瀰漫的殘骸竟成爲紐約最搶眼的地標。

那天下午，我在警方車隊護送之下穿越路障，直奔聯準會。然後我們馬上開始工作。大致上，資金的電子交易作業還不錯。但由於民航交通中斷，老式的票據運送和交換就延遲了。那是技術上的問題——一個實務上的問題，但這個問題，個別聯邦準備銀行和職員完全可以用暫時展延商業銀行信用的方式解決。

接下來幾天，我大多數時間都花在觀察和傾聽災變所產生的經濟衰退徵兆上。在九一一之前的七個月期間，經濟稍微有點衰退，仍處於逐漸擺脫二〇〇〇年網路達康（dotcom）崩盤的效應中。但情況已經開始好轉。我們當時很快地調降利率，市場也開始穩定下來。到了八月底，大眾的興趣已經從經濟轉移到蓋瑞・康迪特（Gary Condit）這位加州眾議員身上，有關一名失蹤女子的問題，他說詞反覆，佔據了夜間新聞。安蕊亞沒有任何具世界意義的東西可以播報，我記得當時我還認爲那眞是太不可思議了——如果電視新聞把焦點放在國內醜聞上，這個世界應該還好吧。在聯準會裡，我們所面臨的最大問題是，我們還要一直調降利率到什麼程度。

九一一之後，來自聯邦準備銀行的報告和統計資料則顯示出完全不同的狀況。聯邦準備體制（Federal Reserve System）包括十二家策略上配置於全國各地的銀行。每一家聯邦準備銀行會貸款給其轄區內的銀行，並加以管理。聯邦準備銀行還充當美國經濟的窗口——其官員和職員經常和轄區內的銀行家及商界人士保持聯繫，並且每月正式出版他們點點滴滴所收集之訂單和銷售脈動資料。

現在，他們告訴我們，全國百姓除了採購預防下次攻擊所準備的商品之外，已經停止消費——食品雜貨、安全器材、瓶裝水，和保險的銷售增加。而整個旅遊、娛樂、旅館、觀光和展覽業則往下掉。我們知道暫停空運會讓新鮮蔬果從西岸運到東岸的作業瓦解，但我們很訝異，許多產業竟這麼快就遭受打擊。例如，汽車零件從安大略的溫莎（Windsor）跨越連接二市的河流，運到底特律廠時，慢得像在爬似的——這個因素造成福特汽車暫時關閉五座工廠。幾年前，許多製造廠已經轉換成「即時」（just-in-time）生產，他們的廠房裡沒有堆積如山的零組件和原物料，當他們需要關鍵零組件時，就必須仰賴空運。關掉空運和加強邊界管制會導致缺料、瓶頸，和停工。

同時，美國政府則全力衝刺。九月十四日星期五，國會首次通過動用四百億美元的緊急預備金，授權總統以武力對抗攻擊我們的「國家、組織，或人員」。布希總統以他在總統任職期間最有效的演講，把國家團結起來：「美國成爲攻擊目標，因爲我們是全世界自由與機會最耀眼的一塊肥肉。」他說：「我們不允許任何人掩蓋這道光芒。」他的支持率上升到百分之八十六，而政客，至少在短期間裡，則都成了跨黨派人物。國會山莊裡充滿了各種協助美國復甦的構想。有些計劃打算對航空、觀光，和娛樂等產業挹注資金。有許多建議，希望對企業延長稅賦減免以鼓勵資本投資。還有很多人討論恐怖主義保險——你要如何對這種災變投保？而且，如果可以的話，政府的角色又是什麼？

我認爲要趕快讓商用飛機再飛起來，以防止漣漪效應。（國會很快就通過了一百五十億美元的航空運輸紓困案。）除此之外，我對那些討論並不在意，因爲我要掌握的是整個大局——但我尚未看清楚。我深信，答案絕不在龐大、倉促而昂貴的動作之中。通常，在國家遭遇緊急危難時，每個國會議員都覺得他必須推動一個法案；總統也感受到必須採取行動的壓力。在這種情況下，你可能會變得非常短視而無效率，還經常作出有害的政策，就像尼克森總統在一九七三年第一次OPEC石油危機期間所推出的汽油配給政策。（這個政策造成當年秋季美國許多地方出現民眾大排長龍購買汽油的現象。）但是就我擔任聯準會主席十四年來的經驗，我看到經濟從許多次的危機中復甦——包括有史以來股票市場最大的單日崩盤，就發生在我上任五星期後。我們已經從一九八〇年代的房地產暴漲暴跌、儲貸銀行危機，和亞洲金融風暴中活過來——更不用提一九九〇年的衰退了。我們享受了有史以來最長的股票多頭市場，然後接受網路股崩盤的洗滌。我漸漸相信，美國經濟最偉大的力量就是其韌性——吸收破壞力並復原的力量，其方式和步調，常常是你所無法預料的，更是你無法控制的。然而，處在這個恐怖環境之中，你無法知道接下來會發生什麼事。

在我們還沒看清楚九一一事件塵埃落定後所產生的影響之前，我認爲最好的策略就是觀察和等待。這正是九月十九日下午我在國會議長辦公室和國會領導人開會時所說的話。眾議院議長丹尼斯·赫斯特（Dennis Hastert）、眾議院少數黨領袖迪克·蓋哈特（Dick Gephardt）、參議院多數黨領袖泉特·洛特（Trent Lott）、和參議院少數黨領袖湯姆·達謝爾（Tom Daschle），以及柯林頓總統時期前財政部長巴布·魯賓（Bob Rubin）、白宮經濟顧問拉里·林賽（Larry Lindsey）全部聚集在國會大廈眾議院區赫斯特辦公室旁的一間簡單的會議室裡。這些立法委員想要聽取林賽、魯賓和我對於恐怖攻擊對經濟影響的評估。接下來的討論非常嚴肅——沒有譁眾取寵。（我記得我那時在想：這就是政府應該採取的方式！）

林賽所提出的想法是，既然恐怖分子已經打擊美國的信心，最好的反擊方法就是減稅。他和其他人主張要儘快投入一千億美元到經濟體系。這個數字並沒有嚇到我——那大約是全國年產出的百分之一。但我告訴他們，我們還不知道一千億究竟是太多還是太少。沒錯，航空公司和觀光業已經受到嚴重衝擊，而報紙則充滿了各種裁員的消息。但是在九月十七日星期一，很神奇，紐約證券交易所成功地在離世貿中心廢墟不到三條馬路之處重新開張。這是重要的一步，因爲這把恢復正常的感覺帶進了系統——這正是一道明光，照亮我們聯準會還在努力拼湊的問題之全貌。同時，票據交換系統正在復原，而且股票市場也沒崩盤——股價只是稍微下跌就穩住了，顯示大多數企業並未遭受重大困難。我告訴他們，大家回去繼續想辦法，二週後，當我們知道更多時再開會討論，這才是精明的做法。

第二天早晨我在參議院金融委員會所舉辦的一場公聽會上也是這樣表示，我耐心地建議：「沒人有能力完全計算出九一一悲劇所帶來的影響。但幾週之後，驚嚇消退，我們應該更有能力來衡量這些事件對短期經濟前景所產生的動態影響。」我還強調：「過去數十年來，美國經濟對於衝擊已經越來越有韌性。解除管制的金融市場、高度彈性的勞動市場，以及最近在資訊科技上的重大進步等，已經強化我們吸收衝擊並復甦的能力。」

事實上，我所講的是好的一面，而不是我所害怕的一面。和大多數政府人員一樣，我完全接受還有更多攻擊的看法。大家都不願公開說出來，但你可以從參議院無異議全票通過法案中看出來：九八—〇授權動用武力對抗恐怖分子，一〇〇—〇通過航空安全法。我特別關心大規模毀滅武器，也許是在蘇聯瓦解時一片混亂之中，從蘇聯兵工廠裡所偷出來的核子武器。我也想到我們的水源汙染問題。然而，我在記錄上卻採取比較不悲觀的立場，因爲，如果我全盤托出我所想到的可能性，會把市場嚇得半死。我知道我這不是在欺騙任何人，我想：市場人士聽到我所說的話之後會說：「當然，我也希望他是對的。」

到了九月底，第一批實際數據出爐了。典型上，最早淸楚顯示經濟問題的指標就是失業補助的新申請人數，由勞工部每週編製這個統計數字。這個月的第三週，申請數創新高，達四十五萬，大約比八月底的水準增加了百分之十三。這個數字印證了我們在新聞報導中所看到的嚴重失業問題。我可以想像那數以千計的旅館和休閒業員工以及其他沒有工作的人，他們不知道該如何養家活口。我漸漸認爲經濟不會很快就好轉。這次衝擊的程度實在是太大了，以致於連非常有彈性的經濟也難以招架。

和許多分析師一樣，聯準會的經濟學家以數字來檢視所有建議的支出和減稅方案。我們試著深入每個案子的細節，衡量其數量級。有趣的是，所有數字都落在一千億美元這個級距——即拉里・林賽最初的建議。

十月三日星期三，我們又到赫斯特會議室開會，再討論經濟問題。已經又過了一週，而初次申請失業補助人數繼續惡化——又有五十一萬七千人申請失業補助。現在，我已經下定決心。雖然我認爲還會有更多的攻擊發生，但我們無法知道其破壞程度，也不知道如何預先爲經濟採取防範措施。我告訴這個小組，我們應該採取行動以抵消我們所測量到的傷害，而且現在眞的是採取有限刺激方案的時候了。一千億美元規模的方案似乎不錯——規模夠，但也不會過多，以致過度刺激經濟，導致利率上升。立法諸公似乎也認同。

那天晚上我回到家裡想，我所做的不過是明確表達並強化大家的意見；也就是拉里最初所提的一千億。因此，當我看到媒體揑造會議內容時感到相當震驚，他們寫得好像是我在主導整個會議似的。①雖然國會和行政部門願意聽取我的意見讓我感到很欣慰，但我覺得這些媒體的報導令人不安。被當成發號施令的主角一向讓我覺得惴惴不安。我很早以前就把自己看成幕後的專家，以及命令的籌劃者，而不是領導人。我要在一九八七年股市崩盤的情況下，才會覺得定下重大政治決策是心安理得的事。但今天的情形，面對鎂光燈，讓我感到很不自在。外向，不是我的個性。

當然，諷刺的是，儘管我認爲自己頗具說服力，九一一數週之後，沒一樣照我的預期進行。準備接受第二波恐怖攻擊恐怕是我最糟的預測。而我所放行的「有限刺激」也沒有發生。困在政治角力的僵局中。最後終於在二〇〇二年三月出現了一個刺激方案，但這個方案不僅是晚了好幾個月，而且和國民福祉無關——那個計劃是令人不堪的政治分贓。

然而經濟卻自行修正。工業生產在一個多月的溫和衰退後，於十一月觸底反彈。到了十二月，經濟又開始成長，而失業補助申請也回降了，穩定維持在九一一之前的水準。聯準會的確幫了一些忙，但那只是進一步採行我們在九一一之前就有的措施，調降利率以方便大家去借錢和消費。

①例如，二〇〇一年十月十五日的《時代雜誌》表示：「葛林斯潘改變初衷，立法人員所苦苦等待的法案終於放行……白宮及兩黨領袖已同意葛林斯潘之評估，新增支出與減稅方案之加總數字應與我國全年所得百分之一相當，這些措施之效果應迅即發揮作用，且不應危及已經岌岌可危的財務赤字，進而立即造成長期利率上升。」

我完全不在意我的期望落空，因爲經濟在九一一事件之後的精彩反應，證明了一個非常重要的事實：我們的經濟已經變得具有高度韌性。我對參議院金融委員會所說的樂觀言論竟然成爲事實。渡過了最悽慘的頭幾週之後，美國的家庭和商業復甦了。是什麼因素產生這前所未有的經濟彈性？我問我自己。

自亞當斯密以來，經濟學者就一直試著回答這樣的問題。我們認爲，我們今天擁有滿手的工具來瞭解我們的全球化經濟。但亞當斯密必須自己從無到有發明經濟學，以測量十八世紀市場經濟的發展情形。我不是亞當斯密，但我有同樣的好奇心，想要瞭解定義我們年代的廣泛力量。

本書一部分是偵探故事。九一一之後，我知道，無庸置疑，我們活在一個新世界裡——一個全球資本主義經濟的世界，較之四分之一個世紀前，更爲彈性、強韌、開放、自我導引，和快速變動。這個世界帶給我們非常多的新發展，但也有非常多的新挑戰。《我們的新世界》是我對這新世界的探討——我們如何達成今天的成就、現在正經歷些什麼、視野之外的未來又會遭逢什麼，不管是好是壞。可能的話，我將以我的想法把我的經驗寫出來。我之所以這樣做，一部分是爲了記錄歷史的責任感，一部分則是爲了讓讀者認識我的背景。因此，本書分爲二部分：前半部是我對我的學習曲線之回憶，後半部則是比較客觀的論述，運用這些論述，建立一套觀念架構以瞭解新世界經濟。全書我都在探討這個全球新興環境的關鍵元素：發展自十八世紀啓蒙時期，卻支配著新世界經濟的原理；提供新世界經濟力量的龐大能源基礎結構；對新世界經濟產生威脅的全球人口劇烈變動及全球金融失衡問題；以及，雖然新世界經濟之成功無庸置疑，對其報酬分配的正義問題之長期關切。最後，我把全部整合起來，讓我們可以合理推測構成二〇三〇年世界經濟的元素。

我不會假裝知道所有答案。但我在聯準會的職位，讓我享有特權取得許多議題上的所有思想和言論。我吸收了學術作品的廣大視野，其所探討的內容，有許多是聯準會同仁和我每天所必須對抗的問題。沒有聯準會職員，我根本就連一丁點的學術觀點都無法應付，而這些學術作品，有些言詞非常犀利，有些則冗長乏味。我享有特權，可以拿起電話叫聯準會裡一名或數名經濟職員過來，詢問他們有關當前或歷史議題的學術研究成果。幾乎任何主題，我都可以在很短的時間裡，收到優劣比較之詳細評估：從最近發展出來，用以估計風險中立性（risk neutrality）的數理模型；到美國中西部授田大學（land-grant colleges）之興起及其影響。因此，在探索一些影響相當廣的假說上，我並沒有受到限制。

有幾股全球性力量已經逐漸、有時幾乎是偷偷摸摸地，改變了我們所認識的世界。我們大多數人最容易察覺的，就是行動電話、個人電腦、電子郵件、黑莓機（Blackberries），和網際網路等，改變了我們的日常生活。二次大戰後對矽元素電子特性的探討導致微處理器的發展，當光纖結合雷射和衛星革命通訊設備之後，從伊利諾州貝京市（Pekin）到中國北京市的人都看到他們的生活已經改變了。目前，全世界大部分人所取得的科技是我在一九四八年開始我漫長職場生涯時所無法想像的，除非是在科幻小說裡。這些新科技不只是開啓了低成本通訊的全新景象，還促成了金融業的重大進步，讓我們有能力把稀少的儲蓄導入具生產力的資本投資，這是全球化之所以能快速擴展的關鍵因素。

關稅障礙自二次大戰以來就開始逐年下降，這是因爲大家普遍認識到戰前的保護主義導致貿易輾轉惡化——破壞了國際分工，造成世界經濟活動全面瓦解。戰後的貿易自由化，有助於打開低成本的新供給來源，加上新金融機構和新金融商品之發展（有一部分是矽科技所帶來的成果），把全球市場資本主義往前推進，即使在冷戰期間也一樣。在其後的四分之一個世紀裡，擁抱自由市場資本主義有助於消弭通貨膨脹，讓全球的利率降到個位數。

然而，定義世界經濟時代來臨的，則是一九八九年柏林圍牆倒塌事件，這顯示在鐵幕之後，經濟的頹敗程度遠超過學養最豐的西方經濟學家之預期。中央計劃經濟（central planning）被批爲無可挽回的失敗；此外，由於人們對西方民主制度下干預主義者之經濟政策感到失望，在這些因素的配合及支持下，市場資本主義於是開始在全世界許多地方，悄悄地取代了上述的經濟政策。中央計劃經濟已經不再是爭辯的主題。沒人讚揚中央計劃經濟。除了北韓和古巴之外，全世界的經濟議程，都將之刪除。

不只是蘇聯集團（Soviet Bloc）的經濟在一陣混亂之後，擁抱市場資本主義之路而已，還有以前所謂的第三世界國家也大多如此——這些國家，在冷戰時期保持中立，但實際上則是中央計劃經濟的執行者，或是管制相當嚴重，導致相同的結果。早在一九七八年，當時中國的勞動力有五億人以上，龐大而受到嚴厲管制，中共於此時投向市場資本主義，加速勞動力往珠江三角洲的自由貿易區移動。

中國改變政策，保護外國人的財產權，其作法雖然微妙，卻相當有力，足以在一九九一年之後造成進入中國的直接外人投資（foreign direct investment, FDI）爆炸。ＦＤＩ從一九八〇年的五千七百萬美元，向上竄升，達到一九九一年的四十億美元，然後每年再以百分之二十一的成長率增加，達到二〇〇六年的七百億美元水準。這些投資，加上豐富的低成本勞動力，形成一種有力組合，對已開發國家的薪資以及物價產生往下調整的壓力。在此之前，規模較小的所謂亞洲老虎，即南韓、香港、新加坡和臺灣，則以引進已開發國家科技的方式，再透過出口到西方，迅速提升其人民之生活水準。

這些（及許多）開發中國家的經濟成長率遠超過其他地區。造成全世界的國內生產毛額（gross domestic product, GDP）有相當顯著的一部分移轉到這些開發中國家，這個趨勢具有強烈漣漪效應。開發中國家，典型上，儲蓄率遠高於工業化國家——一部分是因為開發中國家的社會安全網比較弱，所以家庭自然要多準備一些錢以備不時之需及退休之用。（還有其他因素。例如，由於缺乏完整的消費文化，家庭的支出傾向也就比較低。）自二〇〇一年以來，全世界GDP的比重，從儲蓄率較低的已開發國家轉移到高儲蓄率的開發中國家，造成全世界的儲蓄大幅增加，以致全世界儲蓄的總和成長遠遠超過預計投資。我們認為，把全球實際儲蓄和實際投資調整為一致的市場過程，已經造成實質利率（名目利率扣除通貨膨脹預期）顯著下降。或用另一個說法，尋求投資報酬的資金之供給，其成長比投資人的資金需求還大。

顯然過剩的儲蓄，加上全球化和科技所帶動之生產力提升，以及勞動力從中央計劃經濟體系轉移到競爭市場，在在都有助於壓制所有已開發國家及幾乎所有開發中國家的實質利率、名目利率，和通貨膨脹率。這就是為什麼現在世界各地（除了委內瑞拉、辛巴威和伊朗之外）的通貨膨脹率只有個位數——自從一九三〇年代放棄金本位制度擁抱法償貨幣以來，很少有這種情形發生，恐怕是唯一的一次。這一整組力量最令人驚訝的是，非常僥倖，它們都在二十一世紀初同時到來。央行的貨幣政策並非造成通貨膨脹率和長期利率持續下降的主因，但央行官員的作爲，則讓這些全球金融的結構性變動，產生最大的長期效益。然而基於我後面將會提到的理由，這些力量沒有任何一個能夠永遠存在。在法償貨幣的世界裡，通貨膨脹是難以壓制的東西。

過去二十年來實質（經通貨膨脹調整）長期利率不斷下降，隨之而來的是股票本益比、不動產，及幾乎所有收益型資產價格的上漲。結果，一九八五年到二〇〇六年之間，全世界資產市值的成長速度比名目世界GDP增加得還要快（二〇〇一到二〇〇二年這段期間是個明顯的例外）。這造成全球流動性的大幅增加。股價、家用和商用不動產、名畫以及幾乎所有物品都加入這個上漲狂潮。許多已開發國家中擁有住宅的人，可以運用他們不斷上漲的家庭資產，支應遠超過他們所得所能支應的採購支出。而增加出來的家庭支出，特別是在美國，吸收了許多快速擴張中開發中世界所暴增的外銷。誠如《經濟學人》在二〇〇六年底所言：「世界經濟自二〇〇〇年以來，平均每年每人的成長率爲百分之三．二，這十年將是創紀錄的十年，如今已走過一大半。如果繼續以如此快的腳步前進，將會勝過一九五〇年代及一九六〇年代吾人心目中的田園詩。而世界經濟大部分靠市場資本主義這具引擎所驅動，市場資本主義似乎做得還不錯。」這樣的發展，整體而言，是全面而且正面。過去四分之一個世紀，恢復了公開市場和自由貿易，已經把全球數億人從難以忍受的貧窮中拯救出來。我承認世界上還有許多人需要協助，但開發中世界已經有相當大一部分的人口已經體驗到富足的滋味，嚮往所謂已開發國家所專屬獨享的事物。

如果要爲過去這四分之一個世紀下一句結論，那就是市場資本主義力量之復興。市場資本主義在一九三〇年代挫敗，後來，一直到一九六〇年代不斷擴張的國家干預主義之下，被迫退出舞臺；但從此之後即慢慢死灰復燃，成爲一股強烈的力量，一九七〇年代開始活躍，直到今天，在某種程度上，已盛行於全世界幾乎每一個地方。商業法規的傳播，特別是在財產權的保護上，已經培育出全球性的創業熱潮。這個結果，又創造出許多機構，以不具名的方式導引人類活動，且影響範圍越來越大——這就是亞當斯密「看不見的手」國際版。

結果，政府對其人民日常生活的管制減少了；市場力量已經逐漸、幾乎是偷偷摸摸地取代了國家的某些顯著力量。許多處處限制商業活動的法規已經解除。在二次大戰後前幾年，國際資金之流動受到管制，匯率則控制在財政部長的裁量權之下，中央計劃經濟廣泛地散佈在開發中國家及已開發國家，包括早期國家調控（dirigiste）計劃的餘孽，仍在歐洲佔有一席之地。市場需要政府指導才能有效運作的想法被奉爲圭臬。

一九七〇年代中期，在經濟合作發展組織（Organization for Economic Cooperation and Development, OECD）裡，由二十四個會員國決策官員所組成的經濟政策委員會（Economic Policy Committee）會議裡，只有西德的漢斯·泰梅爾（Hans Tietmeyer）和我在推動以市場爲基礎的政策。在這個龐大的委員會中，我們是非常少的少數。一九三〇年代大蕭條時期，經濟並未依照亞當斯密的模式發展，此時，偉大的英國經濟學家——凱因斯（John Maynard Keynes）——的看法就取代了亞當斯密和古典經濟學。凱因斯以優雅的數學，回答了爲什麼世界經濟會停滯的問題，並提出政府赤字支出可以刺激復甦的解決方案。到了一九七〇年代中期，凱因斯學派的干預主義仍然是全面掌控的主流，雖然已經達到高峰，開始式微。經濟政策委員會裡的共同想法是，讓市場決定工資和物價既不妥當也不可靠，必須輔以「所得政策」。而所得政策各國皆不同，但一般都會爲工會和資方管理單位之工資談判設定指導原則；而當時的工會，則比現在更爲普遍，力量也更強大。所得政策並無法達成其所宣示的全面工資及物價管制。然而，這些指導原則普遍上還是得到政府支持，政府會動用管制手段來「說服」違規者。當這種政策失敗時，通常就會採取正式的工資和物價管制來因應。尼克森總統在一九七一年推出命運乖舛的工資和物價管制，雖然開始時還廣獲好評，但後來還是成爲已開發國家戰後對一般工資和物價干預主義的最後遺跡。

早年我在學校時，我學會欣賞競爭市場在理論上的優雅。六十年後，我學會欣賞理論運用於眞實世界（有時候無法運用）。我擁有特權，可以和上一代重要經濟政策制定者互動，也擁有前所未有的力量，取得所有資訊以衡量世界趨勢，包括數字性和敍事性資料。無可避免地，我會把我的個人經驗一般化。這樣做，讓我能夠更深入欣賞自由競爭市場這個永恆力量。其實，在缺乏模稜兩可的案例下，我想不出來有任何的環境，是擴大法治和強化財產權所繁榮不起來的。

然而，不受限制的競爭，在報酬之分配正義上，一直受到廣泛的質疑。本書從頭到尾，我都會指出人們對市場力量一直存有矛盾心理。競爭是緊張的，因爲競爭市場會產生贏家和輸家。本書將試著去檢視快速變化的全球經濟與永恆不變的人類天性相互衝撞的複雜結果。過去二百五十年來經濟上的成功，就是這種掙扎，以及快速變動所產生的焦慮之結果。

我們很少仔細檢視經濟活動中最重要的運作單位：人。我們是什麼？我們有哪些特性是不會改變的——而我們在行動和學習上，又有多少的自由意志和拿捏選擇的空間？自從我首次知道要問這個問題之後，我就一直在爲這個問題掙扎。

由於我這六十年來幾乎都一直到全球各地出差。我發現，人類表現出驚人的相似性，這可不是盡量運用想像力，就能說成是來自文化、歷史、語言或機會的結果。所有的人，其動機似乎都來自天生對自尊的追求，而自尊，則大部分來自他人的認同。這種追求，大致上決定了家庭如何花用他們的金錢。而且，這也會吸引人們繼續呼朋引伴，到工廠和辦公室工作，雖然他們很快就有技術能力，可以透過電腦以與世隔絕的方式工作。人類天生需要和其他人互動。我們需要他人的認同，而我們也都在尋求這種認同，這是基本的需求。眞正的隱士是稀有的異類。一件事物是否對自尊有所助益，端視吾人所學到的廣泛知識或刻意選擇的價值而定，而東西不論對錯，只要人們相信能夠提升生活，就有價值。如果沒有某套價值來指導我們在日常生活上作選擇，則我們就無法運作。對價值的需求是與生俱來的，其內容則否。這種需求，受到我們每個人與生俱來的道德感所驅動，而其基礎，則是建立在一千年來，人類所信仰並爲大多數人所接受的宗教規範。這種天生的道德規範，一部分來自對正義和正當的感受。正義是什麼，我們對此都有不同的看法，但沒有人能避免做這個天生就註定要做的判斷。監管社會的各種法令，就是以此爲基礎。這也是我們確信人類具有責任感的基礎。

經濟學家無可避免地要成爲人性的學生，尤其是熱情和恐懼。熱情是對生命的禮讚。我們必須視生命爲一種值得去追求和維護的享受。遺憾的是，一波突如其來的熱情，有時候會誘使人們去追求不可能的事物；當現實擊中要害時，熱情就轉成恐懼。當我們最深層的天性，即活下去的意識受到威脅時，恐懼是所有人的自然反應。這也是許多經濟反應的基礎，風險趨避性（risk aversion）會限制我們投資和交易的意願，尤其是那些遠離母國的交易意願，這點，在極端的狀況下，會誘使我們遠離市場，造成市場活動突然嚴重瓦解。

人性的主要部分——人類的智慧層次——與我們成功地取得生活必需品的方式息息相關。誠如我在本書結尾所指出，在擁有尖端科技的經濟裡，在一段相當長的時間中，平均而言，人們每小時的產出，每年成長不到百分之三。顯然，這就是創新所能夠提升生活水準的最大速度。我們顯然不夠聰明來做得更好。

我們現在這個新世界，讓許多住民有許多的恐懼，包括害怕以往在認同上及安全上的各種安定來源都遭到鏟除。在變化迅速的地方，我們最關心的是所得分配日益不均的問題。事實上，這是個動盪時代，而將破壞的人員成本最小化可能是粗心而不道德的。面對日漸整合的全球經濟，世界住民要面對一個深奧的抉擇：擁抱開放市場和開放社會所帶來的福利，把人們從貧窮中拉出來，透過技術階梯，一步步爬上更好、更有意義的生活，同時還要把基本的正義問題牢牢放在心上；或是拒絕這這個機會，而擁抱本土主義、部落主義、民粹主義，或是所有這類的主義，在這樣的世界裡，當他們的身分受到攻擊，當他們看不到更好的選擇時，社區就因而凋敝。未來數十年中，我們還要面對很多障礙，而我們是否能夠克服，則操之在我們。對美國人而言，向全世界的技術勞動力開放我們的國界，並進行教育改革乃是當務之急。我們也應該爲我們儼然成型的健保危機找出解決方案。這些主題，我在本書最後還會談到。我在最後一章會作出結論，儘管人類有許多缺點，但我們在面對逆境時能夠堅此百忍，進而超越逆境並非出於偶然。這是我們的天性——數十年來，我對未來的樂觀主義，就是受此之激勵。

1 城市孩子

如果你到曼哈頓西邊，搭地鐵北上，過了時代廣場、中央公園，再過了哈林（Harlem），很快你就來到我所生長的地方。華盛頓高地（Washington Heights）位於島上的一端，幾乎和華爾街的方向相反——離當年彼得·米努（Peter Minuit）以二十四美元向印第安人買下曼哈頓的草地不遠（現在那裡有個紀念碑）。

這附近大部分是低樓層的磚造公寓，裡面住滿了猶太移民，這些人在第一次世界大戰之前就陸續來到這裡，還有一些來自愛爾蘭和德國的人。我雙親的家族，葛林斯潘家族和高史密斯（Goldsmiths）家族，在世紀之交時來到這裡；葛林斯潘家族來自羅馬尼亞，而高史密斯家族則來自匈牙利。附近的家庭大多爲中下階級，包括我們——和一貧如洗的下東區（Lower East Side）猶太人不同。即使在大蕭條最糟的年頭，我們都還夠吃，當時我還在唸小學；如果有親戚生活艱困，我也不會知道。我甚至一個禮拜還有二十五美分的零用錢。

我是獨子，生於一九二六年，但不久父母就離婚了。他們在我有記憶之前就已經分手。我父親賀伯（Herbert）搬回布魯克林（Brooklyn），那是他生長的地方。他一直和父母住在一起，直到後來再婚才離開。我則跟著我母親蘿絲（Rose），她把我帶大。雖然當時她只有三十歲，而且非常迷人，她卻改從娘家姓氏，不再結婚。她在布朗克斯（Bronx）的路德威包曼（Ludwig-Baumann）傢俱行裡找到一份工作，擔任售貨員，勉強撐過了大蕭條。家裡的經濟全靠她。

五兄妹中她排行老么，所以，我們是大家庭中的一小部分。我的表兄弟、舅舅，和阿姨總是和我們往來密切，這倒是彌補了我沒和父親住在一起，或是沒有兄弟姊妹的缺憾。有一段時期，我們母子倆與我祖父母，納珊（Nathan）和安娜（Anna）住在一起。高史密斯是個熱愛音樂的家族。我舅舅穆瑞（Murray）是個鋼琴家，複雜艱深的名曲，他大都可以不用練習就看譜彈出。後來他進入演藝事業，改名為瑪利歐・席爾瓦（Mario Silva），成為百老匯音樂劇《夢幻曲》（*Song of Love*）的共同作曲人，該劇描寫作曲家舒曼的故事。最後，《夢幻曲》把凱瑟琳・赫本（Katharine Hepburn）和保羅・韓瑞德（Paul Henreid）捧成電影明星，他也就跟著往好萊塢去發展。在每幾個月一次的家族聚會上，舅舅彈鋼琴，我母親唱歌——她有一副靈魂味十足的女低音，喜歡模仿百老匯以《情不自禁地愛上那個人》（*Can't Help Lovin' Dat Man*）一曲聞名的哀樂歌手及女演員海倫・摩根（Helen Morgan）。除此之外，我母親過著平靜、以家庭為重的生活。她樂觀、穩重，但一點兒也不聰明。她的閱讀來自聳動的小報《每日新聞》（*Daily News*），我家客廳裡擺的不是書櫃而是鋼琴，一架小型平臺鋼琴。

我的表哥衛斯理（Wesley）大我四歲，是我年齡最相近的兄弟。他們家每年暑期會到皇后區南端，離海邊不遠處一個叫做艾奇米爾（Edgemere）的地方租房子。衛斯理會找我一起去海灘上搜索，尋找銅板。我們做得滿成功的。即使在一九三〇年代初，大蕭條最嚴重的時候，人們還是會在海邊遺失銅板。這個嗜好所唯一留下來的明顯習慣，就是我喜歡低著頭走路，如果有人問起，我就告訴他們：「我在找錢。」

但沒和父親住在一起是我這輩子的一大缺憾。我差不多每個月要搭地鐵到布魯克林去看他。他在華爾街一家你聽都沒聽過的小券商裡擔任營業員，當年他們稱之爲「拉客的人」（customer's man）。他長得清瘦英俊，看起來有點像金．凱利（Gene Kelly），也很懂得打扮。但從未賺過大錢。他對我講話時似乎會不好意思，這讓我也覺得很不好意思。但他很聰明，一九三五年，當時我九歲，他寫了一本書《復甦在即！》（*Recovery Ahead!*）獻給我。這本書預測羅斯福的新政（New Deal）將會爲美國經濟帶來景氣。他愼重其事地送了一本給我，上面寫著一段獻詞：

> 吾兒艾倫：
>
> 以我對你永遠的關懷，願本書，我的處女作，能夠分生出一連串無窮盡的類似作品讓你長大之後回顧並努力推敲這些預測邏輯背後的思維，並開啓你自己的類似作品。父字。

在我擔任聯準會主席期間，經常秀這段文字給大家看。他們都認爲我在國會前做出莫名其妙證詞的能力，一定是來自遺傳。然而，當時我只有九歲，只覺得很困惑。我看著書，讀了幾頁，就丟到一旁去了。

我喜歡數字，大概就是他傳給我的吧。我很小的時候，母親喜歡把我叫到親戚前問道：「艾倫，三十五加九十二等於多少？」我在心中加總之後宣佈答案。接著她問更大的數字，接著問乘法，諸如此類。僅管我很小就因此出名，我並不是個有自信的小男孩。在家庭聚會上，當我母親唱得像歌星一樣時，我卻比較喜歡坐在角落裡。

九歲時，我成爲一名瘋狂的棒球迷。馬球球場（譯註：Polo Grounds，爲巨人隊的主要球場）只要走幾步路就到了，而且當地的小朋友經常可以免費入場觀看巨人隊打球。然而我最喜歡的球隊卻是洋基隊，可是到洋基球場（Yankee Stadium）要搭地鐵，所以我就以看報紙爲主。雖然紐約在一九三九年之前還沒有固定的球賽廣播，但一九三六年的世界杯（World Series）有上廣播，而且我自己還發展出一套技巧來統計個別球員的成績。我總是以綠紙，運用我自己所編的複雜代碼，一球一球地記下每場比賽。當年，我的心思基本上還是一片空白，卻滿腦子的棒球統計數字。我到現在都還能背出一九三六年世界杯洋基隊先發球員的打擊順序，加上完整的守備位置和打擊率（那是迪馬喬〔Joe Di Maggio〕的菜鳥球季〔rookie season〕——他的打擊率爲三成二三——而且洋基隊以六戰四勝打敗了巨人隊。）我從打擊率的計算中學會分數——十一分之三就是二成七三、十三分之五就是三成八五、二十二分之七就是三成一八。超過十分之四以上的分數小數換算我就不怎麼靈光了，因爲打擊率很少超過四成。

我也想當球員。我參加住家附近的球隊，而且表現得很不錯——我是左撇子，反應靈敏，是個實力堅強的一壘手。十四歲時，有個比我大的傢伙，大概是十八歲，告訴我：「你以這個速度繼續進步，總有一天可以進入大聯盟（Major Leagues）。」不用說，我非常興奮——但就在這個時候，我停止進步了。自那一球季之後，我的守備和打擊每下愈況。我的高峰在十四歲。

除了棒球之外，我還迷上摩斯電碼（Morese code）。一九三〇年代後期，流行西部牛仔電影

——我們會花二十五美分到附近的電影院看豪帕隆·卡西迪（Hopalong Cassidy）的最新歷險記。但眞正讓我感興趣的角色則是電報員。他們不只具有彈指之間進行即時溝通的力量（在劇中的關鍵時刻，只要線路沒斷，他們就能發報求救或是發出警告：即將有印第安人來襲），還具有一種工藝技巧。一名熟練的電報員每分鐘可發出四十到五十個字，而另一端技術不相上下的電報員則不只是收訊而已，還能從電碼的特殊韻律和聲音中，知道發報者是誰。「那是老喬打的。」他會這麼說。我的好拍檔賀比·洪姆斯（Herbie Homes）和我弄到一個電池和二具機子，以此練習發電報。我們的速度一直是龜速，但光是瞭解電碼就讓我對其世界興奮不已。許久許久之後，我透過衛星，和各國央行官員進行跨洲通話，依然可以感受到那種興奮之情。

私底下我一直想找個方法離開紐約。有時候我晚上會縮在收音機旁轉動旋鈕，試圖收聽遠方的電臺。大約從十一歲起，我就收集到全美國的鐵路時刻表。我花了好幾個小時去記四十八個州裡的路線和站名。我的方法是想像自己去旅行，例如到北方去玩，跨越明尼蘇達、北達科塔，和蒙大拿的高原，停在法果（Fargo）、邁諾特（Minot），和哈法（Havre）等站，然後繼續前行，跨越美國大陸分水嶺（譯註：即洛磯山脈）。

我十三歲時，父親突然找我和他一起去芝加哥出差。我們到賓州車站（Penn Station）搭乘賓州鐵路的旗艦列車——百老匯特快號（the Broadway Limited），火車先南下到費城再轉向西行。然後載著我們經過哈利斯堡（Harrisburg）和奧圖納（Altoona），到匹茲堡時已經是晚上了。我們在黑暗中通過一座大型的煉鋼廠，只見熊熊爐火——這是我第一次接觸到的產業，在往後的幾年裡，這個產業將成爲我的專長。我在芝加哥拍了一些水之塔（Water Tower）和環湖大道（Lake Shore

Drive）等地標的照片，回到家之後，在我自己的暗房裡把照片洗出來（攝影是我另一個嗜好）。這次旅行，有助於強化我追尋更有趣的生活夢想，而不只是當個平凡的華盛頓高地小孩。但我從未向任何人提及此事。母親雖然知道我在收集時刻表，但我確信她不知道這些時刻表對我的意義。我想要逃離的就是她的世界！

另一個我所熱愛的嗜好就是音樂。十二歲時，聽了克萊兒（Claire）表姊吹單簧管之後就決定去學這種樂器，每天花三到六個小時全心全意地苦練。最初練的是古典，但很快就擴展到爵士。朋友有電唱機，邀我去聽唱片，放了一首班尼・古德曼（Benny Goodman）及其樂團的《唱，唱，唱》（*Sing, Sing, Sing*），當場我就上鉤了。

那時正是音樂的興奮期。古德曼、阿提・蕭（Artie Shaw），和佛萊奇・韓德森（Fletcher Henderson）把一九二〇年代的舞曲結合散拍音樂（ragtime）、黑人靈歌、藍調，和歐洲音樂等元素，創造出所謂的大樂團（big-band）音樂。一九三八年時這種音樂非常流行，影響也非常大，以致於古德曼和他的樂團受邀到卡內基音樂廳（Carnegie Hall）演奏該廳有史以來第一次的非古典音樂。除了單簧管之外，我也學次中音薩克斯風——對我的耳朵來說，薩克斯風是大樂團音樂裡最能滿足人心、最有爵士味的元素。

葛倫・米勒（Glenn Miller）是我的英雄，在他的樂團裡，一把單簧管配二把中音薩克斯風和二把次中音薩克斯風，爲音樂創造出柔軟華麗的空間。一九四一年我十五歲時，搭地鐵到賓州飯店（Hotel Pennsylvania）去聽他的樂隊演奏。我設法移身到演奏臺旁，離葛倫・米勒只有十英呎。樂隊開始演奏改編自柴可夫斯基第六號交響曲的舞曲。我尖叫道：「悲愴（Pathétique）！」米勒往我這裡看過來，說道：「高段，小朋友。」

喬治華盛頓中學（George Washington High School）離我家公寓大約有一英哩半，是城裡最大，也是最好的公立學校。我在一九四〇年秋入學，當時學校可以容納三千個學生，包括夜間部，但除了我們之外，還有很多人讀這所學校。如果你不住這附近，則必須經過競爭才能註冊，而班上的競爭也很激烈。其中一部分原因是大蕭條：我們大多覺得我們沒有先天上的優勢，因此不得不靠後天的努力。①還有戰爭所帶來的不確定性。雖然珍珠港事件一年多以後才發生，納粹德國已經征服了西歐。收音機充斥著貨輪在大西洋被德國潛艇擊沉的消息，還有艾德華·蒙洛（譯註：Edward R. Murrow，CBS記者）在聲音時斷時續的廣播中，說倫敦遭到德國空軍封鎖。

我們對大戰很敏感，因爲我們班裡有很多難民——主要是這幾年逃離納粹的猶太人。季辛吉就是我當年的學長，雖然我們後來有二十多年沒見面。我還記得和約翰·凱梅尼（John Kemeny）一起上數學的情形，約翰是匈牙利難民，後來成爲愛因斯坦的數學助理，和湯瑪斯·克茲（Thomas Kurtz）共同發明了培基（BASIC）電腦語言。（而且後來還成爲達特茅斯學院〔Dartmouth College〕的校長。）約翰剛來美國不久，說話還帶著濃厚的口音，但他的數學很強。我想，至少有一部分的原因是他在匈牙利接受比較好的學校教育吧。於是我問：「那是因爲你來自歐洲的關係嗎？」我希望他說是，因爲那表示他的優勢並非與生俱來，我也許有機會靠用功來追上他。但這個問題似乎只是讓他覺得莫名其妙。他聳聳肩，說：「大家都來自歐洲。」

①球場上也是同樣的競爭：喬治華盛頓中學的棒球和橄欖球在市立學校中都是強隊。

我在喬治華盛頓中學很用功，但我並不是科科都有好成績。當我專注時，我是個好學生，像我的數學就眞的很好。但我沒興趣的課就表現普普，因爲棒球和音樂佔去我太多的時間。音樂漸漸成爲我的生活重心。演奏成了資金的來源——我加入舞蹈樂團，一星期演奏個幾次就能賺到十美元。

日本攻擊珍珠港那天，我還記得很淸楚當時我在哪裡：我在我的房間裡練習單簧管。我打開收音機休息一下，就聽到這個消息。我不知道珍珠港在哪裡——沒人知道。我馬上想到的並不是：「喔，我們要打仗了。」而是希望災難趕快過去。當你只是個十五歲男孩時，你會刻意忘掉很多事。你只關注你所做的。

當然，戰爭是不可能忽略的。那年春季開始實施配給制度，而且大多數的小孩子只要一畢業且年滿十八歲就要直接去服役。一九四二年夏季，我加入一個六人樂隊，整季都在卡茨基爾（Catskills）的休閒旅館裡演奏。住房的年輕人不多——我們演奏的對象大多爲我們父母那年紀的人——氣氛很沉悶。整個春季，我們在太平洋上一直是節節敗退，而且，即使在美國獲得中途島的決定性勝利之後，檢查制度也會搞得你分不淸楚實際的狀況。但狀況一直不好。

我一九四三年六月從喬治華盛頓中學畢業，對唸大學沒有興趣。一九四四年三月我就要滿十八歲了，我打算在當兵之前，多利用點時間練習音樂。因此我一直參加小型樂團並報名茱莉亞（Juilliard）的課，這是本市最大的私立音樂學校，我在那裡學單簧管、鋼琴，和作曲。如果我對未來有什麼打算的話，那就是看看我是不是能加入軍樂隊。

次年春季，兵役委員會發通知給我。我搭了好遠的地鐵去做體檢，在砲臺公園（Battery Park）

裡舊海關房子所改建的大型入伍中心——那是一棟充滿雕刻、壁畫和回音空間的大型建築，有數百名和我同年齡的男生在那裡排隊。一切進行順利，直到我照了螢光鏡——那是檢查肺結核的地方。一名中士叫我出列，到他的桌旁。「我們發現你的肺部有黑點。」他說道：「我們不能確定這結核病是不是活性的。」然後，他交給我幾張紙和一名結核病專家的地址：我必須去見他之後再回報。第二天我去找這位專家，他無法作出確定的診斷。他說：「我們必須再觀察一年。」我被判定爲不適合服役。

我很煩惱。大家都去當兵了；我卻是個怪人，被屏除在外。我還有更深的恐懼：我可能得了嚴重疾病。我沒有症狀、沒有呼吸困難、沒有任何這類毛病——而且身爲單簧管和薩克斯風的演奏者，我會注意這些的。但X光片上的陰影無法否認。我記得那個禮拜四或五，我和女友坐在青草斜坡上看著喬治華盛頓大橋，說：「如果我得了肺結核，我想，我這輩子就完了。」

我的次中音薩克斯風老師比爾・雪納（Bill Sheiner）給我一條路走出失魂落魄的困境。比爾是著名的爵士樂老師。他的方法是把學生組成四到五人的薩克斯風加一個單簧管的小樂團，並讓學生自己作些曲子。在我那組小樂團裡，雪納要我坐在十五歲的史坦・蓋茨（Stanley Getz）旁邊。今天的爵士音樂史學家把蓋茨列爲和邁爾士・戴維斯（Miles Davis）及約翰・柯川（John Coltrane）平起平坐的人物；雪納要我向他看齊，這就有點像要一名雞尾酒店的鋼琴師和莫札特相互討教琶音技巧一樣。蓋茨和我處得還不錯，但當他演奏時，我就在一旁恭敬的聽著。當你遇到天縱奇才之人時，有時候你可以看見通往那個能力層次的道路，並希望自己也能循著那條路去走；但有的人，其才華來自基因，你再怎麼努力都追不上。史坦・蓋茨就是屬於第二種；我直覺知道，我永遠都學不會他的功夫。

然而，我上過那些課之後，薩克斯風的確吹得好多了，這證明雪納是個精明的老師。我告訴他我被兵役單位拒絕了，他只是笑笑。他說：「這表示你可以不受限制地找個工作了。」他告訴我說，亨利・傑若米（Henry Jerome）的公司裡有個缺。

亨利・傑若米交響樂團是個十四人的樂團，在東岸相當有名。當我通過試音，得到這份工作之後，生活起了很大的變化。那不像職棒裡的大聯盟，倒像是AAA級，但總算還是個像樣的專業工作，讓我在那段日子裡，能夠支付工會會費，而且還有不錯的收入。由於樂團大約一半時間在紐約，一半在美國東部巡迴演奏，這也是我第一次靠著自己離開紐約市。

這是至今我所加入的最好樂團。亨利・傑若米有點前衛，後來他的樂團在傳統的大樂團（big-band）演奏上加入許多打擊樂器和急速絢麗的音符，帶點查理・帕克（Charlie Parker）和迪吉・葛拉斯彼（Dizzy Gillespie）的波普（bop）樂風。雖然這個樂團的名氣沒有維持很久，但樂團裡的同事和後進晚輩卻有不少人後來頗有成就。強尼・曼岱爾（Johnny Mandel）是我們的伸縮喇叭手，到好萊塢發展，寫出《似幻笑顏》（*The Shadow of Your Smile*）及電影《外科醫師》（*M*A*S*H**）的主題曲，贏得一項艾美獎和四項葛拉美獎。鼓手史丹・樂米（Stan Levey）後來加入查理・帕克的樂團。賴瑞・李弗斯（Larry Rivers）成爲重要的波普藝術家。而我的薩克斯風同事廉尼・迦門特（Lenny Garment）則成爲尼克森總統的律師。

一九四四年，戰況好轉，我們的音樂風格大受歡迎。接下來的十六個月，我們在紐約林肯大飯店（Hotel Lincoln）藍廳（Blue Room）及時代廣場的查爾斯派拉蒙餐廳（Child's Paramount

Restaurant）等知名場所演出。我們在紐波特紐斯（Newport News）外的維吉尼亞海灘市（Virginia Beach）演奏舞曲，聽眾大多爲造船工人和海軍眷屬。有時我們也演奏戲曲，和歌舞劇團共享票房——這些劇團計有：前往好萊塢發展前先行熱身的兒童舞蹈團，以及後來在艾爾·喬森（Al Jolson）劇院擔綱的歌手，現在還很活躍。一九四四年十二月，我們整個月都在紐奧良市的羅斯福大飯店（Hotel Roosevelt），那是我跑最遠的地方。一天晚上，我在河邊的街頭上走，抬頭看到一艘油輪駛過。我永遠記得紐奧良離海平面有多遠。二〇〇五年卡崔娜颶風（Hurricane Katrina）來襲潰堤時，這個經驗有助於我馬上瞭解損害程度。

我在樂團期間，工作要遵守工會規定，上臺演奏四十分鐘然後休息二十分鐘。我喜歡待在臺上的那四十分鐘——在好樂團裡演奏的感覺，和只是站在前面聽是完全不同的。樂聲和泛音從四面八方圍繞著你；你用直覺去感受節奏組；而且樂團裡所有人都靈活地互動。在這樣的伴奏基礎上，獨奏者可以表現出他們對世界的看法。我把班尼·古德曼和阿提·蕭等這樣的即興高手當成我的偶像，但我不怎麼想當獨奏。在一旁伴奏，吹吹別人所寫的音符，這樣我就很滿足了。

我在樂團裡是出名的智多星。我和其他樂手相處得還不錯（我幫他們報所得稅！）但我的風格和他們不同。在演奏空檔，他們很多人會躲進所謂的綠房間，那房間很快就充滿了香煙和大麻的味道。我則利用那二十分鐘看書。在晚場，有時候我可以有一小時的時間看書。我從紐約市立圖書館所借來的書，可能不是你印象中年輕薩克斯風手會看的書。也許是因爲我父親在華爾街工作，也許是因爲我喜歡數字，我有興趣的書是商業和金融類。最先我看的是一本有關英國股票市場的書——我對裡面「普通股」等這類奇怪的字眼很感興趣。我讀過艾德溫·李佛（Edwin Lefèvre）

所著，描寫傑西・李佛摩（Jesse Livermore）故事的《股票作手回憶錄》（*Reminiscences of a Stock Operator*），這人是轟動一九二〇年代的投機客，外號叫「華爾街的拚命三郎」。傳說他在一九二九年崩盤前放空，一天就賺了一億美元。他三度暴起暴落，最後在一九四〇年自殺。他是人性的優秀學生，該書以李佛摩的名句，例如：「牛和熊都可以賺錢，但豬被痛宰。」來印證投資智慧。

我還讀了我所能夠找到的每一本有關JP摩根（J. P. Morgan）的書。他不只是出資成立美國鋼鐵（U.S. Steel）、整合鐵路業，並參與奇異公司（General Electric）之籌辦，而且，在聯準會成立之前，還是美國金融系統的主要安定力量。我對他的財富感到很好奇——摩根信託在一次大戰前夕解散時，根據國會所聽取的證詞，摩根掌控的資金超過二百億美元。我對摩根的性格更感興趣：眾所周知，摩根講話一言九鼎，一九〇七年，如果不是他動用他個人對其他銀行家的影響力，止住了金融恐慌，整個國家將陷入蕭條。②

這些故事對我的意義和當年的鐵路時刻表一樣。華爾街是個令人興奮的地方。不久我就下定決心，這就是我下一步所要走的路。

由於戰爭即將結束，前景也就豁然開朗。《退伍軍人法》（*the GI Bill*）在一九四四年通過了，退伍軍人已經開始回到家庭和學校。我也開始相信我的前途：肺結核醫師已經定期對我的肺部作

②身爲JP摩根一九七七年的董事，我所坐的華爾街二十三號辦公室，正是一九〇七年解決許多金融亂象的那間辦公室。歷史就掛在華爾街二十三號。JP摩根於二〇〇三年將此辦公大樓出售時，我很難過。

過檢查，漸漸確認那塊黑點，不管是什麼東西，只是潛伏性而已。

我對自己是不是可以在金融界功成名就沒信心。一九四五年，當我到紐約大學（New York University）商學院註冊時，因我離開學校已經好幾年了，我知道該怎麼做。我把大一課程所有課本拿出來，還沒開學前就先讀過。我很驚訝第一學期除了二科是B之外，全都拿A，從此之後，我全都拿A。我的大學成績遠比我在喬治華盛頓中學時還要好。

商學院是紐約大學最大、可能也是最沒沒無聞的學院——學生有一萬名，人們視之爲一所商業職業學校而不是眞正的大學。（曾經有一名院長驕傲地稱之爲「一所大型的教育工廠」。）但我認爲那並不公平，我得到很好的教育。我接觸了許多有趣的人文課程，當然，還有會計學、基本經濟學、企業管理，及銀行與金融學的課。我覺得涉及邏輯和資料的學科很吸引我，因此還修了高等數學。經濟學一開始就和我很對味，我被供給需求曲線、市場均衡理念，和國際貿易的演進過程給迷住了。

二次大戰之後的頭幾年，經濟學非常熱門（大概只有原子物理學系比她還熱門）。這有幾個原因：每個人都感謝美國經濟在我們政府規劃人員的指導之下，成爲支撐聯軍勝利的工業引擎。而且，許多新的經濟研究機構成立，一個新的經濟秩序就在我們眼前逐漸成形。一九四四年七月，西方世界領袖在新罕布夏州的布雷頓森林（Bretton Woods）開會，成立國際貨幣基金（International Monetary Fund, IMF）和世界銀行（World Bank）。爲亨利・摩根索（Henry Morgenthau）所謂的「終結經濟國家主義」作見證——與會領袖達成共識，如果期望世界榮景可長可久，就必須分享，而且，降低貿易和金融障礙是工業國家的責任。

這些構想的理論基礎是由偉大的劍橋經濟學家凱因斯所建立。他的經典之作《就業、利息和貨幣的一般理論》（*The General Theory of Employment, Interest, and Money*）已經成爲羅斯福新政的學術基礎，而且我們當學生的都要讀這本書。在這本書中，凱因斯創造了總體經濟學。他主張，自由市場在不受干預的情形下，並不必然產生社會最佳狀況，而當就業停滯，一如大蕭條時的慘狀，政府就必須加以干預。

我們現在已經很難想像熱血青年這角色是什麼模樣了。我的商學院同學，羅伯・卡維許（Robert Kavesh），現在已是紐約大學的榮退教授，不久之前告訴BBC說，一九四〇年代後期的經濟系學生都抱著一個使命：「眞正讓我們齊聚一堂的原因是，我們覺得經濟學正在轉型，而我們就是先鋒。當時，每一個學經濟的人都雄心萬丈，絕不允許大蕭條再度發生。一九三〇年代的大蕭條導致二次大戰，我們深深地認爲，我們不能再讓這種災難發生。你幾乎找不到任何一個人不受民主黨和凱因斯思想的強烈影響，認爲政府可以，也應該在經濟事務上，扮演強烈的主導角色。」

雖然羅伯和大部分我的同班同學都是熱情的凱因斯學派，我卻不是。我把《一般理論》讀了二次——那是本非常了不起的書。但讓我著迷的是凱因斯的數學創新和結構化分析而非他的經濟政策思想。我還是抱著伴奏者的心態：比較喜歡把焦點放在技術問題上而且沒有總體觀。我對經濟政策並不感興趣。

羅伯和我都喜歡古典音樂。空堂時，我們會到華盛頓廣場公園（Washington Square Park）那裡看女孩子，而且有空時，我們會相互哼莫札特鋼琴奏鳴曲給對方聽，並問：「這是幾號？」雖然我不再作職業演奏，音樂依然是我社交生活的重心——我在歌詠團裡唱歌、在交響樂團裡吹單簧管，並和人合辦了一個交響音樂社，每週聚會一次，聽聽唱片或是找人來演講。

但我最迷的還是數學。教授喜歡勤快的學生，而我，應該很明顯，正急於找事做。大三暑假，我接到了第一份有薪水的經濟學者工作。我的統計學教授傑弗瑞・摩爾（Geoffrey Moore），後來在尼克森總統旗下擔任勞工統計委員，他找我，要我去布朗兄弟哈里曼（Brown Brothers Harriman）事務所找一個叫尤金・班克斯（J. Eugene Banks）的人。布朗兄弟哈里曼事務所是當時紐約最老牌、最大，也最有名的投資銀行——艾維羅・哈里曼（W. Averell Harriman）是傳奇性的政治家，在還沒爲羅斯福總統效命之前，曾經擔任主要合夥人。布里斯考・布希（Prescott Bush）是老布希的父親，小布希的祖父，在他進入美國參議院之前及之後，都曾經擔任過合夥人。事務所就在離交易所很近的華爾街上，我去找班克斯先生那一天，是我第一次到這種地方。走進那些辦公室，鑲金的天花板、捲蓋式書桌，和厚厚的地毯，就好像是走進了財富聖地——對一個來自華盛頓高地的男孩而言，這眞是不得了的感覺。

班克斯將近四十歲，瘦長、友善而談吐溫和，他的工作是幫事務所做經濟的追蹤研究工作。他開門見山向我解釋，他要把美國聯準會所出的百貨業週銷售資料作季節性調整——基本上是一份對政府所出版的月調整資料作更細膩整理的版本。今天，我只要敲進幾個電腦指令，不消幾分鐘就能建立一套他所要的資料。但在一九四七年，要建立這種統計資料，必須辛苦地用紙和鉛筆、計算尺，和桌上型加法器，把一層層統計資料合起來。

班克斯沒有給我明確的指令，我覺得沒關係。我跑到商學院圖書館翻閱教科書和專業期刊上的文章，研究如何建立季節性調整的週資料。然後收集原始資料以便開始工作，偶爾會和班克斯核對一下數字。這個工作所需要的手工計算和手工繪圖非常龐大，但我不眠不休做了二個月。班克斯對結果很滿意，而我則學到不少東西——不只是會做季節性調整而已，還學會組織資料獲取結論的方法。

隔年春季的畢業典禮只不過是個形式。我決定要留在紐約大學，拿獎學金讀夜間碩士班。但我必須找到一份工作才能糊口。我有兩個工作機會：一個是廣告公司，一個是全國工業委員會（National Industrial Conference Board），我有一個教授在全國工業委員會擔任首席經濟學家。雖然廣告公司的薪水比較高——週薪六十美元對四十五美元——我還是選擇了工業委員會，因爲我覺得可以學到更多的東西。該委員會是由大企業所合辦的私人研究機構。工業委員會創立於一九一六年，最初是一個宣導組織，但在一九二〇年代把焦點轉爲徹底的學術性研究，以既有的客觀知識原理爲基礎，協助企業主和工會領袖尋求共識。其成員有二百多家企業，包括奇異、國際收割機（International Harvester）、布朗兄弟哈里曼事務所，和楊斯頓鋼板及鋼管公司（Youngstown Sheet & Tube）。長期以來，該委員會一直是商業研究的最佳私立機構——例如，該會的經濟學者在一九一三年開發出消費者物價指數，還有，該會也是第一個研究工作場所安全，探討女性勞動問題的組織。在某些項目，其資訊比政府的還要好。大蕭條期間，該會曾經是失業問題的原始資料來源。

當我一九四八年進來時，這裡是個生氣蓬勃的地方，辦公室地板寬敞，位於中央火車站（Grand Central Station）附近的公園路（Park Avenue）上。數十名研究人員坐在一排排的辦公桌前，還有一間繁忙的製圖室，裡頭設計人員棲身在高腳椅上，對著草圖桌畫出精美的簡報資料和圖表。

對我來說，圖書室才是最有看頭的地方。我發現工業委員會從半個多世紀以前就對美國每一個重要產業收集寶貴的資料。那裡還有一櫃接著一櫃的書，內容爲各產業的實際作業方式。其藏書遍及整個經濟中的各個行業，從採礦到零售、紡織到鋼鐵、廣告到貿易。例如，那兒有一部名爲《棉業關心顧客》（*Cotton Counts Its Customers*）的大部頭，是美國國家棉花總會（National Cotton Council）所出的年鑑，巨細靡遺地描述當時執全球棉業牛耳的美國棉業。這本書能告訴你所有有關棉花的事情：種類和等級、使用方式，以及當時最先進的設備、製程，還有製造商的生產率等等。

在擁擠的圖書室書庫裡，空間不夠，很難作業，所以我要吃力地抱著一整疊資料到我桌上。通常我必須把書上的灰塵吹掉。首席經濟學家會指派研究計劃，才不過幾個月的時間，大家就把我貼上標籤，當我是最會找資料的人。從某個觀點看，這也是事實。精通那些書架上的所有知識，成了我最熱愛的事。我讀斂財大亨的故事；花好幾個小時看一八九〇年的人口普查資料；我研究那時代鐵路貨車箱的裝載、南北戰爭後幾十年裡的短纖棉花價格趨勢、以及大美國經濟裡無數的詳細資料。那個工作不會單調，一點都不會。我沒有讀《飄》（*Gone With the Wind*），我更樂意把自己沉浸在《智利之銅礦礦藏》（*Copper Ore Deposits in Chile*）裡。

幾乎打從一開始我就在工業委員會的月刊《企業記錄》（*Business Record*）上發表文章。第一篇是以聯邦貿易委員會（Federal Trade Commission）和證券交易管理委員會（Securities and Exchange Commission）最新的統計資料爲基礎，探討小型製造商的獲利趨勢。苦苦鑽研每個資料細節之後，我帶著年輕人的熱忱，宣稱：「由於小企業可以當成景氣循環的氣壓計，因此對小型製造業的中長期趨勢作研究，具有特殊意義。」

幾年之後，我的工作進展頗大。有人找出我的一篇文章，在《紐約時報》上行文介紹，甚至還提到我的名字。我在拿到紐約大學碩士學位之後還繼續以穩定的速度發表文章——有關新屋開工、新車市場、消費者信用，和其他流行議題的文章。我對於自己讓一堆資料說故事的能力越來越有信心。而且，雖然要瞭解整個經濟我還沒把握（這留給凱因斯學派吧！），但對經濟的各個部分及其相互關係卻越來越瞭解。

我第一次拜訪萊維敦（Levittown）是在一九五〇年的聖誕節期間。當然，我讀過年輕情侶離開城市到郊區買房子並開始家庭生活以實現美國夢的故事。我唯一住過的地方就是曼哈頓的公寓，而萊維敦讓我感到驚訝之處則是寧靜。房子很小，但每戶都有前後院草坪，街道很寬敞，而且沒有高聳的建築。買一戶只要八千美元！那真像是極樂世界。

我曾經接受提爾佛・根茲（Tilford Gaines）邀請，去他家吃晚餐，他是我的大學同學，當時已經是紐約聯邦準備銀行協理。他和太太魯絲（Ruth）及小女兒潘（Pam）才剛搬去那裡。他還有一個同事也來了，一名二十三歲的普林斯敦畢業生，才剛到紐約聯準會上班——這個六呎七吋的巨獸名叫保羅・沃爾克（Paul Volcker）。

那天晚上的景象深深地刻在我腦海中——在舒服的客廳裡，我們坐在爐火前閒聊、開玩笑（這房子有真的火爐！）。大家都感到非常樂觀，不只是針對當晚而已，而是對那個時期的普遍事物。美國越來越強盛了。美國經濟支配著全世界——碰不到任何競爭對手。美國汽車組裝廠是所有國家所羨慕的（我到萊維敦開的是新車普利茅斯〔Plymouth〕，用研究工作所賺來的錢買的）。我們的紡織公司和鋼鐵廠從不擔心進口貨，因爲那些東西乏善可陳。從二次大戰走出來，我們的勞動力有最優秀的主管和技術最精良的工人。而且由於《退伍軍人法》，教育水準快速提升。

然而到了那年十二月，我們開始發現到一個可怕的新危機。十八個月之前，亦即蘇聯宣佈其第一顆原子彈之前，核子衝突似乎還非常抽象。但是當冷戰開始橫行，危機就似乎更爲具體了。奧格・希斯（Alger Hiss）因間諜醜聞被判僞證罪，而約瑟夫・麥卡錫（Joseph McCarthy）則發表著名的演說「我有一份二〇五名的已知共產黨員名單」。美國軍隊正在韓國執行「警察行動」。這些事件引發五角大廈急於把二次大戰後已經縮編的部隊和戰鬥機、轟炸機等再行復編。我們都在猜測這會導致什麼後果。

我靠著賣弄在工業委員會時所作的研究進入哥倫比亞大學（Columbia University）的博士班（即使在當時，如果你想成爲一名經濟學家，一般說來，都必須擁有博士學位）。我的指導教授是亞瑟・伯恩斯（Arthur Burns），他除了擔任全職教授之外，還是國家經濟研究局（National Bureau of Economic Research, NBER，當時位於紐約）的資深研究員。該局一直是美國最大的獨立經濟研究機構。該機構最著名的事蹟是在一九三〇年代和政府合作，建立了所謂的國民所得會計——一套龐大的會計系統，讓華府首次對國民生產毛額有了精確的圖案。當美國進行戰爭動員時，這套系統有助於規劃者爲軍事產品設定目標，並計算大後方要執行何種程度的配給制度才能支應戰事。NBER也是景氣循環上下波動的權威；直到今天，官方對衰退之起始日和結束日所採用的版本就是來自該局的研究。

亞瑟・伯恩斯是個抽著煙斗的慈父型學者。他對景氣循環研究有深遠影響——他與米切爾（Wesley Clair Mitchell）於一九四六年所合寫的書，對美國一八五四年至一九三八年間的景氣作循環再生分析。他在實證研究及歸納邏輯上的貢獻，足以和主流經濟學相抗衡。

伯恩斯喜歡挑起研究生之間的不同意見。有一天，在討論通貨膨脹對全國財富腐蝕效果的課堂上，他在教室裡走來走去，問道：「是什麼造成通貨膨脹？」我們沒人答得出來。伯恩斯教授吸了一口煙斗再開口，宣稱：「政府超額支出造成通貨膨脹！」

他是不一樣的導師，能夠讓我看到也許有一天我也要瞭解並預測整個經濟。一九五一年，我選了一門數理統計學的課，這是一門技術學科，其理念基礎是，大型經濟的內部運作及相互關係，可以用數學來調查、測量、建立模型，和分析。今天，這門學科稱爲計量經濟學，但當時這門學問還只是許多一般觀念的組合而已，因爲太新了，所以沒有課本，甚至還沒有名稱。這門課的教授就是賈可布・伍佛維茲（Jacob Wolfowitz），他兒子保羅（Paul）後來在老布希總統時代擔任世界銀行總裁時和我相識。伍佛維茲教授會把公式用粉筆寫在黑板上，並油印在紙上讓我們帶回去研究。我立即發現這些新工具的威力：如果經濟能夠運用實證資料和數學建立精確模型，那麼大型預測就可以在方法論上開發出來，而不必用許多經濟預測者所採用的半科學直覺。我想像著各種運用方式。最重要的是，我在二十五歲時發現了一個正在成長的領域，而我可以一展身手。

往後幾年，我發展出一些技巧以建立相當大型的計量經濟模型，對其運用的瞭解也更爲深入——特別是其限制。現代而動態的經濟不會靜止不動以待吾人對其內部結構作精確的解讀。早期的人像攝影師會要求他們的攝影對象靜止一段時間以便拍出有用的照片；如果對象動了，照片就會模糊不清。計量經濟模型也是同樣的道理。計量經濟學者在他們模型的形式結構上加上特殊修正以得到合理的預測。在這行裡，稱之爲模型公式的常數項調整（add-factoring），通常，常數項調整對於預測的重要性遠超過公式本身的結果。

如果模型的預測能力非常薄弱，那麼模型還有什麼用呢？正規模型（formal models）最被忽略的優點爲，透過這些模型的實作，可以確保一組假設符合國民所得會計和經濟一致性的基本法則。當然，對於來源確實的資料，在資料不多的情況下，模型有助於提升資料的有效性。模型越具體、資料越豐富，則模型的有效性就越高。我總是認爲，最近一季最新最詳盡的統計數字，在預測的準確性上，遠比一套複雜的模型架構有用。

同時，當然，模型的架構對於模型是否成功相當重要。你不能，至少我不能，憑空畫出抽象模型。模型必須參考事實。抽象並不是飄浮在我腦海中，與眞實世界觀察毫無瓜葛。它們需要一個落腳處。這就是爲什麼我對一件事總要奮力搜尋所有可以想得到的觀察或事實。細節越多，抽象模型就越能代表我想要瞭解的眞實世界。

早期我的訓練是把自己浸淫在極盡的細節裡，處理世界中的幾個小部分，並參考這世界片斷運作方式的細節。我把這個過程應用在我的職場生涯中。每次我翻閱二十幾歲時所寫的文章，都會深深緬懷過去。這些文章來自遠比現在簡單的世界，但所用的分析方法，則和我今天所用的一樣現代。

2 一名經濟學者的成長

我經常開著收音機工作。一九五〇年和一九五一年的新聞，主要是韓國的消息——我們的軍隊正和中國發生激烈戰爭，杜魯門總統把麥克阿瑟將軍解職，因爲他公開堅稱美國應向中國全面宣戰。在美國國內，原子彈測試從新墨西哥州移到內華達州，而且我們還有紅色恐怖（Red Scare）——羅森堡家族（the Rosenbergs）因間諜罪被判處電刑。在這些騷亂之中，原子時代的來臨抓住了我的想像力。二次大戰期間的某些研究才剛剛解密，我有空就開始深入研讀原子物理學。我的第一個挑戰是一本厚重的技術書籍，名爲《原子能原始資料》（*Sourcebook on Atomic Energy*），由政府出資印行，彙集所有的非機密資訊。從這門學問開始，我接著看天文學和更廣博的物理學，以及科學哲學。

和許多有科學頭腦的人一樣，我相信原子能是我們這輩子所要開發的最重要領域。這和我們對原子戰爭的恐懼正好相反。這門科學極爲誘人。原子賦予人類一種力量，可以開啓一個全新的努力階段。接下來，我們需要新的思考方法。

我發現有些曼哈頓計劃（Manhattan Project）的科學家服膺一種稱爲邏輯實證論（logical

positivism）的哲學，這是實證主義的變種。這種思想學派，由維根斯坦（Ludwig Wittgenstein）所領導，其教義是知識只能從事實和數字中得到——極爲強調嚴謹的證明。世上沒有絕對的道德：價值、倫理，和人類的行爲方式是文化的反應而非受制於邏輯。它們任意變動，不屬於嚴肅思想的範疇。

我身體中的數學家性格信奉這個僵硬的分析性教條。似乎這就是這時代的哲學。我認爲，世界會變得更好，如果人類只把焦點放在可以知道而且重要的事物上，而這正是邏輯實證論的目標。

一九五二年，我快樂地準備經濟學博士課業，而且年薪超過六千美元。我的朋友或同事沒一個是有錢人，這已經超出我的需求。我和母親搬到郊區——不是搬到萊維敦那麼遠的地方，而是搬到皇后區（Queens）森林小丘（Forest Hills）的雙拼別墅，附近花木扶疏，離通勤火車只是幾步路的距離。至少，我找到了逃離擁擠城市的方法。大大地向前邁進一步。

和我結婚的女人是瓊安．米契爾（Joan Mitchell），來自馬尼托巴省（Manitoba）溫尼伯市（Winnipeg）的藝術史學者，到紐約來讀紐約大學藝術學院。我們是在盲目約會上認識的——我走進她的公寓，她放我最喜愛的唱片給我聽。古典音樂是我倆的共同嗜好。我們交往了幾個月，在一九五二年十月結婚，然後大約一年後就分手了。不談細節，我要說，主要的問題是我。我並沒有眞正瞭解婚姻所需要的承諾。我所做的是理智的選擇而不是情感衝動，我告訴自己：「這個女人非常聰明。非常美麗。我再也找不到更好的對象了。」我的錯誤讓我非常痛苦，因爲瓊安是個不平凡的人。幸好，我們到今天都還是朋友。

瓊安是納山尼爾・布蘭登（Nathaniel Branden）他太太最要好的朋友，布蘭登是艾茵・蘭德（Ayn Rand）年輕的共同研究者，而且， 年後他成了她的戀人。我就是這樣認識艾茵・蘭德。她是來自俄國的流亡者，其小說《源泉》（*The Fountainhead*）在戰爭期間大爲暢銷。那時她從好萊塢搬到紐約，發展出一小群熱情的追隨者。我讀過這本小說，其情節很有意思。描寫一位名叫霍華・洛爾克（Howard Roark）的建築師，他對自己的看法絕不妥協，英雄式地對抗所有壓力——當他發現建商修改他的設計時，他甚至不惜破壞整個公共住宅計劃——最後終於獲得勝利。蘭德以這個故事抒發自己所追求的哲學，強調理性、個人主義，和開明的自利心。後來她稱之爲客觀主義（objectivism），今天，她會稱之爲自由意志主義（libertarian）。

客觀主義支持以自由放任的資本主義作爲社會組織的理想形態，艾茵・蘭德厭惡她所學的蘇維埃共產主義，這並不意外。她視之爲集體主義（collectivism）的殘酷化身。而且在蘇維埃處於巔峰時，她斷言該制度固有的腐敗非常嚴重，終會從內部瓦解。

她和她的圈圈則自稱爲集合體（Collective），這是內部的玩笑話，因爲大家都知道她的信仰和集體主義完全相反。他們每個星期至少到蘭德位於東三十四街的公寓聚會一次，討論世界大事並互相爭辯直到凌晨。瓊安介紹我進去的那晚，聚會的人並不多，大約七、八個，坐在樸素的客廳裡：蘭德、她的畫家先生，法蘭克・歐康諾（Frank O'Connor）、布蘭登夫婦，和其他人。艾茵・蘭德看起來很平淡——矮小，將近五十歲。她的臉很有個性，幾乎是嚴峻，寬嘴、寬額，帶著一雙烏黑而聰明的大眼睛——她一頭黑色短髮，往內捲，更突顯出面容。雖然她來美國已經二十五年了，說話還是帶著俄國腔。她具有犀利的分析性格，隨時可以把任何觀念分解至基本元素，對閒聊則毫無興趣。然而，儘管兇狠一眼可見，我還是注意到她在主持談話時的開明作風。她似乎願意隨時考慮任何人的意見，而且只考慮優點。

我聽了幾個晚上之後，就顯露出我的邏輯實證論色彩。我不記得在討論什麼主題時，某件事讓我突然說出沒有絕對道德的假設。艾茵・蘭德猛擊。「怎麼可能？」她問道。

「因爲要做到眞正的理性，沒有顯著的實際證據你絕不能相信。」我解釋道。

「怎麼可能？」她再問一次：「難道你不存在嗎？」

「我……不能確定。」我承認。

「你願意說你不存在嗎？」

「我也許……」

「還有，順便請教一下，剛剛說話的是誰？」

也許你該親臨現場——或者，說白一點，也許你必須是個二十六歲的數學癡——但這次交鋒，的確帶給我震撼。我看到她相當有效地點出我在立場上自相矛盾之處。

但不只是這樣而已。我一向以我的推理能力自豪，並認爲我可以在知性辯論上打敗任何人。和艾茵・蘭德對談，就好像下棋一樣，正覺得自己下得不錯時，就突然發現被對方將軍了。這讓我頓悟，很多我認爲是對的事可能根本就是錯的。當然我當時太固執也太愛面子了，以致於沒有當場認輸，而是保持緘默。

從那天晚上開始，蘭德就給我取了個綽號。她封我爲「葬儀社的人」——一部分是因爲我很嚴肅，一部分是因爲我總是一身黑衣黑領帶。過了幾週，我後來才知道，她問大家：「喔，那個葬儀社的人是不是已經決定他存在了？」

至少我在工業委員會的工作還很順。我正埋首於我有生以來最有企圖心的案子，分析五角大廈建造戰鬥機、轟炸機，和其他新飛機以對付韓國及冷戰的影響。這需要不少的偵探工作。韓戰一開打，國防部就馬上把採購計劃列爲機密。雖然飛機製造商知道他們的訂單狀況，國防部長卻把華爾街和其他的美國產業蒙在鼓裡。然而其經濟衝擊實在太大而無法忽略：在後二次大戰沉寂之後，一九五三年會計年度的軍事支出已經放大到將近ＧＤＰ的百分之十四（二〇〇六年爲百分之四）。這把市場的原物料和設備打亂了，更不用提具有技術的機械師和工程師了，而且還讓經濟展望出現一大堆莫名其妙的問號。受到飛機強制生產影響最大的是鋁、銅，和鋼鐵製造商——這些都重新被歸類爲戰爭的基本管制原料。

我原本就相當瞭解金屬市場，於是便自告奮勇，分析軍備影響，我老闆也同意了。我從公開記錄開始著手，但這些資料幾乎完全沒用：軍品排程的國會聽證會以祕密會議方式舉行，而所公佈的會議記錄則處處遭到修改。新飛機的數量和型號是空白；一個中隊有幾架飛機、一個聯隊有幾個中隊、戰備機有幾架、依型號別統計的非戰爭損耗是多少——全部被塗掉。後來我決定去看一九四〇年代末期的國會聽證記錄，我猜測這裡可能有不少我要的東西，當時保密問題還不是那麼敏感。五角大廈正在縮編，高級軍官還會出席軍事經費委員會，對每種東西當時是如何計算詳加說明。當然，軍方還是用一九四九年的方式處理一九五〇年的資料。

我把這些資訊當成基礎。現在，我必須把所有公開取得的資料組合起來。我搜尋技術和工程手冊、組織圖、聯邦預算的龐大統計表，以及五角大廈強制物料管制命令的複雜語言。漸漸地所有資料開始兜得起來了。例如，我知道某款飛機的重量，也能推算鋁和銅的比例，以及其他機種的其他原料。有了這些資料之後，我就可以估計需求了。

我的研究發表在一九五二年春季的《企業記錄》上，洋洋灑灑二大篇，標題爲《空軍強權經濟學》（*The Economics of Air Power*）。事後我間接聽到有些五角大廈的企劃員對我所分析出來的數字和他們的機密數字相當接近而大感吃驚。然而，對我更重要的是讀者搶著要這些資料。我接到會員公司的請求，希望我把計算上更詳細的資料提供給他們。

大約這個時候，我開始從工業委員會會員分析師山佛·派克（Stanford Parker）那裡接受個人研究委託案。山帝（Sandy），大家這麼稱呼他，是個矮小的狂亂風暴，大約比我大十歲，自一九三九年開始，在《商業週刊》（*Business Week*）上每週撰寫評論因而成名。如今他效命於工業委員會，還要兼差爲《財星》（*Fortune*）撰寫經濟學文章。當他提出條件，把分析工作轉包給我時，我趕緊抓住這個機會。

《財星》委託山帝，就是善用編輯所掌握到的新趨勢。雖然當時企業界不是很講究學術，但似乎工業家和金融界人士，開始對於經濟學能告訴他們什麼很感興趣。（約翰·肯尼士·高伯瑞〔John Kenneth Galbraith〕是一九四〇年代後期的職員，但我懷疑他對這項認知有什麼貢獻。）山帝是個眞正的權威，他擁有我所沒有的技巧。其中一項是，他知道如何寫出簡短清楚的陳述性句子。他試著教我跟著做，也差點成功；這種技巧在我當上聯準會主席之後就必須忘掉。《財星》的編輯喜歡他，因爲他寫經濟整體問題，很有說服力，也很有創意——在檢視和分析趨勢時，他常常提出令人驚豔的方法。

我和山帝合作了一段時間後，開始發現他的權威大部分來自一個事實：他只是比其他人更瞭解經濟。我的知識沒有他那麼豐富，但差距也不是很大。我每天做我喜歡的工作，可以從中學習——如果我持之以恆，我想，我追得上。

一九五〇年底，山帝離開工業委員會，成爲《財星》第一個首席經濟學家。我希望能在他的新部門裡謀得一職，不過《財星》提供給我的卻是個人接案工作，和山帝及其他作家合作，爲名爲《改變中的美國市場》（*The Changing American Market*）的大系列文章作準備。（最後該系列出了十二集，長達二年）。有了這個新所得來源，我覺得我可以冒險一下。

我常常接到一位名叫威廉・瓦立思・陶森（William Wallace Townsend）的投資顧問的電話，他是華爾街陶森史金納公司（Townsend Skinner）的資深合夥人，而這家公司則是工業委員會的最小會員。我的文章他一直都有在看，而且我們也曾經在電話上討論過。一九五三年初，他打電話過來，說：「要不要過來金融家商務俱樂部（Bankers' Club）這裡和我吃個中飯？」我答應了。

我搭地鐵到市中心。金融家俱樂部佔了金融區地標公正大樓（Equitable Building）的三層頂樓，接待處在俱樂部的一樓，而圖書館和餐廳則在樓上。在那裡，窗外有漂亮的景觀，還有厚毛地毯、高級傢俱和窗帘。從我們的電話中，我猜陶森應該是四十歲；他的想法和我很接近。但當我走出電梯，請人指出哪位是他時，結果發現比爾（譯註：即威廉之膩稱）比較像是六十五歲。我走上前去自我介紹，我們二人都大笑一聲，一拍即合。

比爾一八八八年生於紐約北郊，歷經幾次難忘的大起大落。一九二〇年代他在華爾街是個公司債專家，賺進數百萬美元，爲獨立銀行家協會（Independent Bankers' Associtation）寫過債券銷售的書。後來一九二九年股市崩盤時他賠光了。一九三〇年代他開了一家小公司東山再起，結合一些統計指數以預測股票和債券市場。

我們見面時，陶森還在寫一些文章，稱爲《儲貸通訊》（*Savings and Loan Letter*），是出給儲蓄銀行看的技術報告。他的合夥人是理察・德納・史金納（Richard Dana Skinner），爲新英格蘭家族的後裔，也是《水手兩年記》（*Two Years Before the Mast*）作者理察・亨利・德納二世（Richard Henry Dana Jr.）的曾曾孫。該公司有許多知名的客戶，像創立道格拉斯飛機公司（Douglas Aircraft）的航空先鋒唐納・道格拉斯（Donald Douglas）以及前總統胡佛（Herbert Hoover），胡佛總統住在華爾道夫塔（Waldorf Towers），比爾定期去看他。然而史金納幾年前就過世了，而且陶森的女婿，原本也在公司做，如今聯邦住宅抵押貸款銀行系統（Federal Home Loan Bank system）要挖他過去擔任財務管理人（fiscal agent）。於是，陶森解釋，這就是我們吃這頓飯的原因。「我希望你加入。」他說。

換工作對我來講，非常容易決定。除了《財星》的工作之外，我還有穩定的個人接案研究計劃，而且還不時有新客戶上門。我沒有真正的責任——瓊安和我已經決定要分手了，而且幾個月之內我就要搬回曼哈頓，在三十五街租棟公寓。

陶森葛林斯潘公司（Townsend Greenspan）於一九五三年九月開業。（我們於一九五四年正式成爲公司。）我們的辦公室在百老匯街上，靠紐約證交所南邊一點點。辦公室沒什麼好提的，只有一間比爾辦公室、一間我的辦公室，以及一塊共用區，坐著二名研究助理和一名祕書。

比爾和我的經營路線不同。比爾繼續出他的通訊以服務他的投資顧問客戶。我第一個客戶則是我在工業委員會所認識的人。第一家簽約的是威靈頓基金（The Wellington Fund），爲先鋒集團（Vanguard Group）前身。美國第三大鋼鐵製造商，共和鋼鐵（Republic Steel）則是第二家，而且在二年內又有十多家鋼鐵公司跟進，包括美國鋼鐵（U.S. Steel）、阿姆科（Armco）、瓊斯與拉福林（Jones & Laughlin）、阿勒根尼（Allegheny-Ludlum）、內陸公司（Inland），和凱澤（Kaiser）等。對陶森葛林斯潘公司而言，這是最好的廣告。鋼鐵是美國國力的象徵，而且如果你去翻閱財星五百大名單，第一份於一九五五年出版，這些名字都排在前面。我們後來又逐漸增加了來自各行各業的客戶——阿爾考（Alcoa）、瑞聯電氣（Reliance Electric）、梅隆國民銀行（Mellon National）、美孚石油（Mobil Oil）、坦尼柯汽車（Tenneco），以及其他公司。

受到傷害的是我的博士學位——我太忙了以致於無暇完成。每個月我都要出差好幾次，搭飛機去拜訪位於匹茲堡、芝加哥，或克里夫蘭的客戶，剩下的時間，我又搶著出報告。我深受折磨，因爲我對我選的博士論文題目很喜歡：美國家庭的支出和儲蓄形態。但接受口試並完成論文至少需要足足六個月的時間，而如果要這樣做，我必須縮減我的事業。我說服我自己放棄學位並沒有什麼損失，因爲我在工作上還會繼續研讀經濟學。但每隔幾個月我就會碰到伯恩斯教授。他總是說：「你什麼時候才要回來完成學業啊？」我總是覺得很痛苦。（很久之後，我又回到紐約大學的博士班，完成我的博士學位。）

陶森葛林斯潘公司的主要訴求在於我們有能力把經濟分析轉化爲企業領導人在決策上所能夠運用的形式。例如經濟正要進入一段成長期。典型的工業執行長差不多都是從公司裡的業務、工程，或管理人員一路升上來的。知道國民生產毛額（gross national product, GNP）會怎麼變化對他根本沒用。但，如果你和一家汽車零件製造商的執行長討論時，能夠告訴他：「未來六個月雪佛蘭廠（Chevrolet）的組裝量將會和通用汽車所宣布的不一樣。」那就是他能聽懂並採取行動的東西。

今天，供應鍊已完全整合，供應商和製造廠之間的資訊可以自由流動——這就是現代即時製造系統的運作方式。但是在當時，製造廠和供應商之間的關係就好像撲克牌遊戲。如果你是家電製造廠的採購經理，買鋼板來做電冰箱，把你的鋼板庫存量告訴鋼鐵廠的業務只會弱化你的殺價地位。

資訊缺乏讓鋼鐵公司有點像是蒙著眼睛做生產計劃。而且，我們許多鋼鐵客戶的顧客只知道他們那一部分的市場。小客車、摩天大樓工程，或石油鑽採油管、甚至於馬口鐵罐的需求變動，都會對鋼鐵業的展望產生重大影響。短期而言，這些需求反應的是庫存和耗用鋼鐵的需求。

預測系統頂多只能做到以歷史資料庫準確地把未來轉化成可以推估的週期。我會去考慮小汽車和貨車產量、及飛機裝配量等項目的歷史水準。每個月，我從美國鋼鐵學會（American Iron and Steel Institute）取得以產品別和耗用產業別列示的歷史鋼鐵出貨量，並從商務部取得出口（當年美國鋼鐵大量出口）、及進口（幾乎沒有）資料。把國內的鋼鐵出貨量和進出口數字結合起來，我就可以得出每個鋼鐵耗用產業對每種鋼鐵的進貨噸數。接下來的挑戰就是找出這些鋼鐵買家所進的鋼鐵，過去每季的耗用是多少，以及庫存增加或減少多少。關於這部分，我回去找二次大戰和韓戰時期的資料：政府已經從負責美國政府工業配給制度的戰時生產委員會（War Production

Board）解密了一大堆金屬工業的統計資料。每一個耗用鋼材的產業（汽車、機械、營建，和石油鑽探）都有其獨特的庫存週期，而這些資料，都有記錄。

經過進一步的分析，這些數字加上我剛學到的總體經濟預測能力（感謝山帝·派克），我們就可以預測鋼鐵業的整體出貨水準。一段時間之後，我們還能追蹤掌握市佔率——這表示生產者可以拿到需求展望，作知情抉擇（informed decisions），從而調整下一季的生產以使利潤極大化。

到了一九五七年，我已經和鋼鐵公司合作了好多年。那年年底，我飛到克里夫蘭對共和鋼鐵的執行委員會作簡報，其執行長是湯姆·帕藤（Tom Patten）。我的系統顯示，庫存正在迅速增加中，而且該產業的生產速度遠高於鋼鐵的耗用速度。生產即將大幅下降以停止庫存積壓。而且，還不只是鋼鐵業面臨這個大問題而已。「一九五八年將會是很慘的一年。」我告訴他們。帕藤對此表示意見，說道：「不過，從訂單看來還不錯……」共和鋼鐵堅持按原計劃生產。

大約三個月後，鋼鐵需求突然銳減。那是一九五八年衰退的開始，而這次衰退是戰後最大的一次。我再去克里夫蘭時，帕藤大方地在執行委員會前承認：「喔，被你說中了，朋友。」

我第一次所作的總體經濟預測就是一九五八年不景氣的經濟衰退。花很多時間研究鋼鐵業，讓我站在絕佳的角度，看到衰退來臨。當時，鋼鐵是美國經濟的重心——經濟力和耐久財關係密切，而耐久財則大多爲鋼鐵所製造。我可以從鋼鐵轉弱進一步推到更廣泛的結果，並警告其他非鋼鐵產業。

然而，雖然發佈一九五八年衰退讓我們聲名大噪，但成功的總體預測本身並不是我們客戶覺得最有用之處。我們的工作是對當前經濟運作力量作分析性評估。預測只不過是對當前的不均衡狀態推導其最後結果。我們的服務是讓客戶深入瞭解各種力量之間的明確關係；對這些資訊，他們要怎麼做，則是他們的事。大企業的執行長對於未來經濟走向，是不會聽信一個三十歲小朋友的話的。但他們還是會聽聽他的想法，看看均衡到底會落在哪裡，尤其，他們可以把他的看法拿來和自己的知識作印證。我試著用他們的術語來交談：不是「GNP的數字怎麼樣？」而是「未來六個月工具機的需求如何？」或是「寬幅纖維布和男裝之間可能的價格調漲差異是多少？」我會用一般的用語說明未來狀況，然後轉化成對個別企業的意義。這就是我的附加價值，而且我們成功了。

和重工業合作讓我對資本主義動態的核心有深入瞭解。「創造性破壞」（Creative destruction）是哈佛經濟學家熊彼德（Joseph Schumpeter）於一九四二年所提出的概念。和許多偉大的概念一樣，他的概念很簡單：市場經濟會不斷地淘汰老舊、失敗的企業，然後把資源重新配置到更新、更有生產力者，而從經濟內部，不斷地自我復甦。我在二十多歲時讀到熊彼德，一直認爲他是對的，而且在我的職場生涯中，都一直看到這個過程。

電報就是最好的例子。一九三〇年代，我和朋友賀比，二個小孩子開始學摩斯碼時，電報業正處於高峰。從一八五〇年代和一八六〇年代快手發報員的全盛時期開始，該產業已經改變了整個美國經濟。到了一九三〇年代末期，一天的所發出電報量超過五十萬筆，西聯（Western Union）送訊男孩就和今天的聯邦快遞（FedEx）員一樣眼熟。電報把美國各地的城市和鄉鎮串聯起來，壓縮了業務以及人和人之間溝通所需要的時間，並且把美國工業及金融市場和全世界其他地方連接在一起。那是人們接收家庭和事業重要或緊急消息的方式。

然而，儘管有這麼大的成就，這個產業還是處於消失邊緣。那些我所崇拜像光一樣快的電報發報員早就不見了。電傳打字機取代了老式的單鍵傳輸設備，而西聯發報員至此基本上已是打字員，用英文幫你傳訊，而不是摩斯碼。學習摩斯碼已經變成小孩子的遊戲。

這時，電話是個新興事業——它們將取代電報，成爲遠端通訊的最佳工具。到了一九五〇年代末期，在陶森葛林斯潘公司裡，比爾・陶森也許偶爾還會用電報傳給老客戶，但電報在公司裡已經不再扮演重要角色了。我們以電話作爲二次拜訪間保持聯絡的工具：效率、經濟而又有生產力。當新科技把摩斯碼專家淘汰之後，我對消失的工藝總是非常懷念。（話說回來，取代快馬郵遞〔Pony Express〕的，就是電報。）

我看到這種消長模式一再重複。在擔任顧問的日子裡，我有一個觀賞馬口鐵罐頭滅亡記的好位置。一九五〇年代是焗鮪魚和罐頭湯的年代；用罐頭及包裝食品爲你的家人作晚餐是郊區生活方式的標誌，而開罐器則是現代廚房必備的工具。食品製造廠喜歡馬口鐵罐頭：它提供了一種包裝蔬菜、肉類，和飲料的方法，可以長途運送，也可以長期儲存。老式的雜貨店裡，店員爲客人所要買的份量稱斤兩，以後永遠沒機會了。被自助式超級市場所取代，因爲超市更有效率，所提供的價格也更低。

五〇年代的馬口鐵罐頭其實不是眞的用錫做的，而是鍍錫的鐵，我在陶森葛林斯潘公司所顧問的鋼鐵公司，就賣很多這種東西。一九五九年所生產的馬口鐵計五百萬噸，大約是整個鋼鐵業總產出的百分之八。當時，鋼鐵業正遭受打擊。全國性的重創讓生產停頓了將近四個月，這段期間，有史以來第一次，鋼鐵巨人發現其主要競爭對手來自德國和日本。

鋁業也受到打擊——衰退正在壓縮阿爾考、雷諾茲（Reynolds），和凱澤三大製造商的利潤。而一年五百萬噸的馬口鐵罐，可是不小的市場，似乎是不可錯失的良機。鋁罐，才剛開發出來，其結構比鐵罐更輕更簡單——它們只需要二片金屬而不是三片金屬。鋁也更容易印上彩色標籤。一九五〇年代已經開始用鋁罐，終結了冷凍濃縮果汁原來所用的容器。庫爾斯啤酒廠（Coors Brewing）推出七盎司裝的鋁罐，而不是十二盎司的鐵罐，引發崇拜式的跟隨。其份量較少，看起來好像是爲了增加了吸引力，其實是還沒人想出來如何製造大罐的鋁製啤酒罐。但到了一九六〇年代初期，製造廠就解決了這個問題。

衝擊力最大的創新是易開罐，一九六三年推出。易開罐消滅了開罐器的需求——而易開罐只能用鋁去做。最大的鋁製造廠是阿爾考，我的客戶；其執行長當時正在想辦法多角化，希望除了基本鋁製品之外，能夠擴展到利潤較好的領域，就像雷諾茲首先開發家用鋁箔一樣。他的執行副總是個罐子狂，說道：「啤酒罐是阿爾考的未來！」當易開罐出現時，他和執行長就全力支持這個構想。

第一家賣易開罐啤酒的大廠是施麗茲（Schlitz）。其他家也迅速跟進，到了一九六三年底，美國百分之四十的啤酒是鋁製易開罐。接著軟性飲料巨人也來了：可口可樂和百事可樂於一九六七年雙雙改爲全鋁罐。鐵罐飲料就和電報鍵一樣消失了，而金錢則跟在創新後頭。換成鋁罐有助於提升阿爾考的獲利，該公司一九六六年秋季的獲利，創了七十八年以來單季最高紀錄。投資人在六〇年代末期的股市熱潮裡，猛追鋁股。

對鋼鐵廠而言，失去啤酒和蘇打水罐子市場，只是痛苦的長期衰退中之一小步而已。在此之前，美國並沒有進口太多的鋼鐵，因爲一般人認爲外國鋼鐵的品質比不上美國。但是當一九五九年罷工延長到第二、甚至第三個月時，汽車製造廠及其他大客戶不得不尋求其他貨源。他們發現有些從歐洲和日本進來的鋼品品質一流，而且大多數還比較便宜。到了一九六〇年代末期，鋼鐵已經失去代表美國形象的地位，榮耀已經轉向ＩＢＭ這樣的高成長公司。熊彼德所說的「創造性破壞的永恆風暴」（the perennial gale of creative destruction）開始打擊鋼鐵巨人。

雖然我在陶森葛林斯潘公司的工作，市場需求甚殷，我卻很小心不想擴充太快。我把焦點放在維持高利潤率（百分之四十左右），以及不要過度依賴單一客戶或集團，以免失去該客戶而危及我們的事業。比爾・陶森完全同意這個方式。他一直是我心目中最好的合夥人。雖然我只和他共事五年（他於一九五八年死於心臟病），我們變得非常親密。他就像是極爲慈祥的老爸。他堅持我們的利潤要對半分——最後我實際拿到的比例卻多出許多。我們從來就沒有忌妒或競爭的感覺。他過世後，我向他的子女買回股票，但我請他們讓我繼續把他的名字掛在大門上。我覺得這樣才對。

艾茵・蘭德成爲我生命中的安定力量。我們沒多久就產生心靈上的交流（大部分是我的心靈去找她的心靈），而且在五〇年代及六〇年代初期，我成爲她公寓裡每週聚會裡的常客。她是個十足的原創思想家，分析犀利、意志堅定、非常有原則，並且非常堅持理性是最高的價值。就這點來看，我們的價值是一致的——我們都認同數學和嚴謹思考的重要性。

但她遠超過這些，思考更爲廣博，超過我敢探索的範圍。她是個亞里士多德學派的忠誠信徒——其中心理念爲，客觀實體（objective reality）是存在的，獨立於意識之外，而且能夠被認知。於是她自稱她的哲學爲客觀主義。而她也應用亞里士多德道德論的主要教義，即人具有與生俱來的高貴性，每個人的最大責任就是實現這個本能以臻榮盛。和她一起探索理念是邏輯和知識論上的精彩課程。我大多數時候都能跟得上。

蘭德的「集合體」成爲我在大學及經濟學專業以外的社交圈。我以一個年輕跟班者沉迷於全新理念的熱忱，參加徹夜的辯論並爲她的會員通訊撰寫生動的評論。和其他的新皈依者一樣，我傾向於將這套觀念侷限在最嚴謹且最簡單的範疇裡。大多數人在一個概念的複雜性和限制條件出現之前，會先去看簡單的綱要。如果我們不這樣，那就沒有什麼好斟酌，也沒有什麼好學習的了。只有當我的新想法裡開始出現矛盾時，熱情才會退卻。

我發現有一個矛盾特別具啓發性。根據客觀主義者的想法，徵稅是不道德的，因爲那是允許政府以強制力量挪用私人財產。然而，如果徵稅是錯的，那麼維護基本政府運作，包括動用警力保護人權的經費要靠什麼？蘭德派的答案是，那些基於理性，看到政府需求的人會自願捐獻，這個答案並不妥當。人有自由意志，如果他們拒絕呢？

對於更大的哲學議題，不受限制的市場競爭，我還是認爲沒有不接受的餘地，一如我今天的想法，可是我心不甘情不願地開始瞭解，如果我的知識架構存在限制條件，那麼我就不能主張其他人都應無條件接受。在一九六八年我加入尼克森總統競選團隊之前，我早就決定要以局內人的角色參與自由市場資本主義的推動工作，而不只是個評論作家。當我同意接受提名成爲總統經濟顧問委員會（President's Council of Economic Advisors）主席時，我知道我必須發誓，不只要遵守憲法，還要遵守美國法律，而美國法律，我認爲有很多地方是不對的。民主社會政府要受法治之約制，而其存在，則隱含了幾乎所有的公共議題都難以有一致的看法。對公共議題之妥協，是文明的代價，而非放棄原則。

我在橢圓辦公室（Oval Office）裡，進行福特總統所主持的宣誓就職典禮時，我沒有忽略，艾茵・蘭德就站在我身邊。艾茵・蘭德一直和我走得很近，直到一九八二年她過世，我由衷感激她對我這一生的影響。我在智慧上設限，直到我遇到她。我所有的工作一直是在實證和數值基礎方面，從來沒有價值導向的東西。我是個有天分的技術人員，但也僅止於此。我的邏輯實證主義竟藐視歷史和文學——如果你問我喬叟（譯註：Chaucer，中世紀英國詩人）值不值得讀，我會說：「省省吧。」蘭德說服我去注意人類，他們的價值、他們的工作方式、他們做什麼，和爲什麼做，還有他們如何思考和爲什麼思考。這開拓了我的眼界，遠超過我所學的經濟學模型。我開始研究社會如何形成和文化如何表現，也開始瞭解，經濟學和預測要依靠這些知識——不同的文化以深奧地不同方式，創造並培育物質財富。這些想法，都是從我和艾茵・蘭德在一起才開始的。她引我進入一個我把自己拒於門外的廣大領域。

3 經濟學遇上政治學

一九六〇年代，經濟預測大舉入侵華府。這件事從明尼蘇達州一名機智而博學的教授，華特・海勒（Walter Heller）開始，他是經濟顧問委員會（Council of Economic Advisers, CEA）的主席，他告訴甘迺迪總統，減稅可以刺激經濟成長。甘迺迪反對這個構想——畢竟他已經就任，並要求美國人要自我犧牲。而且在當時的環境下，減稅代表財政政策上的重大改變，因爲政府已經呈現財政赤字。當時的經濟是以家庭財政的模式在管理——你必須自食其力，平衡自己的預算。事實上，有一年艾森豪總統還爲了四十億美元的赤字向美國人道歉。

但古巴飛彈危機之後，由於一九六四年大選在即，經濟成長極爲遲緩，甘迺迪最後只好接受。一九六三年一月，向國會提出驚人的一百億美元減稅案——以經濟規模換算調整後，這是二次大戰至今最大的減稅案，幾乎和小布希總統三次減稅案加起來一樣大。

甘迺迪死後詹森總統立刻簽署減稅案，使之成爲法律。其效果正如經濟顧問委員會所預期，眞是皆大歡喜：一九六五年，經濟開始繁榮。年成長率達百分之六以上，正符合華特・海勒的計量經濟預測。

經濟學家們歡欣鼓舞。他們認爲他們終於解決了預測之謎，而且還毫不避諱地恭喜自己，「經濟政策的新紀元即將到來。」CEA於一九六五年一月份的《年度報告》（*Annual Report*）上宣稱：「經濟政策的工具變得越來越精緻、越有效率，而且越來越不受傳統、誤解，和空泛的辯論術之限制。」該文表示，經濟政策制定者不該再只是被動地對事件作回應，而應「預見並促成未來之發展。」那一年年底股票市場大漲，《時代》雜誌把凱因斯的相片放在封面（雖然他已經在一九四六年過世），宣稱：「現在，我們都是凱因斯學派。」①

我眞不敢相信。做總體經濟預測，我一向沒信心，雖然在陶森葛林斯潘時，我們確曾提供總體經濟預測給客戶，但這並不是我們的業務重心。我必須佩服海勒已經作到了。但我也記得我坐在我松街（Pine Street）八十號的辦公室裡望著布魯克林大橋（Brooklyn Bridge），心想：「好險，幸好我不是坐在華特・海勒那個位置。」我知道總體經濟預測，藝術的部分遠多於科學。

當詹森政府開始投注大量金錢於越戰和「偉大社會」（Great Society）計劃時，這些美好的經濟成果就開始惡化了。在陶森葛林斯潘時，我除了日常營運所需的工作之外，對政府的財政政策非常有興趣，經常撰寫報紙專欄，也在經濟學期刊上發表文章，批評政府。我對越戰經濟學特別感興趣，因爲我早期寫過韓戰支出的文章。當我的老同事山帝・派克，當時他還在《財星》擔任首席經濟學家，於一九六六年初找陶森葛林斯潘協助檢驗戰爭的成本時，我認爲機不可失，欣然答應。

①尼克森於一九七一年擔任總統時曾引用這句話爲其政府的財政赤字和經濟干預辯護。

詹森總統的會計裡，有些東西沒加到。美國在兵力部署上的成長越來越清楚，依據這點來看，政府所估計的戰爭成本似乎偏低——據報，威廉・威斯特摩蘭將軍（General William Westmoreland）祕密要求增加四十萬大軍。我把總統對國會所作，從一九六六年七月一日開始的會計年度預算報告拆開來，運用我所知道的五角大廈支出形態和實務，我認爲該預算低估了當年度可能的戰爭成本達百分之五十以上——大約少了一百一十多億美元。（該預算還在一個敍述性的附註中假設，展望一九六七年，戰事將會在該年的六月三十日之前結束，所以後面就不用對損耗的飛機或其他設備作更新。）

《財星》於一九六六年四月那期爆出這則故事，標題爲〈越戰：成本會計分析〉（The Vietnam War: A Cost Accounting）。該文坦率指出：「對於即將面臨的越戰支出，預算幾乎沒有提及。」另一權威商業刊物則對詹森總統及其政府是否隱藏戰爭成本的論爭火上加油。②

然而，除了對戰爭經濟感到懷疑之外，我和當時那個年代卻相當脫節。當人們想到六〇年代時，他們想到的是人權遊行、反戰示威、以及性、毒品，和搖滾樂——一種劇烈而如火如荼的文化。但我卻站在代溝的另一邊。我一九六六年時是四十歲，這表示我一九五〇年代就是成年人了，這時你穿西裝打領帶還抽著煙斗（裡面有煙草）。我還是聽我的莫札特和布拉姆斯，以及班尼・古德曼和葛倫・米勒。我對貓王當道的流行音樂幾乎是完全陌生——對我的耳朵而言，那和噪音沒

②詹森總統一開始就對數字掉以輕心。例如，歷史學家及詹森總統顧問艾瑞克・高曼（Eric Goldman）在回憶錄中描述詹森以「誇大的經濟貢獻和實踐技術之印象」來誤導記者對其首次預算的報導。

兩樣。我認爲披頭四是不錯的音樂家，他們唱得很好，而且還很有魅力——和後來的一些束施效顰者比起來，他們的音樂幾乎是經典之作。我對六〇年代的文化感到陌生，因爲我覺得那是反知識的。我是個深度保守主義者，也奉行禮教。因此我不認同嬉皮的花朵力量（flower power）。我有自由不參加，而我也沒參加。

我是在一九六七年爲尼克森競選時才開始從事公共事務。當時我正和哥倫比亞大學的財務學教授馬丁·安德森（Martin Anderson）合寫一本經濟學教科書。馬丁在保守派的圈子裡頗有名氣，寫了一本書，名爲《聯邦推土機》（*The Federal Bulldozer*），批評都市更新問題，引起尼克森的注意。我們的計劃是合寫一本描述自由放任資本主義體制的教科書，帶點諷刺意味，我們決定由學界出身的馬丁負責寫企業方面的章節，而我，一介企業顧問，卻寫有關理論方面的章節。但我們還沒寫多少，尼克森就邀請馬丁加入他的競選團隊擔任首席內政顧問了。

馬丁一加入競選團隊之後，就問我可不可以幫他們那一小組開發政策並撰寫演講稿。除了馬丁之外，當時的資深幕僚只有四人——幕僚長帕特·布坎南（Pat Buchanan）以及威廉·薩菲爾（William Safire）、雷·普萊斯（Ray Price），和廉尼·迦門特。我只認識廉尼，不過我們二十多年前在亨利·傑若米交響樂團一起演奏之後就很少見面了。現在他是尼克森在紐約的律師事務所——尼克森馬吉羅斯（Nixon Mudge Rose Guthrie Alexander & Mitchell）的合夥人。我們六人外出吃午餐，討論我能爲競選做些什麼事。他們對我的一些想法很喜歡，最後布坎南建議，我們應該先和候選人談過之後再開始進行。

幾天之後，我就到尼克森的辦公室去見他。我爲他從政治遊戲敗陣下來感觸良多。和其他人一樣，我還記得他在一九六二年加州州長選舉落敗後的告別演說中對記者的調侃，當時他認爲媒體一直在壓制他：「你們沒有機會再打壓尼克森了，因爲，各位，這是我最後一次記者會。」尼克森在尼克森馬吉羅斯事務所裡的辦公室塞滿了紀念品和簽名照——我感覺這是曾經叱吒一時的風雲人物退守到一間充滿許多回憶的小房間。但尼克森的穿著很高雅，而且他不只是外貌上看起來像個成功的紐約資深律師而已，他的一舉一動也都顯示出成功律師的風範。我們沒有浪費時間閒聊，他體貼地用經濟學和政策問題打開話題來讓我暢所欲言。當他在說明他的理念時，遣詞用句非常完美。我印象非常深刻。後來在競選中，我有時要在尼克森面對媒體之前先向他簡述問題重點，而他總是能發揮那種熱情且實事求是的律師模式。他可以在聽取完全不瞭解的問題（例如，突發新聞事件）五分鐘之後，馬上上場，像個博學的教授一樣侃侃而談。我認爲我所共事過的總統裡，就屬他和柯林頓最聰明。

尼克森的總統競選委員會辦公室位於公園路和五十七街交口老舊的美國聖經團契大樓裡。最初我一個星期做二、三個下午，當選情升溫，逐漸增加到一週四到五個下午，甚至更多。他們任我爲「經濟與內政顧問」，但我一直是純粹的義工。我和馬丁密切合作，他向哥倫比亞大學請假，全職在競選專機上工作。我一部分的工作是整合大眾對任何議題的反應：我們努力收集必要的調查資料，連夜傳眞給尼克森和競選團隊。他要求在和外界接觸時要先掌握資訊，我幫他們籌組了幾個經濟議題的專案小組。這些專案小組的主要目的是把人拉到他的陣營。在美國，民主黨的登記黨員幾乎是共和黨的二倍，③尼克森必須盡可能地拉攏每一個人。每個專案小組會聚在一起，把大家的想法告訴尼克森，然後大家微笑握手並照相。但我最喜歡的工作，也是我最具原創性的貢獻則是整合全國和地方民調。在二〇〇四年競選期間，政治人物可以利用網際網路取得每天的全國民調，掌握五十州最新的選舉人票變動情形。一九六八年時還沒有這種科技，但我所建立的東西，和今天你所能拿到的非常接近。我用我們所能找到的全國所有民調，得出和過去投票模式及趨勢的關係，並推論到沒有民調的州——全都用來推測全民票（popular vote）和選舉人票（electoral vote）。

一九六八年七月底，共和黨代表大會一星期前，尼克森把資深幕僚集合到長島（Long Island）東端蒙淘克（Montauk）的一家休閒旅館——葛尼旅館（Gurney's Inn）裡。大約有十五人出席——所有的資深幕僚，包括我數月前進去時一起工作的那幾個。尼克森知道他的票數已經能夠得到提名了，而這次工作會議的目的就是擬定他在接受提名演說上所要主打的議題。但是當他坐上會議桌時，不知道爲什麼，卻在發脾氣。他沒有如我期望的討論政策，而是破口大罵，說些民主黨是敵人這類的東西。他並沒有拉高嗓門，但是他的話像連珠炮似的，字眼粗暴，讓東尼·索波諾（Tony Soprano）覺得很難堪。這不是我所認識的尼克森。沒想到我當時所觀察的，正是尼克森個性上的重要部分。我不能瞭解爲什麼一個人竟然會有如此不同的兩面。過了一陣子之後他平息下來，繼續開會，但從此我對他的看法就改變了。這件事一直到選後都還困擾著我，因此，當他邀我加入白宮幕僚時，我說：「不，我想回去幹我的本行。」

③根據美國選民研究中心（Center for the Study of the American Electorate）資料，選民的分布是一千七百萬民主黨員對九百萬共和黨員。

當然，五年後爆發水門事件，尼克森深沉的一面就公開出來。大家發現，他是一個極端聰明的人，不幸卻也是個偏執、孤僻，而憤世嫉俗的人。柯林頓政府裡有一人曾經控訴尼克森反猶太，我對他說：「你不知道。他不只是反猶太。他是反猶太、反義大利、反希臘、反斯洛伐克。我不知道他支持過什麼人。他恨每個人。他可以惡毒地說著季辛吉的壞話，卻還是任他為國務卿。」當尼克森下臺時，我鬆了一口氣。你不知道他會幹出什麼勾當，而美國總統的權力很大，這令人害怕——宣誓效忠憲法的軍官很難說：「總統先生，您的命令恕難照辦。」

當然，尼克森是個極端。但這件事讓我看到，位於政治金字塔頂端的人物真的是與眾不同。福特是歷任總統中最接近正常人的一位，但他並未經過選舉當上總統。多年來我一直推動一個修憲案但沒有成功。條文是：「任何願意去做成為美國總統所必須做的事情的人，禁止當總統。」我只是半開玩笑。

雖然我沒有接受政府的正式職位，華府還是成為我生活上重要的一部分。我擔任交接前的過渡預算長，幫尼克森做出第一份聯邦預算。我加入各種專案小組及委員會——最重要的是志願役軍隊總統委員會，由馬丁・安德森所策劃，在國會裡為廢止徵兵制鋪路。④由於我有熟識的朋友和同行在政府裡掌管經濟和內政大權，我發現我在政府裡所花的時間越來越多了。

由於企業必須對抗越戰效應及國內的紛擾，經濟表現相當怪異。所得稅超徵百分之十以支應

④雖然委員會是由安德森所籌組的，他並未擔任任何職務。主席是湯瑪斯・蓋茲（Thomas S. Gates Jr.），曾任艾森豪的國防部長。

戰爭是詹森總統過時的政策，尼克森卻持續超徵，於是引發不良效應。一九七〇年我們陷入衰退，失業率竄升至百分之六——大約有五百萬人沒工作。

同時，通貨膨脹似乎自行發生了。通貨膨脹並未如所有的預測模型所預期地下降，反而升高至大約每年百分之五・七——和後面比起來還算低，但以當時的標準來看是高得離譜。依照流行的凱因斯學派經濟觀點，失業和通貨膨脹就像翹翹板兩端的小朋友：當一邊上升時，另一邊就下降。簡單說，其想法是這樣：失業的人越多，工資和物價上漲的壓力就越小。反之，當失業減少，勞動市場趨緊，工資和物價就很可能會上升。

但凱因斯學派的經濟模型無法解釋失業和通貨膨脹雙雙爬升的可能性。這個現象，稱爲停滯性膨脹（stagflation），政策制定者不知所措。十年前讓政府的經濟學者顯得很有先見之明的預測工具，事實上還不足以讓政府有能力來調整經濟。（數年後的一項民調顯示，大眾認爲經濟學家的預測能力和占星學家差不多。這讓我不禁要爲占星學家叫屈。）

要求政府處理這些問題的政治壓力高漲。阿瑟・奧肯（Arthur Okun），詹森總統時代即擔任經濟顧問委員會主席，以諷刺性幽默著稱，他發明了「痛苦指數」（discomfort index）來描述這個難題。這項指數其實只是失業率和通貨膨脹率加起來。現在的痛苦指數是百分之十・六，自一九六五年以來即一路攀高。⑤

⑤痛苦指數的英文原爲 discomfort index，最近更名爲 misery index，在總統大選中被拿來操作至少已經有二次了。卡特於一九七六年用之來批評福特總統，而雷根則於一九八〇年拿來批評卡特總統。

我看著我的華府朋友在各種方法間搖擺不定。爲處理所得稅超徵所引發的衰退和寒蟬效應，聯準會調降利率並發行貨幣投入經濟。這有助GDP再度成長，但卻使通貨膨脹升溫。同時，尼克森總統旗下有些人祭出了我們這些幫尼克森選上總統的自由市場經濟學者視爲詛咒的法寶：工資和物價管制。即使是我的老朋友兼導師，亞瑟·伯恩斯，一九七〇年受尼克森任命爲聯準會主席，也開始談到類似「所得政策」的東西。我對亞瑟的逆轉感到相當震驚——我認爲，這是政治危機加上他從新職位的立場來看經濟警訊所導致的結果。顯然聯準會是憂心忡忡。（事後回想，我猜是伯恩斯想要取得先機，搶先實施正式的工資和物價管制。）最後，一九七一年八月十五日星期五，我家裡的電話響了——那是赫布·斯坦（Herb Stein）打來的，當時他是尼克森的經濟顧問委員會成員。「我是從大衛營打來的，」他說道：「總統要我打電話告訴你，他將會對全國發表演說，宣佈工資和物價管制。」這天晚上我記得特別清楚，有二個原因：第一，尼克森把美國最受歡迎的西部電視影輯《致富之源》（*Bonanza*），也是我愛看的節目擠掉了，以播放他的政策宣佈；其次，我彎下腰來拿掉在地板上的東西時，傷到了背部。我必須在床上躺六個星期。直到今天，我還是相信，都是工資和物價管制惹的禍。

我很慶幸我不在政府裡。伯恩斯和太太住在水門公寓，有時候我會去他們家拜訪吃晚餐。亞瑟會沉思白宮最近的提案，並說：「我的天啊，他們到底想要幹什麼？」尼克森實施工資和物價管制之後，我飛去和唐·倫斯斐（Don Rumsfeld）見面，他是經濟安定計劃（Economic Stabilization Program）的負責主管，設立這個新組織是爲了管理工資和物價。他還主持生活成本委員會（Cost of Living Council），迪克·錢尼（Dick Cheney）擔任他的副手。他們請我提供意見，因爲我對特定產業的運作細節瞭若指掌。但我能幫得上忙的只是指出哪一種價格管制會產生哪一種問題。他們所碰到的是在市場經濟中實施中央計劃的問題——市場必將破壞任何的管制企圖。有一個禮拜，討論到紡織業問題。在農民的政治壓力下，政府不敢對棉花訂定價格上限。因此棉價上漲。但政府卻凍結了胚布（原色未染的布，是紡織產品的第一階段產品）的價格。因此胚布製造廠就受到擠壓——他們的成本增加了卻不能漲價——於是企業就放棄這部分的業務。突然，成衣廠開始抱怨胚布不夠。倫斯斐問我：「我該怎麼辦？」我說：「簡單——提高價格！」這種狀況一週接著一週頻頻發生，直到幾年後整個管制制度瓦解。後來，尼克森說工資和物價管制是他最糟的政策。但可悲的是他打從一開始就知道這是差勁的政策。這純粹是政治上的權宜之計：很多商人說他們希望能夠凍結工資，而很多消費者喜歡價格凍結的想法，因此他就決定放手一搏。

一九七三年十月的阿拉伯石油禁運只有讓通貨膨脹和失業更加惡化——更不用提傷害了美國信心和自尊。消費者物價指數飛漲——一九七四年產生了「二位數通貨膨脹」這個名詞，因爲通貨膨脹率攀高至驚人的百分之十一。失業率還是百分之五．六，股票市場暴跌，經濟即將跌落到一九三〇年代以來的最大衰退，而水門事件爲每件事蒙上了陰影。

在這些令人沮喪的消息中，財政部長比爾．賽蒙（Bill Simon）打電話問我願不願意接下經濟顧問委員會主席一職。當時的經濟顧問委員會主席，赫布．斯坦已經當了四年，準備離職。經濟顧問委員會主席是華府經濟學家三大要職之一——另外二個是財政部長和聯準會主席。大多數情況下我會馬上答應。但我對總統的許多政策不以爲然，因此我覺得我很難好好地大展身手。我告訴賽蒙我感到很榮幸，也很樂意爲他推薦其他人選，但我不想接下這個職位。過了一個禮拜左右，他又打了第二通電話給我，我說：「比爾，我很感激，但我是真的不想接。」「喔，那麼是不是至少和艾爾・海格（Al Haig）談一下?」海格是尼克森總統的幕僚長。我答應了，隔天海格問我能不能到佛羅里達州的必斯肯島（Key Biscayne）去見他，那裡是總統喜歡去的地方。海格還真的是要了一套白宮的利益戲碼給我看——他派了一架軍方高級將領座機，還有整組空服員來接我到必斯肯島。我抵達後，海格與我長談。我告訴他：「你錯了。如果我當了主席，而政府開始實施我所無法認同的政策，我還是要辭職的。你不必多此一舉了。」這次我們談最多的就是工資和物價管制，但由於通貨膨脹，許多壓力來自國會，要求政府實施工資和物價管制。我告訴他，如果發生這種事，我就辭職。他說：「那不是我們的方向。你將不會有辭職的想法。」當我要離開時，他問道：「你要見他嗎?」他就是尼克森。我說：「我看不出有什麼理由要見他。」其實，我對這個人還是不怎麼信賴。我也不清楚工作的職掌，而且，拒絕美國總統，是我覺得全天下最難的事。

我一回到紐約，辦公室裡的電話就又響了。這次是亞瑟・伯恩斯。他要我去華府見他，我去了。我錯了。我的老師吸著煙斗，想要挑起我的歉疚感。提到水門醜聞，他說道：「這個政府已經癱瘓了。但經濟還在，我們還是要制定經濟政策。你必須對國家效力。」更何況，他指出，我二十年來都在打造陶森葛林斯潘公司；現在不正好是放手看看公司能不能自己生存的好機會?談話結束時，我已經被說服了，也許我能在華府做點有意義的事。但我告訴自己，我應該租間逐月續約的公寓，並且，至少是象徵性的，把行李打包好放在門口。

如果尼克森不是碰上這麼人的麻煩，我懷疑我還會不會接這份工作。我幾乎把這看成是打雜的工作，幫忙把東西整理好。我不打算待太久。如果尼克森做到任期結束，也許我就不會做超過一年。但世事難料。參議院給我的同意任命聽證會是在一九七四年八月八日星期四的下午舉行，而當晚尼克森就在電視上宣佈辭職。

我和福特副總統只有在幾個星期前見過一次，談了幾小時的經濟問題。但我們還處得來，而且倫斯斐擔任他的移交團隊主管，在唐的催促下，他就重新通過了尼克森給我的任命案。

基本上，經濟顧問委員會是個小型顧問公司，只有一個客戶，即美國總統。委員會在白宮對街的舊行政辦公大樓（Old Executive Office Building）裡有幾間辦公室，有三名委員和一小組幕僚經濟學家，多數是從大學裡借調過來一、兩年的教授。在尼克森時代，由於赫布・斯坦經常代理總統發言，於是經濟顧問委員會變得相當政治。雖然赫布是個非常幹練的主席，但要身兼顧問和發言人二職是非常困難的（通常，財政部長才是政府的經濟發言人），所以我想把委員會回歸到顧問的角色。和另二名委員，威廉・費納（William Fellner）及賈利・西佛斯（Gary Seevers）簡短討論過之後，我就取消了每月定期的新聞記者會。我決定要盡量減少發言，也盡量避免和國會接觸——當然，國會傳喚時，我還是要出席備詢。

選我當主席是很不尋常的，因爲我沒有博士學位，而且我看經濟的方法也和大多數學者不同。在陶森葛林斯潘公司，我們有電腦以及最先進的計量經濟模型，任何教授都看得懂這些模型，但我們一直把焦點放在產業層次的分析上，而不是失業和聯邦赤字這類的總體變數。

福特和尼克森之不同，猶如白天和黑夜。福特是個穩重的人，在我見過的人當中，他是最不會出現心理焦慮的人。他沒有奇怪的情緒，也不會讓你感到他意有所指別有用心。如果他生氣，一定是爲了客觀的理由生氣。但他很少生氣——他極爲沉著穩重。一九七五年，西貢剛淪陷不久，高棉共軍在其海岸線附近的航道上逮捕了懸掛美國國旗的馬亞圭斯號（Mayaguez）貨櫃船。當國家安全委員會（National Security Council）副主席布倫特・史考克羅（Brent Scowcroft）在一個經濟學會議中走進來，遞紙條給福特時，我就坐在他旁邊。總統打開紙條。讀紙條內容。這是福特第一次得知這個事件。他轉身向史考克羅說道：「好吧，如果不是我們先開火的話。」然後他轉身回到會議繼續討論。我沒有看到紙條內容，但很清楚，總統剛剛是授權部隊必要時對高棉共軍加以反擊。

他總是知之爲知之，不知爲不知。他不認爲自己的智力優於季辛吉，或是比季辛吉更懂外交政策，但他並沒有受到威脅的感覺。福特的穩重是渾然天成——也許他就是少數可以在心理測驗中眞正拿到正常分數的人吧。

雖然福特總統不是非常擅於表達經濟問題，但我發現他對經濟政策自有一套非常老練而一致的看法。在眾議院撥款委員會（House Appropriations Committee）多年，讓他完全學會了聯邦預算，因而在他擔任總統時期所編的預算，眞正是他自己的預算。更重要的是，他相信限制聯邦政府支出、平衡預算，和穩定的長期成長。

福特的最高政策就是發展解決通貨膨脹的對策，他首次對國會演說時就指出通貨膨脹是公眾的頭號敵人。由於那一年美元的購買力損失超過了百分之十，通貨膨脹已經讓每個人倉皇不安。人們削減支出，因爲他們擔心日子就要過不下去了。在企業界，通貨膨脹造成不確定性和風險，從而使計劃變得更爲困難，並阻礙人們僱用員工、建造工廠，或任何成長性投資。那就是一九七四年所發生的現象——資本支出基本上已經凍結，使得衰退更爲嚴重。

我認同總統的施政重點，但他的白宮幕僚處理這個問題的計劃卻把我嚇壞了。我第一次到白宮的羅斯福廳（Roosevelt Room）體驗政策制定時，就差點讓我想趕快逃回紐約。那是一個資深幕僚會議，負責演講撰稿的部門在會中公告了一項活動，稱爲立即打擊通貨膨脹（Whip Inflation Now, WIN）。WIN就是他們要大家知道的事（「懂了嗎？」，一個人問道），這是一個大型的活動，打算發起全國自願凍結價格，十月會在華府召開高峰會，和初步的專案小組討論通貨膨脹，然後到全國各地舉辦小型高峰會，以及許多類似活動。這些演講撰稿人已經訂製了數百萬個WIN圓形徽章，並把樣品發給在座的每一個人。這眞是荒謬極了。我是在場唯一的經濟學者，我對我自己說：「這眞是愚蠢到家了。我還留在這裡幹嘛啊？」

因爲我是新來的，所以還不太瞭解這裡的應對進退。我想我不該想到什麼就說什麼。於是我就調整心態來對待不合經濟常理的事。我指出：「你不能要求小店家自願放棄漲價。這些人的利潤微薄，而且還無力防止他們的供應商漲價。」其後幾年，我成功地讓他們把一些規定放寬，但那年秋季，WIN還是大張旗鼓地推出了。那是最糟的經濟政策。這讓我慶幸我已經取消了經濟顧問委員會的新聞記者會，因爲我從未受召公開爲WIN辯護。到了年底，由於衰退持續惡化，這項活動就完全失去了光環。

白宮的主要經濟政策小組在每個工作日的早上八點半開會，由於經濟是政治舞臺的中心，大家都想參加。成員包括五到六位內閣官員、預算局局長，和所謂的「能源大王」（energy czar）等。

遇有重大議題時，伯恩斯會列席並提供意見。許多時候會議室裡會有二十五個人。這是個好論壇，因爲只放出議題討論，但絕不形成眞正決策。經濟顧問的核心小組則更小：財政部長賽蒙、預算局局長羅伊・阿什（Roy Ash，後來由吉姆・林恩〔Jim Lynn〕接任）、亞瑟・伯恩斯，和我。

起初看起來好像我們只會跟總統報告壞消息。九月底，失業突然上升。很快地，訂單、生產，和就業都開始下挫。到了感恩節，我向總統報告：「我們明年春季可能會有非常嚴重的問題。」政策小組在聖誕夜行文給總統，向他提出預警，將會有更多的失業，並出現二次大戰以來最嚴重的衰退。這份報告還眞是不吉利的禮物。

更糟的是，我們告訴他我們不知道這次不景氣會惡化到什麼程度。衰退就像颶風——從正常現象發展成大災難。正常的衰退是景氣循環的一部分：發生於企業的庫存超過需求時，企業會大幅降低生產直到多餘的庫存賣掉。五級颶風的衰退發生於需求本身的崩潰——當消費者停止消費，而企業停止投資時。當我們談及可能性時，福特總統擔心美國會發現自己陷入需求重挫、裁員，和黑暗的惡性循環裡。由於沒有任何一種預測模型可以對付我們所面對的情境，我們可以說是盲人騎瞎馬。我們所能告訴他的只是這次也許是庫存基礎的衰退加上石油衝擊和通貨膨脹——也許是個二到三級的颶風。也有可能是五級颶風。

總統必須作個選擇。由於痛苦指數接近百分之二十，來自國會的龐大政治壓力要求政府大幅減稅或大量增加政府支出。那是對付五級颶風的手段。雖然冒著把通貨膨脹推向更高的風險，引發長期災難效應，這些手段還是能帶來短期的成長。另一方面，如果我們所面對的只是庫存衰退，則最佳的反應方式——經濟上的，不是政治上的反應方式——就是盡量少做；如果我們能夠不去亂按緊急鈕，經濟會自我修正。

福特不是屈服於恐慌的人。一九七五年一月初，他指示我們開發最溫和的計劃。結果我們的措施包括抒解能源危機、抑制聯邦政府預算，和一次所得稅退稅以降甘霖給家庭。退稅案是安德魯·布利墨（Andrew Brimmer）的獨創構想，他是詹森總統時代聯準會第一位非洲裔美國官員。政策正式發布的前幾天，福特總統還親切地開玩笑問我，一百六十億美元退稅會不會傷及我們長期的成長展望。我告訴他，從經濟上來說，退稅是很精明的因應方式，並解釋說：「只要這個案子只施行一次，不要成為永久制度，不會有什麼大礙的。」

當他答說：「如果這是你認為該做的事，那麼我會提出來。」有點讓我吃驚。當然，他也會諮詢其他比我更資深的顧問的意見。但我認為：「有意思。美國總統採納了我的意見。」我感受到很大的責任感——以及滿足感。福特在政治上，或其他方面並不欠我任何東西。這證明了構想和事實眞的很重要。

他的抑制方案在經濟上很有道理。也符合我自己的決策哲學。在檢討政策時，我總是問自己一個問題：如果我們錯了，要付出多大的經濟代價？如果沒有負面風險，你愛實施什麼政策就實施什麼政策。如果潛在的失敗代價非常大，你就應該避免這項政策，即使其成功機會大於一半，因為你無法接受失敗的代價。同樣的，福特總統要有很大的勇氣才能作出這個選擇。他很清楚他的計劃將會被抨擊為不恰當——如果事後證明太溫和了，可能會延長經濟不景氣。

我決定經濟顧問委員會必須把這當成緊急事件。總統必須知道究竟我們所面對的是一個暫時性的庫存震撼還是重大的需求解體。這個問題，唯一一定有效的經濟指標就是國民所得（Gross

National Product, GNP)，這是對經濟的全面描述，由經濟分析局（Bureau of Economic Analysis, BEA）從一大堆統計資料所導衍出來。不幸的是，經濟分析局一季只出一次GNP資料——遠遠落後現實。而你不能看著照後鏡開車。

我的構想是裝設一套緊急頭燈：一套每週的GNP，讓我們能夠即時監控衰退狀況。我相信做得到，因爲在陶森葛林斯潘公司時，我們就已經發展出每月的GNP。其訴求對象是必須作決策而又不願等待官方發佈季資料的客戶。因此，分析基礎已經有了；而編製週資料，大致上意味著要有更多的工作。有些重要的統計數字，像零售銷售和失業保險申請等已經可以每週拿到資料，因此這些比較容易。其他的重要資料，像汽車銷售或是耐久財（工廠設備、電腦等東西）的訂單、出貨等，通常是十天或一個月出一次。庫存資料也是每月出，但比較複雜，經常不準確而要大幅修正。

填補這個資訊大缺口，一個方法就是打電話。多年來，我已經在企業界、貿易協會、大學，和立法單位建立了廣大的客戶和聯絡網路，而當我們請他們幫忙時，他們也都大方地同意。企業把他們的訂單和召募計劃等機密資料分享出來；企業領導人和專家提供他們的觀察和看法來引導我們。我們可以建立庫存的清楚全貌，例如，把原物料價格、進出口、出貨時間表等敏感的衡量指標和敍事性資料結合起來。

我們所收到的事證還是很零碎——離經濟分析局用來計算GNP的標準還差得很遠，但符合我們的特殊需求，而經濟分析局所作的GNP則是要對外公佈用的。當經濟分析局的經濟學家和統計人員得知我們所做的事之後，他們也加進來，協助我們建立分析架構。熬夜熬了兩三個禮拜之後（我們這一小組幕僚還要準備年度經濟評估報告，二月初要出來），GNP的週系統終於架構起來也順利運作。我終於可以開始向福特總統報告最新的事實，而不是靠臆測。

從此以後，政策討論就可以更清楚對焦了。每週，在例行的內閣會議上，我會報告最新的景氣衰退狀況。當我們檢視十天的汽車銷售數字、每週的零售銷售額、營造許可和新屋開工，及來自失業保險系統的詳細資料等，我們開始相信，這次是個溫和的風暴。原來，消費者儘管節衣縮食，其購買率還算正常。而且，存貨的去化速度相當快，這種情形維持不了多久，否則企業很快就會沒有庫存了。這表示生產很快就會上來，把它和消費間的缺口補足。

於是我可以告訴總統和內閣，不景氣已經要脫離谷底了。我很肯定地說：「我無法給你們明確的日期，但除非消費市場或房地產崩盤，一定會往復甦的方向走。」一週後，資料非常明確——結果，那是經濟學上非常少有而幸運的時期，事實很清楚，而你也很確定發生了什麼事。因此，當我在一九七五年三月到國會作證時，我強烈相信，我能說美國正「如期」邁向復甦之路。我在證詞上說，我們這一季還是會很慘，失業率可能達到百分之九，然而，我們現在也許能「稍微樂觀」。我還提出警告，在倉皇中增加支出或減稅會過度刺激經濟，引發另一波惡性通貨膨脹。

那年春季，圍繞著總統經濟計劃的風暴可有得瞧了。大家非常害怕國會。我經常開玩笑說，我上國會作證時，必須穿上防彈背心和盔甲。一九七五年二月號的《商業週刊》把我的照片放在封面，標題是「不景氣還有多遠？」（How Far is Down?）。眾議員亨利・若斯（Henry Reuss）認為福特就像一九三〇年的胡佛，讓我們陷入大蕭條，這裡引用他的話：「總統所用的經濟顧問和胡佛當年所用的是同一流的」。當我出席參議院的預算委員會時，主席艾德・穆斯基（Ed Muskie）

斷言政府做得「太少又太遲」。眾議院議員所推動的刺激經濟方案會造成預算赤字超過八百億美元，在當時是個可怕的數字。美國勞工聯合會暨產業工會聯合會（AFL-CIO）主席喬治・明尼（George Meany）更是喧囂不已。「美國正處於大蕭條以來最糟的經濟危機。」他在證詞上說道：「現在的狀況讓人害怕，而且越來越不吉利。這可不是一般的不景氣而已，因爲和二次大戰以來的五次不景氣完全不同。美國的情況遠超過能夠自我修正的狀況。政府必須有大作爲。」明尼要政府執行一千億美元的赤字預算，包括龐大的中低所得家庭減稅案以刺激成長。

有件事讓大家都很詫異，那就是沒有大眾抗爭。任何人只要經歷過人權和反越戰年代，一定會預期在百分之九的失業率之下，街道上必定會出現許多示威遊行和路障。不只是在美國，歐洲和日本的經濟問題同樣嚴重。然而並沒發生示威遊行活動。也許世界已經被石油危機和這十年來的不景氣折磨得筋疲力盡了。但抗爭的年代畢竟已經過去。美國似乎以一股新的凝聚力來熬過這段期間。

福特總統堅忍不拔地排除各種壓力，最後他的經濟計劃終於通過立法（國會還是提高了退稅額度將近百分之五十，平均每戶大約退一百二十五美元）。更重要的是，當我們信誓旦旦保證會復甦時，景氣於一九七五年中開始復甦。ＧＮＰ像火箭般成長——到了十月，經濟成長率是二十五年來最高的。通貨膨脹和失業開始慢慢減緩。一如往例，不只是政治上的誇張言論一夕之間消失，連令人害怕的預測也被忘得一乾二淨。七月，危機已經過了，我們把緊急的每週ＧＮＰ監控計劃停掉，經濟顧問委員會的幕僚大大的鬆了一口氣。

解除管制是福特政府最偉大而又最不爲人知的成就。我們很難想像當年綁手綁腳的美國企業是什麼樣子。航空、貨運、鐵路、客運、輸油管、電話、電視、證券經紀商、金融市場、儲蓄銀行，及公用事業等——都受到嚴厲的管制。監視營運到極爲細節的部分。關於這點，我最喜歡亞弗瑞德・卡恩（Alfred Kahn）的描述，弗瑞德是個愛開玩笑的康乃爾大學經濟學家，卡特任他爲民用航空委員會（Civil Aeronautics Board）主席，後來成爲知名的「航空業解除管制之父」（Father of Airline Deregulation）。談到一九七八年亟待改革，弗瑞德忍不住要把數千項須由他召開委員會決行的雞毛蒜皮事項一一點出來：「計程飛機能不能買五十人座的？輔助運輸機能不能從佛羅里達州把馬運到東北部某處？我們可不可以用固定航次客機在有空位時載運標準優惠旅客，並以優惠價格安排他們坐在空出來的位置上？……客機能不能向滑雪者推出特殊票價，當沒有雪時可以按成本價退票？兩家互爲關係企業的航空公司，其員工是否可以穿著外觀相似之制服？」然後他看著國會議員說道：「你們會不會覺得奇怪，我每天都要問自己：這是必要的動作嗎？我媽把我養大就是要做這些事嗎？」

一九七五年八月，福特總統在芝加哥的一場演講上推出他消弭這種愚蠢管制的運動。他對著商界聽眾保證，他要「爲美國商人除去手銬」並且「盡我所有力量，讓聯邦政府盡量遠離你的事業、遠離你的生活、遠離你的錢包，再也不來煩你。」芝加哥似乎是個相得益彰的選擇：解除管制的經濟理由主要來自所謂芝加哥學派的米爾頓・傅利曼（Milton Friedman）和其他不隨波逐流的學者。這些經濟學家已經針對「社會資源的最佳配置者是市場和價格，不是中央控制者」的理論，建立一大套令人折服的主體論述。從甘迺迪時代即支配著華府決策的凱因斯學派推定，經濟可以積極加以管理；而芝加哥的經濟學家則認爲，政府應該減少，而不是增加干預，因爲科學性的管制是個迷思。如今，經歷了多年的停滯性膨脹之後，加上人們腦中還留有工資及物價管制的失敗印象，兩黨的政治人物都同意，政府處處干預，已經太過分了。該是少管一點事的時候了。

事實上，華府在經濟政策上出現了難得一見的共識——兼容自由左翼和保守右翼的折衷態度。突然間，每個人都想要抑制通貨膨脹、削減財政赤字、減少管制，並鼓勵投資。福特的解除管制運動最初只針對鐵路、貨運，和航空業。儘管有來自企業和工會的龐大反對力量，不出幾年，國會就全部解除了這三個產業的管制。

福特解除管制的重要性再怎麼強調也不過分。沒錯，大多數的效益要好幾年才會展現——例如鐵路運費很少一開始就退讓的。然而，解除管制提供了舞臺給一九八〇年代創造性破壞的巨浪——AT&T及其他恐龍的分割、個人電腦及隔夜快遞等新產業的誕生、華爾街的購併熱潮，以及公司重整等，都成為後來雷根時代的標誌。而且，最後我們還會發現，解除管制大大地提升了經濟的彈性和韌性。

福特後來和我變得非常熟。他秉持一貫的看法，認為經濟最需要的就是回歸到信心和冷靜。這表示要遠離從甘迺迪時代開始的積極干預；以及遠離尼克森時代造成全國驚慌與不安的急遽政策變化。福特要求把推動政策的步調放緩，慢慢地讓赤字、通貨膨脹，和失業降溫，最後達成一個穩定、平衡，而漸進成長的經濟。由於這些很多也是我的看法，經濟顧問委員會在運作上就變得相當容易。我們不用一直去推敲和查證他的想法。我們可以把一個問題歸結成幾個選項，然後我拿起電話說：「我們有這個議題。這裡有幾個選項。你要選哪一個來執行：一、二、三，或四？」我們可以只談三分鐘然後我就對他想要執行的指令非常清楚。

我承認，處身在事件中心相當有意思。一九七六年一月，當時的壓力還很大，我正在幫吉姆・林恩撰寫總統國情咨文演說稿的經濟部分。由於事情變化很快，我們到最後一分鐘都還在修改。有一天晚上，我們爲了改寫，在白宮裡工作到很晚，那時沒有文書軟體，改寫是個煩冗的工作。吉姆說：「我在想，我離開後會有什麼感受。也許我會站在這棟大樓外面，把鼻子貼在玻璃上，看看裡面這些擁有權力的人在做什麼。」我們都笑了。當然，我們正拿著剪刀、膠帶，和立可白工作——但我們是在寫國情咨文演說稿！

白宮對我的網球球技也很有幫助。我從十多歲之後就沒再打過網球了，但天氣暖和以及危機淡化了之後，我在白宮的網球場裡又從頭開始學起。球場在戶外，靠近西南門，最大的優點是整個球場用籬笆圍起來。我的對手是能源大王法蘭克・查伯（Frank Zarb），他也很久沒打網球了。所以我們的運氣很好，沒有人會看到。

我每個星期六或星期日要來回紐約一趟——我要爲我公寓裡的植物澆澆水，還要陪陪我母親。這趟行程不會涉及公事——爲了符合利益衝突規定，我讓自己完全離開陶森葛林斯潘公司的營運，並把我的持股交付盲目信託（blind trust）。公司掌握在我的副總，凱蒂・艾考夫（Kathy Eichoff）、貝絲・凱普倫（Bess Kaplan），和露西兒・吳（Lucille Wu）的手上，還有前副總朱蒂絲・麥奇（Judith Mackey），她暫時回來幫忙。陶森葛林斯潘公司是個非常特別的經濟顧問公司，在這裡，男人要聽命於女人（我們全部大約有二十五名員工）。我之所以聘請女性經濟學家並不是基於婦女解放的動機，而是單純商業上的考量。我平等看待男性和女性，但我發現其他的僱主則否，於是優秀的女性經濟學家沒有男性那麼貴。聘請女性有二個作用：讓陶森葛林斯潘公司以同樣的價錢得到較高的品質，以及微幅提升女性的市場價值。

我週末總是會把一些經濟顧問委員會的工作帶回家。平常的工作日，我通常一天工作十到十二小時。我遵循一個非常讓我滿意的作息，從黎明時泡個長時間的熱水澡開始。這個習慣是從一九七一年我背部受傷之後養成的。我的整形外科醫師建議我每天早上泡熱水澡一小時作為復健的一部分。我發現我很喜歡。這是工作的理想環境。我可以讀，也可以寫，還非常隱密。我可以打開抽風機發出背景噪音。最後我的背好了，但那時，泡澡早就成了我最喜歡的事。

我七點半之前出門，我的公寓位於水門附近離舊行政辦公大樓不遠，偶爾可以走路上班。白宮旁的街道遠比尼克森政府時代寧靜，那時候我到華府經常要從抗議的人群中穿過。我的作息和一般的公眾人物差不多。白宮幕僚八點開會，八點半則是經濟政策委員會，一天就從此開始。我通常工作到七點；中間會休息打網球，偶爾打高爾夫。總統會定期找我去火樹（Burning Tree）球場打高爾夫，這個位於華府近郊的鄉村俱樂部因謝絕女性進入而惡名昭彰。今天，沒有任何總統敢這樣做，但在一九七〇年代初期，抱怨的人很少。然後是吃晚飯、聽音樂會（通常坐總統包廂），或是到招待所裡露個面。我沒有真正的休假，但我不介意。我在做我所喜愛的工作。

經濟景氣復甦，大大地提升了福特在一九七六年當選的機會。由於大眾還有水門事件、尼克森赦免案、通貨膨脹，和石油輸出國家組織（OPEC）等痛苦回憶，許多所謂的專家開始放話，說福特或是任何一個民主黨總統候選人根本就不可能選贏。在夏季的黨代表大會之前，民調顯示他落後了超過三十個百分點。但福特的節儉、公平（以及他的績效）為他贏得尊敬，於是差距很快就縮小了。

我曾經對到他的新政府工作有興趣——雖然我以前對政府工作有所疑慮，但我逐漸接受有時候在華府也能做點好事。有機會的話我想當財政部長。但先前我曾經被問過，要不要加入他的競選團隊，我說我不要。我認爲經濟顧問委員會主席的身分有所不妥。政府的某些官員（國務卿、司法部長，和經濟顧問委員會主席），我覺得，不應涉及選舉活動，因爲他們所轄單位擁有兩黨的資訊。總統認爲我的選擇很正確。

然而，當福特擺好架勢準備和吉米・卡特（Jimmy Carter）競爭時，我不小心提供了一句術語，在整個競選期間，竟被拿來當成攻擊福特的工具。七六年大選，經濟論爭的重點在於復甦是否已經瓦解了。該年經過第一季極爲快速的成長（年成長率爲威猛的百分之九・三）之後，經濟突然冷卻下來，到了第二季，成長率竟低於百分之二。從一個經濟學者的觀點，這並不值得關注。因爲現代經濟牽涉到太多變動部分，很少以平滑線方式上升或下降，而就這個案例來說，所有其他主要指標（通貨膨脹和失業等等），看起來都還好。

在八月內閣會議中，我提出這個看法，以圖表來顯示這次復甦和以前相較的情形。「其形態是走一下停一下，走一下停一下。」我告訴他們：「我們正處於停一下期間。但基本的復甦依然穩健發生，沒有惡化的跡象。」這些評論，被新聞祕書朗・內森（Ron Nessen）拿來傳給媒體，結果就成了總統批評者眼中的一塊肥肉。對這些人而言，「停一下」就是政府說：「我們失敗了」的婉轉說法。

突然間，一九七五年初的論戰又重新點燃了，福特再次承受巨大壓力（來自國會，甚至也來自他自己的競選團隊），要求他放棄對長期永續復甦的承諾，不要再阻止刺激經濟的方案。那年十月，在總統大選辯論會上，專欄作家約瑟夫·卡夫特（Joseph Kraft）直言不諱地問道：「總統先生，我國正處於你的顧問所謂的經濟暫停期。我想，對大多數美國人來講，這聽起來好像是在爲低成長、失業，一直固定在一個很高很高的水準上、拿回家的錢越來越少、工廠獲利下降，及更多的裁員等等問題消毒。難道這樣的紀錄還不夠爛嗎？難道你的政府不用對此事負責嗎？」福特堅忍地爲他的成就辯護，而歷史也證明他是對的：經濟成長又持續加速了整整一年。但在這項事實趨於明顯之前，投票日早就過了，福特僅以一百五十多萬票的些微差距，輸給了卡特。多年後，季辛吉常常喜歡逗我：「你說停一下是對的。只是和總統大選同時出現時，那可就糟了。」

一九七七年一月二十日，吉米·卡特就職，成爲美國第三十九屆總統。當他在國會前宣誓時，我正搭著午間通勤列車回我的紐約老家。

4 平民百姓

落敗的一方，從來就不好過。然而，回到紐約老家，我發現有許多值得高興的理由。陶森葛林斯潘公司的服務，需求比以往都大。各種大門都爲我敞開，只要時間允許，各種有趣的邀約我都接受。我重新加入《時代》雜誌的經濟學家委員會及布魯金斯經濟活動小組（Brookings Panel on Economic Activity），和華特·海勒、馬丁·費爾斯坦（Martin Feldstein）、喬治·培利（George Perry），及阿瑟·奧肯等人在一起。我接了很多演講，每個月二到三次，對象是企業、經理人，和協會，大多數談的是他們的產業和經濟展望。

我還發現很多企業想找我去擔任董事，因而成爲阿爾考、美孚、ＪＰ摩根、通用食品（General Foods）、首都／ＡＢＣ（Capital Cities/ABC）等公司的董事。加入財星五百大企業董事會的人有許多原因，但我的主要原因是身爲一名董事，讓我有機會去學習我所熟悉但還不瞭解的經濟事物，像是酷鮮奶油（Cool Whip）和波斯特玉米片（Post Toasties）。我在擔任通用食品的董事之前，從不知食品加工業是如何運作。陶森葛林斯潘公司曾經對小麥、玉米，和黃豆等做過許多分析，但我從未接觸過你在電視廣告和超級市場貨架上所看到的食品。例如通用食品旗下的麥斯威爾

（Maxwell House），在大家瘋星巴克（Starbucks）之前，就是當年主要的咖啡品牌。我很驚奇地發現（雖然我只要再仔細想一下就瞭解），麥斯威爾的主要競爭對手不只是其他的咖啡，還有汽水和啤酒——行銷人員所要競爭的是全國胃容量的佔有率！還有，通用食品讓我覺得更接近企業史——該公司還在使用創辦人暨女繼承人瑪珠莉・梅莉威勒・波斯特（Marjorie Merriweather Post）的印章。她才二十七歲時，父親就過世了，一肩擔起父親所留下的家族事業，波斯登喜瑞爾公司（Postum Cereal Company），她和四任丈夫中的第二任，華爾街金融大老ＥＦ賀頓（E.F. Hutton），一起把波斯登打造成通用食品。她在我加入董事會之前幾年就去世了，但她的獨生女，演員迪娜・梅莉兒（Dina Merrill）則會親自到公司來。

我花了許多年研究企業經濟學之後，還是很難理解這些企業到底有多大。美孚一九七七年的營收爲二百六十億美元，名列財星五百大第五，其營運遍及世界各地——北海、中東、澳洲，和奈及利亞。在第一次晚宴上，我向另一名董事敬酒時講了一段只有經濟學家才懂得欣賞的笑話：「這裡讓我感到很自在。美孚的規模和美國政府不相上下——財務報表上的〇・一代表一億美元。」

我所加入的董事會中，最熱衷於ＪＰ摩根。ＪＰ摩根是摩根商業銀行（Morgan Guaranty）的控股公司，我認爲摩根銀行是全世界第一大銀行。董事會是美國企業菁英的點名大會：ＩＢＭ的法蘭克・凱瑞（Frank Cary）、柯達的華特・法倫（Walter Fallon）、康保湯品（Campbell Soup）的約翰・多蘭斯（John Dorrance）、伯利恆鋼鐵（Bethlehem Steel）的路易・福威（Lewis Foy）——和我。我們在華爾街二十三號開會，這棟大樓是ＪＰ摩根統治全美金融界時期所親自建造的。城堡似的門面，你還可以看到一九二〇年恐怖炸彈所留下來的凹痕，在一個繁忙的白天裡，一輛載著炸藥的馬車在銀行大門前爆炸，造成數十人傷亡。炸彈是無政府主義者放的，但至今仍未破案。裡面，公司保留原裝潢，高高的天花板和捲蓋式書桌。我第一次坐進董事會的會議室時有點膽顫心驚。會議桌前，牆上掛著JP摩根的畫像，從我的位置抬頭一看，他就瞪著我。

你也許會認爲經營摩根的人一定講究血統和繁文縟節。其實，經營方面是由有能力的人來領導。丹尼斯・魏勒史東（Dennis Weatherstone）就是個好例子，他於一九八〇年代升上執行長。丹尼斯沒有上過大學；他工專畢業，從摩根倫敦分行的交易員幹起。他的成就幾乎不靠社會關係，因爲他完全沒有。

摩根的董事會是學習國際金融內部運作的大好機會。例如，該行一個月接著一個月在外幣交易上穩定獲利時，讓我覺得很困惑。我知道外匯交易市場是個效率市場，因此，預測主要貨幣間匯率的準確性就和預測丟銅板一樣。最後，我終於對經理人提出質疑：「聽好，先生，我所知道的研究都顯示，你無法持續在外匯交易上穩定獲利。」

「沒錯，」他們解釋：「但我們不是靠預測賺錢。我們是造市者（market-makers）；我們賺的是買價和賣價間的價差，不管匯率往哪個方向移動。」就像今天的 eBay 一樣，他們擔任中間人，從每筆交易中賺取微薄利潤——但他們的規模很大。

該行的國際顧問委員會裡有一個來自沙烏地阿拉伯的百萬富翁，名叫蘇雷曼・奧萊安（Suleiman Olayan）。他是個企業家，比我大幾歲，從一九四〇年代爲阿拉伯美國石油公司（Aramco）開卡車開始奮鬥。他很快就自行創業經營賣水等各種事業，後來還做鑽探機及其他服務。在這個基礎上，他多角化至營建和製造業；他也是把保險引進沙烏地阿拉伯王國的人。

當沙烏地阿拉伯把美國阿拉伯石油公司國家化並接管其所擁有的石油時（譯註：或稱阿拉伯石油公司），他已經非常有錢了。而且隨著ＯＰＥＣ的掘起，他開始對美國銀行有興趣。他不只買下ＪＰ摩根的百分之一股權，還有大通（Chase Manhattan）、邁倫（Mellon）、信孚（Bankers Trust），和其他四、五家大銀行。我很喜歡和他及他的夫人瑪麗（Mary）交往，瑪麗是美國人，他們倆是在美國阿拉伯石油公司工作時認識的。在資訊的吸收上，奧萊安比我還要厲害——他總是一直纏著我問美國經濟的各個面相。

我沒問過他這個問題，但我後來才想到，他身爲摩根顧問，對石油美元（petrodollars）的流動應該有很好的看法。這是當年美國銀行的主要業務，從沙烏地阿拉伯及其他ＯＰＥＣ國家吸收大量存款和利潤，再把錢借給其他地區，主要是拉丁美洲。ＯＰＥＣ國家不願冒險拿盈餘去投資。於是由銀行來做，最後，令銀行心痛不已。

從福特政府回到紐約，我繼續和芭芭拉・華特絲（Barbara Walters）交往，我們是一九七五年在華盛頓認識的——在尼爾森・洛克斐勒副總統所辦的茶舞（tea dance）上認識。隔年春天，我協助她考慮一個困難卻很高薪的職業選擇——她將即升官，成爲大受歡迎的共同主持人，這時，考慮是否要離開她工作了十二年的ＮＢＣ「今日」節目，轉而投效ＡＢＣ新聞，擔任電視界史上第一個獨挑大樑的女主播。ＡＢＣ爲了慫恿她，開出年薪一百萬美元的破天荒條件，最後，正如大家所知，她選擇跳槽。

我並不怕女強人；事實上，我現在的老婆就是一個女強人。我能想到最無聊的活動就是沒有意義的約會——這是我多年單身漢的痛苦心得。

認識芭芭拉之前，我的典型夜晚是和其他經濟學家參加專業晚宴。然而，芭芭拉則經常和新聞界、運動界、媒體，和娛樂界人士互動，採訪各式各樣的人物，從茱蒂・嘉蘭（Judy Garland）到艾森豪夫人（Mamie Eisenhower），從尼克森到沙達特（Anwar Sadat）。她在演藝事業上也是家學淵源。她父親盧（Lou）是個有錢的夜總會老闆和百老匯製作人——他在曼哈頓及邁阿密海灘所開的拉丁區（Latin Quarter）俱樂部，以一九五〇年代而言，就相當於一九三〇年代的史托克俱樂部（Stork Club），或相當於今天比較容易瞭解的，迪斯可年代的五四俱樂部（Studio 54）。

在我們交往的那幾年，以及後來的日子裡（我們還是好朋友），我陪著芭芭拉參加各種派對，見到許多我也許一輩子都接觸不到的人。我經常覺得，食物很不錯，話題卻很乏味。當然，他們對我的感覺也許也是如此。企業經濟學家絕對不是派對動物。

即便如此，我還是認識了一群非常奇妙的朋友。芭芭拉在她家爲我舉辦五十歲生日派對。客人則是我心中的紐約朋友——季辛吉夫婦、奧斯卡・德拉倫塔夫婦（Orscar and Annette de la Renta）、費利克斯・羅哈定夫婦（Felix and Liz Rohatyn）、布魯克・亞士多夫人（Brooke Astor，我認識她時，她已經是個七十五歲的老小孩）、雅詩蘭黛夫婦（Joe and Estée Lauder）、亨利・格倫沃夫婦（Henry and Louise Grunwald）、「潘趣」・沙賓伯格夫婦（"Punch" and Carol Sulzberger），以及大衛・洛克斐勒（David Rockefeller）。到今天，三十多年後，許多人還是我的好朋友。

當然，芭芭拉的社交網路延伸到好萊塢。我因爲業務需要，每年要去洛杉磯五、六趟，順便到嶺頂鄉村俱樂部（Hillcrest Country Club）打高爾夫——傑克・班尼（Jack Benny）、葛丘・馬克斯（Groucho Marx）、漢尼・楊曼（Henny Youngman），及其他的喜劇演員以前每天會在這裡圍著圓桌吃午餐。（雷根以前也是嶺頂鄉村俱樂部的會員。）由於經紀人威廉・摩里斯（William Morris）是陶森葛林斯潘公司的客戶，而且我常常和名製作人盧・沃斯曼（Lew Wasserman）在一起，稍微知道一點媒體業的運作方式。還有，我會跟著芭芭拉去比佛利山莊（Beverly Hills）參加派對，我覺得那裡和我格格不入。我永遠忘不了淑・孟格斯（Sue Mengers）在一個派對上走過來找我，她從傑克・尼克遜（Jack Nicholson）那裡走過來抱著我。她是好萊塢目前最夠力的經紀人——她代表芭芭拉・史翠珊（Barbra Streisand）、史提夫・麥昆（Steve McQueen）、金・哈克曼（Gene Hackman），和米高・肯恩（Michael Caine）等明星。「我知道你不記得我了。」她先開口。然後她解釋，當我十五歲而她十三歲時，我們經常一起和其他華盛頓高地的小孩子跑到河濱公園的土牆上玩。「你根本就沒注意我，但我總是很尊敬你。」她說。我啞口無言，因爲我大概又回到了十五歲。

除了這些之外，我還是會分心去注意華府。吉米・卡特沒有用我——我們只有在幾個場合裡打過照面，而且也處不來。（當然，我是福特政府的人，而他卻打敗了福特。）但我從紐約以局外人的角度看，政府有許多的作爲令人頗感欣慰。行政部門和國會所採取的許多行動，正是我過去所要推動的事，如果我還在的話，也會這麼做。

更重要的是，從福特開始的解除管制計劃，卡特政府繼續執行。泰迪・甘迺迪（Teddy Kennedy）所策動的民用航空業解除管制法（Airline Deregulation bill）於一九七八年通過。（史帝芬・布雷爾〔Stephen Breyer〕在這個案子上是甘迺迪的左右手，他從哈佛法學院停職轉任過來，後來成爲大法官，也是我的好朋友。）此後，國會有條不紊地解除了通訊和其他六種產業的管制。解除管制，其後續效應不只是影響經濟，還影響了民主黨，結束了勞工掌控該黨的時代，對企業界開放。但儘管有這些重要的改革，卡特總統的聲望並沒有因而提升，問題主要出在他的風格上。卡特不像雷根那樣懂得用最新經濟數據來振奮人心，他看起來總是猶豫不決而沒有精神：他讓改革變成好像是沒別的選擇不得不做的事。

經濟狀況對卡特也不利。他的政府享受從福特開始的景氣復甦，大概有一年之久。然後成長趨緩，通貨膨脹回復以前那種穩定而不祥的上升。這使得工資協商和投資決策一直籠罩在不確定的陰影裡，也影響了其他國家，因爲其他國家依賴穩定的美元，而美元卻越來越弱。通貨膨脹在一九七八年節節高升——從年初的百分之六・八，到七月的百分之七・四，再到聖誕節的百分之九。接著回教基本教義派於一九七九年一月推翻了伊朗王國，第二次石油危機於焉降臨。當人們因爲汽油實施價格管制而在加油站大排長龍時，經濟又開始惡化成另一個衰退，通貨膨脹再度邁入二位數，當年秋季達百分之十二。

並不是卡特沒有去試。他的政府提出了至少七項以上的經濟計劃。但沒有一項計劃夠強，足以控制快速發展中的危機。從我和朋友，以及和政府往來的專業人士談話中，我想我知道他們的問題。卡特覺得他不能不爲所有人做盡所有事。所以他會在推出新社會福利計劃的同時又想要降低赤字、減少失業，和抑制通貨膨脹。在這些大致上相互衝突的目標中，控制通貨膨脹對長期繁榮而言，是最基本的要素。但在卡特之下，卻未受到應有的重視。這就是一九八〇年初我對《紐約時報》（*New York Times*）所做的分析。我把卡特的狀況拿來和福特總統作比較：「我們的最高政策是，在我們還沒把通貨膨脹打倒在地上之前，我們絕不去處理其他問題。」

聯準會（依法獨立於白宮之外）似乎只是一面鏡子，反映出卡特的優柔寡斷。我的老師亞瑟・伯恩斯和他的接班人——比爾・米勒（Bill Miller）一直試圖在貨幣政策上找出一個中間地帶，與所有矛盾的經濟需求相包容。他們不想讓授信太容易，因爲會刺激通貨膨脹，但他們也不想把信用緊縮得太厲害導致經濟窒息而進入另一個不景氣。據我所知，他們所要找的中間地帶並不存在。

但我是少數。對多數人而言，經濟危機並非那麼顯而易見。華府流行一種看法，認爲既然你無法在不造成失業增加的情況下抑制通貨膨脹，那就不值得爲此付出代價。

有些右派人士，也有些左派人士甚至認爲通貨膨脹一年高達，譬如說，百分之六還是可以容忍——我們可以將通貨膨脹納入考量，採指數型工資，就像巴西！（誠如任何一個優秀經濟學者所預測，後來巴西的通貨膨脹飆高至百分之五〇〇〇，經濟完全崩潰。）這種自滿甚至延伸至華爾街。你可以從債券市場看得很清楚，雖然這個市場登上頭條新聞的次數遠比其表兄弟股票市場少，其規模則大多了。①十年期國庫券利率是投資人對長期通貨膨脹預期的最好指標，一路相當穩定地上升至一九七九年夏季，但也只比一九七五年微幅增加。這隱含投資人還在賭美國經濟可以對抗通貨膨脹——而且問題遲早會消失。

①根據證券業及金融市場聯合會（Securities Industry and Financial Markets Association），一九八〇年美國債券市場總值爲二・二四兆美元，股市則爲一・四五兆美元。二〇〇六年底，這個數字變成二十七・四兆對二十一・六兆。

排隊加油的長龍讓大家大夢初醒。伊朗什葉派領袖力量的掘起及後來的兩伊戰爭造成石油每日減產達數百萬桶，而其所引發的零售汽油短缺具有可怕的瀑布效應。減產使油價飆升到足以進一步拉升通貨膨脹的程度，而高油價造成銀行被迫回收更多的石油美元，進一步造成經濟不穩定。通貨膨脹飆高，終於迫使卡特採取行動。他於一九七九年七月整頓內閣，同時任命保羅・沃爾克爲聯準會主席，取代比爾・米勒。保羅從我所認識的普林斯頓菜鳥研究生之後，多年來已經升上了紐約聯邦準備銀行的總裁，這是聯邦準備體系裡最重要的銀行。後來我才知道，卡特總統在任命他之前，甚至還不知道沃爾克是誰，大衛・洛克斐勒和華爾街銀行家羅伯・魯薩（Robert Roosa）促請總統，爲安定金融界起見，務必請他走馬上任。沃爾克在就任誓詞中透露出憂鬱情緒：「我們當前所直接面對的經濟困境是非常獨特的一次。我們已經失去十五年前那種知道所有經濟問題答案的喜悅。」

我和沃爾克並無私交。他六呎七吋的身材，總是叼著雪茄，形成鮮活的形象，但在談話中，我總覺得他相當內斂而孤僻。他不打網球或高爾夫——他喜歡獨自去玩飛繩釣魚。我覺得他有點神祕。當然，做爲一個中央銀行領袖，不露聲色地出招是一大優點，而且保羅在古怪的外表底下，顯然具有極爲堅強的性格。他從事公職多年，並沒有賺到什麼錢。在擔任聯準會主席期間，他還是讓家人住在紐約郊區的房子裡。在華府，他只有一間小公寓——一九八〇年代初期他曾經邀我去那裡談墨西哥債務危機問題，那地方堆滿了一疊疊的舊報紙和各種單身公寓常見的雜物。

沃爾克從宣誓就任那一刻開始就很清楚自己的工作是什麼，誠如他後來所說的：「殺死通貨膨脹這條巨龍」。他沒有多少時間準備。他擔任聯準會主席才二個月危機就爆發了：全世界的投資人狂砍長期債券。十月二十三日，紐約市場的十年期國庫券利率跳升到接近百分之十一。突然間，投資人開始清楚看到由石油所引發的惡性通貨膨脹，導致交易瓦解、全球性衰退，甚或更糟的情況。當這些事件發生時，沃爾克正在貝爾格勒（Belgrade）開ＩＭＦ會議，發表演說。他縮短行程——就和幾年後我在一九八七年黑色星期一（Black Monday）股市崩盤時所做的一樣——趕回聯邦公開市場操作委員會（Federal Open Market Committee, FOMC）於星期六上午召開緊急會議。

我認爲他在星期六所提出的政策是五十年來經濟政策上最重要的變革。在他的敦促下，委員會決定不再把焦點放在短期利率之經濟調整上，而是控制經濟體系裡的貨幣數量。

貨幣供給，當時是由所謂的Ｍ１統計指標來衡量，主要由流動現金和活期存款，例如支票存款所構成。當貨幣擴張的速度超過了整體所產出的產品和勞務時——換句話說，當太多的錢追逐太少的東西時——大家的錢就變薄了，亦即，物價上漲。聯準會可以透過控制貨幣基數（monetary base），主要是現金和銀行準備，間接控制貨幣供給。貨幣學派，像著名的米爾頓・傅利曼，老早就主張在你還沒有控制好貨幣供給之前，你就無法馴服通貨膨脹。但一般認爲，執行這項工作所需要的藥品卻極爲缺乏。沒人知道該把貨幣基數控制到多緊的程度，也不知道在通貨膨脹被壓制下來之前，短期利率會升到多高。幾乎可以肯定會帶來更多的失業、嚴重衰退，甚至引發重大社會動亂。一九八〇年春，卡特總統支持沃爾克，宣稱通貨膨脹是國家的頭號問題。這促使後來和卡特爭奪總統候選人提名的參議員，泰德・甘迺迪抱怨政府沒有好好照顧窮人或考慮減稅。到了十月，選舉漸漸逼近，卡特自己就開始玩起兩手策略。他開始談減稅，批評聯準會把太多的雞蛋放在嚴格的貨幣政策籃子裡。

要做沃爾克所做的事需要非凡的勇氣——當我自己擔任主席之後對此更加相信。雖然我很少和他談及他對這些事件的體驗，我卻可以想像，要把一九八〇年代初期的美國推向慘不忍睹的不景氣有多艱難。

沃爾克政策所引發的後果比他所預期的還嚴重。一九八〇年四月，美國民間利率上升到百分之二十以上。車子賣不出去、房子蓋不成，還有數百萬人失業——失業率在一九八〇年中上升到將近百分之九，到了一九八二年下半，又升到將近百分之十一。一九八〇年初，失業者的抗議信把沃爾克辦公室塞爆了。建商載了一堆鋸碎的木料給沃爾克和其他官員，象徵他們所蓋不成的房子。車商把汽車鑰匙寄來，代表他們賣不出去的車子。但到了年中，通貨膨脹在達到將近百分之十五的高峰之後開始下降。長期利率也逐步下滑。然而，完全控制住通貨膨脹還要再花三年。悲慘的經濟，加上伊朗人質危機，讓卡特在一九八〇年大選付出代價。

福特政權結束後那幾年，我是共和黨的資深從政經濟學者（指前一職務為高級公職者。）因此參與雷根競選事務是很自然的事。四年前，即一九七六年，福特和雷根在共和黨提名上的競爭並沒有造成困擾。我的老友兼死黨馬丁・安德森加入了雷根團隊（後尼克森時代那幾年馬丁在胡佛研究院〔Hoover Institution〕擔任研究員），於是我再度扮演我在競選時的角色。馬丁是首席內政顧問，為競選專機上的全職工作，而我則是無給職的臨時幕僚顧問，很像一九六八年我和尼克森競選團隊的關係。

我主要在紐約幫忙，但偶爾要隨著選情跟著到處飛好幾天。我就是在這樣的情形下，有一次，在八月底，笨拙地爲雷根競選活動做出可能是我最大的貢獻。當時他已經得到共和黨提名，也開始對卡特政府提出批評。在一次俄亥俄州卡車司機午餐會的演講上，他宣稱勞工朋友的生活已經被「一個新的大蕭條——卡特大蕭條」所摧毀。當然，這犯了技術上的錯誤——那份演講稿很多部分是我寫的，而我所用的措詞是「五十年來最大的經濟緊縮」。雷根在匆忙中竟給改了。馬丁和我那天下午痛苦地向記者解釋州長（譯註：指雷根）說錯了。他眞正的意思是「一個嚴重的不景氣。」

雷根感謝我們把事情擺平了。但他還是堅守立場。當民主黨開始攻擊他這個錯誤時，他告訴記者：「據我所知，不景氣和大蕭條之間的差異不能用嚴格的經濟學術語來衡量，而必須用人類的用語來衡量。當我們的勞工朋友——包括那些失業的朋友——必須忍受一九三〇年代以來最悲慘的生活時，那麼，我認爲我們應該要知道，他們會認爲這就是大蕭條。」我對他那種把錯誤轉化爲優勢的能力大爲折服。

我以爲這件事就此落幕，但顯然這齣戲讓雷根想起了更多的東西。隔週，他在一場競選演說上加入了一個新笑點。他一開始就對群眾說，總統躱到字典背後去了。「如果他要的是定義，我就給他一個定義。」雷根接著說：「不景氣就是你的鄰居失去他的工作。大蕭條就是你失去你的工作。而復甦就是卡特失去他的工作！」

群眾愛極了，這段話成了他最常被引用的名言。你必須把這一切歸功雷根。雖然糾正他經濟學的人事實上並不是卡特總統，雖然這個笑點的前兩句是引用杜魯門的老笑話，雷根已經把這件事轉化成有趣而且有力的競選故事。

吸引我加入雷根的原因是他在保守主義上的明確立場。他還有另一個常常在競選演說上使用的笑點：「政府存在是爲了保護我們以免受到彼此活動的影響。但政府決定保護我們以免我們受到自己活動的影響就未免太過分了。」一個說出這句話的人，對其自己的信仰是非常淸楚的。當時，保守派人士對於社會議題很少不閃爍其詞。但雷根的保守主義則說，嚴厲的愛（tough love）對個人有好處，對社會也有好處。其假設是從對人性的判斷開始。如果這句話正確，則隱含著政府很少會去支助受迫害者。然而共和黨的主流人士在思考或是接受這種主張時，會產生矛盾的感受，因爲這似乎和猶太基督教的價値有所抵觸。但雷根不會。和米爾頓・傅利曼及早期的自由意志論者一樣，絕不會讓你覺得他想兩邊都討好。他們對於不是白作孽卻過著悲慘潦倒生活的人並不是沒有同情心，而且在協助受迫害者的個人意願上，你會發現他們也不會比自由派的人（譯註：liberals 係相對於保守派，主張福利政策，與自由意志主義者 libertarian 無涉）來得低。但根據雷根的想法，那並非政府的角色。嚴厲的愛，長期而言，就是眞愛。

後來在競選中，他們要我上飛機陪著雷根全國四處跑。我有一項非常具體的任務。隨著總統大選辯論會逼近，州長的高級助手擔心對方會批評雷根健忘的毛病。馬丁・安德森問我是否可以利用在國內各地飛行的時間，於飛機上徹底爲這位候選人複習——不只是經濟方面，還包括所有重要國內事務。「他知道你是福特的好顧問。」馬丁對我說：「他會聽你的。」我答應後馬丁就拿出一本簡報書交給我。那是本活頁夾，標出各項內政問題，應該有半英吋厚。他說：「你一定要全部看完。」

我研讀這些資料，當天稍晚我們上飛機時，雷根的幕僚安排我坐在州長對面，而馬丁則坐州長旁邊。我注意到他們幫每個人準備了一套活頁資料。但雷根情緒高昂滔滔不絕，起飛前，他友善地問些有關米爾頓・傅利曼和我們都認識的人的問題。話匣子就此打開。我想我在那次飛機上所聽到的機智故事，是我這輩子在四小時中所能聽到最多的一次。馬丁一直在對我使眼色，但我無法讓雷根打開簡報書。我試了好幾次想把話題轉開，但後來我放棄了。降落後，我說：「謝謝你，州長。這趟旅行很愉快。」雷根說：「喔，我知道我剛剛不看書，馬丁不太高興。」

他的個性很吸引我，即使在他必須處理經濟失衡與全球核戰危機時，他都還是散發著現任總統所缺乏的陽光和仁慈。他的腦中一定存了四百則故事和笑話；雖然大多數爲幽默的東西，他卻能善加運用，在政治和政策上達到迅速溝通的效果。那是種很奇怪的智慧，但他已改變了國家的自我形象。在雷根領導之下，美國人從國力不再強盛的想法中，再度建立自信心。

他的故事有時候帶著刺。他在機上告訴我一個故事，似乎是特別說給我聽的。故事一開始是布里滋涅夫（Leonid Brezhnev）在部屬的圍繞下，站在列寧紀念碑前的閱兵臺上檢閱五月遊行大典。蘇聯的兵力完全展示出來。首先通過的是精銳部隊，士兵身材高大，各個都是六呎二吋，踢著正步前進。緊跟著他們的是最先進的大砲和坦克車隊。接著是核子火箭——那是相當可觀的力量展示。但是火箭之後跟著六、七名老百姓，披頭散髮衣衫不整，完全和場面不相稱。一名副官緊急地跑來向布里滋涅夫求饒。「對不起，總書記同志。我不知道這些人是誰，也不知道他們怎麼混進我們的遊行隊伍。」

「別擔心，同志。」布里滋涅夫答道：「他們是我派來的。他們是我們的經濟學家，你不知道他們的殺傷力可大著呢。」

幽默的背後是雷根對經濟學家長期的不信任，他認爲這些人所建議的政府干預措施，對市場具有破壞力。當然，他堅決支持自由市場。他要開放經濟裡的活動。雖然他對經濟學的瞭解不是很深，也不夠成熟，但他知道自由市場和自我修正的趨勢，以及資本主義創造財富的基本力量。他相信亞當斯密那隻看不見的手可以鼓勵創新，而其成果，他認爲普遍上算是公平。這就是爲什麼有時候他不看簡報書的道理。雷根把重點放在整個大局上，這有助於他打敗那位似乎是專管細微末節的總統。②

我在競選期間相當投入，這讓我在雷根的競選副手人選上，扮演了一點角色，這個事件發生在七月底的共和黨代表大會期間。當時，雷根已經篤定獲得提名，但和卡特總統之間的競爭則看起來相當接近。民調顯示，副手的選擇可能成爲關鍵。尤其雷根和福特搭檔，將會增加二到三個百分點，足以獲勝。

我在黨代表大會中知道此事，那年大會在底特律舉行。雷根在復興中心大飯店（Renaissance Center Plaza Hotel）的六十九樓有一個套房，代表大會那週的星期二，他打電話給季辛吉和我，要我們到他的房間，問我們對前任總統的感覺。多年來，他和福特是政治上的競爭對手，但幾個星期之前，雷根前往棕櫚泉（Palm Springs）拜訪福特後，雙方已經握手言和。州長明顯表示二人搭檔參選的構想；只是福特不願意，但他還是很清楚地向雷根表示，他願意協助打敗卡特。雷根

②多年後我才知道雷根一向擔心被他的顧問對他「過度簡報」；在一九八四年大選的首次電視辯論，他就怪罪過度簡報害他表現不如孟岱爾（Mondale）。

告訴我們，當天早些時候又再向福特提及請他擔任副總統一事，現在，他要拉我們進來幫忙，因爲我們都曾經是福特最親密的顧問（當然，季辛吉還曾經當過他的國務卿）。

福特所住的套房就在雷根的上面一樓，於是季辛吉和我就打電話問他是否可以上去看看他。當晚我們上去看他並簡短地談了一下。隔天下午我們又回去看他，季辛吉向他報告雷根顧問艾德・米斯（Ed Meese）和雷根其他團員所寫的副總統權責規劃。因爲從來就沒有前任總統下來擔任副總統，他們就擬出一個擴大的角色，對福特既合適又有吸引力。他們建議讓福特擔任總統府辦公室的執行長，負責國防、聯邦預算，和其他事務。實際上，雷根就像美國的執行長，而福特就是美國的營運長。

我個人希望福特能夠接受，我覺得國家需要他的長才。但雖然他很清楚地感受到責任和鎂光燈的吸引力，福特還是很懷疑「超級副總統」實際上是否可行。這件事造成了一個憲法問題——顯然已經超出美國國父當年的設想。另一個問題是，他懷疑會有哪個總統願意接受在權力被稀釋的情況下宣誓就職。此外，重回華府令他感到五味雜陳。「我離開總統府已經有四年了，而且我在棕櫚泉這裡過得很好。」他說。然而他眞心想幫忙讓卡特下臺，他認爲卡特是個無能的總統。那天雙方陣營來來回回搞了好久，最後，福特告訴我們：「答案仍然是不，但我願意考慮。」

在此同時，雷根—福特夢幻組合的傳言私底下在大會期間傳開了。福特按照既定行程，接受CBS晚間新聞的訪問時，沃爾特・克朗凱（Walter Cronkite）單刀直入地問有沒有可能出現「共同總統」。福特以慣有的率直作風回答。他絕不會回來當個「人頭副總統，」他說道：「我必須相信我能在基本、重要，而具決定性決策的會議上扮演有意義的角色我才會加入。」

據說這讓雷根大怒。他不敢相信福特竟然會在全國電視機前面討論這麼隱私的協商內容。但那時候我想這二人都已經認爲副總統角色的定義問題實在是太重要而又太複雜了，無法急就章。季辛吉則充分發揮穿梭外交的本事希望討論能延續到星期四，但雷根和福特都知道這件事懸而未決將會傷害雷根形象。因此福特就自行決定了。他在十點左右下來到雷根的房間告訴州長，他繼續保持前總統的身分對雷根的選情比當副手的幫助還大。「他是個君子。」雷根事後說道：「我覺得我們成了朋友。」他很快就選老布希當他的副總統候選人，並於當晚宣布。

我並不期望在新政府中謀個一官半職，而且我也不知道自己想不想做。進入白宮之後，雷根所要安插的人才，比位置還多。這是個問題也是個機會，就看你如何處理。安德森擔任總統內政發展上的助手，開玩笑地說，他去找雷根和交接團的領隊米斯時，米斯說：「我們這些人都很優秀，但如果我們不用他們，很快地，他們就會攻擊我們。」雷根沒有把幫助他的人解散，而是設立一個顧問團，名爲經濟政策委員會，由喬治・舒茲（George Shultz）當主席，成員包括我、米爾頓・傅利曼、亞瑟・伯恩斯、比爾・賽蒙，和幾位非常知名的經濟學家。

最早任命的內閣官員是預算局局長大衛・史托克曼（David Stockman）。雷根競選時的訴求是降稅、建軍，和裁減政府規模。其策略是在就職之前先行讓史托克曼編制預算，而隨後加入的內閣成員，就只能面對預算被大幅削減的既成事實。史托克曼是個三十四歲，聰明、企圖心強，來自密西根農村的眾議員，他非常樂於擔任所謂雷根革命（Reagan Revolution）的尖兵。雷根在演講中把裁減政府規模比喻成父親對子女的管教：「你們知道，我們可以一直責備子女太奢侈，直到我們嚥下最後一口氣爲止。或者，我們只要減少他們的零用錢，就改掉他們的奢侈毛病。」在史托克曼的想法裡，這種哲學有一個更有力的名稱：「餓死政府巨獸。」

在移交期間，我密切和史托克曼合作，他把預算掐得緊緊的。就職典禮之前幾天，他向雷根簡報時，我就在場。總統說：「大衛，你只要回答我一個問題。我們是不是同等對待每個人？你必須把每個人砍得一樣慘。」史托克曼向他保證沒問題，雷根就答應了。

經濟政策委員會發現他們位置還沒坐熱就要動起來了。雷根減稅的基礎來自傑克・坎普（Jack Kemp）眾議員和威廉・羅斯（William Roth）參議員所提出並通過的法案。該法案非常強烈，規定以三年時間，對企業及自然人各減收百分之三十的稅，目的為刺激經濟以脫離不景氣，當時已經進入第二年了。我相信，如果支出能控制在雷根所建議的範圍內，而且只要聯準會持續嚴格控制貨幣供給，這個計劃雖然困難，還是可行。這也是其他委員一致的看法。

但史托克曼和即將上任的財政部長，唐・李根（Don Regan）對此卻有所疑慮。當時的預算赤字已經是一年五百億美元，他們對赤字增加非常敏感，他們悄悄地告訴總統，必須把減稅案緩一下。他們要他先試著讓國會刪減支出，再看看賸餘是否足以支應減稅。

每當暫緩實施的討論越演越烈時，喬治・舒茲就會在華府召開經濟顧問委員會。雷根在位的第一年當中發生了五到六次這種情況。我們在羅斯福廳開會，從早上九點開到十一點，比較大家對經濟展望的評估。十一點一到，門馬上打開，雷根進來了。我們直接向他報告。我們告訴他：「無論如何你都不該暫緩實施減稅案。」他笑笑，也開開玩笑；舒茲、傅利曼還有其他人都是他的老朋友。而李根和史托克曼雖然獲准參加這個會議，但不能投票，也不能坐在會議桌前，只能在牆邊坐著乾著急。這時，會議結束，雷根就要離去，帶著堅定的想法向新聞界解釋他的減稅案。

當然，最後國會通過了雷根的經濟計劃版本。但由於國會怠於採行必要的支出限制，赤字還是相當龐大，並成為問題。

我在總統第一年的另一項決策上也扮演了一個小小的角色：不要介入聯準會。兩黨都有很多人要求雷根介入聯準會，包括他的一些高級副手也是一樣。由於利率高達二位數已進入第三年，大家希望聯準會能夠擴大貨幣供給成長。但雷根不能命令聯準會照辦。理論上，如果他公開批評聯準會，沃爾克就會覺得不得不放鬆一些。

每當這個問題被提出來時，我就會告訴總統：「不要向聯準會施壓。」原因之一是沃爾克的政策似乎沒錯——看起來，通貨膨脹的確慢慢地受到控制。此外，白宮和聯準會之間公開唱反調只會讓投資人的信心動搖，延緩復甦。

沃爾克對新總統並不怎麼友善。這二人未曾謀面，於是雷根在上任數星期後，就想要認識一下。為了避免讓人看起來像是白宮在傳喚聯準會，雷根問沃爾克是不是可以到聯準會去看他——結果只得到沃爾克回敬說，這種拜訪「有所不妥」。我覺得很困惑：我實在看不出總統來訪會影響聯準會的獨立性。

然而，雷根還是堅持要去，最後沃爾克同意了，他只願意到財政部去見總統。雷根在李根辦公室午餐會上的開場白成為雷根傳奇的一部分。他溫和地對沃爾克說：「我感到很好奇。大家都在問，我們要聯準會做什麼？」我聽說沃爾克大吃一驚；好久才回過神來為其組織提出有力的辯護。這顯然讓雷根感到很滿意，並回復到和善的本性。他已經來溝通過了：別拿聯邦準備法當法寶。從此，二人便默默地合作。雷根在政治上提供沃爾克所需要的保護；不論有多少人抱怨，總統絕不批評聯準會，這成了慣例。而且雖然沃爾克是民主黨，當他於一九八三年任期屆滿時，雷根還是請他續任。

一九八一年底，雷根要我主導，解決多年來的一個頭痛問題：社會保險沒錢了。在尼克森政府時代，社會保險計劃的準備金似乎還是非常充裕，後來國會通過了致命的決定，把保險給付和通貨膨脹做指數型連結。當通貨膨脹在一九七〇年代高漲時，社會保險救助金所支應的生活費用也隨之增加。結果，整個系統陷入財務困境，必須趕緊在一九八三年前挹注二千億美元，這個計劃才能繼續運作。長期的展望則更糟。

雷根在競選期間儘量避免觸及任何社會保險的細節問題——一旦有人提及，他就保證一定保留這個系統。這並不奇怪。社會保險眞是美國政治上人人避之唯恐不及的問題。沒有任何事物比社會保險改革更具殺傷力：大家都知道，不論你如何美化，解決方案最後不是對廣大的選民加稅就是刪減其福利，或是雙管齊下。

然而問題已經非常嚴重，兩黨的領袖也都瞭解必須想辦法解決——否則，就要面對美國三千六百萬名資深公民及殘障人士很可能拿不到社會救助金的問題。我們的時間很緊迫。雷根的公開措施，在他的第一份預算書中，就是削減社會保險費用二十三億美元。這引發了抗爭風潮，於是他不得不撤回。三個月後，他再度提出更爲困難的改革方案，未來五年縮減四百六十億美元的福利。但很清楚，兩黨協商是唯一的希望。於是葛林斯潘委員會（Greenspan Commission）就此誕生。

當然，大多數的委員會沒做什麼。但這個委員會的建築師，吉姆・貝克（Jim Baker）熱切地相信，我們能讓政府發揮作用。他所建立的委員會，是華府運作的傑作。這是個跨黨派團體，白宮推派五人、參議院多數黨領袖推派五人，及眾議院議長推派五人。幾乎每個委員都是其領域裡的一流高手。成員包括國會的大砲級人物，像參議院金融委員會主席巴布・杜爾（Bob Dole）、才智過人的紐約參議員派特・莫尼罕（Pat Moynihan）、來自佛羅里達州，大膽直言的八十一歲眾議員克勞迪・佩伯（Claude Pepper），他是資深市民的形象代表。美國勞工聯盟主席藍恩・寇克蘭（Lane Kirkland）是成員之一，後來成爲我的好友，全國製造業協會（National Association of Manufacturers）會長亞力山大・特洛布奇（Alexander Trowbridge）也是一樣。眾議院議長提普・歐尼爾（Tip O'Neill）指派民主黨高層——巴布・坡爾（Bob Ball），他在詹森總統時代負責社會保險業務。而總統則派我去當主席。

我不打算討論我們所擅長的複雜人口統計和財務，也不想花一年以上的時間作政策辯論和公聽會。我依照吉姆・貝克所想出來的精神來操作這個委員會，目標是有效的兩黨協商。我們採取四個關鍵步驟讓整件事得以順利進行，我提及此事是因爲從此之後，我就活用這套作法。

第一步是對問題加以限制。在本案中，這就表示不要去碰觸健保的未來資金問題——就技術上而言，健保雖然是社會保險的一環，但卻更爲複雜，想要同時解決這二個問題表示我們會落得一事無成。

第二步是讓大家對問題的數值大小有個共識。誠如後來派特・莫尼罕所說的：「你有權表達自己的意見，但你無權捏造自己的事實。」當長期短缺眞的很淸楚時，委員們就喪失煽風點火的能力。他們必須支持刪減福利及／或增加收入。佩伯擔心這會造成社會保險變成補助計劃，很早就嚴格規定，聯邦政府的「一般收入」絕對不可以撥款補助社會保險。

第三個聰明的策略來自貝克。他認爲，如果我們想要讓協商成功，我們就必須讓所有的人都參與。於是我們強調一定要讓雷根和歐尼爾知道我們的工作狀況，並徵詢他們的意見。向歐尼爾報告成了巴布・玻爾的工作；而向總統報告則是我和貝克的工作。

我們的第四步就是一旦協商完成取得所有委員同意之後，我們就會堅守立場，反對任何一黨再要求作任何修正。事後我告訴記者：「如果你從整套方案中抽掉一點點東西，你就會失去共識，整個協議就開始瓦解。」一九八三年一月，我們提出一份三吋厚的報告；向國會報告改革計劃時，玻爾和我並肩作戰，回答聽證會上的問題。共和黨員提出問題時由我回答。而民主黨員提出問題時則由他來回答。這只是我們的嘗試，雖然參議員不會充分配合。

我們這麼分歧的委員會還是找到了達成共識的方法。把克勞迪・佩伯這種人和製造業領袖綁在一起的原因是我們相當重視責任分配。雷根最後在一九八三年簽署通過了社會保險修正案，在這個法案中，每個人都作了點犧牲。僱主必須吸收一部分增加的薪資負擔；受僱人也要面對更高的稅，而且有的人發現他們能夠退休享受福利的時點又往後延了；退休人員必須接受生活費用補助延後調升；而比較富裕的退休人員的福利則遭到刪減。但這麼做，我們成功地讓社會保險在傳統規劃方法所採用的七十五年規劃期間裡，得到資金支應。莫尼罕一向口才辨給，宣稱：「我有強烈的感覺，認爲我們都贏了。我們所贏得的是，我們克服了這個國家裡可怕的恐懼感，我們不用再擔心社會保險制度是個像連鎖信這樣的騙局。」

一九八三年時，這些事件都還在進行當中，有一天我在紐約的辦公室裡研究人口統計預測時，電話鈴響了。那是NBC的記者安蕊亞．米契爾。「我想請教你有關總統預算建議案的問題。」她說。她解釋說她想要弄清楚雷根政府最新財政政策的假設基礎是否可信，而白宮公關處長的助理，大衛．葛根（David Gergen）建議找我。她告訴我，葛根說：「如果妳眞正對經濟有興趣，不妨找葛林斯潘。他比別人都懂。」

「我打賭妳對每個經濟學家都這麼說。」我回道：「但好吧，我們來談談。」我注意到安蕊亞在NBC播報新聞。她是駐白宮特派員。我認爲她非常擅於表達，而且她的聲音帶著權威而美妙的磁性。還有，我注意到，她是個美麗的女人。

那天之後我們還談了幾次，很快我就成了固定新聞來源。接下來二年，只要安蕊亞有重大經濟報導要做，她都會打電話給我。我喜歡她在電視上的處理方式；即使問題非常複雜，技術上難以呈現完整細節，她依然會抓出故事的重點。她對事件的掌握非常精確。

一九八四年，安蕊亞問我是否願意和她一起出席白宮記者晚餐會（White House Correspondents Dinner），在這個晚會中，由記者邀請他們的消息來源參加。我告訴她，我已經和芭芭拉．華特絲約好了。但我再補一句：「你什麼時候會來紐約？我們一起吃個晚飯吧。」

過了八個月之後我們才再聯絡——那是大選年，安蕊亞一直忙到十一月，直到雷根以壓倒性勝利打敗孟岱爾（Mondale）。最後，當假期來臨時，我們相約十二月二十八日聚在一起，我訂了培理果法式餐廳（Le Perigord），這是我在紐約最喜愛的餐廳。那晚下雪，安蕊亞急急趕來，有點遲到，看起來非常美，也許是報了一天的新聞，加上在雪中攔計程車，頭髮有點零亂。

那晚，我發現她以前也像我一樣，是個音樂家，她在威徹斯特交響樂團（Westchester Symphony）拉小提琴。我們愛相同的音樂——她所收藏的唱片和我類似。她喜歡棒球。但最主要是，我們對當代事務有著同樣密切的興趣——策略、政治、軍事，和學術。我們不愁沒話題可談。

我們第一次約會的談話內容可能和大家所想的不太一樣，我們在餐廳裡，最後談到了壟斷。我告訴她，我寫了一篇這個主題的文章，改天請她來我的公寓裡過目一下。她逗著我要馬上去看，說道：「什麼，難道你還沒開始寫嗎？」但我們還是到我的公寓，我拿出我爲艾茵・蘭德所寫的反托辣斯文章。她讀過之後和我討論。今天，安蕊亞宣稱我那時候是在測試她。但其實不是，我只是盡一切力量，想辦法讓她留在我身旁。

在雷根的第二任期中，我到華府主要是爲了看安蕊亞。我和政府裡的人保持聯繫，但我幾乎把所有的焦點都放在紐約的商業和經濟學界。當企業經濟學成熟爲一種專業，我也隨之與其組織互動密切。我當上全國企業經濟學人協會（National Association of Business Economists）的總裁及企業經濟學人會議（Conference of Business Economists）主席，並獲選成爲紐約經濟俱樂部（Economic Club of New York）主席，這個組織就相當於財經界裡的外交關係協會（Council on Foreign Relations）。

陶森葛林斯潘公司本身也有所變化。ＤＲＩ和華頓計量經濟（Wharton Econometrics）等大型經濟學顧問公司已經頗具規模，並提供企業企劃人員所需之更基礎的資料。用電腦開發模型越來越普遍，而且許多企業也有了自己的經濟學家。我嘗試多角化，經營投資和退休基金顧問，但這些嘗試雖然都能賺錢，利潤卻和企業顧問差很多。而且，案子越多表示要請更多的員工，表示我要花越多的時間在經營管理上。

最後我決定把焦點集中在我的專長：爲急於找答案，也願意支付高額費用的複雜企業解決有趣的分析性難題。因此，在雷根政府的後半期，我計劃縮減陶森葛林斯潘的規模。但是在我執行這些計劃之前，一九八七年三月，我接到吉姆・貝克打來的電話。那時貝克已經成爲財政部長——當了四年的白宮幕僚長之後，他於一九八五年和唐・李根交換職務，這種換工作法相當罕見。吉姆和我從福特時代開始就是好朋友，而且他接財政部長那年春天，我還幫他準備參議院的聽證會同意事宜。他叫助理打電話問我是不是能到他華府的房子裡和他會面。這讓我感到很奇怪——爲什麼不在他的辦公室碰面？但我還是答應了。

第二天早晨，華府派來的司機載我去貝克的喬治亞殖民式房子，那房子優雅地座落在狐廳路(Foxhall Road)上。我很驚訝地發現，等候我的人不只是吉姆，還有當時雷根的幕僚長，霍華・貝克(Howard Baker)。霍華開門見山地說：「保羅・沃爾克今年夏天任期結束後可能就要離開了。」他先開口。「我們沒資格派工作給你，但我們想知道——如果這個位置讓你來接，你願意嗎。」

我一下愣住了，聽不清楚他所說的話。幾年來，我從未想過我可能會當上聯準會主席。一九八三年，沃爾克的第一屆任期行將結束時，我很訝異地發現，在華爾街針對如果沃爾克下臺，誰是適合的接替人選這個問題所做的非正式民調中，我竟排名第一。

我雖然和亞瑟・伯恩斯很親近，但聯準會對我而言總是個黑盒子。我看到他在那裡苦苦掙扎，覺得我似乎還不太能勝任這個工作，爲整個經濟訂定利率似乎涉及許多我還不清楚的學問。這個工作似乎沒有固定的形式，其任務的類型是，即使你有充分的知識，依然很容易犯錯。對我們這麼複雜的經濟作預測，正確率不是九成。如果你能做到六成正確就算是很幸運了。同樣的，挑戰非常大，不容易解決。我告訴貝克夫婦，如果這個工作找我去接，我願意接受。

我有足夠的時間來打退堂鼓。接下來的二個月，吉姆・貝克偶爾會打電話告訴我：「這件事還沒定案。」或是「沃爾克還在考慮要不要留下來。」我在當或不當間交互癡想，有點心神不寧。一直到陣亡將士紀念日之前貝克才打電話來說：「保羅已經決定要走了。」他問我是否還有興趣，我答是。他說：「過幾天你就會接到總統的電話。」

二天後，我正在整型外科醫師的診療室裡，護士進來說白宮來電，在線上等候。這通電話花了好幾分鐘才接到這裡，因爲總機以爲那是惡作劇電話。我拿起電話，聽到了熟悉而又親切的聲音，雷根說：「艾倫，我要你當我的聯準會主席。」

我告訴他這是我的榮幸。然後我們聊了一下。我向他道謝之後掛上電話。

當我走回大廳時，護士顯得非常關心。「你還好嗎？」她問道：「你看起來好像是接到壞消息。」

5 黑色星期一

數十年來，我每一個工作天都會仔細檢視經濟，而且我也拜訪過聯準會許多次。然而，當我被指派爲主席時，我知道，我還有許多要學。這個想法在我走進大門時更爲強烈。第一個向我打招呼的是丹尼斯・巴克立（Dennis Buckley），他是安全幹員，負責我在任期間的安全。他稱我爲「主席先生」。

我不假思索，馬上說：「別傻了。大家都叫我艾倫。」

他和氣地解釋說，直呼主席的名字與聯準會的作風不符。於是艾倫變成了主席先生。

接下來我還見識到一件事，幕僚準備了一系列的密集課程，委婉地標上「一人簡報」，其實我就是學生。這表示接下來十天，資深的專業幕僚要在聯準會四樓的會議室裡集合，教我我的工作。我學到了聯邦準備法（Federal Reserve Act）各個章節，我以前還不知道有這東西呢——而現在這正是我要負責的法令。幕僚還教我深奧的金融法規，我曾經擔任過JP摩根和包里儲蓄銀行的董事，我很訝異我從未碰到這些東西。當然，聯準會裡有國內及國際經濟各種領域的專家，還具備從任何地方收集資訊的能力——我急於探索的專屬取用權。

雖然我曾經當過民間企業的董事，聯邦準備制度理事會（Board of Governors of the Federal Reserve System，這是其正式名稱）的規模，在數量級上比我以前所管理過的還要大——今天，聯準會大約有二萬二千名員工，年度預算將近三億美元。幸好，經營不是我的工作——行之有年的慣例是指派另一位理事擔任行政理事（Administrative Governor），負責日常營運監管。另外還有一名處長負責管理工作，就好像幕僚長一樣。如此，只有特殊事件，或是引發大眾或國會關切的事件才會找上主席——例如千禧年之前國際收支系統升級的龐雜問題。除此之外，他可以專注在經濟上——這正是我急於想做的事。

聯準會主席的單向指揮權遠比頭銜所代表的還小。依照章程規定，我只能控制理事會的議程——其他的事，聯準會都由理事以多數決行之，而主席不過是七票中的一票。而且我也不是自動成爲聯邦公開市場操作委員會（Federal Open Market Committee, FOMC）的主席——這個組織權力龐大，控制聯邦資金利率，是美國貨幣政策的主要控制工具。①FOMC係由七名聯準會理事和十二名區域聯邦準備銀行的董事長（每次只能投出五票）所組成，而且也是採多數決。雖然在傳統上，理事會主席也兼FOMC的主席，但每年還是要由成員投票選出，而他們有選其他人的自由。我預期往例還會繼續下去。但我一直保持警覺，其他六名理事一旦造反，就可以剝奪我所

①當FOMC要調整這項利率時，該委員會會指示聯準會設在紐約的所謂公開市場交易櫃檯去買賣國庫券——一天的交易通常是數十億美元。聯準會賣出就好像是踩煞車，透過交易把貨幣抽離經濟，並使短期利率上升，而買進的作用則與之相反。今天，FOMC所要追求的聯邦資金利率會公開宣佈，但當年則否。因此華爾街會指派「聯準會觀察員」（Fed watchers），從我們交易員的行動或每週所公佈的資產負債表，預測貨幣政策之變化。

有的權利，除了撰寫理事會議程之外。

很快我就找到FOMC祕書長唐．科恩（Don Kohn），要他從頭到尾跟我說明會議的禮節和規則。（唐在我任職的十八年期間，證明了他是聯準會系統裡最有效益的政策顧問，如今則是聯準會副主席。）FOMC開會是機密，因此我不知道標準的議程和時間表是什麼樣，也不知道誰先發言、誰後發言，以及如何主持投票等事宜。這個委員會還有一些術語我必須儘快搞熟。例如，當FOMC想要授權主席必要時可以在下次例行會議之前調高聯邦資金利率，他們不說：「如果你認爲你必須調高利率，你就可以調高利率。」而是投票通過授權進行「非對稱性緊縮引導」（asymmetric directive toward tightening）。②按照進度，我下個星期，八月十八日，就要召開這個會了，因此，我是個學習動機很強的學生。安蕊亞至今還會笑我那個週末去她家裡只會縮在一旁研讀《羅伯特議事規則》（*Robert's Rules of Order*）。

我覺得我必須馬不停蹄地忙著，因爲我知道聯準會很快就要面對重大決策。雷根時代的擴張已然進入第四年了，雖然經濟正旺，但也明顯露出不穩定的跡象。因爲那年一開始，道瓊工業指數首次突破二千點以來，股市上漲超過百分之四十——如今已經站上二千七百多點，華爾街正處於投機泡沫中。商用不動產的情形也很類似。

同時，經濟指標則很不樂觀。雷根之下的龐大政府赤字造成國家對人民的負債幾乎增加爲三倍，從雷根剛開始當總統時的七千多億美元增加至一九八八會計年度終了時之二兆美元以上。美

②雖然我學會了「聯準會話術」，我還是會向同仁開玩笑說：「這英文是怎麼搞的？」特記之。

元開始貶值，人們憂心美國會失去競爭優勢——媒體充滿了危言聳聽者談論日益升高的「日本威脅」。消費者物價，一九八六年只上升了百分之一．九，我一上任就成長爲將近二倍。雖然百分之三．六的通貨膨脹遠比記憶中一九七〇年代的二位數通膨惡夢溫和，但通貨膨脹一旦啓動，就會不斷成長。保羅．沃爾克以慘痛代價所得到的勝利成果，我們有失去的危機。

這些都是相當大的經濟議題，遠超過聯準會力量所能解決的範圍。但坐在一旁等則是最糟的做法。我認爲調高利率是謹慎的態度，但聯準會已經有三年沒升息了。如今要調高，非同小可。聯準會不論在任何時點改變方向都會嚇到市場。在股市漲一大波時要加以鉗制是特別危險——這會刺破投資人信心的泡沫，而如果因此讓人民產生恐懼感，就可能引發嚴重的經濟緊縮。

雖然我對委員會的成員很友善，但我不用想也知道，一個到任才一星期的主席是不可能在會議上讓大家對一個危險的決策達成共識的。因此我並沒有建議升息；我只是聽聽看大家的意見。這十八名委員③，都是中央銀行及經濟學界的一時之選，我們圍著會議桌交換對經濟的看法，顯然，他們也很關切這個問題。紐約聯邦準備銀行粗獷的董事長吉瑞．柯瑞恩（Gerry Corrigan）說我們必須升息；舊金山聯邦準備銀行董事長鮑伯．培瑞（Bob Parry）報告說，他的地區成長良好，非常樂觀，及充分就業——這都是懷疑發生通貨膨脹的理由。芝加哥的席．金（Si Keehn）報告說，中西部的工廠幾乎是全能運轉，而農業的景氣也有所改善；聖路易的湯姆．梅澤（Tom Melzer）說，在他那區，即使是製鞋廠也是百分之百滿載；亞特蘭大的巴布．佛瑞斯多（Bob Forrestal）描

③聯準會當時有個空缺。

述他的幕僚看到就業數字即使碰上南方的季節性衰退期還是相當強勁而感到驚訝不已。我想，大家開完會時都已經接受了聯準會不久就要升息的看法。

下一個提出升息的機會就是二週後，九月四日的理事會。理事會控制另一項重要貨幣政策工具，即聯邦準備銀行融通給存款機構的貼現率。一般而言，貼現率和聯邦資金利率亦步亦趨。在聯準會表定的開會日期之前，我花好幾天的時間，上上下下跑遍各個理事的辦公室先建立共識。開會時很快就進行投票——全體無異議通過升息，從百分之五·五調高至百分之六。

爲了要抑制通貨膨脹壓力，我們試著讓借錢變貴了來減緩經濟。我們無法預測市場對我們的行動會有什麼激烈反應，特別是當投資人都被投機沖昏頭時。我不禁想起我所讀到一篇有關物理學家在阿拉莫戈多（Alamogordo）首次試爆原子彈的報導：這枚原子彈會失敗嗎？會按照預期發揮作用嗎？或者連鎖反應失去控制，把整個地球的大氣層都燒掉？會議結束後我必須飛回紐約；我已經排好行程，那個週末還要再飛去瑞士開會，這是我首次與來自十大工業先進國的中央銀行人士開會。我們希望主要市場——股票、期貨、外匯，和債券市場能夠大幅變動，也許，股市可以稍稍冷卻而美元可以轉強。因此，我隨時打電話回辦公室去關切，瞭解市場的反應情形。

那天天空沒有燒起來。股市下挫，銀行配合我們的行動調高了主要放款利率，而金融界，一如我們預期，認爲聯準會開始採取行動來壓制通貨膨脹。也許最激烈的衝擊反應在幾天之後的《紐約時報》頭條：「華爾街最強之飆股：焦慮」。當保羅·沃爾克的留言放在我的桌上時，我終於可以讓自己喘口氣了。他完全瞭解我這陣子的感受。「恭喜，」紙條上寫著：「你現在終於是個中央銀行家了。」

我一點兒也不認為我們已經走出危機。經濟有問題的徵兆持續出現。成長趨緩加上美元走弱讓華爾街陷入危機，因為投資人和投資機構開始面對數十億的投機資金可能無法獲利。十月初，恐懼轉為幾近恐慌。第一週，股市急跌了百分之六，第二週又跌了百分之十二。跌最慘的是十月十六日星期五，道瓊指數跌了一〇八點。自九月底以來，將近半兆美元的紙上財富已經從股市蒸發——更別提外匯和其他市場的損失。這次重挫相當嚇人，《時代》雜誌那一期花了整整二頁的篇幅來報導股市，標題為「華爾街十月大屠殺」。

從歷史觀點來看，我知道這次「修正」還不是最嚴重。從比例來看，一九七〇年的股市暴跌是這次的二倍，而大蕭條時期則吃掉了百分之八十的市值。但這個禮拜股市收得這麼慘，大家都擔心下週一再開盤時會出什麼事。

我原本星期一下午要飛去達拉斯，星期二在美國銀行家協會（American Banker's Association）的年會上發表演說——我當上主席之後的第一場重要演講。星期一早上我向理事們請教，大家都同意我應該按原有行程出差，顯示聯準會並未陷入恐慌。那天早上股市開盤很弱，在我出發前簡直糟透了——下跌了二百多點。飛機上沒有電話。因此我下飛機的第一件事就是問達拉斯聯邦準備銀行派來接機的人：「股市最後怎樣？」

他說：「跌了五〇八。」

通常五〇八的意思是指五・〇八。所以股市只跌了五點。「棒極了，」我說：「好厲害的反彈！」但我說這話的當時，他臉上並沒有露出鬆一口氣的表情。事實上，股市暴跌了五〇八點——跌了百分之二二・五，史上單日最大跌幅，比大蕭條時期之一九二九年黑色星期一還大。

我直接到旅館，一直講電話到晚上。聯準會副主席曼理・強生（Manley Johnson）在我華府的辦公室裡設了一個危機處理辦公桌，我們打了一系列的電話及電話連線會議以制定計劃。吉瑞・柯瑞恩讓我加入他在紐約和華爾街的高階主管及交易所官員的談話；席・金和芝加哥商品及期貨交易所和經紀商領袖談話；舊金山的鮑伯・培瑞則報告他從儲貸銀行業主管所得到的消息，儲貸銀行的重鎮在西岸。

聯準會在股市恐慌中的工作就是避免金融癱瘓——這是一種混亂狀態，企業和銀行停止支付相互間的債務，經濟陷入僵局。對於我在電話中交談的資深人員而言，狀況的緊急和惡化是非常明顯——即使市場不再惡化，系統也要混亂個好幾週。我們開始探索一些方法，提供流動性給缺乏資金的主要機構。然而，我們比較年輕的同仁則未必每個人都瞭解這個危機的嚴重性。當我們討論聯準會該公開發表什麼談話時，有一位建議：「我們也許反應過度了。爲什麼不等幾天看看狀況再說？」

雖然我在這個工作上還是新手，但是我當金融史的學生已經夠久了，不會認同這種想法。那天晚上我對大家講的話非常尖銳。「我們不必等到狀況清楚。」我告訴他：「我們知道接下來會發生什麼事。」然後我收斂一些，解釋道：「你知道人家說被槍射到是什麼感覺嗎？你會覺得好像被打一拳，但傷害很可怕，你不會立即有疼痛的感覺。再過二十四到四十八小時，我們就會感受到許多疼痛。」

當討論結束時，很清楚，第二天還會充滿了重大的討論。柯瑞恩鄭重地對我說：「艾倫，看你的了。整件事就落到你肩膀上了。」吉瑞的個性很強悍，我分不清他的意思是鼓勵還是要看新主席的好戲，我只好說：「謝了，柯瑞恩博士。」

我不容易恐慌，因為我知道我們所面對的問題特質。然而，當我掛上電話時已經是深夜了。我在想，我是否還能睡得著。那是眞正的測試。「現在讓我們來看看你是什麼做的。」我對自己說。我上床去，而且我很驕傲地說，我睡了整整五個鐘頭的好覺。

第二天一大早，正當我們逐字雕琢聯準會公開談話的用語時，飯店的接線生插進來說有一通白宮打來的電話。那是霍華・貝克，雷根總統的幕僚長。我和霍華已經是好幾年的好朋友了，於是表現得沒什麼事發生似地說：「早安，參議員。有什麼事我能為您效勞的？」「救命！」他假裝哭著說：「你在哪裡？」

「在達拉斯。」我說：「什麼事讓你這麼煩惱」通常，對華爾街危機的政府回應是由財政部長來做。但吉姆・貝克正從歐洲趕回來的路上，而霍華不想自己一個人獨撐大局。我答應取消演講趕回華府——反正我本來就有這個打算了，因為看在股市跌了五〇八點的份上，回去似乎是讓銀行家安心的最好辦法，讓他們覺得聯準會對此事很愼重。貝克派遣一架軍事將領專用噴射機來接我。

那天早上市場大幅震盪——我在飛機上時，曼理・強生坐鎮在臨時指揮所，一直向我說明股市動態。我從安德魯空軍基地（Andrews Air Force Base）坐上車子後，他告訴我，紐約證交所已經打電話來通知我們，他們打算再過一小時就把市場關閉——股票的主要交易已經因為缺乏買方而僵住了。「這會把大家都搞死。」我說：「如果他們關閉市場，我們手上就接到一個眞正的大災難。」在崩盤中關閉市場只會增加投資人的痛苦。他們的帳面損失非常大，但只要市場還是開著，他們知道他們一定出得去。但把出口關掉，你會造成恐懼惡化。而以後要回復交易則極爲困難——因爲沒人知道價格會怎麼變，誰都不想當第一個出價買進。回復的過程要花好幾天，而風險是，在此同時，整個金融系統會陷入僵局停擺，經濟也會遭受嚴重打擊。我們沒辦法阻止這些交易所主管，但市場本身還是救了我們。在這六十分鐘之內，買方出現了，紐約證交所決定擱置其計劃。

接下來的三十六小時非常忙。我開玩笑說我像個八爪章魚，一通電話接著一通電話，和交易所、芝加哥期貨交易所，以及許多聯邦準備銀行的董事長講電話。和我認識多年的金融人員及銀行家談話最痛苦，他們都是來自全國各大企業的菁英，其聲音卻因恐懼而顯得很緊張。他們長期在職場上奮鬥，建立了財富和社會地位，如今卻發覺自己要跳入無底的深淵。當你害怕時，判斷絕對會有問題。「冷靜一下。」我一直告訴他們：「這是可以控制的。」我還提醒他們，眼光要超越危機，去看長期事業利益之所在。

聯準會從二個方向去對付危機。我們第一個挑戰是華爾街：許多大型交易商及投資銀行正被損失震得七葷八素的，我們必須說服他們，千萬不要打退堂鼓放棄經營。我們那一早所寫的聲明稿，經過費心雕琢，字句中暗示聯準會會提供安全保護網給銀行，希望他們能輾轉交棒，協助其他的金融公司。我想，這篇聲明稿和蓋茲堡演說（Gettysburg Address）一樣簡短明確，雖然可能還不夠振奮人心：「聯準會乃我國之央行，爲不負此重責大任，今特保證必爲流動性之來源，以支援經濟及金融體系。」但只要市場持續運作，我們不打算提供現金來幫助企業。

吉瑞．柯瑞恩是這項行動的英雄。身爲紐約聯邦準備銀行的首腦，說服華爾街的參與者繼續放款和交易（繼續留在場內）是他的責任。他是沃爾克的耶穌教門徒，一輩子都在中央銀行工作；

沒人比他更具有街頭智慧，也沒人比他更適合作爲一個聯準會的主要執行者。吉瑞具有強力說服金融人員所需要的好強個性，然而，他也瞭解，即使是在危機當中，聯準會也應該保持自制。例如，只是命令銀行去放款，是濫用政府權力，也會對市場機能有所傷害。因此，吉瑞對銀行家的談話要旨必定是：「我們不是要求你去放款；我們所要求的只是請你考慮你公司的整體利益。請記住，人的記憶是持久的，如果你刪除某個客戶的信用額度只是因爲你對他有點疑慮卻沒有具體的理由，他將會記住這件事。」那星期，柯瑞恩有好幾十通這樣的電話，我雖然不知道細節，但有幾通我相信一定很難纏。我相信他咬掉了好幾個人的耳垂。

在進行這些工作的同時，我們一直小心翼翼地對系統提供流動性。FOMC下令紐約聯邦準備銀行的交易員從公開市場上買進數十億美元的國庫券。這具有讓更多現金流通及降低短期利率的效果。雖然崩盤前我們一直在緊縮資金，我們現在則要使之寬鬆以助經濟繼續運轉。

儘管我們作了最大努力，仍然發生了半打近乎災難的問題，大多是涉及支付系統的問題。華爾街在一個工作天當中有許多的交易並非同時執行；例如，公司會和許多不同的客戶交易，然後在一天結束時進行交割。星期三早上，高盛證券（Goldman Sachs）表定要支付七億美元給伊利諾大陸銀行（Continental Illionois Bank）芝加哥分行，但最初他們先預扣了應收但尚未收到的其他來源款項。後來高盛再仔細思考，終於把預扣款部分也交出來。如果高盛在交割時預扣了一大筆款項，必將引發整個市場違約交割的瀑布效應。後來，高盛一名高級主管向我透露，如果他們事先想到接下來那幾週會是這麼艱困的話，他們可能就不會把預扣款付出來了。而且未來再遇到這種危機時，他懷疑，高盛是不是還會再重新考慮支付這種收不回來的款項。

我們還處理政治面的問題。星期二，吉姆・貝克一回來（他趕上了協和號飛機），我們就在財政部耗了一個小時。我們和霍華・貝克及其他官員擠在吉姆的辦公室裡。雷根總統對華爾街星期一災難的最初反應是發表對經濟樂觀的看法。「經濟很穩定，」他說道，後來又加上：「我想任何人都不該恐慌，因爲所有的經濟指標都很強。」原意在於安撫，但聽起來讓人覺得好像胡佛在黑色星期一之後說經濟是「強盛興望」一樣，令人不安。星期二下午，我們在白宮晉見雷根，建議他試一下不同的策略。吉姆・貝克和我認爲，最具建設性的反應是，和國會合作削減赤字，因爲這是讓華爾街感到最不安的長期經濟危機。雖然雷根和民主黨的主流派時有爭端，他也認爲這個做法很有道理。那天下午他對記者說，他願意考慮國會所提出的任何預算建議案，除了刪減社會保險。雖然他的建議並未導致任何事情發生，但的確對市場的冷靜有所助益。

我們按照時鐘來分派危機處理中心的工作。我們追蹤日本和歐洲市場；每天早上我們收集歐洲交易所裡的道瓊工業指數成份股之報價資訊，以事先瞭解紐約股市會如何開盤。差不多一個星期之後所有的危機才解除，雖然大多數的危機並未公開給大眾知道。例如，崩盤之後幾天，芝加哥選擇權交易所因爲其最大的交易商缺乏現金而差點垮掉。芝加哥聯邦準備銀行協助解決了這個危機。但各個市場的價格漸漸穩定下來，十一月初，危機處理小組的成員就各自歸建了。

和每個人的恐懼相反，經濟還很強固，事實上一九八八年第一季的年成長率爲百分之二，而第二季又加速到百分之五。一九八八年初，道瓊指數穩定在二千點附近，回到了一九八七年初的水準，而且股市呈現微幅而持續的上升趨勢。經濟進入第五年的連續成長。這並不能安慰傾家蕩產的投機者或許多失敗的小型經紀商，但一般人並未受到傷害。

回想起來，這是經濟韌力的初次表現，第二年將更爲明顯。

聯準會和白宮並不必然站在同一陣線上。國會於一九三五年授權給聯準會時，非常小心地保護聯準會，使不受政治程序的影響。雖然理事是由總統任命，其職位是半永久性——理事的任期爲十四年，除大法官之外，比其他的職位都長。當然，主席爲四年一任，但主席如果沒有理事的同意票，幾乎做不了什麼事。而且雖然聯準會每年要向國會報告二次，但其經費來自所持有的國庫券及其他資產之利息，控制在自己手上。這些規定都讓聯準會可以自由自在地把焦點放在法定使命上：設置合適的貨幣環境以利經濟成長和就業之長期極大化。根據聯準會和大多數經濟學家的看法，要維持長期經濟成長極大化的必要條件就是物價穩定。實務上，這表示聯準會爲抑制通貨膨脹壓力所採行的政策，超過了當前的選舉週期。

難怪政治人物要視聯準會爲礙手礙腳的單位。他們善良的一面也許會把焦點放在美國的長期繁榮上，但他們太容易受到眼前大選需求的影響。這無可避免地反應在他們的經濟政策偏好上。如果經濟正在擴張，他們要擴張得更快；如果他們看利率不順眼，他們就要馬上調降——而聯準會的貨幣紀律卻要插進一腳。誠如一九五〇年代和一九六〇年代傳奇性的聯準會主席，威廉·麥克切斯尼·馬丁（William McChesney Martin Jr.）所說的：聯準會的角色是「當派對才要開始熱身時」，下令「把雞尾酒盆拿開」。

你可以在喬治·布希副總統於一九八八年爭取共和黨總統候選人提名時，聽到這種令人挫折的話。他告訴記者，他要聯準會「小心一點」：「我不會讓他們撈過界，把經濟成長逐步抑制緊縮下來。」

事實上，我們當時正在採取緊縮措施。一旦我們很清楚發現股市崩盤不會對經濟造成嚴重影響時，FOMC就在三月開始調高聯邦資金利率。我們這樣做是因爲越來越多的跡象顯示，通貨膨脹壓力開始增加，而且還結合了雷根時代長期的景氣過熱因素：工廠滿載、失業處於八年來最低水準，以及一個月接著一個月，GDP成長緩下來了。這次的緊縮措施持續進行到夏季，到了八月，還必須調高貼現率。

由於貼現率不像聯邦資金利率，要公開宣布，因此調高貼現率更具政治爆發力——聯準會官員稱之爲「敲鑼打鼓」。布希的競選時機是壞到極點。布希希望承接雷根的成就，但他在民調上還落後民主黨競爭者麥克・杜卡吉斯（Michael Dukakis）高達十七個百分點。副總統競選幕僚對於任何造成經濟趨緩，或是讓政府黯然失色的動作都特別敏感。因此，當我們在共和黨代表大會之前幾天投票通過升息時，我們知道他們將會非常憤怒。

我個人相信壞消息應該事先私下告知——特別是在華府，官員最恨被矇在鼓裡，而且也需要時間來決定如何對外發表看法。我不喜歡這樣做，但如果你以後還要和他們保持關係，那就別無選擇。所以我們一投完票我就離開辦公室，驅車至財政部見吉姆・貝克。他才宣布他將要卸下財政部長的職務，轉任布希競選團隊的幕僚長。吉姆是我的老朋友，而且他身爲財政部長，應該被告知。

我們坐在他的辦公室裡，我看著他的眼睛，說道：「這件事，我相信你一定會很不高興，但我們經過冗長討論，考慮所有因素後」——我舉了幾個因素——「我們達成結論，決定要調高貼現率。一小時之內就會發布。」而調幅，我補充說，不會只是一碼，而是二倍，從百分之六到百分之六・五。

貝克坐進他的椅子，用拳頭槌自己的肚子。「你打到我這裡了。」他咆哮地說道。

「我很抱歉，吉姆。」我說。

接著他口無遮攔地罵起來了，說我和聯準會對國家眞正需要的東西完全不負一點責任，還把他想罵的話，全都一股腦兒地罵出來。我和他交往有一陣子了，我知道他這些激烈的言詞不過是在演戲。因此一分鐘後，當他喘口氣時，我只好微笑。然後他也笑了。「我知道你必須這麼做。」他說道。幾天之後，他公開爲升息背書，說這對系統長期穩定非常重要。「就中期和長期而言，這對經濟是好的。」他補充說道。

當喬治・布希在秋季勝選時，我希望聯準會可以和他的政府相處融洽。大家都知道，不管是誰來接雷根的位置，都要面對重大的經濟挑戰：不只是景氣循環逐漸往下走，還有龐大的赤字及快速增加的國家債務。我想布希在共和黨代表大會上接受提名的演說中宣布：「讀我的嘴唇：沒有新的稅。」時，他是豁出去了。這句話成了名言，但從某個角度看，他必須處理赤字問題——而他把自己的一隻手給綁死了。

新政府徹底更換雷根的班底讓大家頗爲驚訝。我的朋友馬丁・安德森早就離開華府回到加州的胡佛研究院，他笑稱布希所裁掉的共和黨員比杜卡吉斯還多。但我告訴他，我不在乎。這是新總統的特權，而且這個動作並不影響聯準會。此外，所引進的資深經濟團隊——財政部長尼可拉斯・布萊迪（Nicholas Brady）、預算局局長理察・達曼（Richard Darman）、CEA主席麥可・波斯金（Michael Boskin）等人——都是專業上長期的熟人，也是我的朋友。（當然，吉姆・貝克升官了，成爲國務卿。）

我最擔心的是，許多聯準會的資深人員也和我的看法一樣，新政府竟然在經濟還很強，足以吸收縮減聯邦支出所造成的影響時，就貿然去處理赤字問題。大幅的赤字具有潛伏性效果。當政府透支時，就必須借款以平衡帳務。借款是以銷售國庫券方式行之——這會把原本投資於私經濟的資金吸走。我們的赤字已經非常高（五年來平均一年有一千五百億美元），這會掏空我們的經濟。大選後我提出這個問題，並在國家經濟委員會（National Economic Commission）上作證，這個組織是雷根在一九八七年崩盤後所成立的跨黨派組織。赤字不再是遠在天邊的未來問題，我告訴他們：「長期很快就變成短期。如果我們不立即採取行動，其效果就會越來越明顯，而且馬上就出現。」結果不出所料，由於布希保證不加稅，這次的委員會也就僵在那兒，共和黨主張刪減支出，而民主黨則主張加稅，根本就起不了任何作用。

我很快就發現，我還是和競選期間一樣，和布希總統爆發公開衝突。一月，我在眾議院銀行委員會（House Banking Committee）上作證時表示，通貨膨脹的風險還是相當高，聯準會的政策是「寧可過度限制，而不要過度刺激。」第二天總統對著新聞記者，公開挑戰這種方法。「我不想看到我們爲了對付通貨膨脹而採取強烈措施，卻阻礙了經濟成長。」他說道。在正常的情況下，這種意見相左的問題，會透過暗示，在幕後解決。我一直希望和白宮建立我在福特政府時期所看到的關係，這種關係我知道有時候也存在於雷根和保羅・沃爾克之間。現在則完全不存在了。老布希總統期間發生幾件大事：柏林圍牆倒塌、冷戰結束、波斯灣戰爭勝利，及協商NAFTA合約，讓北美貿易自由化。但經濟是他的罩門，而且，到最後我們的關係相當惡劣。

他要面對日益惡化的貿易赤字及工廠外移的政治惡象。刪減聯邦赤字的壓力終於迫使他在一九九〇年七月接受妥協之下的預算，這個預算破壞了他不加稅的承諾。短短幾天之後，伊拉克入侵科威特。事後證明，隨之而來的波斯灣戰爭大幅提升他的支持率。但由於油價上漲，加上不確定性傷害了消費者信心，這次危機也把經濟帶進我們所憂慮的不景氣。更糟的是，自一九九一年初開始的復甦卻異常的緩慢而貧血。這些事件大多不是任何人所能控制，但儘管當年的經濟成長還有百分之四・一，還是讓柯林頓以「笨蛋，問題在經濟」這句話有效地在一九九二年大選中打敗了布希。

有二個因素使得經濟狀況變得極爲複雜。第一個因素是美國儲蓄業的瓦解，意外地造成聯邦經費大量枯竭。儲貸銀行興起於二次大戰之後，以其現代的營運形式融資給郊區的建築案，這十年來，已經出現一波波的失敗風潮。七〇年代的通貨膨脹——加上解除管制失控，最後竟出現舞弊——讓數以百計的儲貸銀行倒閉。根據最初的構想，儲貸銀行只是簡單的抵押放款機器，和吉米・史都華（Jimmy Stewart）在電影《心想事成》（*It's a Wonderful Life*）中所演的沒什麼差別。典型上，客戶把錢存在儲蓄帳戶的存摺裡，利率雖然只有百分之三，但有聯邦存款保險；然後儲貸銀行把這些資金以三十年期抵押貸款，利率百分之六的方式貸放出去。結果，數十年來儲貸銀行成了可靠的賺錢機器——而儲蓄業也成長得非常龐大，一九八七年計有三千六百家，資產達一・五兆美元。

但通貨膨脹宣告這美好時光的末日到來。通貨膨脹急速把短期和長期利率拉高，造成儲貸銀行被軋得很慘。對一家典型的儲貸銀行銀行而言，存款的成本立即暴升，但抵押放款業務的週轉卻很緩慢，收益因而衰退。不久，許多儲貸銀行出現赤字，到了一九八九年極大多數的儲貸銀行就技術上而言已經破產：如果他們將貸款出售，其資金尚不足以支抵存款。

國會一再試著去撐住這個產業，但主要是靠讓問題惡化才能撐住。這時正逢雷根時代的建築熱，國會提高了由納稅人負擔的存款保險額度（每個帳戶從四萬美元增加到十萬美元），並放寬儲貸銀行所能承作的貸款種類。沒多久，大膽的儲貸銀行經理人就融資給摩天大樓、休閒旅館，和數以千計他們根本就不懂的案子，結果通常是賠光光。

其他人則趁著法令鬆綁進行舞弊——最惡名昭彰的是查爾斯・基亭（Charles Keating），一名西岸的商人，最後因以假的不動產交易誤導投資人及銷售毫無價值的垃圾債券，被判恐嚇詐欺而送進監牢。據說基亭的林肯儲蓄公司（Lincoln Savings）業務員教天眞的存款戶把他們存摺裡的儲蓄轉到由基亭所控制之高風險且無保障的創投資金。當公司垮掉時，收拾善後花了納稅人三十四億美元，而且高達二萬五千名債券持有人共計損失了二億五千萬美元。一九九〇年，基亭及其他儲貸銀行高階主管乃是參議員主要競選經費來源一案被揭發出來，成爲一場不折不扣的華府大戲。

我和這場亂局有複雜的關係，並不只是因爲我的職位，還牽扯到我還是私人顧問時所作的研究報告。多年前我在陶森葛林斯潘公司時，一家受基亭所委託的大型律師事務所請我們評估林肯公司是否財務健全，可以開放該公司直接投資房地產。我根據當時該公司流動性相當好的資產負債表作出結論，他們安全無虞，可以從事這項業務。這件事是在基亭對資產負債表進行危險的槓桿操作之前，而離他被視爲壞蛋的時期就更遠了。至今我還是不知道我研究開始之前他是否就已經開始犯罪。當參議院道德委員會對基亭和五名參議員（這五名參議員被稱爲基亭五人組〔Keating Five〕）勾結案開庭聽證時，我的報告就曝光了。遭到調查的一名參議員約翰・馬侃（John McCain）作證說我的評估讓他相信基亭。我告訴《紐約時報》，我不能事先看出這家公司會幹出這種勾當讓我很難堪：「當時我錯看林肯了。」

這個事件讓我感到雙倍的痛苦，因爲這造成了安蕊亞的困擾。此時，她已是她們電視網的國會主訪記者，而她正在負責基亭醜聞案的報導。隨著我們的關係越來越深，安蕊亞對於她和我在工作間保持一道所謂的防火牆一向是極爲小心。例如，她從來不會參加任何有我出席的國會聽證會；她甚至極力地避免讓利益衝突的觀感出現。基亭的聽證會讓此事受到測試。儘管不情願，安蕊亞還是決定，在媒體挖掘我和本案的關係時，不參與這則報導。

沒人知道整個儲蓄產業的善後工作要花納稅人多少錢——估計大約是幾千億美元。這件事一旦做下去，國庫枯竭是可以預見的，讓布希總統的財政問題更加惡化。試著從損失裡收回一些東西的工作落在資產清理信託公司（Resolution Trust Corporation, RTC）上，這是國會於一九八九年所創造出來的機構，專門用來出清破產公司的剩餘資產。我在監督管理委員會裡，主席則由財政部長布萊迪擔任，其他委員還包括營建署署長傑克・坎普、不動產開發商羅搏・拉森（Robert Larson），和前聯準會委員菲利普・傑克森（Philip Jackson）。RTC有專業幕僚，但對我而言，直到一九九一年初之前，擔任監管委員就好像成爲我的第二份工作似的。我花很多時間詳細研究資料及開會。我們所管理的無人居住房子數量非常龐大，由於缺乏維護，耗損很快，如果我們不趕快處理掉，最後只能報廢。而且，我們也許還要通過一條法令來拆除這些資產。我一直在腦中加總所有的成本。想想，這種事可眞是不好受。

儲貸銀行的抵押品中，仍在付息者已經在市場上賣掉了。如今RTC所留下來的都是看起來沒人要的資產：在沙漠中蓋到一半的商場、小艇船塢、高爾夫球場、供給過剩住宅市場裡的低俗新公寓、收購來的半荒廢辦公大樓，及鈾礦。問題的規模之大，讓我們傷透腦筋：同時在RTC及聯邦存保公司（Federal Deposit Insurance Corporation）擔任董事長的比爾・賽德門（Bill Seidman）計算過，如果RTC每天賣出一百萬美元的資產，一共要三百年才能賣完。很清楚，我們需要不同的方法。

我已經不能確定是誰想出來的銷售創意了。我們最後提出來的方案是把資產每十億美元組成一個區塊。第一次標售時，我們還特地去邀請了幾十家合格的買方來參與競標，這些買方大多有處理問題資產的經驗。「合格」未必就代表「品行優良」——我們所接洽的團體包括所謂的禿鷹基金和投機者，這些人的風評大概還需要再美化一下。

實際來投標的只有幾家，而且整套資產以相當低賤的價格成交——只有五億多美元。還有，得標者不只是只要支付一小部分的訂金而已，後續的款項還可以按照資產產生現金收益的進度來分期償付。這個標案看起來像是半賣半送，而且正如我們所預期，激怒了大眾監督人和國會。但刺激買氣沒什麼比低價更有用的了。大批投資人貪心地一湧而上參與這個活動，後來幾個區塊的資產售價就飆漲上來，才幾個月RTC架上的東西就被搶購一空。到一九九五年解散時，RTC

共計清算了七百四十四家儲貸銀行——超過該產業的四分之一。但一部分要感謝資產出售，納稅人所付出的全部代價是八百七十億美元，遠低於最初所害怕的數字。

商業銀行也有很嚴重的問題。而且比儲貸銀行更令人頭痛，因為商業銀行代表著經濟中更大、更重要的部門。一九八〇末期是商業銀行自大蕭條以來最慘的時期，數百家中小型商業銀行倒閉，而花旗和大通等巨人則痛苦不堪。他們的問題和儲貸業者類似，承作了太多投機性放款：在八〇年代初期，大型銀行紛紛押寶去賭中南美洲債，然後，當這些放款開始轉壞時，他們就和業餘的賭徒一樣，只想翻本，他們再加碼，承作更多的放款，在該產業中興起了一波商業不動產的放款熱。

不動產狂熱之後所不可避免的崩盤眞的震撼到商業銀行了。銀行家無法確定其不動產放款抵押擔保品的價值，從而無法確知他們的資金實際上還有多少——導致很多商銀癱瘓、恐懼，而不願再放款。大企業可以運用其他管道的資金來源，例如華爾街出現了債市創新——這個現象有助於讓一九九〇年的不景氣影響減弱。但全美國的中小型工廠和商人發現，即使正常的營運週轉貸款都很難核下來。而這個現象造成不景氣的困境更難去除。

我們在聯準會裡所做的事沒一樣發揮作用。我們在不景氣來襲很早之前就開始讓利率趨軟，但經濟卻已經對此停止反應。即使我們從一九八九年七月到一九九二年七月這三年間調降聯邦資金利率不下二十三次，復甦之遲緩，創了紀錄。「形容美國經濟，最好的比喻是，我們正在向前進，但是頭頂著時速五十英哩的逆風。」這是我於一九九一年十月對憂心忡忡的新英格蘭商人解釋經濟現況的比喻。我無法激勵人心，因為我無法知道信用危機何時會結束。

我每六到七個禮拜見布希總統一次，通常是在會議中和其他人一起，但有時則是單獨晉見。我們在福特時代就互相認識了。一九七六年，他擔任中情局局長時，甚至於還曾經找我去蘭里（譯註：Langley，美國中情局所在地，位於維吉尼亞州）吃中飯。一九八〇年大選時頭幾個月他常常找我談經濟政策的問題。布希當副總統時，我常常和他一起在白宮裡。他很有智慧，而且我們私下相處總是很愉快。他太太芭芭拉（Barbara）特別吸引我的注意，她看起來很有精神，令人敬畏。但他當總統時，對經濟的關心遠不及外交。

還有，雖然他父親曾經在華爾街工作，而且他也是耶魯大學（Yale）經濟系，卻從未親自接觸過市場。他並不認爲利率主要是由市場力量所決定；他似乎相信那是偏好的問題。這實在不是深思熟慮的看法。他喜歡把經濟政策交給高級副官。這表示我主要是和尼可拉斯・布萊迪、理察・達曼，及麥可・波斯金等人接洽。

預算局局長達曼，從許多方面看，很像大衛・史托克曼——一位大聯盟級的政策智囊，健全財政管理的相信者。但和史托克曼不一樣的是，理察對人不夠坦率，而且在政治上喜歡採權宜之計。一段時間之後我就對此人敬而遠之。

達曼多年後寫說，私底下在白宮裡，他強烈反對維持不加稅的承諾。但他卻試著說服總統，在他們有機會迅速解決問題時，要儘早對付赤字。但總統不爲所動。到了一九八九年白宮才發現自己和民主黨所主導的國會紛爭不斷。太多的債務一直掛在預算上，以致於一旦不景氣降臨，政府就沒有多餘的財政彈性來因應。

沒多久，政府把問題歸咎於聯準會。認爲我們把貨幣供給抓得太緊以致於扼殺了經濟。我第一次見識到這個說法是在一九八九年八月，當時我和安蕊亞正在南塔基特（Nantucket）拜訪約翰・漢尼斯（John Heinz）參議員夫婦的避暑別墅。我們打開電視收看星期天早晨的脫口秀節目，結果理察・達曼正在《面對媒體》（*Meet the Press*）節目上。我本來沒有很注意聽，直到我聽到他說：「這不只是對葛林斯潘主席很重要，同時對其他理事及FOMC也很重要……他們應該更加小心，不要把經濟推進了不景氣深淵。我不知道他們是否知道這個問題。」我幾乎把我的咖啡灑了一地。「什麼！」我說。聽到他的論點，我認爲完全不符經濟常理。但後來我瞭解我不必介意：那是政治口水。

財政部長布萊迪也不喜歡聯準會。他和總統是好朋友，而且還有很多共通之處——都很有錢、是耶魯畢業的貴族，也是骷髏會（譯註：Skull and Bones，係美國祕密菁英社團，每年收十五名耶魯大四學生入會）的成員。尼可拉斯在華爾街待了三十多年，當上一家大型投資公司的董事長。他把豐富的實際交易經驗和頤指氣使的習慣帶進了華府。

在整個布希政府期間，我和尼可拉斯合作過許多重大議題——一九九一年我們一起去莫斯科出差，並且在銀行法規及外匯等複雜的事務上密切而有效地合作。我們不只是在一起工作而已，他甚至還邀請我去奧古斯塔國家高爾夫俱樂部（Augusta National）打球，而且我和安蕊亞常常和他及他太太凱蒂（Kitty）來往。

但他強化了布希總統把貨幣政策當成一種工具的看法。對尼可拉斯而言，把短期利率砍下來似乎是個沒有風險的建議：如果聯準會讓經濟充斥著貨幣，經濟將會成長得更快。當然，我們會在一旁監看通貨膨脹的火花，如果出現問題了，聯準會馬上就會加以控制調整回來。如果我照著他們的要求去做，我會要求砍得更快更狠，而且不用懷疑，市場會把我的頭砍下來交還給我——活該。

然而，這位財政部長可不太喜歡別人和他爭辯。他和許多交易員一樣，靠著膽識而功成名就。在匯率政策的問題上，我發現他對市場的感覺相當敏銳。但他不是有整體概念的人，也不太喜歡從長期的角度思考。每個禮拜，我和尼可拉斯有一個早餐工作會，每次談到貨幣政策的問題時，我們就只是一直在各說各話。

這樣的僵局造成處理赤字和衰退問題倍加困難，因爲這表示政府老是想要聯準會作點補償動作。當一九九〇年度預算案擺在桌子上時（布希總統終於面對他必須打破不加稅的諾言），尼可拉斯要我答應，一旦預算通過，聯準會就降息。

事實上，這次所編的預算我很欣賞。包括達曼的創新，我認爲大有可爲，像是「付通」（pay-go）法則規定，任何新的支出計劃都必須先找到相對的資金來源，不是加稅就是砍預算（付通是華府對「付錢通過」〔pay as you go〕的簡稱）。這次所提的預算，並沒有盡可能地大幅刪減赤字，但聯準會普遍認爲，包括我在內，這是往正確方向邁進一大步。預算案終於在十月的國會聽證會上提出來審查，我宣稱這個預算案「尚可信賴」——聽起來像是冷淡的讚詞，但已足以讓股市大漲，因爲交易員賭聯準會將馬上調降利率。當然，我們並無此打算：在放鬆信用之前，我們必須先看看預算刪減案是不是眞的通過了，而且最重要的是，是否具有眞正的經濟效果。

因此，我私底下和尼可拉斯講話時總是很小心。我說：「健全的預算會讓長期利率下降，因爲通貨膨脹預期減少了。而貨幣政策則應適度反應，調降短期利率。」這是標準的聯準會政策，但尼可拉斯對此感到很失望，因爲這並不是他所要的保證。

當那年秋季不景氣來臨時，摩擦就只有更加惡化了。「太多人抱持悲觀主義，」布希總統在他的一九九一年國情咨文中提到：「現在健全的銀行應該健全地放款，利息應該要更低，馬上降下來。」當然，聯準會一年來已經都在降息了，但白宮要更多、更大幅的降息。

我至今仍保有尼可拉斯那段期間所寄給我的信函。他採用非常不尋常的手段，從業界及學界邀請八位知名的經濟學家到白宮和總統吃午餐。席間每個經濟學家都會被問到聯準會是否必須再度調降利率的問題。尼可拉斯在總統面前成爲焦點，他寫道：「每個人都回答說這不會造成傷害」——而且幾乎所有人都覺得會有幫助。「艾倫，根據我四處詢問的結果，你的看法是孤立無援。」信中接著坦率地抱怨「聯準會讓他們的領導無法貫徹。」

在這個事件中，政府只是叫叫而已，不會咬人。當我的聯準會主席任期於一九九一年夏季屆滿時，曾經有一個密會，會中財政部引誘我作出承諾願進一步放寬貨幣政策以交換下一任。尼可拉斯後來宣稱我和他們達成協議。事實上我根本就不可能承諾，即使我想這樣做（其實我個人也認爲應該持續降息）也是沒用。不論如何，布希總統還是讓我續任。我想，他應該認爲我是最沒有傷害的選擇：從任何方面來看，聯準會都運作得相當好，找不到其他人選可以讓華爾街喜歡，並在換人後讓股市大漲。

我和尼可拉斯在貨幣政策上鬧僵了就很難再當朋友；雖然我們專業上還繼續合作，但他取消了我們的每週早餐會，而我們家庭之間的交往也跟著結束。隨著大選年逼近，政府決定改變對付聯準會和我這個冥頑不靈主席的方式。「葛林斯潘客戶」，他們在白宮裡用這個詞，轉交給CEA主席麥可・波斯金和總統親自來處理。

事實上，當選季開始時，復甦已經是蓄勢待發。到了七月，我覺得我有相當的信心宣布時速五十英哩的逆風已經部分解除。後來的分析顯示，春季的GDP年成長率為百分之四（GDP於一九九〇年取代GNP成為總產出的標準指標），相當良好。但當時還無法看出來，而且，我們可以理解，總統希望成長越強、越顯著越好。

當年我見總統的次數一隻手數得出來。他總是極為熱忱。「我不想攻擊聯準會。」他說道，他根據與企業界往來所聽到的事物去鑽研並提出重要的問題。他會問這樣的問題：「大家說對銀行準備的限制是問題的一部分，我應該如何看這個問題？」這些問題不是雷根提得出來的（他沒耐心去討論經濟政策），但我很高興布希想要知道這方面的事。我覺得和他接洽比和布萊迪舒服多了，因為討論絕不會有針鋒相對的情形。但當我們談到利率時，我從來都無法說服他，讓他接受進一步大幅降低利率幾乎是無法加速復甦，而且還會增加通貨膨脹的風險。

事實上經濟正在復甦，只是無法及時挽救選情。財政赤字可能是傷害布希最嚴重的因素。雖然一九九〇年遲來的預算刪減及加稅讓國家有比較好的財政基礎，不景氣卻嚴重折損聯邦政府的稅收，造成赤字一時間如雨後春筍般地出現。赤字在布希任期最後一年達二千九百億美元。讓羅斯・裴洛（Ross Perot）能夠在競選中攻擊這個問題而成功地瓜分共和黨的票造成布希落選。

多年後，當我發現布希總統把敗選歸咎於我時，我很難過。「我讓他續任，他卻讓我失望。」

他一九九八年對電視記者這樣說。懷疑並不是我的性格。我只有在回顧時才瞭解當時布萊迪和達曼是如何的說服總統說聯準會在破壞他的好事。他這麼痛恨我，讓我很吃驚，我對他並不會這樣。他這次敗選，讓我想到當年英國選民是如何在二次大戰一結束就讓邱吉爾落選。就我的判斷，布希在處理大多數對美國有重大威脅的問題，如美蘇衝突、及中東危機等，在在都樹立了典範。如果要找個值得連任的總統，非他莫屬。但如果這樣的話，邱吉爾也該連任。

6 圍牆倒塌

一九八九年十月十日，美國駐蘇聯大使傑克・麥洛克（Jack Matlock）在莫斯科美國大使官邸史帕索（Spaso House）裡，把我介紹給一群蘇聯的經濟學家和銀行家。我的任務是解釋資本主義金融。

當然，我沒有想到一個月後柏林圍牆竟會倒塌、或是再過二年多一點，蘇聯就不存在了。我也沒想到在東方瓦解之後幾年，我會成為罕見事件的見證人：市場競爭經濟從中央計劃經濟的廢墟裡出現。在此過程中，中央計劃經濟之滅亡，讓數十年來所累積的腐敗，毫無疑問地暴露出來。

但最令我驚訝的是，一套非常特別的市場資本主義課程等待我去探究。當然，我對這個體制最熟悉了，但我對其基礎的瞭解卻完全是抽象的。我在複雜的市場經濟中長大，其配套的法令、制度、和傳統，早就建制成熟。我在俄羅斯所觀察到的制度演化，西方經濟學早在我出生多年之前就發生了。當俄羅斯從舊蘇聯相關的體制中掙扎著尋求復甦之時，我覺得我就好像是個腦神經學家，從觀察腦部部分受傷病人的各項功能中進行學習。觀察市場如何在沒有財產權保護，也沒有信任傳統的環境下試著運作的情形，對我而言，這是個全新的經驗。

但那正是我在史帕索官邸演講，面對大約一百名觀眾時的情形，我在想：「他們在想什麼？我如何瞭解他們？」我認爲，他們都是蘇維埃學派的產物，深受馬克思主義影響。他們對資本主義制度或市場競爭的瞭解究竟有多少？以前每當我對西方觀眾演講時，我可以判斷出他們的興趣及知識水準，並據此來演講。但在史帕索官邸，我必須用猜的。

我所準備的演講，是市場經濟中有關銀行業的冗長枯燥簡報。探討金融中介機構的價值、商業銀行所面對的各種風險形式、法規限制的優缺點，和中央銀行的責任。演講進行得很慢，特別是我還要一句一句地停下來讓翻譯把我的話轉成俄文。

然而觀眾還是非常注意聽——大家都很專心，而且似乎還有幾個人做了詳盡的筆記。當我終於講完，麥洛克大使讓大家發問時，舉手非常踴躍。我很訝異也很高興，我從接下來半小時的討論中發現，顯然大家知道我在談些什麼。他們所提出的問題，顯示他們瞭解資本主義，而且非常瞭解，這令我驚訝。①

邀請我的，是負責改革的副首相連尼德・亞鮑金（Leonid Abalkin）。我原本以爲那星期的會面只是行禮如儀的場面，結果完全不是。亞鮑金將近六十歲，是個學院派的經濟學者，擔任戈巴

①這些人爲什麼懂這麼多？我終於在一九九一年問戈巴契夫的一名高級改革者，桂格利・雅夫林斯基（Grigory Yavlinsky）。「我們都到大學圖書館借計量經濟學的書來看。依照黨的規定，因爲這些書是數學作品，屬純技術性，不含意識形態的內容。」當然，資本主義的意識形態含在許多的數學式子中——計量經濟學模型是從消費者選擇和市場競爭的驅動力量所衍生出來。因此，雅夫林斯基說，蘇聯經濟學家對市場的運作方式有相當的瞭解。

契夫「廚房內閣」的改革者，他以政治作風開明優雅而聞名。他的臉部很長，看起來好像承受了許多的壓力，事實上，他之所以這樣是有許多原因的。冬天步步逼近，報告顯示，可能會有電力和食物短缺的問題，戈巴契夫公開提到無政府狀態的危機，首相才剛向國會要求禁止罷工的緊急權力。改革，即戈巴契夫雄心萬丈的四年經濟改造計畫，有崩潰之虞。我覺得亞鮑金的工作非常適合他自己，因爲他老闆對市場機制的瞭解非常有限。

亞鮑金問我對蘇俄國家規劃者所倡導的建議案之看法。那是個以指數連動方式打擊通貨膨脹的計劃（把工資和物價綁在一起），一種安撫人民的手法，讓他們知道工資的購買力不會被消滅。我簡短地告訴他，美國政府一直在爲指數連動的社會保險福利付出代價，並且提出我個人的看法，即指數連動不只是個治標的方法，長期而言，可能導致更嚴重的問題。亞鮑金似乎沒有感到意外。他說他認爲從官僚制的中央計劃經濟轉型成私有經濟，也就是他所謂的「最民主的管制經濟活動方式」，將要花許多年。

以前的聯準會主席也到鐵幕後面探險過——在一九七〇年代的緩和期，亞瑟·伯恩斯和比爾·米勒都去過莫斯科——但我知道他們不可能有我這樣的對話，因爲當時沒什麼好討論的：蘇聯集團的中央計劃經濟和西方的市場經濟在思想和政治上的鴻溝實在是太大了。然而，一九八〇年代末期已經出現相當驚人的變化——最明顯的是東德和其他衛星國家，但蘇聯本身也有相當的變化。光是那年春季，波蘭就已經舉行自由選舉，而後續的事件則令全世界嘖嘖稱奇。首先是團結工聯（Solidarity union）以壓倒性勝利打敗共產黨，接著，戈巴契夫不但沒有派出紅軍陣壓，反而宣佈蘇聯接受自由選舉的結果。不久，東德開始瓦解——數以萬計的東德人民趁著政府無力管理時，非法移民到西方世界。而就在我抵達莫斯科之前幾天，匈牙利共產黨宣佈放棄馬克思主義迎接民主社會主義（democratic socialism）。

蘇聯本身明顯處於危機當中。這幾年來的石油價格崩跌已經消滅該國眞正的成長來源，如今已無任何資源來沖銷布里滋涅夫時代以來國內的停滯性膨脹和腐敗。加上雷根總統變本加厲的冷戰壓力，使得問題越發嚴重。蘇聯不只是對衛星國家的控制力日漸下滑，連要餵飽人民都成了問題：只能靠從西方進口數百萬噸的穀物來讓糧食供應正常。通貨膨脹，亞鮑金眼前最關切的問題，事實上已經失控——我親眼見到珠寶店前大排長龍，人們拿著盧布換取保値的商品，但規定每人一次限買一樣東西。

當然，戈巴契夫盡快地解放制度並挽救頹勢。這位蘇聯共產黨的總書記讓我覺得是個有智慧而又開明的人，但他卻三心二意。從某個角度說，智慧和開明就是他的問題。讓他不能漠視其體制每天所帶給他的矛盾和謊言。雖然他在史達林和赫魯雪夫時代中長大，他能看到自己的國家正在停滯，也知道爲什麼、以及是什麼因素造成他的信仰失去競爭力。

我最大的疑問是，爲什麼戈巴契夫前任的強硬派領導人安德洛波夫（Yuri Andropov）會提拔他上來。戈巴契夫並沒有故意要讓蘇聯瓦解，但他也沒有出手去阻止蘇聯崩潰。他和前一任不同，當東德和波蘭投向民主陣營時，他並沒有出兵攻打。而且戈巴契夫還呼籲他的國家要在全球貿易上扮演重要角色；毫無疑問，即使他不瞭解股票市場或其他西方經濟體制的機制，他也該知道這是隱性的資本主義擁護者。

在戈巴契夫開放政策所鼓勵的改革思潮之下，我這次拜訪，和華府之努力不謀而合。例如，

KGB一開放人民得以參加夜間集會時，美國大使就馬上開辦了一系列的講座，讓歷史學家、經濟學家，和社會學家可以參加西方學者的講座，討論有關黑市、蘇聯南方邦聯的生態問題，和史達林時代歷史等以往所禁止討論的議題。

我有一大部分的行程是拜訪高級官員。每一次都以某種方式讓我感到意外。雖然我一生中大多在研習自由市場經濟，接觸到不同的體制，但看到這些不同體制陷入危機，卻迫使我去深思以前從未想過的問題，思考資本主義的基本要素以及和中央計劃經濟體制不同之處。這種差異的第一個象徵，就出現在從機場到莫斯科的行車途中。我指著馬路旁田裡面的一臺一九二〇年代的耕耘機，那是有著金屬巨輪，發出隆隆吼聲的龐然大物。「你們爲什麼還讓他們用這種東西？」我問和我同車的安全人員。「我不知道。」他答道。「因爲那還能用嗎？」就像一九五七年份的雪佛蘭汽車開在古巴的哈瓦納（Havana）街上一樣，隱含了中央計劃經濟社會和資本主義社會之間的重大差異：這裡沒有創造性破壞，沒有建造更好工具的動力。

難怪中央計劃經濟體制難以提高生活水準創造財富。生產和分配是由計劃單位所下給工廠的特定指令所決定，指定他們必須從何人接收多少數量的原料和服務，應該生產什麼，以及必須把多少數量的產出分配給誰。勞動力應該是充分就業，而且工資按照規定。獨缺最終消費者，在中央計劃經濟中，最終消費者依規定只能被動接受計劃單位所下令生產的產品。但即使是蘇聯的消費者也無法遵守這種行爲。由於缺乏有效市場來協調供給和消費需求，典型的結果是沒人要的產品生產過剩，而大家所要，卻生產不足的產品則嚴重缺乏。短缺造成配給，或是莫斯科最有名的克難方法——商店前大排長龍。（蘇聯改革者葉格・蓋達爾〔Yegor Gaidar〕指出稀有物資分配者的權力，他後來說道：「在百貨公司裡擔任售貨員就相當於矽谷裡的百萬富豪。那是地位、那是影響力、那是尊榮。」」

蘇聯把整個國家賭在中央計劃經濟，而不是以全民福祉爲依歸的開放競爭和自由市場。想到這點，我就迫不及待地想要見見國家計劃委員會（Gosplan）主席的左右手，史戴本．席塔理洋（Stepan Sitaryan）。在蘇聯，每一樣事務都有個負責機構，重要的機構，其名稱開頭都有「gos-」作爲字首，也就是國家的意思。例如，Gosnab 是國家物資供應委員會、國家勞工委員會（Gostrud）掌管工資和勞工法、國家價格委員會（Goskomtsen）負責制定價格。國家計劃委員會的位階最高——其職掌，根據一名分析師的記憶，是規定「橫跨十一個時區中每一家工廠和機械房所生產的每一項產品的規格、數量和價格。」國家計劃委員會的龐大帝國包括兵工廠，兵工廠掌握全蘇聯最優秀的勞工和原料，全世界都認爲這是蘇聯最精良的部分。②根據西方分析師估計，該單位總計控制了全蘇聯百分之六十到八十之間的GDP。而席塔理洋和他老闆，尤瑞．麥斯克由考夫（Yury Masklyukov）則是大權在握的官員。

席塔理洋的身材矮小，一頭高聳白髮，操著一口流利的英語，他把我交給一位資深的國家計劃委員，炫耀性地展示其複雜的投入產出矩陣，所用的數學連這方面的專家，出生於俄國的哈佛經濟學家華西理．李昂鐵夫（Wassily Leontief）也會感到眼花撩亂。李昂鐵夫的想法是，你可以

②事實上，被認爲被動的蘇聯消費者，每當獲知兵工廠生產出較好的家用品時就會蜂擁而至。這些消費者和西方消費者一樣成熟。

把任何一個經濟體，精確地描述成物資和勞力在經濟裡的流動情形。你的模型如果徹底地對應每一個流動細節，就會成爲一套理想的工具。理論上，這套工具可以讓你從一項產出的變化，例如耕耘機的需求（或是，針對雷根時代的情形，軍用產品大量增加以回應美國在「星際大戰」上的軍備增加），去預期該項變化對經濟裡每個部門的每一個項目影響有多大。但一般的西方學者都認爲投入產生矩陣的用處有限，因爲該模型無法掌握經濟動態——在眞實世界中，投入與產出間的關係，其變動速度幾乎都比吾人計算出估計值的速度還快。

國家計劃委員會的投入產出模型已經發展到托勒密完美（Ptolemaic perfection）的境界。但從其首席助手的說明研判，我看不出前面所提的限制已經獲得解決。因此我問他這個模型如何考慮動態變化的情況。他只是聳聳肩把話題岔開。我們的會議讓他不得不一直堅持計劃人員可以比自由市場更有效率地設定生產時間表和管理大型經濟。我懷疑其助手其實可能也不相信這套東西，但我分不出他眞正的感覺究竟是嘲諷還是懷疑。

也許有人會認爲這些計劃權威很聰明，應該有能力調整他們的模型缺點。像席塔理洋這等人物非常聰明，他們試過了。但他們太相信自己。沒有資本主義市場賴以運作的價格變化之立即訊號，誰會曉得每一項產品要生產多少？沒有市場價格機制之協助，俄羅斯的經濟計劃就沒有有效的回饋作導引。同樣重要的是，計劃者也沒有金融訊號來調整儲蓄以配置於實質的生產投資，從而符合人民在需求和品味上的變化。

在擔任聯準會主席之前幾年，我事實上也試著把自己投入到中央計劃者的工作上。一九八三到一九八五年間，我服務於雷根總統的外國情報顧問委員會（President's Foreign Intelligence

Advisory Board, PFIAB），我奉命檢討美國所評估之蘇聯在軍備增加過度耗用資源時的承擔能力。這次的賭注很大：總統的星際大戰策略就建立在蘇聯經濟無法和我們匹敵的假設上。我們的想法是，一但軍備競賽升高，蘇聯如果想要跟上就會崩潰，要不然他們會要求談判；不論是哪一種情形，此時我們都可以出手，而冷戰也將結束。

顯然，這項任務非常重要而難以拒絕，但卻令我害怕。學習一個和我們非常不同體制裡生產和分配的投入產出是一項艱鉅的任務。然而，我一開始鑽研這個案子，才一個禮拜，就發現這是不可能的任務：沒有可靠的方法取得該經濟的資料。國家計劃委員會的資料非常爛——蘇聯上上下下的管理者有非常大的誘因去誇大他們工廠的產出並虛增薪資。更糟的是其資料內部就有許多矛盾是我無法修正的，我懷疑國家計劃委員會對此也無能爲力。我向PFIAB及總統報告，我無法預測「星際大戰」的挑戰是否能拖垮蘇聯的經濟——而且我相當有把握，蘇聯自己也搞不清楚。最後，蘇聯當然沒有在星際大戰上和我們競爭——反而是戈巴契夫掌權，推出改革計劃。

我從未向國家計劃委員會的官員提及此事。但我很高興我不是席塔理洋——聯準會的工作很有挑戰性，但國家計劃委員會的工作則是超現實。

和蘇聯中央銀行總裁維克多·葛拉森科（Viktor Gerashchenko）會面就沒有那麼劍拔弩張了。就正式立場來看，他是我的競爭對手，但在計劃經濟裡，國家決定誰可以取得資金，誰不能得到資金，銀行所扮演的角色遠比西方的小：國家銀行（Gosbank）不過是薪資發放者和帳房罷了。如果放款的貸款人延遲還款，甚至違約，那又怎麼樣？放款基本上是國家所屬單位間的資金移轉。銀行家不必擔心信用標準、利率風險，或市場價格變動——這些都是市場經濟裡，決定誰得到授信、誰不能得到信用額度，以及誰生產什麼東西和賣給誰的金融訊號。我前一晚所談的議題，根本就和國家銀行的世界無關。

葛拉森科是個殷勤而友善的人——他堅持我們相互直呼維克多和艾倫。他的英文講得很好，曾經在倫敦的俄國銀行工作多年，瞭解西方的銀行業。他和許多人一樣，認爲蘇聯落後美國沒有多遠。他找我，也找其他的西方銀行家，因爲他想讓他的機構，成爲有名望的中央銀行。我覺得他非常和藹可親，我們談得很愉快。

才四星期之後，一九八九年十一月九日，柏林圍牆就倒場了。那時我在德州處理聯準會事務，但和每個人一樣，那天晚上我一直黏著電視。那天晚上非常值得注意，但後來幾天，讓我覺得更神奇的則是破壞圍牆倒場的經濟問題出現了。二十世紀最具關鍵性的辯論，一直是政府要控制到什麼程度才是對全民福祉最好的問題。二次大戰之後，歐洲的民主國家都往社會主義移動，而均衡點，即使是美國，也偏向中央集權政府——中央計劃有效地控管整個美國軍火產業。

那是冷戰時期的經濟背景。基本上，這不只是成了二種理念的競爭，還是二大經濟組織理論的競爭——自由市場經濟對抗中央計劃經濟。而過去四十年來，二者幾乎旗鼓相當。一般認爲雖然蘇聯和其盟國在經濟上落後，他們正迎頭趕上西方浪費的市場經濟。

經濟學幾乎不可能做控制組實驗。但即使你在實驗室裡，也無法創造出比東、西德還要好的經濟實驗。這二個國家，從相同文化、相同語言、相同歷史，和相同的價值系統開始。然後四十年來他們相互競爭，絕少有商業往來。實驗所要測試的最大差異是他們的政治和經濟制度：市場資本主義對中央計劃經濟。

很多人認爲這場競爭，實力相當接近。西德，當然是戰後經濟奇蹟，從廢墟中崛起，成爲歐洲最繁榮的民主國家。同時，東德則成爲東方陣營裡的堅強堡壘；不只是蘇聯最大的貿易伙伴，其生活水準看起來也和西德所差無幾。

我比較了東西德的經濟差異作爲我在PFIAB工作的一部分。專家曾經估計，東德平均每人的GDP大約是西德的百分之七十五到八十五。我認爲有問題——你只要看看柏林圍牆另一邊破破爛爛的公寓，就可以知道那邊的生產水準及生活水準遠遠不及活力十足的西德。諷刺的是東德的GDP統計似乎並不離譜。東西德之間生活水準上的微小差距，透露出西德低估了本身的進步情形。例如，每個國家只計算汽車的生產數量。而汽車生產統計並沒有完全掌握，譬如說，賓士汽車一九五〇年和一九八八年之間在品質上的差異。同時，拖笨汽車（Trabant）卻是一種外型呆板，噴出廢氣的東德小轎車，其設計三十年來完全沒變。因此，二個經濟體之間的差距幾乎可以確定比一般人所瞭解的還要大。

圍牆倒塌所暴露出來的經濟頹敝非常可怕，連半信半疑者也都感到吃驚。結果，東德勞工的生產力只比西德的三分之一多一些，根本就不是百分之七十五到八十五。人民的生活水準也有同樣的情形。東德工廠所生產的產品非常低劣，而東德的服務業管理失當，要花數千億美元才能現代化。至少有百分之四十的東德企業被認爲是凋敝無望，只有關閉一途；剩下的大多數還要撐好幾年才有競爭力。數百萬人失業。這些人需要訓練和新工作，或者，他們可能加入移民西德的人潮。鐵幕背後的破敗一直是個祕密，如今這個祕密已經公開了。

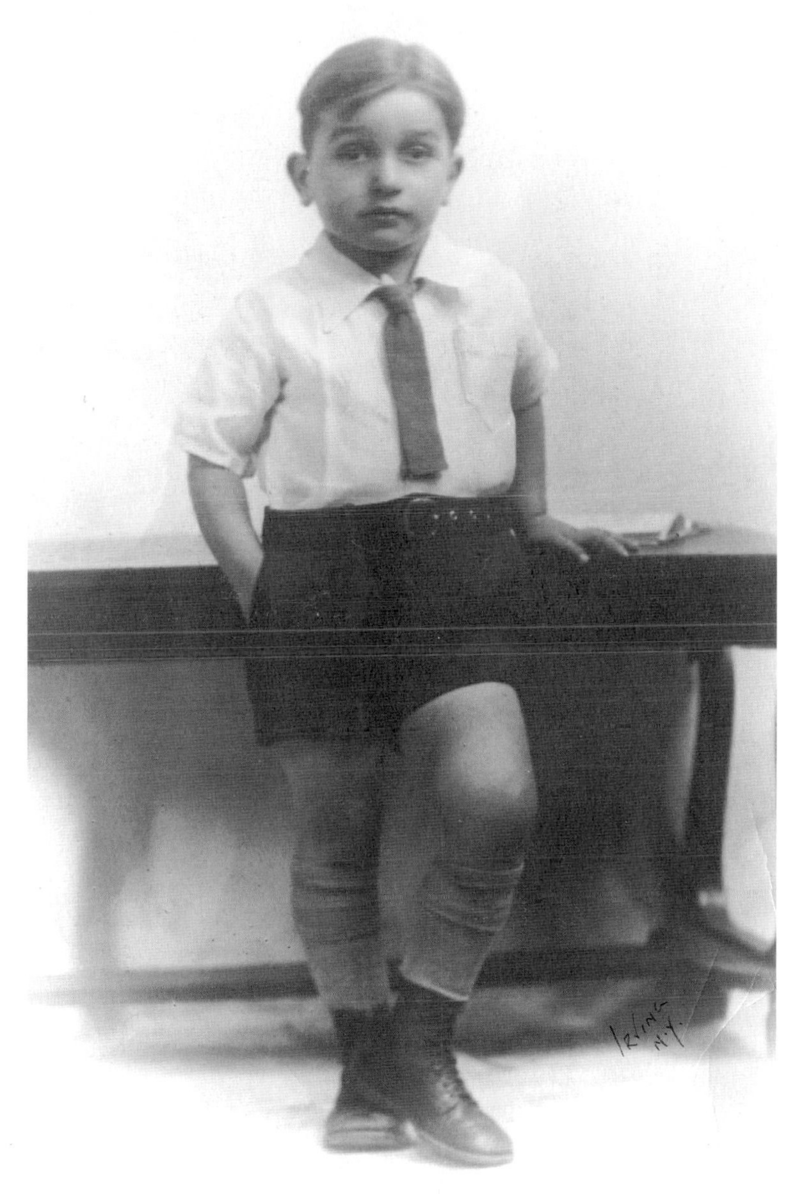

五歲，一九三一年紐約市華盛頓高地

葛林斯潘收藏

三個葛林斯潘堂兄弟合照，約一九三四年（我在最左邊）

葛林斯潘收藏

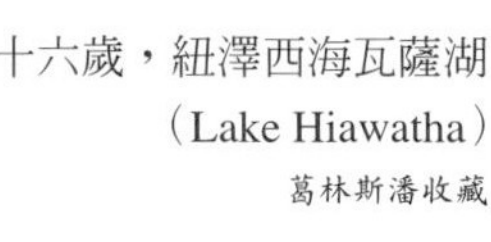

十六歲，紐澤西海瓦薩湖（Lake Hiawatha）

葛林斯潘收藏

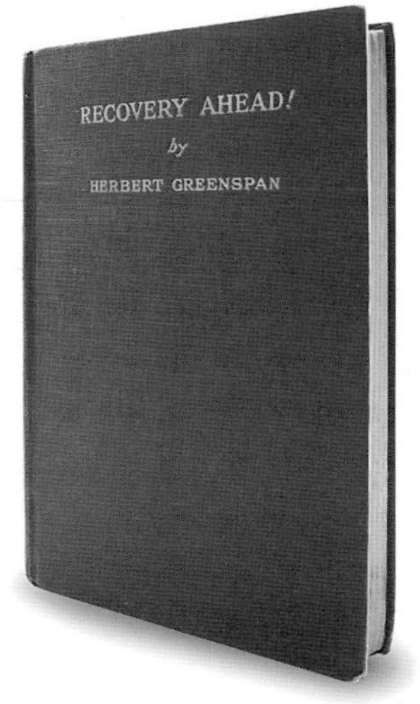

我父親，在華爾街以兜售股票爲生，在我還二歲時就與我母親分手。九歲時，他送我這本書，《復甦在即！》，信心十足地預測大蕭條即將結束，還包括下面這段非常溫馨，甚至有點難懂的句子：「吾兒艾倫：以我對你永遠的關懷，願本書，我的處女作，能夠分生出一連串無窮盡的類似作品讓你長大之後回顧並努力推敲這些預測邏輯背後的思維，並開啓你自己的類似作品。」

戴倫·黑格（Darren Haggar）攝

到茱莉亞學院一年後，我擔任伴奏，隨著亨利·傑若米舞蹈樂隊到全國各地表演，吹薩克斯風和單簧管（我坐在很左邊）。我還幫團員辦理退稅。

亨利·傑若米音樂公司提供

和我母親，蘿絲·高史密斯合照，她是勇敢而活力十足的女性，賜給我愛和音樂。葛林斯潘收藏

到了一九五〇年，身爲一名經濟學者，我賺的錢足以搬離紐約市到郊區住，一年後我就搬了。

葛林斯潘收藏

所有的老師當中，亞瑟·伯恩斯和艾茵·蘭德對我一生的影響最大。亞瑟·伯恩斯是一位在景氣循環理論上有開創性貢獻的經濟學家，我在讀哥倫比亞博士班一年級時，他是我的指導教授，也是我的導師，多年後還說服我完成博士學位。他擔任過經濟顧問委員會主席和聯準會主席，比我早。艾茵·蘭德擴展了我的智慧領域，她挑戰我，讓我的視野超越經濟學以瞭解個人和社會的行爲。

左：Battmann / Corbis；右：紐約時報 / Getty Images

亞當斯密的啓蒙理念：個人動機和市場力量，從一九三〇年代的幾近殞歿中復興，成爲當前全球經濟的主流。亞當斯密（上左）在學術上對我一直有著最深的影響。我也受到約翰·洛克（上右）思想的影響，這位英國偉大的道德哲學家，清楚地表達生命、自由和財產的基本想法，而二十世紀經濟學家熊彼德的創造性破壞觀念，對於科技變革在現代資本主義社會裡所扮演的角色，直指其核心。

上左：Hulton Archive/Getty Inages；
上右：Bettman/Corbis；右：Getty Images

在我的事務所，陶森葛林斯潘，我專注於重工業——紡織、礦冶、鐵路，尤其是鋼鐵。研究鋼鐵讓我站在有利的位置，對一九五八年的不景氣提出預警——我第一次預測整體美國經濟。

Walter Daran/Time life Pictures/Getty Images

當我於一九七四年首次接受華府工作時，我把陶森葛林斯潘交到這些副總的手上，（左起）凱蒂・艾考夫、露西兒・吳、和貝絲・凱普倫（坐著）。前副總朱蒂絲・麥奇（右）暫時回來幫忙。女人當家讓陶森葛林斯潘在經濟學界獨樹一格。
《紐約時報》/ Redux

我接觸公共事務是從一九六七年尼克森競選總統開始。我是無給職的競選團隊成員。雖然我對尼克森的聰明才智相當佩服，但他深沈的一面卻讓我不敢領教，於是決定不加入行政團隊。一九七四年七月的會議，坐在我左邊的是惠普公司共同創辦人大衛・帕卡德（David Packard），一九六九年到一九七一年間擔任國防部副部長。Bettmann/Corbis

我宣誓就職擔任經濟顧問委員會主席時，母親向我道賀，福特總統在一旁觀禮。國家正陷入水門事件、高油價，和通貨膨脹中，從事公職，這個時機相當具挑戰性。Bettmann/Corbis

一九七五年四月在橢圓辦公室討論經濟政策時，國務卿季辛吉以美國從西貢撤軍的新聞打斷我們。左起至右：福特總統、副幕僚長錢尼、我、副總統洛克斐勒、幕僚長倫斯斐，和季辛吉。David Hume Kennerly/福特總統圖書館/Getty Images

白宮資深幕僚經常聚在幕僚長的辦公室裡收看晚間新聞並聊一些當天所發生的事。我會躺在地毯上提供我的淺見，我躺在那裡伸展我的腰，讓腰痛舒服些。

David Hume Kennerly/福特總統圖書館/Getty Images

在大衛營工作，由左至右：財政部長賽蒙、新聞局局長聶森（Ron Nessen）、福特總統、錢尼、倫斯斐，和我。

David Hume Kennerly/福特總統圖書館/Getty Images

一九八〇年和福特總統在棕櫚泉。和外傳的手腳笨拙相反，他是可敬的高爾夫高手，也是前全美橄欖球大賽（All-American Football）的球員。

尼爾・萊弗（Neil Leifer）攝

在一九八〇總統大選期間，我陪著雷根飛到全國各地，任務是向他簡報一長串的內政問題。前景是顧問馬丁・安德森，是他陷我於不義。「他會聽你的。」他說。但我無法阻止雷根不要再講故事。

麥可・伊凡斯（Michael Evans）攝，雷根總統基金會提供

在七月的共和黨年會上，季辛吉和我試著要說服前總統福特擔任雷根的競選夥伴。民調顯示雷根和福特搭配是「夢幻組合」，但僅持了二十四小時之後，談判破裂，而副總統提名人選就成了老布希。

David Hume Kennerly/Getty Images

社會保險於一九七○年代和一九八○年代初期發展成財務問題，民主黨和共和黨都知道必須加以修正。雷根的改革委員會——由我負責——達成了一項協議。一九八三年四月，雷根於玫瑰園簽署了這個法案，二黨領袖皆前來觀禮，包括參議員杜爾（在我右邊）、國會議員佩伯（部分模糊），和眾議院院長歐尼爾（正和總統開玩笑）。下面的漫畫顯示當年的財務壓力。

上：AP Images/Barry Thumma；下：大衛・李文（David levine）

"All the News That's Fit to Print"

The New York Times

Late Edition

VOL. CXXXVII . . . No. 47,298 — NEW YORK, TUESDAY, OCTOBER 20, 1987 — 30 CENTS

STOCKS PLUNGE 508 POINTS, A DROP OF 22.6%; 604 MILLION VOLUME NEARLY DOUBLES RECORD

U.S. Ships Shell Iran Installation In Gulf Reprisal

Offshore Target Termed a Base for Gunboats

A Huge Blow to the Five-Year Bull Market

Dow's Record Fall

WORLDWIDE IMPACT

Frenzied Trading Raises Fears of Recession — Tape 2 Hours Late

Does 1987 Equal 1929?

Who Gets Hurt?

Terrence J. McManus, a specialist with Spear, Leeds & Kellogg, on the floor of the New York Stock Exchange yesterday. Articles on Wall Street's day to remember and the sinking of investor hopes, page D1.

More About the Markets

Two connected Iranian offshore platforms on fire after being shelled by American destroyers. A U.S. warship can be seen in the background.

Goetz Given 6-Month Term on Gun Charge

INSIDE

一九八七年六月二日，雷根總統宣布他提名我接沃爾克的位置，成爲聯準會主席。幕僚長貝克（右）已經在數月前先偷偷地傳話給我了。我上任後短短的十個禮拜就要接受火的洗禮：一九八七年十月十九日股市崩盤。

上：雷根圖書館提供；

當一九八九年十一月柏林圍牆倒塌時，歷史發生驚人的轉變。但圍牆倒塌後所暴露出來的凋敝經濟更令我感到神奇。隔年春天，俄羅斯總理第三次到美國拜訪時，蘇聯本身也開始瓦解。下圖是一九九〇年三月三十一日他和老布希總統及我在華府國宴的迎賓隊伍前面。

左：AP Images/John Gaps III；
下：老布希總統圖書館提供

老布希總統和聯準會之間的緊張關係在一九九一年七月橢圓辦公室的會議裡表露無遺。他公開表示聯準會並沒有把利率降得夠低。他當年讓我又續任主席，後來卻又怪我害他輸掉一九九二年的總統大選。布希總統圖書館提供

（上）聯邦公開市場委員會（FOMC），聯準會裡權力最大、最敏感的決策小組，二〇〇三年六月會期的開會情形。一年有八次會期。

聯準會照片——布立特・雷克曼（Britt Leckman）

（右）我在聯準會辦公室裡所能取得的資訊範圍越來越廣，因為科技改革了聯準會的經濟分析方式。

黛安娜・華克（Diana Walker）攝

我特別重視每天要留點時間安靜地閱讀和反省。

琳達・克雷登（Linda L. Creighton）攝

至少東德還可以請求西德支援。蘇聯集團的其他國家則面臨同樣或更糟的慘況，然而，他們還是必須自己照顧自己。波蘭偉大的改革者萊舍克・巴釆洛維奇（Leszek Balcerowicz）向另一位偉大的經濟改革者——德維希・艾哈德（Ludwig Erhard）的經驗學習。艾哈德是西德在一九四八年聯軍佔領時期的經濟總管，他突然宣佈廢止價格和生產管制，在百廢待舉的經濟中，點燃了復甦火花。艾哈德這樣做被認為越權，但他在週末發佈公告，託管政府還沒來得及反應之前，物價就完全改變了。這招很有效。西德商店，食品和一般商品一向是長期缺貨，一下子就貨源充足，而惡名昭彰的黑市也隨之消失，這點，讓評論者歎為觀止。起初物價太貴了，但隨後更多的供給趕上需求，物價就降下來了。

來自波蘭中部小鎮的巴釆洛維奇是一名受西方教育的經濟學教授，他追隨艾哈德的典範，提出他所謂的市場革命，其他人則稱之為電擊療法。當團結工聯於一九八九年贏得波蘭大選時，經濟正處於崩潰邊緣。商店裡食品缺貨、超級通貨膨脹破壞了大家的金錢價值、而政府則已經破產，無力償還公債。在巴釆洛維奇的敦促下，該國的新政府於一九九〇年一月一日宣佈下臺，這天就是所謂的「大爆炸」之日，停止所有的物價管制。我第一次碰到他是在瑞士巴塞爾（Basel）的一個金融會議上，離這事件還有幾星期，他說他也不知道這個策略是否有效，這令我震驚。但他說：「改革，你不能小家子氣。」他相信在一個政府控制各項買賣長達四十年的社會裡，根本就沒有從中央計劃經濟和緩移轉到競爭市場經濟這回事。必須採取劇烈的行動刺激人民開始自己作決策，而且，誠如他所說的，讓他們相信改革是無法避免的。

他的大爆炸，可以預見地，引起極大騷動。就和艾哈德在德國的情況一樣，物價一開始就飆高——頭二個星期，茲拉第（譯註：zloty，波蘭幣）幾乎喪失了一半的購買力。但更多的物資出現在商店裡，漸漸地，物價就平穩下來了。巴采洛維奇派員一直到商店去查看，後來他回憶道：「這天非常重要——當他們說：『蛋價下跌了』。」轉型到自由市場，沒有任何事物比這句話更令人相信新制已經開始發揮作用了。

波蘭的成功，鼓勵捷克斯拉夫去嘗試更大膽的改革。經濟部長瓦茨拉伕・克勞斯（Václav Klaus）想把國營事業轉變成私有企業。他並不是用拍賣的方式賣給投資團體（捷克斯拉夫沒人有足夠的錢來接手），而是提出建議，以憑證的方式把所有權分配給全民。每個公民都可以分到同樣比例的憑證，憑證可以交易買賣，也可以換成國營事業的股票。透過這個方法，克勞斯不只是想實現「財產權的根本轉型」而已，還爲股票市場建立基礎。

一九九〇年八月，克勞斯在聯準會於懷俄明州傑克遜洞（Jackson Hole）所舉辦的研討會午餐簡報中談及這件事及其他許多雄心萬丈的計劃。他身材結實滿臉鬍鬚，熱衷於緊急改革。「失去時機就等於失去了所有，」他告訴我們：「我們必須迅速行動，因爲慢慢改革會爲既得利益者、各種壟斷勢力，及專制社會主義的受益者提供方便的藉口，結果完全沒有改變。」聽起來相當激烈而無妥協餘地，到了問答時間，我提出改革對人民工作造成衝擊的問題。「你們會不會考慮爲失業者提供某種社會安全網？」我問道。他簡短地打斷我：「你們的國家才提供得起這樣的奢華條例。」他說道：「而我們如果要成功，就必須和過去一刀兩斷。競爭市場是創造財富之道，這就是我們所關注的焦點。」他後來成爲我的好朋友，但這是我有生以來第一次被人斥責對自由市場的力量缺乏充分瞭解。身爲一個艾茵・蘭德學派的敬仰者，這是唯一的一次經驗。

當東歐國家競相改革之時，莫斯科的動盪卻日趨惡化。在西方，更是難以掌握其狀況。葉爾欽在一九九一年六月年選上俄羅斯共和國總統之前的一個禮拜曾經拜訪紐約，在紐約聯邦準備銀行發表演說。葉爾欽是建商老闆出身，於一九八〇年代擔任莫斯科市長；然後他放棄共產黨籍，以實現激進改革的理想。他在選舉中得到百分之六十的多數支持，粉碎了共產黨。雖然他曾經是戈巴契夫的手下，他的知名度加上衝撞性格，讓他成爲矚目焦點——一如當年赫魯雪夫時代，他似乎把國家不安的矛盾擬人化。一九八九年，他第一次到美國來，那次是個敗局——大家印象最深刻的就是新聞報導他怪異的舉止及喝傑克・丹尼爾酒（Jack Daniels）喝到爛醉。

紐約聯邦準備銀行總裁吉瑞・柯瑞恩首先鼓勵華爾街和這位蘇聯改革者聯繫——這是布希政府所希望發生的事。因此，當葉爾欽進城時，紐約聯邦準備銀行邀請他在五十名銀行家、金融家和企業領袖的晚宴上發表演說。葉爾欽帶著龐大的隨團人員抵達，柯瑞恩和我在介紹他和晚宴賓客認識之前先行和他簡短會晤。我們那晚所看到的葉爾欽可不是個酒鬼；他看起來聰明而果決。在演說臺上，他花二十分鐘生動地講述改革，完全不用講稿，然後詳細回答聽眾所提出的特定問題，中間沒有請顧問協助代答。

大家越來越不清楚究竟戈巴契夫，或是任何人能夠在沒有武力衝突下，終止共黨政權。戈巴契夫於六月廢止華沙公約之後，推出他的重建計劃，把蘇聯改造成自願邦聯的民主國家，而他所面對的反抗力量則非常殘暴。八月，一場由史達林主義強硬派所發動的政變差點讓他下臺——很多人認爲，最後是葉爾欽戲劇性地爬上蘇聯議會外的坦克車上，才讓戈巴契夫撿回一條命。

西方開始想辦法給予協助。這就是財政部長尼可拉斯・布萊迪和我於九月率團拜訪戈巴契夫並和他的經濟顧問開會的原因。我們表面上的任務是評估蘇聯需要什麼改革才能加入國際貨幣基金（International Monetary Fund, IMF），但我們主要的目的則是想親自看看那裡的狀況。

從聯準會和西方世界的觀點來看，單就蘇聯的經濟條件並不足以引起如此關切。其經濟並沒有那麼大——當然，我們沒有可靠的統計數字，但專家估計其規模大約和英國相當，或是歐洲整體的六分之一。鐵幕和外界隔絕，佔世界貿易的比重非常小。對西方國家的負債也很少，當然，政府垮了這些債也就無法履約。但這些因素都不足以引發核子戰爭。我們全都非常瞭解，蘇聯瓦解的危機才會危及全世界的穩定和安全。

就是這個原因，我們在那裡所看到的景象，讓我們非常惶恐。

顯然政府正在瓦解當中。中央計劃機構開始失敗，而民生問題則受到威脅。當時的外交部長艾德華・謝瓦納澤（Eduard Schevardnadze）告訴我們，蘇維埃共和國在俄羅斯邊界不平靜——他說生活在那區域裡的二千五百萬名俄羅斯族人恐怕有危險。更糟的是，他說，俄羅斯和烏克蘭都擁有蘇聯核子兵工廠的武器，有可能爆發衝突。

經濟資料，頂多是片片段段，卻顯示同樣的警訊。通貨膨脹失去控制，物價每星期上漲百分之三到七。這是因爲控制生產和分配的中央機制已經瓦解，越來越多錢追逐越來越少的物資。政府試圖維持事務運轉，讓經濟裡的現金氾濫成災。一名戈巴契夫的副官告訴我：「印刷機的速度趕不上進度。我們一天二十四小時都在印盧布。」

整體而言，這些因素造成了店家食品缺貨的陰影。烏克蘭過去一向物產富饒，一度以穀倉聞名於世。雖然收成還很夠，但因爲沒有辦法把產品和穀物收集起來配送出去，部分穀物卻在田裡腐爛。蘇聯從外國進口的穀物增加到一年四千萬噸。麵包缺貨是全國痛苦的回憶——一九一七年發生麵包暴動，一名聖彼得堡的老婦人起而造反，導致沙皇下臺。

在一次單獨的會談中，讓我得以一窺蘇聯經濟敏感脆弱的程度，以及改革的困難程度。改革主義經濟學家鮑利斯・涅姆索夫（Boris Nemtsov）透露：「我告訴你軍事城的問題。」接著他一連串說出許多我聽都沒聽過的城市名字。涅姆索夫解釋說，全國至少有二十個這樣的城市，每個城市有二百萬人或更多，這些城市全是因爲兵工廠才設立的。這些城市與世隔絕，非常專業化，除了爲蘇聯軍方服務外，沒有其他存在的理由。他的論點很清楚：終止冷戰並投向市場經濟，會造成整個城市及數百萬名工人沒事做也沒有其他的適應能力。蘇聯經濟體制內部的僵固性遠非我們西方世界所能想像的。這些軍方工人的問題中，我們還擔心一點，這些人包括世界級的科學家、工程師和技師，他們爲了謀生，最後可能會把他們的技術賣給流氓國家。

還有更多的事件，但訊息則大同小異。當我們和戈巴契夫總統會面時，他再次強調他的目標是讓國家成爲「全世界主要的貿易力量。」我很佩服他的勇氣。但我在筆記本的邊緣記下這句話：「蘇聯是一場即將發生的希臘悲劇。」

一九九一年十月，戈巴契夫部長理事會的首席經濟學家桂格利・雅夫林斯基（Grigory Yavlinsky）率團到泰國參加世界銀行和國際貨幣基金年會。這眞是歷史性的一刻：有史以來第一次蘇聯官員和資本主義世界的經濟決策官員坐在一起。

蘇聯已經得到臨時資格——正式允許他們可以進到國際貨幣基金和世界銀行聽取報告，但不能貸款。雅夫林斯基和他的團隊主張蘇維埃共和國的殘餘邦聯應該授予正式會員資格。龐大西方貸款的問題並沒有立即拿上檯面——蘇聯堅持他們可以自行轉型成市場經濟，不需要G7任何一國提供協助。

討論進行了二整天，如果我必須挑一個詞來形容西方中央銀行家及財政部長的感受，那就是「無力感」。我們知道蘇聯所留下來的已經粉碎了；我們知道軍方已經發不出餉了，而且軍方瓦解，可能會對世界和平造成嚴重威脅。我們必須關心核子武器如何處置。頹敗來自內部和政治面。國際貨幣基金只能談及貨幣，而貨幣並不是問題。最後我們採用一般組織遇到這種狀況所經常採取的方法：我們授權一個委員會作進一步的研究和討論（在本案中，G7的財政部副部長要到莫斯科進行顧問工作。）因此，這件事操之在蘇聯改革者的手上。他們所要面對的問題遠比東歐的伙伴還要困難。波蘭和捷克領袖可以利用人民的信心——他們的國家正脫離莫斯科的掌握，可以在經濟環境許可下盡量進行實驗。但蘇聯人民對自己國家的超級強權地位卻有著一份驕傲，並且爲之作了許多犧牲。對他們而言，動亂代表痛苦——國格嚴重淪喪。國家蒙羞讓改革者的工作更加艱鉅。

而且，蘇聯自一九一七年成立至今已有相當長的一段時間了——很少人還記得私有財產，也沒有親身經營過事業或接受過這方面的訓練。即使在退休人員中，也找不到會計人員、審計人員、財務分析人員、行銷人員，或商業法律師。在東歐，共產主義只統治了四十年而非八十年，自由市場得以重建；而在蘇聯，自由市場必須從死亡中復活回來。

戈巴契夫的政權不夠長，看不到經濟改革——他於一九九一年十二月辭職，同時蘇聯正式解體，由前蘇維埃共和國寬鬆的經濟邦聯所取代。「蘇聯結束；其最後領導人戈巴契夫下臺；美國承認共和國獨立」十二月二十六日紐約時報頭條這樣寫道——我看著這條新聞，覺得很遺憾艾茵·蘭德生前無法親眼看到。她和雷根是少數在數十年前就預測蘇聯終將從內部瓦解的人。

葉爾欽指派葉格·蓋達爾在俄羅斯進行經濟改革。一九八〇年代時，他和其他的年輕經濟學者夢想在蘇聯創造一個市場經濟，他們想像出一個有組織有方法的轉型。但現在，混亂日益升高，沒時間這麼做了——除非政府能夠立即啓動市場，否則百姓可能會餓死。因此在一九九二年一月，蓋達爾以代理總理的身分，採取波蘭所用的方式：驟然結束價格管制。

電擊療法對俄國人的震撼時間遠比對波蘭人還長。國家的規模、體制的僵化、以及所有的人民終生都生活在價格控管裡的事實——在在都成了不利因素。通貨膨脹之增加如此快速，以致於人們拿到薪水時已經沒有價值，而微薄的儲蓄也一掃而空。盧布在四個月裡喪失了四分之三的價值。商店裡的物資供應還是很稀少，而黑市依然猖獗。

接著，葉爾欽和他的經濟學家於十月推出第二項大型改革：他們發行憑證給一億四千四百萬個公民，並開始大規模地將國營事業及不動產私有化。這項改革也一樣，遠不及東歐有效。數百萬人最後擁有企業股票和自己的房子，與目標相符，但還有更多的數百萬人把他們的憑證用光了。整個產業最後落在一小撮機會主義者的手上，即所謂的寡頭資本家（oligarchs）。他們就像傑生·古爾德（Jay Gould）及某些十九世紀的美國鐵路大亨，靠著操弄政府授地的伎倆，建立鉅額財富，寡頭資本家變成一個全新的富裕階級，而政治亂象也就越加惡化。

我很出神地看著整個事件的發展。觀察市場經濟如何轉化成中央計劃經濟，經濟學家有相當豐富的經驗——事實上，東方轉向共產主義，西方轉向社會主義是二十世紀的主要經濟趨勢。然而直到這幾年，我們很少看到反方向的移動。直到圍牆倒塌之後，從東歐中央計劃經濟王國的廢墟裡建立市場經濟的需求變明顯了，很少有經濟學家思考過自由市場所需要的制度基礎。如今，在無心插柳之下，蘇俄為我們進行了一項實驗。而且有些教訓令人吃驚。

中央計劃經濟的崩潰並不會自動建立資本主義，這和許多偏保守派政治人物的樂觀預測相反。西方市場擁有經過數個世代演化的文化和基礎架構龐大基礎：法律、傳統、行為，及企業專才與實務等，但這些，在中央計劃經濟國家裡並不需要。

蘇俄被迫在一夜之間轉型，所得到的不是自由市場體制，而是黑市。黑市的價格不受管制，加上開放競爭，似乎複製了市場經濟。但只有部分而已。黑市並沒有得到法規的支持。不能在國家公權力的支持下合法擁有財產處分權。沒有契約或破產的法律，也沒有上法庭解決糾紛的機會。缺乏自由市場經濟的關鍵要素，財產權。

結果，黑市很少為社會帶來合法交易的福利。讓人民知道政府會保護其財產可以鼓勵他們去承擔事業上的風險，這是創造財富和經濟成長的先決條件。如果報酬可能遭到政府或歹徒任意扣押，那就很少人願意拿資本去冒險。

一九二〇年代中期，整個俄羅斯的景象就是如此。好幾個世代的人都在馬克思主義下長大，認為私有財產就是竊盜，轉向市場經濟已經讓他們的是非觀念受到挑戰。③ 而寡頭資本家的興起，更危害到人民對市場經濟的支持。一開始，公權力對私有財產的保護就極不公平。這個工作大部分由私人保全來承接，有時候會發生相互爭戰情事而讓人覺得亂象更爲惡化。

我不淸楚葉爾欽政府本身是否瞭解市場經濟的法律制度應該如何運作。例如，一九九八年，俄羅斯一名頗具影響力的學者告訴《華盛頓郵報》（*Washington Post*）：「國家認爲……私有財產必須由其所有人自行保護。……這是非常淸楚的政策，法律公權力不應介入私人財產的保護問題。」對我而言，這顯示他們基本上忽略了私有財產必須落實在司法制度上的問題。動用私人警力並不是法治；這是武力和恐怖統治。

信任其他人的話，特別是陌生人的話，是新俄羅斯所明顯缺乏的另一項要素。我們很少去考慮市場資本主義的這一面，但這很重要。僅管在西方每個人都有權對自己所感受到的不滿提出法律訴訟，如果所有的合約中有一小部分需要經過判決，則我們的法院必將癱瘓。於是在自由社會裡，極大多數的交易都必須是出於自願。而自願交易則是以信賴爲前提。西方金融市場一向讓我覺得很感動，數億美元的交易常常只是口頭約定，幾天之後才補上書面合約，而且有時候幾天後價格已經有很大的變化。但信任必須建立；通常，聲望是企業最珍貴的資產。

蘇聯瓦解，爲大型實驗作出結論：有關自由市場經濟及中央計劃社會主義經濟孰優孰劣的長

③馬克思並非第一個譴責私人所有權的人；私人財產及營利和放款生息爲有罪的想法深植於基督教、回教和其他宗教。一直要到啓蒙時代，所有權及營利的道德基礎才出現。十七世紀的英國偉大的哲學家洛克提出每個人的「天賦人權」包括「生命、自由，和財源」權。這種想法深深影響美國國父，有助於美國建立自由市場的資本主義。

期論爭基本已經停止了。當然，至今仍有少數人支持老式的社會主義。但大多數殘餘社會主義者現在所倡導的是高度稀釋的形式，通常稱爲市場社會主義。

我不是宣告世界即將擁抱市場資本主義以作爲經濟和社會組織的唯一形式。許多人仍然認爲資本主義及其對物質主義之強調是一種墮落。而且吾人可以在追求物質享受的同時，認爲競爭市場受到廣告和行銷的過度操弄，這些廣告推銷膚淺而短暫的價値，讓生活變得瑣碎無聊。今天，有些政府，像中國，甚至還以限制人民接收外國媒體的手段，企圖壓制人民的明顯嗜好，因爲他們擔心文化的基礎會受到傷害。最後，在美國及其他地方還存在著隱性的保護主義，這將發展成一股強大的力量以對抗國際貿易、金融，及他們所支持的自由市場資本主義，特別是在今天高科技世界經濟出現問題時。然而，對中央計劃經濟的裁決已經出來了，答案是，顯然不可行。

7 民主黨的施政計劃

一九九三年二月十七日晚上，在令人不舒服的電視攝影機燈光中，我發現自己坐在希拉蕊・柯林頓（Hillary Clinton）和蒂柏・高爾（Tipper Gore）中間，參加一場國會聯席會議。我並不期望在柯林頓總統首次的國會重要演說裡，坐在畫面中的第一排位置。我認爲邀請我和第一夫人坐在一起只是出於禮貌，我將會和白宮助手一起坐到後座。經過與布希總統不是很愉快的關係之後，一旦知道他們視聯準會爲國家的珍貴資產，我想，這是件很不錯的事，但安排我坐到前排顯然是出於政治考量。柯林頓夫人穿著一襲亮紅色的洋裝，當總統演講時，攝影機不斷地對著我們拍了又拍。

結果，我坐在那裡並不是每個人都滿意，基本上已經有損聯準會的獨立性。當然，這樣做並不是我的意願。但我打算和這個總統建立工作關係，他似乎在財政上很謹慎，值得信賴。

我於一九九二年十二月初見過柯林頓，那時他才剛當選總統。他還沒搬到華府，所以去見他就表示要飛到阿肯色州的小石城（Little Rock）。他和交接團隊在州長官邸裡設了一個工作室，結果，官邸是位於市中心佔地好幾英畝的草坪和花園中，一棟很大的紅磚建築。

當我被迎到候客大廳時，我不知道要談什麼。然而我聽說他總是會遲到，因此我帶了些經濟報告去讀，讓自己忙個二十分鐘左右，直到他出現。「主席先生。」他說著便微笑地大步走向我，和我握手。我可以瞭解爲什麼他是個出名的偉大零售政治人物。他讓我相信他一直想要見我。

柯林頓在他競選期間，規劃出一套廣闊而遠大的經濟計劃。他要刪減中產階級的稅、聯邦赤字減半、刺激就業成長、以新的教育訓練計劃來提升美國競爭力，及投資國內的基礎建設等。我見識過、也參與過太多的總統大選。候選人對每個人都有所承諾。但我不知道在柯林頓心目中，眞正最優先的政策是哪一個。他似乎看穿我的心思；一開始就說了：「我們必須爲我們的經濟政策設定優先順序，我很想聽聽你對經濟的看法。」

從聯準會的觀點，如果他想處理好經濟的長期健康問題，赤字是目前最要緊的考量。布希任期一開始時，我就這麼主張，如今問題已經拖了四年，又更嚴重了。在雷根和布希期間，人民所持有的國家公債已經提高爲三兆美元，導致利息支出成爲第三大聯邦費用，僅次於社會保險和國防。於是當柯林頓問我對經濟的看法時，我早就胸有成竹。

我告訴他，短期利率正處於低檔（我們把它減到百分之三），而經濟也逐漸擺脫信用危機的影響，成長速度相當不錯。自一九九一年初以來，已經新增一百萬個以上的工作機會。但長期利率還是頑強地處於高檔。它們就好像經濟活動的煞車一樣，拉高家庭抵押貸款及債券發行的成本。這是反應當前通貨膨脹的預期，投資人必須要求更多的利息，以抵消新增的不確定性和風險。

改善投資人預期，我告訴柯林頓，長期利率就會降下來，刺激新屋和家電、傢俱，和購屋後各種消費性產品的需求。股票價值也會上升，因爲債券變得較不具吸引力，於是投資人轉而投資股票。企業會擴充，創造工作機會。總之，一九九〇年代下半期的前景可能相當樂觀。我並未忽視一九九六年是總統大選年。我告訴總統當選人，邁向有利的未來之路，就是降低聯邦預算赤字的長期走勢。

我很高興，柯林頓似乎非常投入。他似乎感受到我對赤字問題的急迫性，並問了許多普通政治人物問不出來的聰明問題。我們的會議，原本預計一個小時，結果變成生動的討論，幾乎花了三小時。除了經濟學之外，我們還論及各式各樣的議題——索馬利亞、波西尼亞，和俄羅斯的歷史，以及在職訓練計劃、教育等——他還問我對他未曾見過的世界各國領袖的看法。不久之後，助理帶著午餐進來。

因此，薩克斯風不是我們唯一的共通點。他和我一樣，是個資訊吸收狂，柯林頓顯然非常喜歡探索各種想法。我離開時非常激賞，但還不能完全確定我自己的感受。顯然，單就智力而言，比爾．柯林頓和理察．尼克森在伯仲之間，儘管尼克森有明顯的缺點，他是我當時所見過最聰明的總統。柯林頓若不是認同我對各種經濟體制演進方式和必要措施的看法，就是我所見過最聰明的變色龍。我在回程的飛機上對此次會面一再琢磨。回到華府之後，我告訴一個朋友說：「我不知道我那一票是不是投錯了，但他讓我很放心。」

一星期之後，當柯林頓宣佈他的高級經濟團隊，有許多人是我所熟悉的面孔時，這種感覺就更加強化了。財政部長，他選擇出參議院金融委員會主席的羅伊德．班森（Lloyd Bentsen）接任，而羅傑．奧特曼（Roger Altman），華爾街非常聰明的投資銀行家則擔任他的副主管。預算局局長，他選擇由眾議院預算委員會主席的加州參議員里昂．潘尼達（Leon Panetta）擔任，而經濟學者艾莉斯・李芙琳（Alice Rivlin）則擔任他的副主管。她是團隊中唯一的經濟學者，學經歷亮麗：她曾經擔任國會預算辦公室的籌備處長，也是早期麥克阿瑟基金會（MacArthur Foundation）天才獎學金的得獎人。柯林頓選擇高盛證券的共同主席，羅伯・魯賓（譯註，Robert Rubin 即巴布・魯賓〔Bob Rubin〕）來營造一個新經濟政策委員會也同樣很有意思。誠如《紐約時報》的說明，魯賓扮演經濟層面的國家安全顧問：他的工作是向財政部、州政府、預算辦公室、CEA，及其他部門徵詢意見，並整合成總統的施政選項。令我大感意外的是，柯林頓竟會參照約翰・甘迺迪的作法。他所指派的經濟政策團隊全都是具財政保守派（fiscal conservative）色彩的中立分子，例如道格・迪倫（Doug Dillon）爲共和黨籍的銀行家，甘迺迪曾指派爲財政部長。柯林頓選這些人，似乎是要在不失爲一個民主黨黨員的情況下，極力遠離典型自由派（libral）的課稅與支出理念。

和所有新政府一樣，柯林頓的白宮團隊必須拼拼湊湊，把第一次預算趕出來，以便在二月初到期之前，遞交國會。我從各種管道得知，經濟團隊所提出的建議，總統處理起來並不輕鬆。他們所要面對的全盤財政問題，到現在才完全清楚：預算管理局（Office of Management and Budget）於十二月提供一份修訂後分析報告，推估政府赤字將於一九九七年邁向三千六百億美元——比先前的估計還多了五百億美元。這就很清楚了，如果柯林頓想往赤字減半的目標走，他必須放棄或延遲其他福利計畫，諸如中產階級減稅和在職訓練的「投資」。

我主要是透過羅伊德・班森來關切預算編製過程。最初，這位新財政部長是在一九七六年初選時引起我的注意——後來，吉米・卡特在民主黨提名中擊敗他，但我認爲他看起來像個總統，作風也像個總統。典雅、白髮、世故，他曾經是二次大戰B—24轟炸機飛行員，當過四屆參議員，在參議院裡，他以善於判斷和默默做事而廣獲好評。安蕊亞和我與他們夫婦倆交往已經有一段時間了，他太太B．A．令人印象深刻。我覺得和他合作很愉快，即使意見相左時也一樣，這並不意外。

班森和其他經濟團隊成員很小心地尊重聯準會的領域。事實上，他們不公開評論貨幣政策，這項決定，相對於過去，是一大突破，有助於彼此雙方鞏固聯準會的獨立性。當他和潘尼達於一月中找我簡述修訂中的預算案時，為避免要我背書，他們甚至於還刻意不問我的意見。我只是表示我瞭解了，僅止於此。其實，我認為這個預算案不會引起通貨膨脹，並於一月底向國會作證時表達同樣意見。

班森要我和總統討論只有一次——我對他們的整個預算案作出有利證詞的第二天。（我已經避免評論柯林頓預算的細節）。隨著經濟團隊調整數字，預算逐漸成形，柯林頓發現，他所面對的選擇越來越困難。他不是選擇一套支出計劃以實現部分競選諾言；就是選擇削減赤字計劃，而削減赤字成功與否，還要看金融市場所受的影響，且其主要效益，長期才會發生。沒有兩全其美的選擇——我們無法二者皆要。這個兩難問題，已經讓白宮的幕僚之間產生裂痕，其中有些人私下開玩笑說，削減赤字的方法就好像是被華爾街斷頭一樣。這就是為什麼班森找我去白宮的原因——重新強調預算改革的急迫性。

一月二十八日早上，我們在橢圓辦公室裡和總統開會；巴布．魯賓也加入我們。柯林頓事務繁忙，於是我就直接切入重點。我把焦點放在不立即處理赤字的危機，向他說明，在當時的情況之下，未來十年將會如何發展。我告訴他，由於冷戰結束，「未來幾年的國防支出將會下降，這將掩蓋一些問題。但一九九六年或一九九七年的赤字將令大眾難以忽略。你自己可以看看資料就知道了。」然後我幫他整理出社會保險及其他社會福利法定支出在那幾年的增加情形：將會導致赤字缺口進一步擴大。「於是負債增加，到二十一世紀時將會增加數兆美元，接著負債的利息上升，帶來赤字惡性上升。除非把赤字消弭掉，否則可能會導致金融危機。」當我們開完會時，柯林頓看起來面色凝重，我並不意外。

雖然我沒有用很多話來說明，但殘酷的事實是雷根已經先行從柯林頓的經費裡借支，而柯林頓則必須償還。我們沒道理為柯林頓感到難過——這些問題正是他能夠打敗喬治・布希的原因。但他似乎不想和一般政治人物一樣逃避現實，這令我刮目相看。他強迫自己接受現實世界的經濟展望和貨幣政策。後來他決定為刪減赤字而戰，這是政治勇氣的表現。一般人很容易選擇另一條路。在任期只剩一年、二年、甚至三年的情況下，還願意做個比較有智慧的人並不多。

我還採取另一個步驟來幫助這些赤字戰將——我對班森建議，我認為赤字該砍多少才能說服華爾街，進而讓長期利率降下來。「一九九七，一年至少一千三百億，」他以速記寫下我所說的話。事實上，我給他的建議更為複雜。我列出各種可能情境，每種情境還附上機率——全都小心翼翼地強調，計劃的實質內容和確實性，遠比數字來得重要。但當他說：「你知道，這麼複雜的東西我沒辦法處理」時，我能諒解。他所抽離出來的最後數字呈到總統那裡，並產生重大的影響。在白宮裡，一千三百億成了預算刪減必須達成的「魔術數字」。

最後當預算提出時，成了重大新聞。「柯林頓計劃再造經濟，尋找稅賦能量和大所得」是柯林頓演講後隔天早晨《紐約時報》的頭條標題，「……雄心勃勃的計劃，目標爲四年刪減赤字五千億美元。」《美國今日報》(*USA Today*) 宣告「一場戰爭已經開打」，並形容柯林頓所提的建議案爲「痛苦的五年專案」。媒體報導主要聚焦於誰會被砍（除了貧困家庭之外，每個選民都有份——該計劃把負擔加諸於富人、中產階級、退休人員，和企業）。有趣的是，大眾最初的反應是贊成——民調顯示，美國人出人意表地接受這個構想，願意爲了把國家這棟房子修好而有所犧牲。

大多數新總統和國會都有一段蜜月期，但柯林頓所得到的卻是一場壕溝戰。儘管預算計劃一開始頗受歡迎，大多數的國會議員卻恨之入骨——這不意外，因爲計劃所瞄準的是一堆抽象而遙遠的目標，而且不提供新高速公路計劃、武器計劃，或其他有利可圖的好事，以便他們帶回去給選民。我想，柯林頓被阻力的程度給嚇到了。共和黨徹底反對這個預算，而許多民主黨員也起而反抗，論爭一直拖到春季。雖然民主黨在眾議院是二五八對一七七的多數，預算能不能通過卻是個嚴重的問題——而這個案子在參議院的前途更不樂觀。衝突延燒到白宮裡頭，竟然還有重要人物在推動不符華爾街期望的提案。其中一人就是柯林頓的顧問詹姆士·卡維爾 (James Carville)，他有段俏皮話很有名：「我以前常常在想，如果有輪迴的話，我要轉世爲總統或教宗，或是打擊率四成的棒球打者。但現在我要轉世爲債券市場。你可以威脅每一個人。」媒體廣泛報導白宮內部的意見衝突，讓柯林頓顯得軟弱，而他先前的聲望也消失了。到了春末，他的支持率下降到悽慘的百分之二十八。

我六月九日再去見總統時，他正處於退縮狀態。二星期前眾議院才終於通過他的預算案——險勝一票。而參議院才要開打呢。我接到柯林頓的顧問大衛·葛根打來的電話，「他很痛苦。」他說道，並問我是不是可以過來幫總統打氣。我認識葛根已經有二十年了，他當過尼克森、福特，和雷根的顧問。柯林頓會聘請他，一部分因爲他是個和諧而不神經質的華府專家，一部分則因爲他是共和黨員——總統希望強化他的中間派形象。

那天早晨，當我走進橢圓辦公室時，你可以看到大家都累壞了。聽說他們幾乎是不眠不休，工作了好長的一段時間，即使是七十二歲的班森也一樣。（安蕊亞也證實這件事；當時她是NBC的白宮採訪主任。）他們已經進進出出國會好幾次，試著讓數字生效，無疑地，他們的感受就好像是碰到了一個不可能解決的困難。總統本身似乎也很抑鬱。其原因不難想像。他在消費他自己的政治資本，而他這麼犧牲所要爭取的預算卻又岌岌可危。

我盡力鼓勵他。我告訴他，他的計劃是這四十年來建立長期穩定成長的最佳機會。我試著讓他看，策略已經上軌道了，正在發揮作用——我展示給他看，長期利率已經形成下跌趨勢。他提出來並確認赤字必須處理，這是很重要的優點。但我仍然覺得這件事沒這麼容易。事實上，柯林頓還要再奮鬥、施壓，及交換政治利益二個月，才能讓他的預算案在參議院通過。參議院的情形和眾議院一樣，險勝一票通過——這次是靠副總統高爾才能過半。

柯林頓那年秋季在爲爭取通過NAFTA（北美自由貿易協定）而奮鬥時，再次讓我刮目相看。這份條約，在布希總統的協商之下，主要是以廢止美墨二國之間的關稅和其他貿易障礙爲目的，雖然也包括加拿大。勞工工會恨它，大多數的民主黨員和某些保守派也是如此；多數國會觀察員認爲這個案子過關機會不大。但柯林頓認爲，其實，你不能阻止世界運轉；不管喜不喜歡，美國在國際經濟上的份量越來越重，而NAFTA落實了貿易和競爭可以創造繁榮的信念，因爲你需要自由市場，才會有貿易和競爭。他和白宮幕僚全力以赴，經過二個月的掙扎之後，他們讓這份條約通過了。

這些事件讓我相信，我們的新總統是個勇於承擔風險而不自滿於現狀的人。他再一次顯示，他喜歡面對現實。在自由貿易上，現實是這樣：國內競爭和跨國競爭的區別並不具經濟意義。如果你在愛荷華州杜比克（Dubuque）的工廠，和聖達菲（Santa Fe）人競爭，或是和外國人競爭並沒什麼差別。冷戰時的地理政治壓力移除之後，美國擁有歷史性的機會，把國際經濟緊密地組織起來。柯林頓經常被批評為前後不一致，論戰中喜歡二邊都討好，但他的經濟政策絕非如此。持續而有紀律地聚焦於長期經濟成長，成了他這位總統的標誌。

那年，聯準會和國會之間也有自己的問題——理由相同。批評我們最猛烈的是德州眾議員亨利·岡薩雷斯（Henry B. Gonzalez），也是眾議院銀行委員會主席。岡薩雷斯是來自聖安東尼奧（San Antonio）脾氣火暴的民粹主義者，最有名的是，有一次一個選民在餐廳裡說他是共產黨而被他一拳打到眼睛。他在眾議院有好幾次要求彈劾雷根、布希，和保羅·沃爾克。他對他所謂「聯準會巨大的力量」極不信任——我想他應該是認為聯準會是共和黨所指派的陰謀集團，所作的貨幣政策只會討好華爾街而不管勞動階級。一九九三年秋，岡薩雷斯還眞是點燃了戰火。

聯準會過去一直激怒國會，未來恐怕也是如此，雖然聯準會是國會創造出來的。聯準會依法關注長期問題，和大多數政治人物為討好選民的短期需求之間，先天上就有矛盾存在。

監督聽證會裡經常會出現摩擦。聯準會有義務一年二次到國會報告聯準會的貨幣政策決策和經濟展望。有時候聽證會會引起重大議題的重要討論。但通常聽證會就像個戲院，而我是個道具——觀眾則是坐在家裡的選民。在布希政府時期，參議院銀行委員會主席，來自紐約的安豐喜・達瑪托（Alfonse d'Amato）很少會放棄羞辱聯準會的機會。「有人已經快餓死了，而你們還在擔心通貨膨脹。」他這樣告訴我。這種話我通常是當耳邊風。但是當他，或任何人聲稱利率太高了，我就會回答並解釋我們爲什麼這麼做。（自然，我在聯準會式的談話中〔譯註：外界稱葛老特有的深奧難懂談話爲Fedspeak〕表達任何未來可能的措施時，都非常小心，以免造成市場焦慮。）

岡薩雷斯推出一個運動，要讓聯準會負起更多的責任，他把焦點放在我們過度講究的神祕性之上。他特別要求，聯邦公開市場操作委員會必須把作法公開，甚至於討論問題也要作現場電視轉播。有一次他拖著FOMC的十八位委員，到國會宣誓聽證，並譴責FOMC長期以來的運作都沒有公佈政策方向或利率變動方式。每場會議僅有的公開資料是簡單的會議記錄，而且是開完會後六週才公佈——對金融市場而言，這相當於一輩子。結果，來自聯準會公開市場操作的訊號，或是聯準會官員的公開談話，都要受到華爾街貪婪的檢驗。

就這部分而言，聯準會所關心的是經濟穩定，長期以來一直以我們所謂的建設性模糊（constructive ambiguity）來培養債券市場的高度流動性。其想法是，市場方向的不確定性會在買賣之間，創造我們所要的龐大緩衝。然而在一九九〇年代初期，市場已經夠大，即使沒有聯準會的支持，也有足夠的流動性。而且，市場參與者可以預知聯準會未來的動作，這個好處被視爲具有穩定債券市場的功能。我們已經努力地讓我們的想法和操作往更透明的方向走，但和亨利・岡薩雷斯所要求的政策風馬牛不相及。

我反對把這些會議公開。FOMC是我們最主要的決策制定單位。如果我們的討論公開，詳細到誰對誰說了什麼話，這個會議會變成一系列乏味的書面簡報。自由辯論以形成政策的好處將蕩然無存。

然而，我在聽證會上表達這個論點，效果並不好。當岡薩雷斯以我保留什麼記錄的問題插進來時，我發現我處於極爲尷尬的地位。一九七六年，福特政府時期，亞瑟·伯恩斯曾經指示幕僚把FOMC會議錄音以便撰寫記錄。這個作業就延續至今，我也知道，但我一直以爲錄音帶在會議記錄完成後就會洗掉。在準備銀行委員會聽證時，我才知道並不是這樣：雖然錄音帶會定期洗掉，幕僚會把未經剪接的錄音帶副本鎖在我辦公室大廳的檔案櫃裡。當我透露有副本存在時，岡薩雷斯便發動攻擊。這更令人相信我們在密謀隱藏見不得人的祕密，他威脅要扣押錄音帶。

岡薩雷斯特別懷疑FOMC爲準備聽證會所開的二場電話連線會議。我們不想把錄音帶交出來，因爲怕創了先例。幾經協調之後，我們同意讓委員會的律師（一名民主黨一名共和黨）來聯準會聽錄音帶。

他們很快就發現，還是水門事件的錄音帶比較有趣。在耐心地聽了二小時FOMC詳細的討論之後，民主黨律師一句話都沒說就走了，而共和黨那位則說，這捲錄音帶應該拿給學生當做高中公民課教材，教他們政府如何開會。①

①國會議員岡薩雷斯的話登在《紐約時報》（一九九三年十一月六日），他抱怨錄音帶內容含有「對一名優秀的眾議院銀行委員會委員及銀行委員會的輕蔑。」

同樣地，我的同事很生氣——主要是針對岡薩雷斯，但對我，恐怕他們也不怎麼高興。因為大多數人甚至還不知道會議有錄音。現在他們所談的任何構想，如果岡薩雷斯不高興，隨時都會被公開。十一月十六日，下一次的FOMC會議上，顯然大家都不太想發表意見了。「你可以注意到這個改變，而且不是變好。」一位理事對《華盛頓郵報》記者說。

經過徹底討論，聯準會決定拒絕任何損及本機構效力的扣押和請求，必要時將採取法律行動。但矛盾的是，我們加快進行最近所討論的透明措施。最後，我們決定，FOMC每次開完會之後就立即宣佈所將採取的行動，而完整的副本則在五年之後發佈。（大家開玩笑說這是聯準會版的蘇聯開放。）雖然知道會議記錄公開後會導致我們的會開得更冗長、更缺乏創意，但我們還是做了。天並沒有因此而塌下來。這些改變不只讓過程變得更透明，還為我們和市場的溝通帶來新方法。

我很感謝柯林頓總統從頭到尾都和這個茶壺裡的風暴保持距離。「是不是有人在右腦裡認為，我們會做出有損聯準會獨立性的事？」這是他在事後所說的話，還補上一句：「我對聯準會沒有批評，因為我已經是總統了。」

在華府發生這些駭人聽聞事件時期中，有時，我們很容易忘了還有一個眞實世界正在發生眞實的事。那年夏天，密西西比河和密蘇里河氾濫成災，癱瘓了中西部九個州。NASA太空人進入太空軌道維修哈伯太空望遠鏡（Hubble Space Telescope）。一個失敗的反葉爾欽政變，而尼爾森・曼德拉（Nelson Mandela）則贏得諾貝爾和平獎。美國爆發了令人惶恐的暴力事件：世貿中心第一枚炸彈，唯口（Waco）包圍事件，及追查造成科學家和教授傷亡的大學炸彈客。在美國企業界，有種名爲企業流程改造的東西，成了最近的管理熱潮，而路・葛斯特納（Lou Gerstner）則開始爲IBM反敗爲勝而努力。最重要的是，從聯準會觀點來看，經濟似乎已經擺脫了一九九○年代初期的災難。企業投資、住宅，和消費支出都急速上升，而失業則下降。到了一九九三年底，實質GDP不只是比一九九一年衰退時成長了百分之八・五，而且該年還以將近百分之五・五的年成長率擴張。

這些都導致聯準會決定，該緊縮了。一九九四年二月四日，FOMC投票決定把聯邦資金利率調高一碼，成爲百分之三・二五。這是五年來第一次升息，我們這樣做有二個理由。第一，後一九八○年代的信用危機終於已經結束了——消費者拿到他們所要的抵押貸款而企業也得到貸款。許多月以來，雖然信用還很緊俏，我們一直把聯邦資金利率壓得出奇的低，在百分之三。（事實上，如果你考慮通貨膨脹，差不多也是每年百分之三，則聯邦資金的實質利率就和零相當。）現在金融系統已經復甦，而我們所謂「過於遷就的打擊姿勢」，也該是停止的時候了。

第二個理由是景氣循環本身。經濟正處於成長階段，但我們希望，當無可避免的反轉出現時，不要像坐雲霄飛車那麼厲害——要溫和減速而不是令人嘔吐地突然陷入衰退。聯準會長期以來就試著在通貨膨脹第一個徵兆出現時，在經濟還沒有機會嚴重過熱之前，搶先一步把利率調高。但這種調高利率的方式並無法避免衰退。這次，我們選擇利用經濟相對平靜的時機，試行更激進的方法：在連通貨膨脹甚至都還沒出現之前，先行採取溫和措施。我於那年二月向國會解釋，這是基於心理因素。根據最近幾年我們所學到的通貨膨脹預期，我說：「如果聯準會要等到通貨膨脹實際上已經惡化了才採取反制措施，那就等過頭了。溫和的矯正措施再也不足以控制經濟失衡現象發生……於是需要更猛烈的手段，因而免不了要對近期的經濟活動產生不良的副作用。」

由於離我們上一次升息已經有很長的一段時間，我擔心這則新聞會嚇到市場。於是在FOMC的同意之下，我預先強烈暗示政策轉向即將發生。「短期利率不正常的低，」我於一月下旬告訴國會說：「到某個程度，爲消弭意外延長弱化的經濟活動，我們必須移動它們。」（這段話對讀者可能太艱澀，但和聯準會於政策實施之前所發表的公開聲明比起來，還是小巫見大巫。）我還到白宮先行向總統及其顧問提出預警。「我們還沒作出最後決定，」我告訴他們：「但選項是，我們先靜觀其變，但接著我們很可能要把利率升得更多。或者，我們現在先調一點點。」柯林頓回答：「顯然我比較喜歡低利率，」但他說他瞭解。

相對地，其他的世界似乎充耳不聞。市場並沒有反應升息（典型上，在意外的升息之前，短期利率會慢慢上移而股票會緩緩下跌。）因此，當我們實際採取行動時，竟引起震驚。爲符合我們的新開放政策，我們決定在二月四日的FOMC會議一結束後就宣佈升息。當天結束時，道瓊工業平均指數重挫九十六點——幾乎是百分之二．五。有些政治人物的反應非常激烈。經常批評聯準會的馬里蘭州參議員保羅•薩班斯（Paul Sarbanes）把我們比成「前來攻擊農舍的轟炸機……因爲你們以爲通貨膨脹壞蛋在裡面……其實裡面是……一個快樂的家庭正在感謝經濟成長又回來了。」

對我而言，這些反應只是顯示美國人已經依賴低而穩定的利率到了一定的程度。聯準會關起門討論時，好幾家準備銀行董事長所要求的升息幅度是二倍。我怕升太快會引起市場的恐慌反應，要求同事第一次行動的幅度要小一點。

一九九四年我們整整一年都在踩煞車，年底時，聯邦資金利率站上百分之五．五。即便如此，那年的經濟還是很好：由於生產力提升及企業盈餘增加，那一年穩健地成長了百分之三．五，並增加了三百五十萬個新就業機會。同樣重要的是，通貨膨脹完全沒有增加——自一九六〇年代以來第一次連續三年維持在年增率百分之三以下。低而穩定的物價變成了實際狀況，也是一種要求——甚至於當我在一九九四年下半年對企業領袖會議（Business Council，爲主要企業領導人的聯誼會）演講時，有幾個執行長在抱怨不容易漲價。我並不同情他們。「你說你有問題是什麼意思？」我問道：「利潤率正在上升。別抱怨了！」

數十年來，分析人員一直在想，景氣循環波動，究竟會不會排除經濟發生「軟著陸」的可能性——週期性減緩，而沒有失業和不景氣等不確定性。軟著陸一詞事實上來自一九七〇年代的太空競賽，那時美國和蘇聯正在比誰能把太空梭登陸到金星和火星上。有些太空船成功地軟著陸，但經濟從不曾有軟著陸；事實上，聯準會甚至還沒用過這個詞。但在一九九五年，軟著陸的確發生了。那一年，經濟成長變得很慢，直到第四季的年成長率不到百分之一，我們把當時的狀況比喻成太空船和緩地著陸。

一九九六年，經濟又開始成長了。到了十一月，當柯林頓總統贏得大選時，經濟活動以百分之四的速度穩健擴張。媒體遠比我更早用軟著陸來慶賀；我甚至到了一九九六年十二月還是個小心派的人：「我們還沒完成整個過程。六個月之後我們可能會進入衰退。」從事後看，一九九五年的軟著陸是聯準會在我任期中最值得驕傲的成就。

當然，FOMC在採行緊縮政策的利率時，這些都還看不出來。知道什麼時候該開始緊縮、緊縮多少，以及最重要的，什麼時候停止，是個迷人而又折磨神經的智慧挑戰，尤其是因爲以前沒人這樣試過。這不像「喔，讓我們執行軟著陸吧。」而比較像是「讓我們從這個六十層樓高的建築物跳下去，試著靠我們的雙腳著陸。」對委員會的某些成員來說，最難的決定是事後證明爲最後一次升息的那次——一九九五年二月一日升高百分之〇・五。「我怕如果我們今天做下去，我們的行動最後可能會讓我們後悔。」珍妮・葉倫（Janet Yellen）說道，這位理事後來成爲柯林頓經濟顧問委員會的主席。她是最大力主張改採靜觀其變的人。我們那天全體無異議所通過的升息，把聯邦資金利率一路升到了百分之六——爲不到一年前，我們開始升息時利率的二倍。每個ＦＯＭＣ的人都知道這個風險。我們是不是一次就把螺絲鎖太緊了？或是還不夠？我們在霧中摸索。ＦＯＭＣ一直很瞭解，如果我們在緊縮週期中太快停手，通貨膨脹壓力將再度起來，要再控制它們就很難了。於是我們總是傾向於，爲了保險起見，把聯邦資金利率多升一次，但知道這次也許完全沒必要。太早就結束貨幣抗生素療程有再度感染通貨膨脹的風險。

同時，對柯林頓而言，一九九四年是悲慘的一年。主要是他所提出的健保案破局——接下來在期中選舉時參眾兩院都慘敗。共和黨之所以會贏，是建立在紐特・金瑞契（Newt Gingrich）和迪克・亞梅伊（Dick Armey）的「與美國有約」之訴求上——這項訴求是反對大政府，承諾減稅、福利改革，及平衡預算。

幾星期後，柯林頓又再度受到測試。十二月底，墨西哥的狀況顯示該國正處於財政崩潰的邊緣。其問題是在經濟還不錯的那幾年所借的數十億美元短期債。後來成長趨緩，隨著經濟轉差，墨西哥披索只好貶值，導致所借的美元越來越貴。墨西哥領袖要求協助時，該國的財政正不斷惡化，一年內到期的債務達二百五十億美元，其準備卻只有六十億美元，而且還在迅速縮減中。

我們大家都還記得一九八二年的拉丁美洲債務危機，當時墨西哥無法償還八百億美元的債務，在巴西、委內瑞拉、阿根廷，及其他國家引爆了一連串的緊急再融通問題。這場好戲讓美國好幾家大銀行幾乎掛掉，也讓拉丁美洲的經濟發展倒退了十年。一九九四年底的危機比較小。但風險則再怎麼誇大都不爲過。這次也一樣，可能散佈到其他國家，而且由於世界金融市場和貿易越來越趨整合，受威脅的不只是拉丁美洲，還有其他區域的開發中國家。還有，正如NAFTA所顯示，美墨雙方相互依賴的程度越來越高。如果墨西哥的經濟垮了，移民美國的人潮將會增加好幾倍，美國西南部的經濟將被拖垮。

危機發生時，安蕊亞和我正好利用聖誕後的假期偷閒到紐約玩。我訂了詩丹鶴飯店（Stanhope）——第五街上一家高級飯店，對面就是中央公園和大都會博物館。我們正期盼那幾天能聽聽音樂會、逛街買東西，及到我們當初認識的地方，一個城裡相對比較不知名的地方走走。自從我們在一個雪夜裡到東五十二街的培理果法式餐廳第一次約會，到現在已經十年了，雖然這不是正式的結婚週年慶，我們總是喜歡在聖誕節和新年之間回到第一次約會的城市和場所。

但我們才一抵達，電話就響了——那是從我聯準會辦公室打來的。當時的財政部長接班人巴布・魯賓急著想要談披索的問題。即將退休的羅伊德・班森已經提名巴布，過完年之後就正式接任，但基於種種因素，他早就實際上陣了。我相信他一定希望能夠輕鬆交接。但他現在所面對的，竟是火的洗禮。

安蕊亞馬上就知道這通電話是什麼意思。任何一國發生對美國有影響的財政危機都要由財政部負責，但聯準會也一定要參與。「就這麼浪漫。」她歎道。這些年來，她非常瞭解我，也非常瞭解我的工作——我很感激她的包容和耐心。因此，當墨西哥危機發生，她就去逛街找朋友，而我竟整個假期都留在飯店裡講電話。

接下來幾星期，行政單位和墨西哥官員、IMF（國際貨幣基金），及其他機構密商。IMF準備盡可能提供墨西哥援助，但他們的資金不足以造成決定性影響。我私底下認爲，美國的干預行動應該龐大而且迅速，巴布．魯賓和他的第一副部長賴瑞．桑莫斯（Larry Summers）和其他人也都有相同的看法。爲了搶先一步阻止崩潰，墨西哥需要有充足的資金來說服投資人不要狂拋披索，或是要求墨西哥立即清償貸款。其所根據的市場心理原理，和銀行在櫃檯擺了一大疊鈔票以止住擠兌是一模一樣——這是十九世紀美國銀行發生危機時所採用的方法。

值得稱許的是，國會裡兩黨領袖意見一致；一個人口八千萬，和我們共享二千英哩邊界的國家，如果出現亂象，其後果非常嚴重，不容忽視。一月十五日柯林頓總統、新眾議院議長紐特．金瑞契、新參議院多數黨領袖巴布．杜爾（Bob Dole）聯合提出四百億美元的貸款擔保案，送請國會核准。

這個案子的陣仗如此之大，不出幾天，政治上就很清楚了，沒人支持緊急紓困案。美國人總是排斥外國貨幣問題會對美國產生重大影響的想法。墨西哥危機在NAFTA簽署沒多久之後就發生，更加深孤立主義之猖獗。每個反對NAFTA的人——勞工、消費者、環保行動人士，及共和黨右派等——都反對救援行動。柯林頓一位首席經濟顧問金．史伯齡（Gene Sperling）把這個政治難題總結爲：「你要如何處理一個大家都認爲不重要、看起來只是浪費錢去拯救愚蠢投資者的問題？」

當四百億美元的建議案提出時，紐特・金瑞契問我是不是願意打電話給洛希・林柏格（Rush Limbaugh），向他說明爲什麼爲了美國的利益必須干預。「我不認識洛希・林柏格。」我說：「你認爲打電話給他有用嗎？」「他會聽你的。」金瑞契告訴我。這位具有非凡火藥味的廣播主持人是保守派的強力支持者。事實上，有些上他節目的國會菜鳥被稱爲議會應聲蟲，這是他聽眾最喜歡用的綽號。不用說，那時林柏格對於援助墨西哥一事批得正爽。我還是半信半疑，但我很感動，這位眾議院新院長願意支持民主黨總統一項顯然不受歡迎的案子。於是，我不情願地拿起電話。

林柏格似乎比我還不自在。當我在講我的觀點時，他禮貌地聽著，並謝謝我花時間對他解釋。這讓我驚訝——我預期洛希・林柏格會更具攻擊性。

狀況不允許等到國會心回意轉。一月下旬，由於墨西哥已搖搖欲墜，政府便自己動手處理了。巴布・魯賓回頭採用先前提出，但被否決的建議：動用羅斯福時代爲保護美元價值所建立的財政部緊急預備金。魯賓對於拿數百億納稅人的錢去冒險感到很不安。雖然已經得到國會領袖默許，仍有被視爲背離民意的風險：一項大型民調顯示，百分之七十九對十八的人反對協助墨西哥，差距相當驚人。

我全力投入，協助完成計劃的細節。魯賓和桑莫斯於一月三十一日晚上向柯林頓總統簡報這個計劃。巴布後來打電話告訴我結果時，他的聲音還帶著驚喜。柯林頓只說：「聽好，這件事我們非做不可。」魯賓告訴我：「他毫不猶豫。」

這個決定打破僵局。國際貨幣基金及其他國際組織，搭配財政部的二百億美元擔保，加上所有的項目，共計提供墨西哥五百億美元，大多以短期放款的方式行之。和反對者所主張的相反，這些錢並沒有白白送掉；事實上，條件非常硬，以致於墨西哥最後只使用一部分的信用額度。當披索的信心又恢復時，錢就還回來了——事實上美國在這個案子上還賺了五億美元。這就是墨西哥得救的故事。

對財政部新部長和他的團隊而言，這是甜蜜的勝利。而這次經驗，使得魯賓、桑莫斯，和我之間建立了長久的關係。我們花無數個小時分析問題、腦力激盪和檢驗各種想法，還有和我們的外國伙伴開會、在國會前作證，我們成了經濟散兵坑裡的戰友。我和魯賓間的互信，隨著時間經過，只會越來越深。我從未想過他會在沒有事先告訴我的情形之下，做出和他說過的話有所抵觸的事。但願，我對他也是如此。雖然我們來自敵對的政黨，但我們認為，我們是為同一家公司效命。我們對許多基本議題有共通的想法，而且我們都不喜歡為反對而反對，這使我們彼此間很容易溝通，並執行彼此的構想。

當然，桑莫斯自小就是經濟學神童。他父母都是經濟學博士，父執輩之中有二人是諾貝爾經濟學獎得主（譯註：即叔叔 Samuelson 和舅舅 Arrow），而且他還是哈佛大學有史以來拿到永久聘書的最年輕教授。他是財政學、經濟發展，和其他領域的專家。我最喜歡他的一點就是他和我一樣，技術和觀念兼備，非常熱衷於把理論建立在實證資料上。他還精研經濟史以作為現實的借鏡。例如，他擔心總統對資訊科技的前景太過癡迷——就好像美國從未有過技術進步期一樣。「對生產力太激情了。」賴瑞有一次這樣形容柯林頓的技術熱。我不同意，於是我們對網際網路的未來有一番爭辯，而巴布也全程參與。賴瑞也很精明，對墨西哥的放款，把利率訂得很高，讓墨西哥人願意盡快還錢就是他的點子。

其後四年半，魯賓、桑莫斯，和我每個禮拜都有祕密的早餐會——在二次早餐會之間則頻頻以電話聯絡和相互到對方的辦公室造訪。(巴布於一九九九年中回華爾街，賴瑞成爲財政部長之後，我和賴瑞還是繼續這樣交往。）早上八點半，我們會聚在巴布或是我的辦公室，帶著早點，然後坐一到二個小時，交換資訊、研究數字、制定策略，和孕育點子。

每次開完早餐會我總會變得比較聰明。這是我所知，思索所謂新經濟最好的論壇。資訊科技和全球化二股力量正開始發生，正如柯林頓總統所言：「規則手冊已經過時了。」民主黨很樂意把這些經濟政策彙集起來，標上魯賓經濟學（Rubinomics）之封號。《紐約時報》巴布回憶錄的評論者於二〇〇三年回顧時，稱魯賓經濟學爲「柯林頓總統在位期間最菁華的部分。」他定義魯賓經濟學爲「股票、房地產，和其他資產猛漲、低通膨、失業減少、生產力增加、強勢美元、低關稅、擔任全球危機管理人的意願、以及，最重要的，預計會有龐大的聯邦預算賸餘。」我很希望我能夠說，所有這些精心籌劃的施政成果都來自我們每週的早餐會。當然，有一部分是來自魯賓經濟學。但大部分則是反應全球化新階段的開始以及蘇聯解體所帶來的經濟餘波，我將在後面幾章討論這個議題。

我見柯林頓並不是很頻繁。因爲巴布和我合作無間，很少需要我到橢圓辦公室參加經濟政策會議，除了危機事件以外——例如一九九五年柯林頓和國會對於預算問題相持不下，迫使政府停止運轉。

後來我聽說一九九四年我們在升息時，總統經常對我和聯準會很火大。「我當時認爲經濟還沒有好到足以支撐調息。」多年之後，他向我解釋。但他從未公開質疑過聯準會。到了一九九五年中期，柯林頓和我之間發展成輕鬆而隨興的關係。在白宮晚宴或招待會上，他會把我拉到一旁聽我的看法或是告訴我他的點子。我不像他，在嬰兒潮中長大，也不像他那麼愛搖滾樂。也許他會覺得我很無趣——不是那種他喜歡混一起抽雪茄看橄欖球的哥兒們。但我們都愛看書，也都對這個世界很好奇，喜歡想問題。柯林頓公開宣稱我們是經濟怪搭檔。

他對經濟細節的好奇常常讓我感到驚訝——加拿大木材對房屋價格及通貨膨脹的影響、即時製造系統的趨勢等。他也有總體觀，例如所得分配不均和經濟變革在歷史上的關係。他相信達康富豪是進步所無法避免的副作用。「每當你移轉到一個新的經濟典範，分配不均就會更嚴重。」他說道：「當我們從農業轉向工業時，不均的問題就惡化了。投資於工業革命以及建造鐵路的人賺取極大的財富。」如今我們正要轉向數位時代，於是我們有達康富豪。變革是好事，柯林頓說——但他要想辦法讓更多的新財富流進中產階級的手中。

我知道政治就是這麼一回事，因此當一九九六年三月我的任期結束時，我從未想過他還會聘我當主席。他是個民主黨員，毫無疑問他要有一個自己的主席。美國企業界的狀況非常好——大型企業的獲利增加了百分之十八，股市出現二十年來最大的漲勢。財政和貨幣政策都運作得不錯，一九九六年的赤字預計會縮減到小於一千一百一十億美元，而通貨膨脹還在百分之三以下。GDP的成長開始變成沒有衰退就復甦。聯準會和財政部的關係從來沒有這麼好過。隨著新年的到來和過去，媒體開始猜測總統可能會要求我留下來。一月時，巴布・魯賓和我到巴黎參加G7會議。在會議空檔中，我們在一旁閒逛。我看得出來巴布有心事。我還記得那個景象——我們站在可以環景眺望整個城市的落地玻璃窗之前。「回到華府之後你就會接到總統的電話。」他說道。他並沒有直接告訴我，但我從他的身體語言知道應該是好消息。

柯林頓總統爲我和他同時所指派的二名聯準會官員設定了一個小小的挑戰：艾莉斯・李芙琳擔任聯準會的副主席，而具非常高知名度的經濟預測專家，羅倫斯・梅爾（Laurence Meyer）則成爲聯準會理事。「現在出現一場論戰，一場有關這個國家的嚴肅論戰，那就是在任何一段沒有通貨膨脹的時期裡，是否存在一個最大成長率。」總統告訴記者。他的弦外之音不難聽出來。既然經濟已經進入第六年的擴張，既然軟著陸看起來跟眞的一樣，他要求更快的成長、更高的工資，及更多的新工作機會。他要看看這具火箭可以飛多高。

8 非理性繁榮

歷史上，一九九五年八月九日是達康熱潮的誕生日。事件之發生，始於網景（Netscape）股票上市，這是一家成立於矽谷才二年的小軟體公司，幾乎沒有營收也沒有盈餘。事實上，網景大部分的產品都是用送的。然而其瀏覽器卻引爆了網際網路之運用，促使這一開始由美國政府出資爲科學家和工程師所打造的線上砂石路，轉變成全世界的數位康莊大道。網景掛牌那一天，股價由一股二十八美元直飆七十一美元，從矽谷到華爾街的投資人，同感震驚。

網際網路淘金熱於焉展開。越來越多的新公司股票上市，而且股價高漲。網景的股票繼續爬升；到了十一月，該公司的市值比達美航空還高，而其董事長吉姆·克拉克（Jim Clark）則成爲首位網際網路富豪。高科技熱爲當年已經很熱的股市帶來另一波狂潮：道瓊工業平均指數突破四千點，接著又破五千點，一九九五年上漲超過百分之三十。以科技股爲主的那斯達克（NASDAQ），掛牌公司多爲新公司，其收盤表現更佳，上漲超過百分之四十。而股市這波漲勢還持續至一九九六年。

聯準會一般不太會去討論股票市場。事實上，在典型的ＦＯＭＣ會議上，「資本」一詞通常是指固定資本——機器設備、火車車廂，以及後來的電腦通訊設備——而非股票。我們對科技熱的關切，主要在於製造晶片、撰寫程式，及整合資訊科技至工廠、辦公室，和娛樂業的人身上。然而我們都知道「財富效果」：投資人由於其投資組合獲利而感到興奮，更無節制地借錢購買房屋、汽車，和消費性產品。我認爲更重要的是，股價上漲，對企業在工廠和設備投資上產生衝擊。自從我在一九五九年十二月發表〈股價和資本評價〉一文之後，我就對股價對資本投資及其所衍生的經濟活動非常感興趣。①我證明股價對新生產工廠及設備價格之比率，與機器設備的新訂單相關。其理由對不動產開發商而言很清楚，他們也是用類似的原理在運作：如果某個地區的辦公大樓市價超過建造全新大樓的成本，則新大樓將會如雨後春筍般地出現。反之，如果市價比建造大樓的成本還低，則新建案將會停止。

我覺得股價和新機器訂單之間也有類似的關係：當企業經理人發現固定投資的市場價值高於固定資產的採購成本時，這方面的支出就會增加，反之亦然。這個比率無法預測一九六〇年代當年的情形，這讓我感到很失望。但那是當年計量經濟學家的共同抱怨，現在也是一樣。今天，這項關係式已轉化爲邏輯上等義的新增資本投資之預計報酬率。這項預測我還是作得不太好，雖然我一直認爲應該可行，但這個想法就是我在一九九五年十二月FOMC會議時的思考背景。

聯準會的首席國內經濟學家麥克·普瑞爾（Mike Prell）認爲這個財富效果可能會刺激來年的

①這篇文章刊登在美國統計學會(American Statistical Association)《一九五九年企業及經濟統計科公報》(*Proceedings of the Business and Economic Statistics Section 1959*)，後來成爲我博士論文的一部分。

消費者支出增加五百億美元，導致GDP成長加速。拉里·林賽理事，後來成爲喬治·布希總統的首席經濟顧問則認爲尙不足採信。他認爲大部分的股票握在退休基金及401(k)（譯註：指符合美國聯邦國稅條例401〔k〕退休金專戶，由受託人管理。）手上，使得消費者很難實現他們的獲利。而大多數擁有龐大股票投資組合的自然人則已經非常富有，不是那種消費無度的暴發戶類型。我不知道他的觀點是否正確，我們對這個議題都沒經驗；大家都不知道後續會如何發展。

那天早上的討論還暴露出我們對於多頭市場成長力道的無知。珍妮·葉倫預測股票多頭所帶來的任何效應，沒多久就會完全消失。「一九九六年底之前就會消失。」她說道。我卻擔心市場狂飆會爲崩盤埋下伏筆。「眞正的危機是我們正處於債市和股市泡沫的邊緣。」我說。然而，似乎還沒到達一九八七年那種過熱的程度。我猜測我們也許接近「某個股市短期高點，如果沒有其他理由，市場不會無限制飆漲。」

結果，這句話並不是我最有先見之明的一句話。但當時，我最擔心的並不是股市。我有不同的看法，決定要大家開始思考科技變革的大環境。我研究當時的經濟現象時，相信我們正處於歷史性變動的邊緣；股價飆漲只是個徵兆而已。

按照會議程序，我們應該作出放寬聯邦資金利率的建議並表決。但在此之前，我告訴委員會，我要求暫停。我提醒他們，這幾個月來，我們一直看到科技加速變革所造成的經濟影響。我告訴他們：「我要提出一個廣泛性的假設，經濟正邁進一個更長期的階段，而造成今天這經濟效果的力量也同樣具有長期的效果。」

我的想法是，世界吸收了資訊科技，也知道如何運用，我們已經進入一個低通貨膨脹、低利率、高成長、高生產力，及充分就業的延伸期。「我自一九四〇年代末就開始不斷觀察景氣循環，」我說道：「從未發生過和這次一樣的情形。」如此深遠持久的科技變革，我提醒道：「每五十年或一百年才出現一次。」

爲說明這個大規模的變革，我暗示一個新現象：全世界的通貨膨脹似乎都在消失中。我的意思是，現在的貨幣政策可能要在最先進的知識上運作，而過去有效的定律或經驗法則，也許不再適用，至少有一段期間不適用。

這是相當大膽的猜測，特別是在FOMC的工作會議上。在座的沒人有反應，雖然有幾個銀行總裁稍微認同。大多數委員會的成員，回頭討論他們所熟悉的，是否調降聯邦資金利率一碼時，似乎比較自在些——而我們投票通過了。但表決之前，一位點子最多的委員忍不住調侃我。「我希望你允許我接受你所提出的降息理由，」他說道：「如果沒有你那美麗新世界場景，我可不太同意降息。」

事實上這無傷大雅的。雖然，我並不強求委員會一定要接受我的看法。我也不會強求他們做任何事。不過是要他們想想罷了。

高科技快速爆炸，最後讓熊彼德創造性破壞的概念廣爲流傳。這詞竟成了達康的口頭禪——事實上，一旦你加速到網際網路的速度，就無法忽視創造性破壞。在矽谷，企業一直進行自我改造，新事業不斷地長江後浪推前浪。科技界的龍頭老大——AT&T、惠普，和IBM等巨人——必須努力地追趕潮流，而且不是每一家都成功。全球第一富豪比爾・蓋茲向微軟所有員工發出通告，要他們把網際網路興起和PC出現相提並論——當然，該公司的偉大成就建立在PC上。該通告的標題爲「網際網路浪潮」（The Internet Tidal Wave）。他提出警告，他們最好注意這個最新浪潮；適應它，否則就會滅亡。

雖然不明顯，資訊科技革命已經蘊釀了四十年。從二次大戰後開發電晶體開始，引發了一波創新浪潮。電腦、衛星、微處理機加上通訊上的雷射和光纖科技所奠定的基礎，讓網際網路似乎是突然間迅速發生。

現在，企業有極大的能力收集和散播資訊。當資本從停滯或表現平庸的公司和產業，移轉到尖端的企業和產業時，又進一步加速創造性破壞的過程。克萊納·柏金斯（Kleiner Perkins）和水杉（Sequoia）等矽谷創投公司，及漢鼎（Hambrecht & Quist）投資銀行，突然獲得龐大財富，並以這種資金移轉方式而聞名。但整個華爾街其實也參與了這方面的投資活動，而且還持續參與。

最近的案例，對Google和通用汽車（General Motors）作比較。二〇〇五年十一月，GM宣佈，計劃於二〇〇八年關閉十二座工廠並裁員三萬人。如果你去看該公司的現金流動情形，你會發現，GM以前會把數十億美元用於開發新產品和建廠，如今這筆資金挪去支應工人和退休人員未來的退休基金和健保基金。結果，這些資金竟投資在報酬率最佳的標的——高科技領域。當然，在此同時，Google正以驚人的速度成長。該公司的資本支出於二〇〇五年增加了將近三倍，成爲八億多美元。而且投資人預期成長還會持續，把Google股票的總市值炒高至GM的十一倍。事實上，通用汽車的退休基金也持有Google股票——這是創造性破壞導致資本移轉的教科書案例。

爲什麼資訊科技有如此巨大的轉型效果？許多企業活動的目的在於降低不確定性。二十世紀時，大多數企業領導人缺乏客戶需求的即時資訊。過去，這一直是損益上的重大負擔。決策之制定係根據幾天前，甚至於幾週前的舊資料。

大多數企業採取防備措施：他們維持多餘的庫存和備援員工，以備隨時因應意外事件及錯誤決策。這種保險措施通常可行，但代價卻相當高。待命的庫存和人工都是成本，而待命的「工」時則沒有產出。它們沒有產生收入或增加生產力。新科技所提供的即時資訊已大幅降低日常營運的不確定性。零售結帳櫃檯和工廠現場間，以及出貨者和貨運者之間的即時溝通，已縮短各種商品供應所需的交期和工時，從書籍到工廠機器、從股票報價到軟體。資訊科技已把多餘的存貨和備援勞動力釋放出來，作更具生產力且更有利的運用。

消費者也有新體驗，他們可以很便利地上線查閱資訊、追蹤包裹運送、並訂購幾乎是隔夜送達的任何商品。總體而言，科技爆炸也對就業產生正面影響。新增工作比消失的工作還多。事實上，我們的失業率掉下來了，從一九九四年的百分之六以上，降到二〇〇〇年的不到百分之四，而在這段過程中，經濟大幅增加了一千六百萬個新工作機會。然而，就像我小時候所嚮往的十九世紀電報員所面臨的問題一樣，科技開始以重大方式打亂了白領階級的工作。突然間，數以百萬計的美國人發現他們暴露在創造性破壞的黑暗面。祕書和事務性工作被電腦軟體吸收，而建築業、汽車業，和工業設計業的製圖工作也一樣不保。工作不穩定，在以前的歷史上，主要是藍領工人的問題；而從一九九〇年代開始，竟成爲教育程度較高，也較有錢的人的問題。這個現象，在調查資料中頻頻發生：一九九一年正是景氣谷底，一項調查顯示，百分之二十五的大型企業員工擔心遭到裁員。到了一九九五年及一九九六年，儘管失業率正在下滑，卻有百分之四十六擔心裁員。

當然，這個趨勢讓失業恐懼浮上檯面。

重要，但不明顯的是，工作的流動性增加了。今天，美國人換老闆的程度相當驚人。將近一億五千萬的就業人口中，每星期竟有一百萬人換工作。六十萬人自願離職，另約有四十萬人遭到裁員，通常發生在他們的公司被購併或是縮編時。同時，由於新產業擴張，一直有新公司出現，每週有一百萬人找到工作或被裁員之後又找到工作。

科技創新的散播越快、衝擊的範圍越廣，我輩經濟學者就要更煞費周章，才能找出哪些基本元素已經改變，而哪些沒變。例如，一九九○年代的專家花無數時間在辯論所謂的自然失業率水準（專業術語是「無加速通貨膨脹的失業率（Non-Accelerating Inflation Rate of Unemployment, NAIRU）」）。這是新凱因斯學派（neo-Keynesian）在一九九○年代的想法，認爲如果失業率低於百分之六・五，那麼勞工就會要求更高的工資，導致通貨膨脹升溫。

因此，當失業率掉到一九九四年的百分之六、一九九五年的百分之五・六，或是一路往下掉到百分之四以下時，許多經濟學家堅稱，聯準會應該對成長踩煞車。我在聯準會以及公開的聽證會上都反對這種想法。「自然失業率」，雖然模型很清楚，作歷史性分析也很有用，但在作即時估計時，事實上卻總是令人捉摸不定。根據我的判斷，這個數字經常在調整，無法爲通貨膨脹預測或貨幣政策提供穩定的平臺。不論我們怎麼看，一九九○年代上半，工資成長就是維持在低而狹窄的範圍裡，沒有跡象顯示通貨膨脹正在形成。最後，傳統想法本身也不得不退讓——經濟學家開始向下調整自然失業率的水準。

多年之後，金・史伯齡講了一則故事，有關橢圓辦公室上演這個矛盾的情形。一九九五年，柯林頓總統的最高經濟顧問——史伯齡、巴布·魯賓，和蘿拉·泰森（Laura Tyson）——擔心總統對高科技熱潮太過激情。於是他們推派賴瑞·桑莫斯去實際探測看看。我從我們生動的早餐會討論中得知，賴瑞是個科技懷疑者。由於他通常只在國際性議題上才站在總統這一邊，因此，柯林頓知道其中必有文章。

這群經濟學家聚集在橢圓辦公室，桑莫斯作了簡短的簡報，說明為什麼勞動市場緊俏表示成長將會趨緩。接著其他人也發言附和。柯林頓聽了一會兒，最後終於打斷他們。「你們錯了！」他說道：「這個理論我明白，但有了網際網路，有了科技，我能夠感受到變化。我到處都看得到成長。」其實，柯林頓並不是單靠直覺。他和許多的執行長及企業家談過，他總是如此。當然，政治人物永遠不願相信成長有個極限。但這次，總統可能比他的經濟學家更能親身感受到經濟。

經濟和股市繼續大漲。以GDP所衡量的產出，一九九六年春，超級熱絡地成長了百分之六以上——衍生出另一個傳統想法上的問題，即美國經濟所能維持的長期健康成長率，最大為百分之二·五。我們在聯準會對此想了又想。我們很容易忘記創新的速度，例如網際網路和電子郵件，從新奇事物變成無所不在。不平凡的事正在發生，而要在不平凡現象發生時，即時瞭解清楚，挑戰相當大。

我於一九九六年九月二十四日召開FOMC會議時，離我們上次調降利率已經過了八個月七個會期。許多委員會成員現在比較傾向於另一邊——傾向升息以先行抑制通貨膨脹。他們又要把雞尾酒盆拿走了。當時的企業盈餘非常強，失業率掉到五·五以下，還有一大要素已經產生變化：工資終於上升。在這樣大漲的狀況下，通貨膨脹是顯而易見的危機。如果企業必須付出更多的錢以吸引或留住工人，則他們可能會以漲價的方式把新增的成本轉嫁出去。教科書的策略是升息，從而減緩經濟成長，並在通貨膨脹還沒發芽之前，就把它摘除。

但如果這次不是一般的景氣循環該怎麼辦呢？如果科技革命已經或至少暫時提升了經濟擴張能力，那該怎麼辦呢？如果是這樣，升息就錯了。

當然，我一向都很擔心通貨膨脹。然而我覺得我很確定其危險程度遠比我同事所想的還要低。這次的情形並不是去挑戰傳統想法。我不認為教科書有錯；我認為錯的是我們的數字。我把焦點放在我認為很重要的科技爆炸之謎：生產力問題。

我們從商業部和勞工部取得資料，這些資料顯示，儘管有長期的電腦化趨勢，生產力（以每小時產出來衡量）卻幾乎毫無變動。我無法想像為何如此。多年來，企業界已經在桌上型電腦、伺服器、網路、軟體及其他高科技設備上投注大量的金錢。多年來，我曾經和工廠主管合作過相當多的固定資本投資案，知道這些採購決策方式。只有在他們相信，昂貴的設備投資可以擴充他們的產能，或讓他們員工每小時產出更多的情況下，他們才會購買。如果買來的設備，連一項都無法達成，經理人就會停止採購。然而他們現在還不斷地在高科技上投錢。早在一九九三年時，這個現象就已經很明顯，當時高科技資本財的新訂單在長期停滯後，開始加速。這一波持續到一九九四年，顯示新設備的初期獲利經驗相當正面。

另外還有更具說服力的跡象顯示，這些官方的生產力資料有問題。大多數公司的營業利益率都在提高。但很少漲價。這表示他們每單位產出的成本受到控制甚或下降。從企業整體觀點來看，最攸關的成本就是人工成本。因此，如果每單位產出的人工成本不變或下降，而平均每小時的勞工薪資成長率卻往上升，則我們可以從數學上確認，如果這些資料正確，每小時的產出應該呈正成長；生產力實際上正在加速。如果這樣，就不太可能引發通貨膨脹。

縱然我相信我的分析是正確的，我不用想也知道這樣簡短的數字分析很難讓我的同事接受。我需要更具說服力的東西。離一九九六年九月二十四日的會議還有幾個星期的時間，我請聯準會幕僚把聯邦生產力統計數字拆開來，針對數十個產業，研究各個產業裡的資料。我對勞工統計局在非農業產業每小時產出的資料無法和企業界個別公司的估計數契合，一直感到很困擾。兩者合在一起，隱含美國非公司組織的生產力沒有成長，這個結論顯然有問題。

當我要求列示個別產業的詳細資料時，通常，幕僚會開玩笑說主席要「加油添醋以強化結論」了。這次，他們說，我好像要他們執行曼哈頓計劃（譯註：Manhattan Project，即製造原子彈計劃）。然而，他們還是鑽進資料堆裡，適時在FOMC開會前交出報告。

那個星期二，委員會裡的看法分為二派。有六名委員要求立即升息——誠如聖路易聯邦準備銀行強硬派總裁湯姆．梅澤所說，對通貨膨脹「採取保險政策」。其他人則不表態。擔任聯準會副主席才三個月的艾莉斯．李芙琳以她慣有的滑稽口吻描述當時狀況：「這一整桌子愁眉不展的人所憂慮的問題，我想，我們應該提醒自己，這正是我們最拿手的問題。全世界的中央銀行官員還希望拿到這套統計數字呢！」雖然她同意我們正處於通貨膨脹的「危險區域」，她還是表示，「我們還沒看到通貨膨脹升溫。」

輪到我發言時，我用幕僚的報告作出強力主張。政府多年來似乎低估了生產力成長。例如，從政府的統計資料中，我們看不到服務業有任何效率上的提升——事實上，從政府所計算出來的資料顯示，其生產力正在萎縮。每位委員都知道這顯然很荒謬：律師事務所、工商服務、醫療，和社會服務組織等，都和製造部門及其他的經濟部門一樣，正在自行實施自動化和流程改善工作。

我說，沒人能夠令人信服地解釋為什麼統計資料出問題。②但我合理地相信，通貨膨脹風險還很微弱，不足以讓我們採取升息措施。我的建議是我們再觀察看看吧。

這個論點並沒有說服每個人——事實上，我們還對資訊科技對生產力的影響方式和程度作了一番辯論。但已拋出夠份量的合理懷疑，因此委員會以十．對一通過維持利率不動，即百分之五．二五。

其後六個月，我們也沒找到升息理由——然後才根據不同的理由，只調整到百分之五．五。往後四年，GDP繼續穩定成長、失業率縮減、而通貨膨脹則在控制之中。我們沒有立即升息，為戰後歷時最長的經濟成長清除障礙。這是你不能單靠．套計量經濟模型來決定貨幣政策的經典範例。誠如熊彼德所說，模型也要服從創造性破壞法則。

即使生產力提升也無法解釋瘋狂的股價。一九九六年十月十四日，道瓊工業平均指數衝破六千點——《美國今日報》宣稱這是個里程碑，以頭條報導：「今日進入第七年的多頭行情，創歷

②有些人主張，被商品製造者所購入的服務，計算時所採用的價格有問題，因此，每小時總產出的成長是正確的，但商品生產和每小時產出則被高估，因為服務性的產出和生產力成長被低估了。這說法雖然技術上可能成立，但其解釋似乎太違背事實。

史紀錄。」全國各大報也把這個消息放在頭版。《紐約時報》報導，越來越多的美國人把他們的退休金存款轉到股市，反應出「大家普遍相信股市是唯一值得長期投資的地方。」

美國變成股東之國。如果你拿股市總值和我國的經濟規模作比較，股市的重要性正快速增加：達九．五兆美元，是GDP的百分之一百二十。這是從一九九〇年的百分之六十升上來的，這個比率，只有日本在一九八〇年代泡沫高峰期才比我們高。

我和巴布．魯賓一直討論著這個問題。我們都有點擔心。如今，我們已經在一年半之內見到道瓊連破三次「千點大關」——四千點、五千點，和六千點。雖然經濟成長強勁，我們擔心投資人太瘋狂了。股價所含的期望過高，可能永遠無法實現。

當然，股市大漲爲經濟加分——讓企業先行擴張、消費者覺得富裕，而且有助於經濟成長。即使崩盤也未必是壞處——一九八七年的崩盤，雖然讓我們覺得恐怖，卻沒留下什麼不良效果。只有當股市崩盤危及實體經濟運作時，財政部長和聯準會主席這些人才要擔心。

我們曾經見過這種災難發生於日本，其經濟到現在還受一九九〇年股市及不動產崩盤之影響。雖然巴布和我都不認爲美國已經達到泡沫階段，但我們都不禁注意到，越來越多的家庭和企業暴露在股市危機當中。因此，我們經常在早餐會中討論我們該如何處理泡沫的問題。

巴布認爲聯邦金融官員不應公開談論股市。後來他在回憶錄中，以他所習慣的條列方式，提出三項理由。「第一，沒有任何方法可以明確知道股市是高估或低估。」他說道：「其次，你無法對抗市場力量，因此，談論市場根本發揮不了作用。第三，你所說的任何話，很可能會倒打一耙，傷害你的信譽。大家就會知道，其實你沒有比其他人懂多少。」

我必須承認這些都是事實。但我還是不相信公開提這件事就一定是壞主意。股市越來越重要，這點不容否認。你如何討論經濟而不去提這個八百磅重的大猩猩？雖然沒有明確的法令規定要聯準會去關切股市，但對我而言，這造成了物價上漲，依法，似乎我應該關切。在抑制通貨膨脹上，我們已經證實，物價穩定性是長期經濟成長的關鍵。（事實上，造成股價上漲的原因之一是投資人越來越有信心，認爲穩定將持續下去。）

然而物價穩定性並不像表面那樣容易瞭解。關於物價，也許你能找出十種不同的統計數列進行研究。對大多數經濟學家而言，物價穩定指的是產品價格——一雙襪子或一夸特牛奶的價格。但收益性資產的價格，例如股票或不動產呢？如果這些價格飆漲，變得不穩定該怎麼辦呢？就價值穩定性而言，難道我們不該擔心我們所孵的蛋（譯註：指儲蓄），而不只是雜貨店裡的蛋？我不想站起來高聲疾呼：「股市已經高估了，這會導致不良後果！」我不信這套。但我相信，提出來公開討論很重要。

非理性繁榮的觀念是有一天早晨，我在浴缸裡準備演講稿時想出來的。至今，我有許多好點子都是在浴缸裡想出來。多年來，我的助理已經習慣看著浸濕的黃色貼紙上狗爬似的草稿打字——直到我們找到一種墨水不會暈開的筆之後，這個艱鉅任務才變得比較輕鬆。在泡澡中，我很高興我能像阿基米德一樣思考全世界。

一九九六年十月中旬道瓊突破六千點之後，我就開始找機會談資產價值的問題。我認爲十二月五日美國企業研究所（American Enterprise Institute）的年度晚宴是個理想的機會，我已經答應去作基本政策演說。那是個重要的正式晚宴，吸引了一千多人參加，包括許多華府公共政策專家，而且離年底長假還很遠，有足夠的時間來處理嚴肅問題。

爲了以適當的方式提出股市問題，我想我應該將其包裹在美國的中央銀行史中。我從早年的亞歷山大・漢彌爾頓（Alexander Hamilton）和威廉・詹寧斯・布萊安（William Jennings Bryan）談起，一路談到現在及未來。（一般的聽眾可能要忍受這種散漫的方法，但對美國企業研究所的群眾而言，這個速度剛剛好。）

我的演講稿把資產價值問題放在離結束只有十幾句的地方，並小心翼翼地以我慣用的聯準會話術，把我所要講的話保護起來。然而當演講那天我把講稿拿給艾莉斯・李芙琳看時，「非理性繁榮，」她馬上脫口而出：「你確定你要講這個？」她問道。

那晚，在講臺上，我把關鍵段落說出來，仔細觀察大家的反應。「當我們進入二十一世紀，」我說道，指的是聯準會。

> 國會希望，我們能夠繼續擔任美元購買力的守護者。但有個因素讓我們的工作越來越複雜，即我們越來越難以鎖定構成穩定一般物價水準的要素……
>
> 我們該如何判別哪些物價才是重要？當然，現在所產出的商品和勞務之價格——我們用來衡量通貨膨脹的基礎——很重要。但未來價格呢？或更重要地，對未來商品和勞務之請求權的價格，諸如股票、不動產，或其他收益性資產呢？這些價格的穩定是穩定經濟的基本要素嗎？
>
> 很清楚，持續低通貨膨脹隱含未來的不確定性較低，而較低的風險貼水則隱含較高的股

價和其他收益性資產。我們可以從本益比及過去的通貨膨脹率所彰顯的反向關係看出這點。

但我們要如何知道什麼時候非理性繁榮已經過度拉抬了資產價值，就像日本過去這十年來所發生的情形一樣，其後竟要受制於意外而漫長的緊縮？而我們又如何把我們所觀察到的這項因素納入貨幣政策？我們身爲中央銀行工作者，如果金融資產瓦解，並無損及實體經濟及其生產、就業與物價穩定之虞時，就無須擔心。事實上，一九八七年股市重挫對經濟並未造成些許不良影響。但對於資產市場和經濟間複雜的互動關係，我們不該低估、或自滿。

我承認，這並不是莎士比亞。但也相當難懂，特別是當你在雞尾酒會時喝了一兩杯，而且飢腸轆轆等著上菜時。當我回到餐桌，我悄悄地對安蕊亞以及在座的其他人說：「你們認爲哪一部分會成爲新聞？」沒人猜。但我看到聽眾中有人正襟危坐很注意聽，那晚結束後，話就傳開了。「聯準會主席提出大問題：市場是否太高？」《華爾街日報》隔天這樣寫：「非理性繁榮遭到指控」《費城詢問者報》（*Philadelphia Inquirer*）寫道：「明示隱藏訊息」《紐約時報》這麼說。後來，非理性繁榮漸漸成爲多頭的大災難。

但股市沒有緩下來——這只會讓我更加關切。我的演講的確一開始在全世界引發一波賣壓，部分是因爲投資人懷疑聯準會將立即升息。日本股市率先下跌，因爲我演講時，那裡是早上，幾個小時之後歐洲開盤，最後才是隔天的紐約開盤。紐約證券交易所的道瓊指數在開盤時幾乎下跌了一百五十點。但到了下午，美國股市反彈，再過一個交易日，下跌的部分全漲回去了。美國股市那年收盤上漲超過百分之二十。

多頭繼續發威。當FOMC於二月四日召開一九九七年首次會議時，道瓊工業平均指數已經接近七千點。那時，我私下和許多位理事及聯邦準備銀行總裁交談，得知他們都贊同我所擔心的股市泡沫發展情形會造成通貨膨脹不穩定。除了股市飆漲之外，經濟狀況和六個月前我堅持不升息時一樣堅實。但我對泡沫的關切改變了我的想法。我告訴委員會，我們也許要升息來試著控制這個多頭行情。「我們必須開始思考某些先發制人的方法。」我說道：「以及如何和這件事溝通。」

我的用詞很小心，因爲我們會留下記錄，而我們正在玩政治炸藥。依法聯準會無權去控制股市泡沫。但如果我們認爲股價會造成通貨膨脹，我們就有間接的管轄權。但在本次事件中，這個說法很難成立，因爲經濟的表現非常好。

聯準會並不是在眞空中運作。如果我們升息所持的理由是我們要控制股市，這將會引發一場政治風暴。我們曾經被控傷害散戶投資人，破壞大家的退休計劃。我可以想像我在下一次國會熬夜召開的聽證會裡遭到砲轟的情形。

同樣地，我們認爲避免泡沫符合我們的使命，而我們也有義務採取行動。我在開會時若有所思地大聲說：「我們的當務之急是確保維持低通貨膨脹、低風險貼水、低資本成本……如果我要考慮長期均衡，則高市場價值比低市場價值好。我們所要做的是避免泡沫破滅、波動等這類的問題。」在委員會的同意之下，我公開暗示未來幾週將會升息。這是爲了避免突然的舉動造成市場震撼。接著，我們三月二十五日再度開會，把短期利率調高一碼至百分之五・五。我自己撰寫並宣讀FOMC的聲明稿。文中只單純提到聯準會希望對付可能造成通貨膨脹的經濟力量，沒有隻字片語提到資產價値或股票。誠如我在升息之後立即發表的聲明：「我們這一小步是爲了提高經濟榮景持續走下去的機率。」

一九九七年三月底四月初，就在我們開完會之後，道瓊指數下挫約百分之七。這表示，由於我們升息，幾乎跌了五百點。但幾個星期之後，市場動能依舊，而且還回升。不只把下跌的部分漲回來，還多漲了百分之十，因此，到了六月中，指數接近七千八百點。其實，那是投資人在教訓聯準會。巴布・魯賓說對了：你無法分辨股市是否高估，而且你無法對抗市場力量。

隨著多頭持續——又走了三年多，結果，國家的紙上財富大幅增加——我們則繼續對抗生產力、物價穩定性，及人們所謂新經濟的其他面向等大問題。我們尋求其他方法對付泡沫危機。但我們沒有再進一步升息，而且我們再也不去控制股價了。

那年春天，安蕊亞和我終於結婚了，我們在婚禮上展現了一些「繁榮」。她總是開玩笑說我試了三次才向她求婚，因爲我一直以聯準會話術來提問題，但事實上並不是這樣。其實我提了五次——有幾次她沒注意到。然而，一九九六年聖誕節那天，她終於接收到我的訊息並答應了。一九九七年四月，我們在我們最喜愛的地方，維吉尼亞鄉間的小華盛頓（Little Washington）一家小旅館，在大法官露絲・貝德・金斯柏格（Ruth Bader Ginsburg）證婚之下，舉行簡單而美麗的婚禮。

本來，我們並不打算馬上渡蜜月：安蕊亞和我的專業世界發生太多事了。但朋友一直催我們上路，並建議威尼斯。最後，我研究了我的行事曆，建議把蜜月緊緊排在六月於瑞士茵特拉根（Interlaken）所召開的國際貨幣會議（International Monetary Conference）之後，即婚禮的二個月後。

在貨幣會議上，德國總理黑慕‧柯爾（Helmut Kohl）進行一場早就知道會很無聊的午餐演說。主題是中央銀行獨立性及德國黃金準備制度的沿革。會後，安蕊亞和我避開了記者群，他們要我發表對美國經濟的看法以及評論網際網路熱和股市的前景。即使他們早就知道我的政策是不接受採訪，還是有些人要安蕊亞充當中間人，以爲她身爲新聞同業，可能願意幫忙。安蕊亞只想去做ＳＰＡ。當我們離開茵特拉根時，她開玩笑地宣佈，到目前爲止，我們這趟旅行是「歷史上最不浪漫的蜜月」。

接著我們來到威尼斯。由於生活物質水準的改善需要靠創造性破壞，因此，世界上最珍貴的地方就是幾世紀以來改變最少的地方，這點絕非出於偶然。我以前從未來過這個城市，我和千千萬萬之前來過的旅客一樣，爲此陶醉。我們打算一邊逛一邊辦事。雖然，當你旅行時有安全人員隨護在側不可能眞的辦起事來，但我們其實也差不多了。我們在露天咖啡吃飯，逛街購物，參觀教堂，逛老舊的猶太街。

威尼斯城邦曾經有好幾世紀是世界貿易的中心，把西歐和拜占庭帝國及其他已知區域連接起來。文藝復興之後，貿易路線轉移到大西洋，威尼斯便退居爲海上強權。然而在整個一七〇〇年代，她依然是歐洲最優雅的城市，也是文學、建築和藝術的中心。《威尼斯商人》中的名句：「里奧多（Rialto）有什麼新聞？」指的就是這所城市的商業中心，目前，這裡還是發出響亮的世界之音。

今天的里奧多區看起來依舊和當年商人從東方運來絲綢及香料的時代所差無幾。城中華麗彩繪的文藝復興皇宮、聖馬可廣場（St. Mark's Square），及其他幾十個景點也都如此。除了汽艇（vaporetti）之外，你就像來到十七或十八世紀。

當我們在運河邊散步時，我體內的經濟學家又發作了。我問安蕊亞：「這座城市所生產的附加價值是什麼？」

「你問錯問題了。」她答道，猛然大笑。

「但這裡整座城市就是個博物館。只要想想看她是靠什麼維生。」

安蕊亞停下來看著我：「你應該看這裡有多美。」

當然，我太太說的沒錯。但這次談話，有助於把我過去幾個月來一直藏在腦中的東西清楚地呈現出來。

威尼斯，我瞭解，是創造性破壞的反證。她是靠保存與欣賞過去而生存，不是靠創造未來。但這點，我瞭解，正是關鍵之所在。這座城市除了美麗和浪漫之外，還提供人們對安定及永恆的深沉需求。威尼斯受歡迎，代表著人類矛盾性格中的一端：一個慾望想要增加物質享受，另一個慾望卻想要逃避改變及逃避改變所伴隨而來的壓力，掙扎在這二個慾望之間。

美國的物質生活水準一直在改變，然而，同樣的經濟活力，卻造成每週數十萬人非自願性失業。要求保護以免於市場競爭壓力的需求日漸增加（對過去緩慢而簡單時代的懷念也隨之增加），這點，我們並不訝異。對我們而言，壓力莫過於創造性破壞的永恆風暴。毫無疑問，矽谷是個刺激的工作地點，但作爲蜜月旅行地點的號召力，我猜，到目前爲止，應該還是默默無聞吧。

威尼斯的第二夜，我和安蕊亞在一棟巴洛克建築裡聽韋瓦第的大提琴協奏曲。在古老的教堂中，陰影、線條和厚重的石塊似乎在呼吸著運河的濕氣，而韋瓦第的旋律就充滿在我們四周，彷彿是對莊嚴古老的教堂的熱情禮讚。我聽過演奏得更棒的韋瓦第，但從沒像這次這麼享受過。

9 千禧年狂熱

九〇年代末期，經濟非常強勁，我習慣早晨醒來時對著鏡子說：「記住，這只是暫時的。世界不該是這樣運作的。」

我喜歡經濟繁榮，也喜歡繁榮所帶給我的新奇挑戰。例如，聯邦預算出現賸餘。這個奇妙現象首度發生於一九九八年。財政赤字從一九九二會計年度將近三千億美元的高峰，經過五年的逐步縮減之後，才出現賸餘。賸餘來自我們自認爲瞭解的因素：財政保守主義和經濟成長。但變動的規模遠遠超過這些因素。在聯準會裡，或任何地方，沒人想到二〇〇〇年會計年度竟會出現自一九四八年以來（相對於GDP）最大的賸餘。

歷史告訴我們，像這樣的熱潮無法永遠存在。然而，這次所持續的時間，卻比我估計的還久。在整個九〇年代後期，經濟每年的成長率都在百分之四以上。這等於每年有四千億美元左右的財富——相當於前蘇聯整個經濟規模——加入美國。

幾乎每個家庭都受益。柯林頓的經濟顧問，金．史伯齡總是喜歡教大家注意廣泛的社會效應：在一九九三年到二〇〇〇年之間，典型美國家庭每戶每年增加八千美元的實質所得。

這經濟成長，強化了國民心理（national psyche），改變了我們對美國世界地位的看法。在整個一九八〇年代及一九九〇年代初期，美國人經歷了一段恐懼和沮喪期。大家擔心，我們會輸給德國、新近聯合的歐洲，及日本。誠如賴瑞・桑莫斯後來的描述，這些經濟上的競爭對手「比較投資導向、比較製造導向，律師較少而科學家及訓練卻比我們多。」

八〇年代，日本的大財閥，即財團，似乎形成特殊的威脅：他們奪取了美國鋼鐵業及工廠設備，讓我們的汽車製造廠陷入苦戰，並完全掌控了整個消費性電子業，甚至連我們用來收看新聞的電視機也都掛上了新力、松下，和日立等品牌。自從俄國人造衛星之後，我們從未感受到如此令人恐懼的不利處境。即使在冷戰結束之後也沒有帶來繁榮——國際地位如今已定義爲經濟能力，突然間，我們龐大的兵力感覺上和國際地位無關。

接著，科技爆炸發生，改變了一切。美國的自由運作、企業家，和「失敗了又如何」的企業文化，讓全世界都羨慕。美國的資訊科技橫掃全球市場，一如從星巴克的拿鐵到信用衍生性商品的創新。學生從其他國家被吸引到美國大學。美國所進行的經濟現代化變革——二十年來所痛苦進行的解除管制、縮編，及降低貿易障礙等——如今都一一有所回報。當歐洲和日本雙雙陷入經濟衰退時，美國卻不斷成長。

聯邦預算賸餘是神奇的發展。一九九七年五月，年度財政收入報告上顯示，歲入將超出預算五百億美元，之後，紐約聯邦準備銀行一名資深官員對FOMC說：「我們必須找個新方法來預測稅收。」預算管理局、國會預算辦公室，及聯準會的經濟學家都百思不解。雖然經濟做得很成功，但還不足以造成稅收有如此大的成長。我們猜測，也許該去看看股市效應，我要聯準會幕僚趕緊估計，來自執行股票選擇權和已實現資本利得的家庭應稅所得之增加情形。當然，股票選擇權已經成爲科技公司吸引及留住人才的主要工具——甚至還配給祕書及事務人員。要正確衡量這項新財富來源非常困難。多年後，這個假設證明是對的，但當時，我們所有經濟學家都只能認爲有此可能而已。一九九七年的聯邦赤字縮減至只有二百二十億美元——和一・六兆的聯邦預算及十兆的GDP比起來，這個數字不具統計顯著性。

政府幾乎是在一夕之間，發現擺在眼前的預算賸餘，其擴增速度和赤字減少的速度一樣快。柯林頓總統於一九九八年開始提及，實際達成預算平衡的可能性時，他的決策官員就賣力地計劃如何處理這些賸餘。雖然這是個快樂的問題，但就像其他的預算問題一樣，成功需要加以管理。尤其是在華府，這裡的政治人物如果發現十億，就會馬上找出至少花掉二十億的方法。但賸餘看起來眞的像是史詩一般：國會預算辦公室於一九九八年推估，未來十年將產生總計六千六百億美元的賸餘。①

這項新聞一發佈，兩黨就競相邀功。「共和黨的財政政策一向強調支出控制，政府精簡，及稅賦寬減，只花三年，就把國家從赤字帶進賸餘。」共和黨領袖俄亥俄州國會議員約翰・貝納（John Boehner）宣示。而柯林頓總統對自己的政績，則以一場特殊的白宮盛禮來正式宣布賸餘，

①國會預算辦公室這六千六百億美元的數字是對一九九九年到二〇〇八年預測值之加總。同時，白宮認爲未來十年的總賸餘值會達到一・一兆美元。二者之間的差異，一部分導因於國會預算辦公室以現行法令基礎去作推估，而行政單位的預測則假設其政策將可以通過立法。

這場典禮有民主黨領袖出席，但共和黨員則被拒於門外。當年，沒有任何一位共和黨員投票贊成他那具有里程碑意義的一九九三年刪減赤字預算，總統提醒來賓，補充說道，如果他們曾經支持過他的預算，「他們就有資格來參加今天這場盛會。」

可以預見，多餘的收入如何處置，意見非常分歧。自由派的民主黨員希望把資金獻給社會計劃，據他們說，已經很多年經費少給了；保守派的共和黨則建議以減稅方式把賸餘「還回去」。比爾・亞契是來自德州的共和黨員，是我的朋友，也是眾議院財務委員會（House Ways and Means Committee）主席，在論戰中以最逗趣的說法博得大家的讚賞。「由於稅賦之高，創了紀錄，」他挖苦道：「賸餘也就大幅失控。」

同時，像我和巴布・魯賓這樣的財政保守派相信，不論減稅或新增支出都不是正確的選擇。我們認爲賸餘應該用來償還國家向人民所舉借的公債。目前總計有三・七兆美元，是四分之一個世紀以來赤字支出所累積的結果（前一次預算賸餘的年度是一九六九年）。

長期參與社會保險改革讓我非常瞭解，在不遠的將來，當嬰兒潮世代年老之後，社會保險和健康保險將面臨數兆美元的需求。實務上沒辦法先行支付這些給付義務。最有效的政策將是先償還負債，爲這個過程創造更多的儲蓄，以便在嬰兒潮世代達到退休年齡前，增加全國的生產能力並增加現行稅率下的聯邦歲收。

還債還有另一個優點：這是最簡單的選擇。只要國會不要透過立法方式把這筆資金挪作他用，任何流進國庫的賸餘將自動用於償債。只要國會不要去碰這個金庫。或是像我一樣，以更委婉的方式，向參議院預算委員會建議：累積的公債非常龐大，政府很樂意花好幾年的時間來降低債務。「在你們染指賸餘之前，這個方法，就我所知，可以讓賸餘持續一段相當長的時間，而不會對經濟造成任何影響。」我說：「如果賸餘繼續擴增，我們可別把它看成是威脅經濟的東西。它當然無害。」②然而，我承認，和減稅或增加支出相較，償債是個醜小鴨政策。我懷疑，即使柯林頓願意，他是否還能夠堅持一個曾經在他上一任期中立下汗馬功勞的財政保守主義者的建議。

我並沒有參與尋找解決方法的工作，但我必須對柯林頓和他的政策制定者所提出的解法表示敬佩。他們找到一個在政治上沒有爭議的說法來保住這筆錢：把預算賸餘和社會保險綁在一起。他在一九九八年的國情咨文中表達了這個想法：

> 我們該如何處理預計的賸餘呢？我的答案只有六個字：先救社會保險。今晚，我建議我們保留百分之百的賸餘——也就是賸餘裡的每一毛錢——直到我們用盡各種必要手段，強化了二十一世紀的社會保險制度。

柯林頓之「必要手段」的關鍵，很快就可以看到，是把賸餘款的一大部分撥去作爲償債之用。柯林頓事先消毒以免掉許多論戰，這招讓我刮目相看，如果他把焦點放在單純的償債上，論戰將是沒完沒了。「我眞是服了。」我對金·史伯齡說：「你們竟找得到方法，讓償債具有政治號召力。」

②當時我還沒想到賸餘會大到讓債務水準降到零的程度，最後聯邦政府所累積的資產，還得來自私有資產。我將在二〇〇一年面對這個問題。

接下來幾年，隨著預算賸餘累積越來越多——一路從一九九八年的七百億美元，到一九九九年的一千二百四十億美元，到二〇〇〇年的二千三百七十億美元——我看到國會一次又一次地想要奪取這筆錢。一九九九年夏，共和黨提案，在十年中減稅達將近八千億美元，參議院銀行委員會傳我去作證以瞭解這個計劃是否具有長期經濟意義。我必須告訴他們沒有意義，至少時機還不成熟。「暫緩減稅，我們也許會更有錢。」我說：「主要是因爲賸餘顯然對經濟有許多正面的好處。」我補充說，我還有另外二點看法。第一，雖然預計未來十年的賸餘，現在已經增加到三兆美元，但經濟的不確定性讓人不禁要懷疑這龐大的數字的可靠性。「它們可能很快就轉爲負值。」我說道。其次，目前的經濟已經非常強勁，大幅減稅的刺激可能會造成過熱。反過來講，我說，我認爲暫緩減稅「沒有問題」。

這些觀察，上了幾次頭條新聞，但沒有阻止國會推動這個法案。一週後這個案子通過了——不過遭到總統否決。「正當美國往正確的方向移動時，這個法案會讓我們走回過去失敗的老政策。」他在玫瑰園（Rose Garden）簽署否決案時說道。

柯林頓對債務的老式態度，原本可以對我國的施政重點產生更長遠的影響。然而，他的影響被莫妮卡・陸文斯基（Monica Lewinsky）的喧擾淡化了，就在他發表處理賸餘的方法前幾天，陸文斯基這個名字出現在新聞報導上。當醜聞傳開，以及認定他們有外遇情事的細節出現於報端時，我並不相信。「這些故事根本就不可能正確。」我對朋友說：「我曾經到過白宮的那個區域，橢圓辦公室和專用餐廳。那裡隨時都有幕僚及特勤人員進進出出。不可能。」後來，當報導證實確有其事時，我很納悶總統怎會去冒這種險。這似乎不像我所認識的比爾・柯林頓，也讓我覺得失望傷心。而且這件事有極大的破壞效果——例如，你可以在CNN的網站上看到二則並列的頭條新聞：「陸文斯基奉令交出筆跡和指紋」及「柯林頓宣佈預計有三百九十億之預算賸餘。」

雖然美國不斷成長，其他國家卻動盪不安。開發中國家從冷戰之結束，及中央計劃經濟之滅亡中甦醒過來，以提供進一步的財產權保障和開放國內的大型產業為號召，想辦法吸引外人直接投資。但在這些方案中，一個令人不安的形態開始發生：美國投資人，由於美國多頭行情而賺到豐富的資本利得，爭相擠入不熟悉的新興市場，尋求「分散投資」。大銀行也來了，現在美國的利率接近歷史低點，他們尋求報酬比美國高的放款。開發中國家為了吸引這種資本並推動貿易，遂把他們的貨幣採用固定匯率釘住美元。在這種情況下，美國及外國投資人就以為他們的匯率風險受到保護，至少可以保住一段期間。同時，美元的借款人會把資金轉換成當地貨幣，並在開發中國家以相當高的利率貸放出去。他們這樣做是在賭貸款到期時，可以用固定匯率換回美元，以償還他們自己的借款，而沒有匯率損失。當精明的市場玩家不相信有牙仙子，知道開發中國家的固定匯率制度維持不了多久，於是開始拋售當地貨幣換成美元時，遊戲就此展開。各國中央銀行為了維繫對美元的固定匯率，很快就把他們的美元準備賣光了。

這一連串的動作，導致所謂的「亞洲金融風暴」，一系列的金融危機，於一九九七年夏季由泰銖和馬幣崩盤開始，進而危及全世界。泰國和馬來西亞幾乎是立即陷入衰退。香港、菲律賓、寮國，和新加坡的經濟也受到嚴重打擊。在印尼這個二億人口的國家裡，印尼盾失控、股市崩盤，接下來的經濟亂象則導致食物暴動，慘不忍睹，最後讓蘇哈托（Suharto）總統下臺。

和二年前的墨西哥危機一樣，國際貨幣基金以財務援助介入。巴布・魯賓、賴瑞・桑莫斯，及財政部再度領導美國作出反應；而聯準會則還是一樣，主要擔任顧問角色。我在十一月時有更深的參與，當時，日本銀行（Bank of Japan）的高級官員打電話給聯準會，警告說南韓是下一個出事的國家。「水壩要爆了。」這是這名官員的說法，他說日本的銀行已經對韓國失去信心，將不再展延對韓的數百億美元放款。

這是個震撼。南韓是亞洲卓越成長的象徵，當時是全世界第十一大經濟體，為蘇聯的二倍。韓國非常成功，甚至不被視爲開發中國家——列在世界銀行官方所認定的第一世界名單中。而且雖然市場觀察家知道最近有些問題，但從各方面看，韓國的經濟都還是穩健而快速地成長。韓國央行還坐擁二百五十億美元的準備——我們認為，足以應付亞洲金融風暴。

我們不知道，但很快就發現，該國政府已經挪用這些準備。他們悄悄地把大多數的美元賣或借給南韓的商業銀行以支撐其壞帳。於是，當我們的首席國際經濟學家查理・席格曼（Charlie Siegman）於感恩節週末打電話給韓國中央銀行人員，問道：「爲什麼你們不把更多的準備釋出來？」對方回答：「我們沒有任何美元準備。」他們所公布的美元準備終於眞相大白。

這場亂局花了數星期才解決。魯賓的專案小組幾乎是不眠不休地工作，而IMF則提供五百五十億美元的財務援助計劃——截至目前爲止最大的金融紓困案。這個案子需要新當選總統金大中的合作，他的第一個重大決策，就是承諾進行緊急經濟改革。同時，財政部和聯準會的挑戰，有一部分是和許多的全球性大銀行商談，請他們不要收回韓國的放款。所有措施都一起執行，巴布事後回想時說道：「對全世界所有財政部長和中央銀行官員平靜生活的打擾次數，我們應該是破紀錄了。」

這麼大的紓困案總是可能會立下壞榜樣：投資人還會有多少次把錢投進積極卻不安穩的經濟裡，認爲只要他們所遇到的麻煩夠大，ＩＭＦ就會來救他們？這就是保險業在保護個人免於危難上所謂「道德危機」的另一個翻版。依照這個理論，安全網越大，個人、企業，或政府就傾向於表現得越滿不在乎。

然而坐視南韓破產的後果可能更糟，也許是非常糟。像韓國這樣規模的國家一旦破產，一定會讓全球市場動盪不安。日本及其他地區的大型銀行很可能會倒閉，造成整個系統更不穩定。飽受驚嚇的投資人，不只會從亞洲，還會從拉丁美洲及其他新興地區撤出，導致發展停滯。工業國家也很可能發生大幅緊縮信用情事。而這還沒去考慮南韓所面臨的特有軍事危機。由於巴布・魯賓和賴瑞・桑莫斯二人獨立處理這次的危機，應該列入財政部長名人堂。

由於網際網路融入到人們的生活中，美國一切都還在成長。電腦已經和電話、冰箱，及電視一樣，成爲家庭不可或缺的東西。電腦變成接收新聞的方法：一九九七年夏季，數百萬人上網瀏覽拓荒者號（Pathfinder）所傳回來的生動照片，拓荒者號是美國二十年來第一次成功登陸火星的太空船。電腦還成爲購物的方式：一九九八年，「電子商務」大張旗鼓地來臨，大家聚集在亞馬遜（Amazon）、eToys，和 eBay 等網站，特別是在長假期間。

但亞洲金融風暴對我們的影響還沒結束。我們八個月後才知道，我們所能想到韓國危機最壞的狀況，危機悄悄地迫近半個地球遠的地方：一九九八年八月，俄國龐大的美元債券無法履約。

俄國和亞洲危機一樣，問題出在過度急切的外國投資人與其國內不負責任的管理之間，形成不良互動。油價下跌，導致問題加速發生；由於亞洲經濟危機的影響，造成全球需求枯竭，油價最後跌到每桶十一美元，爲二十五年來最低的水準。因爲石油是俄國的主要出口物資，這表示克里姆林宮有了大麻煩：俄國突然間無法支付其負債的利息。

我上次拜訪莫斯科是七年前，正值蘇聯瓦解前夕，我還記得經濟改革者的雄心壯志和蕭條的街景。現在的狀況只有更糟。中央計劃經濟崩潰後所留下來的眞空期間，葉爾欽的經濟學家，已經試著培植可靠的市場以供應食品、衣服，和其他必需品，卻失敗了。家庭及企業大部分靠黑市過活，結果甚至造成政府無法收取必要的稅金，以提供基本服務或償債。寡頭資本家已經掌控國家大部分的資源和財富，而通貨膨脹定期漫延，讓數千萬名所得有限的俄國人，處境更爲悽慘。政府非常奇怪，一直無法建立、甚至無法瞭解財產權和法治的需求。

當危機發生時，IMF再度準備進行財務援助——於七月宣布二百三十億美元的紓困案。但俄國才剛收到第一筆款項，其國會就立即淸楚表達，不願接受IMF例行要求之財政管理改善和經濟改革。這種反抗態度迫使IMF認爲，繼續投注剩下的補助款，將是個無底洞：只會讓無可避免的債務違約繼續拖下去，可能還會更加惡化。八月中，俄國央行已經用掉一半以上的美元準備。慌亂的最後外交手法也告失敗，八月二十六日，央行放棄支撐盧布。匯率一夕之間重挫百分之三十八。而IMF貸款案也已撤銷。

當違約發生時，嚇壞了不顧顯著風險而把錢投注在俄國的投資人和銀行。許多人會這樣操作，是因爲他們假設西方一定會拯救這個跌倒的超級強權——一般的說法不外乎是俄國的「核子彈太厲害而不能倒」。這些投資人賭錯了。美國和其盟國早已悄悄地有效運作，協助葉爾欽政府把核子彈頭鎖得好好的；結果，俄國對兵工廠的控制，做得比經濟管理還好。因此，經過仔細思考，柯林頓總統和其他領袖研判，IMF撤銷貸款案不會增加核戰風險，同意IMF把插頭拔掉。我們都屏息以待。

當然，俄國倒帳震波重創華爾街的程度遠超過亞洲危機。光是八月的最後四個交易日，道瓊指數就跌了一千多點，相當於百分之十二。由於投資人紛紛躲進安全的國庫券，債券市場的反應甚至更激烈。銀行也一樣，撤銷新放款並提高商業貸款的利率。

潛伏在這些不確定行為的背後，是與日俱增的憂慮，大家擔心美國的經濟榮景，在渡過七年的美好時光之後，即將結束。結果，這個擔心未免也太早了一點。一旦我們處理過俄國危機之後，榮景又持續走了二年，直到二〇〇〇年下半年，這時景氣循環才終於反轉。但我可以看到危機，覺得我們必須對此發表看法。

九月初，我在加州大學柏克萊分校有一場早就安排好的演講，對象是商學院學生。我打算談科技和經濟，探討生產力、創新，和良性循環等。但隨著時間越來越接近，我認為我不能把重點只侷限在國內經濟。不是因為俄國出事了。美國的問題不在於美國經濟已經筋疲力竭。而是科技革命和快速全球化的市場所造成的不均衡，讓世界金融市場筋疲力竭。

我在演講中提到海外亂象的影響。我說，直到目前為止，海外的影響只是造成美國產品的價格下跌和需求減緩。但我提出警告，海外的騷亂一旦形成，回饋到我們的金融市場，這些效應就可能強化。導致經濟前景暗淡。

「我不相信，當全世界正遭受日趨嚴重的壓力時，美國可以一直當個繁榮的綠洲而不受影響。」我說道。除非世界其他地區也分享到成長，否則我們無法得到科技革命的完整福利。我們必須去關心和我們有生意往來國家的生活水準。對許多享受著高科技浪潮的聽眾而言，我的論點也許很新。

我不認爲繁榮綠洲的講法在當年能引起什麼作用。但這個想法的用意在於形成長期的安全保障。我談的不是未來六個月或明年。美國的孤立主義已經根深柢固，以致於大家還有這種思想。大家總是認爲，既然美國比較優秀，我們就應該獨善其身。

我告訴柏克萊的聽眾，俄國危機已經讓聯準會重新思想。我們一直把焦點放在國內的通貨膨脹而不太注意國際金融潰決所發出的警訊。下面就是媒體從我演講中所摘取的重點：華爾街很清楚地收到我的訊息，FOMC考慮降息。

全球衰退的威脅對我而言似乎越來越眞實。而且，我相信聯準會無法單獨應付。我們所面臨的金融壓力，其規模是全球性的，因此，控制的工作也應該是全球性的。巴布．魯賓的看法相同。他和我開始在幕後聯絡G7各國的財政部長和央行官員，試著協調大家，採取一項政策。我們安靜但急切地主張，全部的已開發國家必須提升流動性並降息。

有些伙伴眞的很難說服。但至少，G7在九月十四日歐洲市場收盤時發表了一篇措詞謹慎的書面聲明。「世界經濟的風險平衡（balance of risks）已經改變。」該文宣布。接著詳述G7的政策也將有所調整，從單純對抗通貨膨脹走向兼顧促進成長。誠如魯賓在他回憶錄裡的生動描述，他們就用那平平淡淡的十來個字描繪出全球金融的重大變化：「每場戰爭都要有武器，當你在對付變動不居的金融市場和神經質的投資人時，一份由全球七大工業國最高金融主管機關所簽署的精雕細琢公報，可以發揮重大作用。」

但一開始，這些東西並無法解除末日即將來臨的感受。巴西成爲這種抑鬱心理的最後犧牲品，魯賓和桑莫斯九月大部分的時間都在和ＩＭＦ合作，提出紓困措施。同時，紐約聯邦準備銀行的首長，比爾・麥克唐納（Bill McDonough）則面對挑戰，處理長期資本管理（Long Term Capital Management, LTCM）基金這家華爾街最大、最成功的避險基金的破產案。

好萊塢也寫不出比這更具戲劇性的金融大災難。ＬＴＣＭ的名稱雖然無聊，卻是位於康乃狄克州格林威治（Greenwich）一家非常驕傲、非常知名、聲望遠播的公司，爲富人管理一千二百五十億美元的投資組合，獲利非凡。主要的經營人是二位諾貝爾經濟學獎得主，邁倫・修斯（Myron Scholes）和羅伯特・莫頓（Robert Merton），他們先進的數學模型是該公司賺錢機器的核心。ＬＴＣＭ專門以美國、日本，和歐洲的債券進行高風險高報酬的套利交易，並向銀行融資一千二百億美元以上，進行槓桿操作。他們還持有一・二五兆的衍生性金融商品，而這些新奇的合約只有部分反應在資產負債表上。這些衍生性商品有些是投機操作，有些則是避險工程或保險用，ＬＴＣＭ的投資組合觸犯了所有我們想得到的風險。（即使在事件煙消雲散之後，還是沒人確切知道ＬＴＣＭ開始出現問題時的槓桿到底有多大。最佳的估計是，他們每一元的自有資金可以操作三十五元的部位。）

結果，俄國倒帳事件成了這家金融鐵達尼號的冰山。俄國倒帳事件的發展，造成市場扭曲，連諾貝爾得主也想像不到。ＬＴＣＭ的財富意外地急轉直下，以致其精密安全措施，沒有發揮作用的餘地。實際上是在一夕之間，不知所措的創辦人眼睜睜地看著他們所建立的五十億美元資本就此消失。

紐約聯邦準備銀行的工作是協助華爾街維持市場秩序，於是去追查LTCM的死亡迴旋。通常犯了致命錯誤的企業就該讓它倒閉。但市場已經慌亂不堪；比爾・麥克唐納擔心，像LTCM這樣規模的公司，如果把資產倒給市場，價格必將崩潰。這會發生連鎖效應，導致其他公司也跟著破產。因此當他打電話來，說他決定要管這件事時，我不太高興，但也不能反對。

他充當教父，把LTCM從債權人手中救出來的故事已經廣爲流傳，成爲華爾街傳奇。他把全世界最強大的十六家銀行和投資機構的高級主管，幾乎全都集合到一個房間裡；強烈表示，如果他們充分瞭解，LTCM被迫斷頭砍出部位時，會造成他們多大的損失，他們就該想辦法解決；散會。經過幾天密集的協商，銀行家提出對LTCM融資三十五億美元的方案。這讓該公司有足夠時間正常地處分資產。

這沒有花到納稅人的錢（也許除了一些三明治和咖啡），但聯邦準備銀行的干預行動觸到了民粹主義者的敏感神經。「不敢讓大型基金倒閉，紐約聯邦準備銀行助其脫困。」《紐約時報》以頭條發出鼓譟。幾天之後，十月一日，麥克唐納和我被眾議院銀行委員會傳去說明原因，誠如《美國今日報》所說：「一家專爲百萬富豪服務的公司，聯邦政府〔應該〕協調並支援拯救計劃。」批評者來自各黨派。德拉瓦州共和黨國會議員麥可・卡索（Michael Castle）半開玩笑地說，他的互助基金及不動產投資績效也不太好，但「沒人來救我」。而民主黨明尼蘇達州的國會議員布魯斯・文多（Bruce Vento）則抱怨我們爲了保護有錢人不受市場力量的嚴酷影響，經常導致小老百姓倒帽：「我們似乎有兩套標準，」他說道：「一套用在美國大街，一套用在華爾街。」

但要求銀行去參與LTCM這個案子，告訴他們，如果讓這個基金能夠從容地清算，他們就不會賠錢，這絕不是虛幻空想。他們面對嚴酷的現實，並採取對自己有利的行動，這樣，他們也就等於救了自己，而且我猜，還可以幫他們的伙伴，包括數百萬美國大街和華爾街的公民，省下不少錢。

金融界的問題漸漸形成一種憂慮，這種憂慮可能對經濟造成傷害，我密切注意這個現象。三十年期公債殖利率創三十年來的歷史新低之後，十月七日，我在一場安排好的演講中，把準備好的講稿拋開，告訴一群經濟學者說：「我觀察美國市場已經有五十年了，從來就沒見過這種景象。」我說，特別是債券市場投資人的不理性行為——以非常高的價格去追最新、最具流動性的公債，雖然稍微舊一點，而流動性也差一點的公債也是一樣安全。這股追求流動性的熱潮前所未見，我說，這個現象所反應的不是判斷，而是恐慌：「基本上，他們是說：『我要脫身。我根本就不想知道這筆投資是不是有風險。我受不了這種痛苦，只求脫身就好。』」這群經濟學者完全瞭解我的意思。恐慌就像是市場的液態氮——可以很快地把市場凍壞。而且事實上，聯準會的研究已經顯示，銀行在放款上越來越躊躇。

我們不用爭辯就讓FOMC降息。我們在很短的期間內降了三次，從九月二十九日到十一月十七日。歐洲和亞洲的其他央行，基於他們對G7的新承諾，也降息了。漸漸地，如我們所願，這帖藥生效了。亞洲危機發生後的一年半，市場終於冷靜下來，巴布·魯賓也終於能夠不受打擾，帶著全家去渡假。

聯準會對俄國危機的反應，反映出我們的作法漸漸有別於政策制定的教科書。我們不再用全副精力去追求單一的最佳預測，而是把我們的政策建立在一組不同的可能情境上。當俄國倒帳時，聯準會的數學模型顯示，即便俄國發生問題，而聯準會也沒有採取任何行動，美國經濟很可能還是以穩健的步伐繼續擴張。然而我們還是選擇降息——因爲小而眞實的風險：俄國倒帳可能破壞全球金融市場而嚴重影響美國。這是我們的一種新妥協：我們研判這個「不太可能發生但隱含極大動盪危機」的事件對經濟榮景的威脅，比寬鬆貨幣造成通貨膨脹的威脅還要大。我懷疑過去的聯準會也作過許多這種決策，但所採用的決策程序絕不會這麼明確而有系統。

有系統地衡量成本效益，這種方式漸漸成爲我們主要的政策制定方法。我喜歡這種方式，因爲這是我們過去多年來，從許多特殊決策中所歸納出來的。這讓我們超越計量經濟模型，把世界運作方式中，更廣泛，但較不具數學精確性的假設納入考量。重點是，這還開啓了歷史教訓的大門：例如，讓我們去探討，一八七〇年代的鐵路熱潮，也許能爲網路狂潮中的市場行爲提供線索。

有些經濟學家仍然主張這種制定政策的方法太缺乏紀律——過於複雜、看起來很隨興、而且難以解釋。他們要求聯準會根據正式的指標和規則來設定利率。例如，我們對經濟之管理，應該達成最適就業水準，或是「瞄準」一個設定好的通貨膨脹率。我同意只有在嚴謹的分析架構協助下，才能制定敏感的決策。但我們經常要處理不完整而且錯誤的資料、不理性的人類恐懼，和不明確的法令。優雅如現代經濟學，提供政策方案並非其任務。世界經濟已經變得非常錯綜複雜。我們制定政策的程序也應有所進化以因應其複雜性。

我想，我們大概會猜千禧年前一年是景氣最狂熱、最耀眼的一年。一九九九年，興奮橫掃美國市場，部分原因是東亞危機並沒把我們拖下水。如果我們撐過去了，大家會想，從眼前的景象來看，未來是一片光明。

這種樂觀之所以有如此的傳染力，是因爲基於事實。在科技創新的帶動下，加上消費需求強勁等其他因素的協助，經濟一直暢旺。然而，雖然機會是眞實的，但天花亂墜的讚揚，卻是超越現實。你打開報紙，或是看雜誌時，不可能看不到最近高科技億萬富翁的報導。一家大型顧問公司的最高主管辭掉工作，開了一家接受網路訂單送貨到家的雜貨店，網路貨車公司（Webvan）上了頭條新聞。該公司在股票上市時募集了三億七千五百萬美元。倫敦有一名我聽都沒聽過的時尚痞子，開了一個叫 boo.com 的服飾店網站，募得一億三千五百萬美元，號稱要成爲全球時尚運動服的領導廠商。似乎，每個人都有個叔叔或鄰居在網路股上賺了一票。聯準會裡的人礙於利益衝突規定，不能從事金融投機，這裡也許是美國少數在你搭電梯時聽不到有人在報明牌的地方。（和許多其他的新網路公司一樣，網路貨車公司和 boo.com 也熄火了——分別於二〇〇一年及二〇〇〇年陣亡。）

網際網路熱潮變成電視新聞的一部分。不只是在電視臺（由於安蕊亞，我是個忠實觀眾）而已，還出現在CNBC及其他迎合商人和投資人喜好的新興有線電視頻道。二〇〇〇年超級杯大賽的星期日，半數的三十秒廣告時段被十七家網際網路新公司買下，每個時段要價二百二十萬美元—— Pet.com 的襪子布偶就擺在百威啤酒（Budweiser）的形象馬和《綠野仙蹤》的桃樂絲旁邊（在聯邦快遞的插播廣告中）。

在流行文化中，我和襪子布偶不相上下。CNBC發明了一個怪招，稱爲「公事包指標」，在FOMC開會的早上，當我抵達聯準會時，攝影機就跟著我。他們的原理是，當我的公事包空空的時候，表示我沒什麼煩惱，經濟應該不錯。但如果公事包鼓鼓的，表示我前一晚熬夜，八成要升息了。(從記錄上看，這個公事包指標並不準確。我的公事包滿不滿，只表示我有沒有帶便當而已。)

人們會在街上和我打招呼，感謝我幫了他們的401(k)大忙，我會熱忱地回應，雖然，我承認，我偶爾很想說：「夫人，我和你的401(k)無關。」被人稱讚你沒做過的事，感覺很不舒服。安蕊亞有時候會很生氣，有時候則覺得好笑，她弄了一個箱子，裡頭裝的全都是「葛林斯潘盟友」——卡通、明信片、特別奇怪的剪報等，更別提葛林斯潘T恤甚至洋娃娃了。

毫無疑問，有些是我可以避掉的——例如，我只要開車直接進入聯準會車庫就可以輕易躲開攝影機。但我有走一段路上班的習慣，況且，一旦他們開始用公事包指標之後，我不想讓他們覺得我在躲他們。此外，他們也沒有惡意——何必掃大家的興？

然而，公事包指標並非傳達貨幣政策的好方法。我們所要表達的構想常常很微妙而必須仔細咀嚼，因而很難作爲新聞播報的題材。如果新聞播報是聯準會唯一和媒體溝通的管道，我就會非常小心。但聯準會有非常豐富的專業報導管道。雖然我習慣避開留下記錄的採訪，但對於認眞的記者，我的大門一向敞開。當有人爲了製作重要報導的問題而來找我時，我經常在幕後花很多時間詳細說明。(這個作法比較有利於文字記者而不是電視從業人員，安蕊亞很早就跟我反應過，但我也沒辦法。)

在狂潮當中，還是有些實際的工作要做。我和賴瑞・桑莫斯在那年秋季必須解決財政部和聯準會之間的地盤爭奪戰。這件事起因於國會推動全面翻修美國金融業（銀行、保險公司、投資公司、不動產公司等相關行業）的管理法令。經過多年努力，「金融服務業現代化法」（Financial Services Modernization Act）終於要排除大蕭條期間所訂定，用於限制銀行、投資公司及保險公司相互跨業經營的「格拉斯史帝格法」（Glass Steagall Act）。銀行及其他企業急於多角化——例如，他們要求能夠從事讓客戶一站購足（one-stop shopping）的金融服務。他們認為，他們已漸漸失去和外國對手競爭的利基，特別是歐洲和日本的綜合銀行（universal banks）並未受到這種限制。我同意這些市場自由化已經太遲了。財政部透過金融管理局（the Office of the Comptroller of the Currency）負責管理所有的聯邦立案銀行（nationally chartered banks）。而聯準會則依法負責銀行控股公司和州立案機構的監管工作。參議院所通過的修法版本，將大部分的責任指派給聯準會；而眾議院的版本則偏向財政部。國會對此二個版本，經過無止境的協調之後，終於放手，要我們這幾個單位，自己在十月十四日之前協調完成。於是聯準會和財政部的幕僚開始協商。

這還算不上生死大對決，但摩擦卻相當多。財政部和金管局的幕僚覺得所有的管理權應該是屬於他們的，而聯準會的幕僚則認為應該屬於自己。他們日以繼夜地工作，解決了一些問題，但是到了十月十四日那天，他們還是僵持不下——他們還有一大串沒談妥的歧見。我覺得大家的火氣都太大了。

碰巧，我和賴瑞的早餐週會就排在十月十四日。我們相互看著對方說：「我們得解決這件事。」那天下午，我到他的辦公室去，關著門討論。

他和我很像：我們都喜歡在基本原理和證據的基礎上討論。我很遺憾我們沒有錄音，因爲那是以理性妥協來制定政策的典範。我們坐下來逐項討論。有時候我會說：「你的論點似乎比較好。」於是採用財政部的主張。而在另一些問題上，賴瑞則接受聯準會的論點。一到二小時之後，我們就分好了。財政部和聯準會共同擬出一個法案，當天就呈給國會，也通過了。歷史學家將「金融服務業現代化法」視爲企業法的里程碑，但我一直記得那段應該稍微歌頌而未被歌頌的時刻。

那年下半年，景氣越來越強勁，十二月底，那斯達克指數在十二個月中漲了將近一倍（道瓊則漲了百分之二十）。股市投資人大多數都覺得變有錢了，而且理由充分。

這帶給聯準會一個奇怪的難題：

你要如何分辨健康而令人興奮的經濟景氣和人性中不健康一面所造成的過度投機股市泡沫？正如我在眾議院銀行委員會裡無聊的指出，這個問題因二者共存而更形複雜：「以我們正在享受生產力提升的理由來說明，並不足以確認股票價格沒有過度膨脹。」這讓我想到一個例子，就是壯觀的數十億美元資金競爭追逐奎斯特（Qwest）、環球電訊（Global Crossing）、MCI，及第三階（Level 3）等電訊公司。和十九世紀時的鐵路大亨一樣，他們競相鋪設數千英哩的光纖電纜以擴充網際網路。（這和鐵路的關係可不只是比喻而已——例如，奎斯特就眞的利用舊有的鐵路路權建立光纖網路。）這並沒有什麼不好——對頻寬的需求呈指數增加——只是每家競爭者都以整體預測需求的百分之百去鋪設線路。因此，雖然他們所建設的東西非常有價值，但似乎很淸楚，大多數的競爭者將會賠錢，其股價將會重挫，而其股東數十億的資金也將蒸發。

我已經提出許多想法來檢視我們是否處於股市泡沫中，以及，如果處於泡沫，該如何因應。

如果市場在短期內跌掉百分之三十到四十，我想，我願意說，是的，的確有個泡沫。但這隱含，如果我要確認泡沫存在，我就要很有信心地預測市場將會在短期內下跌百分之三十或四十。這個立場可不容易啊。

即使聯準會認定有股市泡沫，也決定要消弭這個氣氛，我們有能力嗎？我懷疑。我們已經試過，也失敗了。FOMC於一九九四年初開始升息三個百分點，持續了一年。我們這樣做是爲了表達對通貨膨脹儼然成形的關切。但我不能忽略，在我們升息時，自一九九三年以來，不成熟的股市多頭停下來了。後來，我們的升息戲碼在一九九五年二月告一段落之後，股價又漲回來。我們在一九九七年又升了一次息，只見股價回軟之後又回升。似乎，我們其實是不斷地拉升股價的長期趨勢。如果聯準會不能以弱化經濟和利潤的手段把股價打下來，擁有股票就似乎成爲最沒有風險的活動。於是，我們審慎的突擊行動，只是爲股票進一步上漲建立舞臺。

大幅升息就不一樣了。我絕不懷疑，如果驟然調高利率，例如，十個百分點，我們就能在一夕之間戳破泡沫。但這我們樣做會把經濟給毀了，讓我們所要保護的成長蕩然無存。我們會爲了治病而殺死病人。我合理地確信，以漸進式的升息方式來化解形成中的泡沫危機，一如許多人的建議，只會帶來反效果。除非升息可以重挫經濟景氣和利潤，否則，根據我的經驗，漸進式升息只會強化多頭的力量。微幅升息更可能刺激股價上漲而非下跌。

幾經思考之後，我決定聯準會所能採取的最佳作爲就是把我們的重點目標鎖定在穩定商品和勞務的價格上。只要把這個工作做好，我們就有足夠的力量和彈性來把崩盤所造成的經濟傷害控制住。這個想法成爲FOMC的共識，我們同意，一旦市場大幅下跌，我們就採取積極的降息策略，讓市場有足夠的流動性以紓解經濟崩跌。但直接處理股市多頭，採取預防性措施的想法，則不在我們的考慮之列。

當我於一九九九年向國會報告這個回歸基本面的哲學時，不少人大吃一驚。我說我還是很擔心股價可能太高了，但聯準會不願對「數十萬名資訊充分的投資人」提出批判。聯準會寧願把自己的立場設定爲崩盤時去保護經濟。「雖然對經濟而言，泡沫破滅很少是良性的，但也未必就是大災難。」我告訴這些立法諸公。

《紐約時報》對這件事的反應是：「這聽起來顯然不像三十個月前向投資人提出『非理性繁榮』的那個舊葛林斯潘。」儘管該文的語調有問題（你幾乎可以聽到不以爲然的聲音），這位編輯的印象非常正確。我已經知道我們永遠無法精確地辨識非理性繁榮，更難以據此採取行動，直到事件發生之後。聽我說明的政治人物似乎不以爲意；相反的，聯準會不想終結這場盛會似乎讓他們鬆了一口氣。

諷刺的是，不久之後我們還是繼續調高利率。我們在一九九九年中到二〇〇〇年中之間，分次把聯邦資金利率從百分之四．七五提高到百分之六．五。我們這樣做，首先是爲了把國際金融危機期間，爲了保護系統所挹注的流動性給收回來。其次，正如比爾．麥克唐納所說，我們多回收一些，可以對美國緊俏的勞動市場和可能已經過熱的經濟，建立「一點保險」。換言之，我們自己的定位是在景氣循終於反轉時，試著軟著陸。但股價還是不停地漲——直到二〇〇〇年三月才達到高點，而且，主要市場還繼續橫盤了數月之久。

一九九九年十二月三十一日，當全世界聚集在紐約敲鐘時，那些挑戰就留到未來吧。華府最搶手的門票，是賓夕法尼亞大道一千六百號（譯註：1600 Pennsylvania Avenue，即白宮）的晚宴，而安蕊亞和我都有受邀——還有穆罕默德·阿里（Muhammad Ali）、蘇菲亞·羅蘭（Sophia Loren）、勞勃·狄尼洛（Robert de Niro）、伊薩克·帕爾曼（Itzak Perlman）、林瓔（Maya Lin）、傑克·尼克遜（Jack Nicholson）、小史列辛格（Arthur Schlesinger, Jr.）、波諾（Bono）、席德·凱撒（Sid Caesar），及比爾·羅素（Bill Russell）等多人。柯林頓夫婦爲了慶祝千禧年，舉辦了一場非常瘋狂的盛會：一場從黃昏到黎明的狂歡會，從白宮的三百六十人半正式晚宴開始，接著是我朋友喬治·史蒂文二世（George Stevens Jr.）和昆西瓊斯（Quincy Jones）在林肯紀念館所製作的全國電視轉播綜藝節日。主題爲「美國創造家」。接下來，在午夜和煙火之後，回到白宮跳舞跳到黎明再吃早餐。

我已經得到暗示，千禧年有件好事正等著我：我收到白宮幕僚長約翰·普德斯達（John Podesta）傳來的訊息，柯林頓總統要聘我做第四任。我說好。分析全世界最活躍的經濟，然後應用分析結果作成決策，並得到眞實世界的回饋——除了擔任聯準會主席之外，我想不出還有什麼工作。是的，我已經七十三歲了，但我覺得我的創造力、我處理數學關係式的能力，或是我對工作的胃口，並沒有退化——否則，我早就退休了。巴布·伍德華（Bob Woodward）寫了一本關於我的書，《大師的年代》（*Maestro*），書中說我得到續聘時是「一種冷靜的狂喜狀態」，我必須承認，我很愉快。

這件事，爲假期增添快樂的光芒，雖然我的人事命令還沒宣布，安蕊亞和我都不能對別人說。

她爲了白宮典禮，買了一套衣服——巴傑利米施卡（Badgley Mischka）的紫順毛呢黑色洋裝——她看起來迷人極了，雖然她還是和平常一樣的緊張工作，而且還感冒了。

千禧晚宴設在東廳（East Room）和國宴廳（State Dining Room），一如隔天新聞記者洋洋灑灑的描述：「銀色的天鵝絨桌巾上，擺著白色蘭花和玫瑰，將晚宴化成白色與銀色的奇境。」我不太注意這些東西。但當我們大啖鱘魚魚子醬猛喝香檳時，我特別注意到，男主人和女主人看起來真的很高興——他的第二任總統任期即將圓滿結束，而她則準備競選參議員開啓她的政治生涯。總統向賓客敬酒說：「我不得不認爲，這是多麼不一樣的美國、多麼不一樣的歷史，一切都那麼美好，因爲在座的各位，以及各位所代表的團體能夠去發想、去發明、去啓發。」在白宮七年之後——經歷了波斯尼亞審判、齷齪的蒙尼卡門（Monicagate）醜聞，以及歷史性的經濟和金融榮景之後——這是柯林頓的燦爛歲月。

晚宴於九點多結束，大家去搭乘載我們到林肯紀念館的巴士。安蕊亞和我這就開溜了。我們還要參加另一場千禧年聚會——在聯準會，那裡有一大群人的團隊，準備工作到深夜，監控全國金融系統的轉換狀況。

聯準會已經花了許多年的工夫，確保千禧年之交不會釀成大禍。這個問題來自老舊的程式——稱爲Y2K臭蟲——藏身在全世界的電腦裡。幾十年前的程式設計人員，爲了節省寶貴的電腦儲存容量，習慣用二位數而不是四位數來表示年份，例如「1974」就簡化爲「74」。我在一九七〇年代以打卡方式寫程式時也是如此。（我自己在陶森葛林斯潘公司打卡寫程式時也是這種技巧。我從未想過，這些程式經過繁複的修改，在世紀結束時竟還在使用，而我一向懶得寫說明檔。）我們知道，從一九九九年進入二〇〇〇所可能造成的軟體混亂，引起普遍的關切。潛在的錯誤非常恐怖，偵測困難而且修護成本很高。但在Y2K的末日情境中，無法修正錯誤的結果非常悽慘：民間和軍方的網路會瓦解，造成停電、電話不通、信用卡不能用，及飛機相撞等災難。爲了防止金融系統發生混亂狀況，聯準會理事邁克・凱利（Mike Kelley）已經領導一個二年半的龐大計劃，強迫美國各銀行和聯準會的電腦要現代化。聯準會還很努力地敦促全世界其他中央銀行也這樣做。

今晚，我們將知道，所有的這些預防措施是否有效。邁克和他的團隊已經犧牲假期，在聯準會威廉馬丁大樓（William McChesney Martin Building）的露臺上，建立一個指揮所，他們在自助餐廳附近的一間大房間裡設了電話、螢幕、電視，及可以供一百人左右使用的工作區。廚房是開放的；沒有香檳，但有許多不含酒精的蘋果汽水。安蕊亞和我走進來時，這個團隊已經工作了一整天了，觀看電視轉播一場接著一場的全球千禧年慶祝活動。新年先從澳洲開始，然後日本，然後其他的亞洲地區，然後歐洲。在每個地方，當然，電視所播放的是煙火秀，但邁克和他的團隊眞正要看的則是背景裡的城市燈光，看看它們是否還是亮著。

我覺得穿著晚禮服在這裡和大家格格不入；其他的人大都穿著紅色T恤，臂章上有隻老鷹站在紅、白、藍三色盾牌上，加上聯準會和Y2K等字樣。邁克一直都讓我知道最新進度，他告訴我，一切都極爲順利。英國才剛進入二十一世紀，顯然沒有遭遇困難。我們現在正處於午夜跨越大西洋的空檔。美國是最後上場的經濟大國，增加不少懸疑效果，因爲我們一直在催促其他國家做這件事，如果我們的系統出問題了，那是很難堪的。但我們的準備極爲充分：美國的金融業已經花了好幾十億美元把舊系統和程式汰換掉；在每個聯邦區域銀行和每家大銀行裡，都設有準備充分的危機處理小組。FOMC已經用選擇權和其他的創新技巧，釋出數十億美元的流動資金到金額體系。而對於美國信用卡系統或ATM網路壞掉的問題，聯準會甚至還在全美九十個點放了堆積如山的現金。我一向只會製造問題，如果我不在可能發生巨災的晚上，過來看看這群躲在壕溝裡的部隊，一月三日我還好意思來上班嗎？③

離開聯準會，安蕊亞和我直接打道回府。到家時才十點半，但我們覺得好累，就好像已經看過千禧年的到來而又離去似的。當午夜眞正來到華盛頓——並安然通過美國——我們正舒服地躲在被窩裡。

③我們當時並不瞭解，但花大錢去清理Y2K以前無文件說明的程式，大幅提升了美國企業和政府基礎結構的彈性和韌性。當某個地方出問題時，再也不用去摸索無說明文件的「黑箱子」。我猜，接下來數年的生產力成長，部分得力於這些Y2K的預防性投資。

10 衰退

我第一次會見總統當選人布希是在二〇〇〇年十二月十八日，最高法院決議他可以宣告當選後不到一週。我們在離白宮大約五條街的麥迪遜（Madison）飯店會面，他的團隊在那裡設了一個辦事處。這是他第一次以總統當選人身分來到華府；我們這些年來已經見過多次，但只長談過一次，在那年春宴的講臺上。

參加麥迪遜早餐的，還有副總統當選人錢尼（Cheney）；布希的幕僚長安迪·卡德；以及幾位副手。我很熟悉這種場景：我已經向之前登基的五位總統報告過經濟狀況了，當然也包括總統當選人的父親。

這次，我不得不報告說，短期的展望不佳。多年來第一次，我們似乎要眞正面對可能發生的衰退。

高科技泡沫消散是這幾個月來金融界的一場大戲。那斯達克的市值在三月到年底之間，跌掉了驚人的百分之五十。比較大的市場，其下跌幅度較小——標準普爾五百跌了百分之十四，而道瓊跌了百分之三。但雖然全部的損失和這次多頭市場所創造出來的紙上富貴相比還算小，衰退還是很顯著，而且華爾街的看法很悲觀，抑制了大眾信心。

我們比較關切整體的經濟狀況。這一年來，我們幾乎是邁入了溫和的景氣衰退；由於企業和消費者已經對這麼多年來的多頭效果、這樣多的科技變革，以及股票泡沫消退作調整，這是意料中之事。事實上，爲了培植這個調整過程，聯準會已經從一九九九年七月到二〇〇〇年六月逐步調高利率。我們希望還可以達成另一次軟著陸。

但過去這幾週來，我說，數字掉得很厲害。汽車及其他製造廠的生產已經減緩、許多產業的庫存暴增、首次失業申請顯著上升，以及消費者信心減弱。能源更是讓經濟雪上加霜：油價已經在年初站上一桶三十美元，而天然氣的價格也上來了。而且還有許多敍述性的事證。沃爾瑪（Wal-Mart）已經告訴聯準會要下修其假期銷售的預期，而聯邦快遞則向我們報告，運量低於預測。你無法以梅西百貨（Macy's）在聖誕促銷期間人們排隊的長度來判斷經濟是否健全，但已經十二月中旬了，去那裡採購聖誕節用品的人都知道，賣場冷淸得可怕。

儘管如此，我告訴總統當選人，經濟的長期潛力還是很雄厚。通貨膨脹低而穩定、長期利率呈下降趨勢，而生產力還在上升。當然，聯邦政府正進入第四年的賸餘。二〇〇一年預算年度從十月才開始，最新的預測顯示，可產生將近二千七百億美元的賸餘。

早餐結束時，布希拉我到一旁講悄悄話。「我希望你瞭解，」他說道：「我對聯邦準備有充分的信心，也不會對你們的決策放馬後砲。」我謝謝他。我們還聊了一會兒。然後他就該離開前往國會開會了。

當我們走出飯店時，有許多攝影機和記者在那裡等候。我以爲總統當選人會直接迎向麥克風，沒想到他卻一手攬著我的肩膀帶我上去。美聯社（Associated Press）的照片顯示我那天早上笑得很開懷，好像我有好消息似的。事實上我有。他已經注意到聯準會最迫切的議題：我們的自治權。我還不知道要如何看待小布希，但當他說我們在貨幣政策上不會有爭端時，我覺得我該相信他。

選舉危機化解之後讓我鬆了一口氣。在前所未見的狀況下，經過三十六天懸而未決的爭端、重新計票、法律訴訟，以及痛苦的選票作假和舞弊訴訟之後，其他國家可能引發街頭暴動，我們卻在最後達成文明的結論。雖然我這輩子都是自由意志派的共和黨員，但我在兩黨都有好朋友，而且，我想我能體會民主黨員看到布希拿下白宮時的沮喪心理。但一場痛苦的政治爭端，到最後，敵對的候選人相互祝福，這在世界政治史上非常罕見，值得吾人注意。高爾的退讓演說，結束了這場總統大選爭議，是我所知最高貴的表現。「在一個半世紀之前，」他說道：「史帝芬・道格拉斯參議員對打敗他的林肯總統說：『黨員的感受不可凌駕愛國主義。我支持你，總統先生，願上帝保佑你。』因此，基於同樣的精神，我對總統當選人布希說，黨員的仇恨必須放在一邊，願上帝保佑他，管理這個國家。」

雖然我不知道喬治・布希要如何領導我們，但我對他正在籌組的團隊有信心。人們開玩笑說，美國將會碰到第二個福特政府，這句話對他們來說，也許不過是俏皮話，但對我卻意義重大。福特是個非常正派的人，登上了他從沒想過，也無法靠自己能力當選的總統大位。一九七六年和卡特打選戰時，他非常不擅於總統選舉時殘酷的競選手段，他的夢想是擔任眾議院院長。然而他在尼克森總統不光采的辭職亂局中宣佈：「我國的長期夢魘已經結束。」並集結一群我所知最有才華的人，為政府效命。

如今，二〇〇〇年十二月，布希正在尋找福特政府的高手加入他的團隊核心，這些人更資深，也更有經驗。新國防部長唐納・倫斯斐（Donald Rumsfeld）是福特第一個白宮幕僚長。事實證明，倫斯斐在福特領導下非常有能力。他在擔任北大西洋公約組織的大使任務中被召回，籌組福特的白宮班底，並以非常了不起的技巧掌理白宮，直到一九七五年福特派他擔任他生涯中第一任的國防部長。倫斯斐回到私人部門之後，接管一家岌岌可危的全球藥廠，西爾列公司（G. D. Searle）。我被推薦為該公司的外部經濟顧問，見到這位前海軍飛行指揮官、國會議員，及政府官員輕而易舉地融入企業界，感到相當神奇。

另一位來自福特政府的高手是新任財政部長，也是我的朋友，保羅・歐尼爾（Paul O'Neill）。保羅在擔任福特的預算管理局副局長時，讓所有人刮目相看。他那時是中級主管，但我們請保羅參加所有的重要會議，因為他是少數完全瞭解預算細節的人。他離開政府加入企業界之後，升上了阿爾考的執行長——我是聘請他的董事會成員。在那份工作的十二年當中，他非常成功。但他已經準備退休了，當我知道他名列財政部長的優先名單時，我殷殷期盼。錢尼打電話告訴我，保羅已經和總統當選人布希談過了，感覺不太妙。「他非常猶豫，優缺點分析長達二頁。」錢尼說道：「你能找他談談嗎？」

我很樂於打這通電話。我用當年尼克森政府暗淡時期亞瑟・伯恩斯對我說的那套對保羅說：「我們真的需要你進來。」這套說法有助於說服我離開紐約，首次進入政府工作，對保羅也發生作用。我認為有他在，對新政府是很重要的優勢。總統的計劃和預算是否有助於美國經濟的長期展望？他的經濟顧問和幕僚有何等的能力？這些問題，對我來說，似乎讓保羅來掌財政大權，就是往正確方向邁進一大步。

還有另一個考量，部分是專業上，部分是個人的考量。柯林頓總統早就已經在二〇〇〇年續聘我，因此，眼前，我至少還可以當三年的主席。聯準會和財政部在一九九〇年代大部分時刻都合作得很好。（雖然偶爾在管轄領域上有所爭執。）我們所制定的經濟政策渡過了美國現代史上最長的榮景，有效化解危機，並協助白宮解決一九八〇年代可怕的赤字問題。我和柯林頓的三位財政部長合作：羅伊德・班森、巴布・魯賓，和賴瑞・桑莫斯，他們對上述的成就都有所貢獻，而且彼此都成了生命中的好朋友。我希望和新政府建立同樣豐富而有效的動態關係——對聯準會和對我都有好處。因此，當保羅終於答應時，我很感激。

福特政府回鍋老將中，最重要的當然是副總統當選人。迪克・錢尼接替了他的導師倫斯斐，成為白宮幕僚長——他在三十四歲時，成為有史以來最年輕的幕僚長。融合了熱情以及有時候令人難以捉摸的冷靜，在工作上展現非凡的技巧。水門事件後這幾年來所建立的戰鬥情感並未褪去。我在福特的重聚會及其他集會中見過他，他當時是國會議員，當老布希總統於一九八九年聘他為國防部長時，我很高興。國防部長和聯準會主席之間沒有什麼業務關係，然而，我們往來密切。

如今，他是副總統當選人。我知道很多評論員認為他不只是個副總統而已；因為錢尼在國內及國際事務上，遠比小布希更老練，他們認為，他可能成為政府的實質首長。我可不相信這個說法——我對總統當選人粗淺的印象是，他絕不會放手。

選後幾星期，錢尼向我請益，我相信他也找其他老友請益。他和他夫人，琳（Lynn）還沒搬進位於海軍天文臺（Naval Observatory）的副總統官邸，因此，我會在星期日下午驅車前往他位於華府郊區，維吉尼亞的麥克林（McLean）住處，我和他就坐在餐桌旁或書房裡。

我們的朋友關係，隨著他的職位而有所調整：我不再叫他迪克，而稱「副總統先生」，雖然他沒有這麼要求，卻也默默接受。我們所談的主要是美國所面臨的挑戰。我們經常討論到很深的細節。能源是主要議題。最近的油價飆漲提醒大家，即使在二十一世紀，這項工業時代的基礎資源依然是重要的策略考量。事實上，錢尼上任後第一件重要工作就是成立能源政策小組。因此，我爲他分析能源在經濟上的角色，以及國際石油和天然氣的演進狀況；我們討論了核能、液化天然氣，和其他的替代能源。

我認爲國內的最大經濟挑戰是三千萬名嬰兒潮世代的老化問題。這些人的退休問題已不再像我在雷根時代參與社會保險改革時那樣遙不可及。最老的嬰兒潮世代六年後就六十歲了，到了二○一○年開始的那十年，這個體制的財務需求會變得極爲繁重。社會保險和健保必須進行重大修訂，才能長期保持支付能力和有效性。

迪克很明確地表示國內經濟政策不是他的管轄範圍。他還是一樣，對我的構想很感興趣；他仔細聽，作了許多筆記，我認爲他可能會轉達我的意見。

在那段十二月底一月初的日子裡，我有點沉迷於幻想中，想像如果當年福特在競選連任時，再多得百分之一左右的選票打贏卡特，就會成立這樣的政府。而且，這是自一九五二年以來第一次共和黨不只拿下白宮，還拿下參眾兩院。（實際上共和黨和民主黨在參議院是五十對五十，但參議院議長錢尼擁有決定性投票權〔tie-breaking vote〕。）我認爲我們擁有黃金機會，實現有效而財政保守的政府及自由市場的理想。雷根在一九八〇年把保守主義帶回白宮；而紐特．金瑞契則於一九九四年將之帶回國會。但沒人有這個新政府這樣的機會，二者都實現。

我希望這四年，我至少能向政府這麼多位最優秀也是最聰明的人學習，並分享我個人的經驗。而在個人的基礎上，這也是事情運作的方式。但在政策事務上，我很快就看到我的老朋友出其不意地轉變方向。人的想法（有時候是理想），會隨著年歲而改變。我和四分之一個世紀前初次接觸白宮光芒的我已經不一樣。我的老朋友也有同樣情形。這和個性或性格無關，而是對世界的運作方式有了不同的見解，從而對事物輕重緩急的見解也就有所不同。

在就職大典前幾星期，FOMC努力地想搞清楚一個複雜的景象：我們一年十兆美元規模的經濟突然減緩，以及政府持續的龐大賸餘對聯準會的實際意義。FOMC在我和總統當選人會面的隔天開會，第一個議題就是衰退問題。

衰退在預測上令人捉摸不定，因爲造成衰退的部分原因是非理性的行爲。對經濟前景的感覺，通常不是平緩地從樂觀到中立再到悲觀；而像是水壩爆裂，洪水先留置在壩體裡，直到裂縫出現而造成壩體破裂。洪水爆發時，會把所剩無幾的信心全部帶走，留下來的只剩恐懼。似乎，我們所面對的正是這種洪水爆發。誠如達拉斯聯邦準備銀行總裁巴布．麥克提爾（Bob McTeer）所言：「現在所有地方都公開在講這個『衰』字。」

我們決定，除非未來二到三星期裡的情況有所改善，否則利率必須往下調。現在，我們的立場只能表示關切。誠如我們的公開聲明所言：「委員會將會繼續密切注意經濟狀況的演變……風險衡量，主要以是否造成可見未來的經濟弱化情況來判定。」或是像一位委員的挖苦說法：「我們還沒慌。」

二星期後，顯然下跌趨勢沒有止住。一月三日，新年的第一個工作日，我們以電話連線方式再度開會，調降聯邦資金利率半個百分點，成爲百分之六。雖然我們在聖誕節前就有所暗示，媒體對這個舉動還是大感訝異，但沒關係：聯準會所要反應的對象是市場和經濟。

事實上，我們認爲這次降息是一連串穩定經濟措施中的第一次行動。我告訴委員會，我覺得後面的降息行動都要比平常快。同樣的科技，促成了生產力成長，可能也會加速景氣循環修正的過程。在及時供貨的經濟裡，需要及時的貨幣政策。事實上，我們正是抱持這種想法，在一月底又把聯邦資金利率調降了半個百分點，接著在三月、四月、五月，及六月一路調，降到百分之三・七五。

另一個FOMC所面對，隱然成形的大問題是國債的消失。事後來看很奇怪，但二〇〇一年一月時卻眞的有可能。美國將近十年來的生產力成長和預算紀律，使得政府所產生的賸餘，「和吾人的視野一樣遠」，這句話是借用雷根總統的預算局局長大衛・史托克曼在將近二十年前所講的話。非黨派的國會預算辦公室，甚至可以在考量衰退可能當下就發生的情況下，準備調高其未來十年的賸餘預估值至驚人的五・六兆美元。這比國會預算辦公室在一九九九年的預測值高了三兆，也比去年七月的預估值高出一兆。

我對預算賸餘是否能持續一直很懷疑。有鑑於政治人物先天上總是會過度支出，我很難想像，國會除了累積債務之外，還能累積什麼東西。我對賸餘的疑慮一直很堅持，這也是我在一年半前促請國會暫時擱置柯林頓總統最後也同意之十年將近八千億美元減稅案的原因。

然而我必須正視我所尊敬的經濟學家以及統計學家（不只是國會預算辦公室，還有財政部預算管理局及聯準會的經濟及統計專家）的共同看法，大家認爲在目前的政策之下，賸餘將不斷增加。似乎科技革命所帶來的這波生產力成長正在破壞舊有的假設基礎。在賸餘不斷累積的現實之下，我感受到一種奇怪的失敗感。我腦中的經濟模型似乎已經不合潮流了。事實上國會的支出速度尚不及財政部之預測。人性已經變了嗎？我這幾個月來不斷掙扎，也許人性眞的變了——這個問題是，到底你要相信自己舊有的瘋狂理論，還是你那會說謊的眼睛？

我的FOMC同仁似乎也有點茫然。我們在一月下旬的會議上，花好幾個小時去構思，在聯邦債務極少的美麗新世界裡，聯準會要如何操作。當然，免除債務負擔是我們國家發展上的一樁美事，然而，卻會爲聯準會帶來極大的難題。我們貨幣政策的主要工具是買進賣出國庫券——美國政府的借條。但是當債務淸償了，這些證券就變得稀少了，導致聯準會需要以一組新的資產作爲有效推動貨幣政策的工具。將近一年來，資深的聯準會經濟學家及交易員一直在探討我們還可以操作哪些其他資產這個問題。

其結果是一份厚達三百頁的研究報告擲地有聲地於一月放在我的桌上。好消息是我們不會關門；壞消息則是找不到任何和國庫券市場規模、流動性，及無風險之虞相當的工具。這份報告的結論是，爲了執行貨幣政策，聯準會必須學著去管理市政府公債、外國政府公債、不動產擔保證券（mortgage-backed securities），及拍賣貼現窗口放款（auctioned discount-window credits）等其他債權工具的複雜投資組合。這種發展令人卻步。「我覺得像是愛麗絲夢遊仙境一樣。」波士頓聯邦準備銀行總裁凱茜・密納罕（Cathy Minehan）在第一次討論這個議題時這樣說道，我們都明白她的意思。討論本身顯示我們認爲經濟環境已經發生深遠而快速的變化。

賸餘也是我和保羅・歐尼爾於一月份交換對預算看法時，讓我們感到興奮的事。當然，我們都知道國會預算辦公室所提的十年五・六兆美元這個數字必須拆開來看。大約有三・一兆的錢是不能碰的——保留給社會保險及健保之用。剩下來的預計二・五兆才是可用資金。當然，大幅減稅已經是布希在總統競選時的重要主張。他一開始的宣示就和他父親不一樣：「這次不只是『不加稅』而已，這次是『減稅，因此，願上帝保佑我。』」布希保證，減稅是賸餘最重要也是最佳的運用，反對高爾所主張之償債和新增社會福利也是同樣重要的說法。誠如布希在首次的辯論會中說道：「我的對手認爲賸餘是政府的錢。我不這麼認爲。我認爲這是美國辛勤工作者的錢。」沿用雷根的作法，布希提出全面性的一・六兆減稅案，在十年中分階段對所有的稅率級距做減稅。高爾的競選主張則是七千億美元的減稅案。

歐尼爾和我都同意，在持續大量賸餘的情況下，減稅是某種敏感話題。誠如他所言，現在稅收佔GDP的百分之二十以上，而歷史平均數則是百分之十八。但賸餘的運用，卻有不同的用法要考量，相當難拿捏。最重要的是償債——高爾的主張是對的。聯邦政府對大眾的負債，技術上可以這樣說，已經站上三・四兆；遠超過二・五兆，而大家認爲二・五兆就「應該降低」了，而且也超過我們可以立即清償的額度（無法立即清償的債務包括投資人不願出售的儲蓄債券等相關證券。）

另一個我們希望做的重要項目是社會保險和健保改革。我長期以來一直希望社會保險轉變成私人帳戶制度；在符合對現有工作者及退休人員的既有義務下，要推出這項改革，必須支付一兆美元的頭期款。而且國家甚至還沒開始處理健保日益膨脹的成本。二十年前，我們在雷根總統的社會保險改革委員會中，並沒有讓這個問題浮出檯面，但在嬰兒潮世代已經老化的情況下，這項挑戰便非常急迫。我指出，統計人員對未來十年賸餘的預測，把非常多還沒孵出來的小雞都算進去了。到時候，如果那些賸餘無法實現該怎麼辦。

歐尼爾對赤字的看法和我一樣悲觀。他的解決方案是「觸發機制」——如果賸餘消失了，就對任何的支出和稅賦法案加以限制，暫緩施行或降低減稅額度。我同意，這是某種總額管制機制，也許可行。國會和前二屆政府最重要的成就是讓平衡預算成爲最高立法原則。現在，政府施政都必須符合所謂的收支平衡原則，亦即，如果你要增加支出，就必須找到這項支出的資金來源，不是加稅就是減少其他支出。「我們將不會回到赤字。」我宣示。

一月裡，事情進行得實在很快。新政府和新國會的準備工作本來就是鬧哄哄的，而這一年則加倍熱鬧——因爲選舉結果的爭議拖太久了，布希和他的接班團隊在宣誓就職之前的準備時間只剩六週而不是正常的十週。

正如所料，稅賦問題是首要任務。錢尼在一月中旬的私下談話中告訴歐尼爾和我，經過選舉的爭議之後，布希覺得在減稅上贏得痛快很重要。這印證了我在幾星期前一場週日晨間電視訪問中所聽到的錢尼談話：「誠如總統當選人布希所明確宣示，他非常小心地發展了一個特殊平臺；

這是他的計劃，也是他的主張，對此，我們不打算讓步。」

我在華府已經很久了，我想我很熟悉這個模式。競選承諾是每位新總統的出發點。每個政府在上任時，會推出符合競選承諾的預算建議及相關計劃。然而，把這種承諾轉化爲政策的問題在於其所建立的平臺，是爲了政治觀點，而非最佳效益。競選時的主張，是一種倉促成形的藍圖，會受時間影響；在定義上，不能當作政府施政上，經過充分調查研究的政策。政府的其他力量——包括國會及執行單位——必然會扮演實際檢查、測試，及精煉這項計劃的角色。我從經驗中學到這點——我曾經在一九六八年及一九八〇年分別參與尼克森及雷根的競選活動，政策及預測從未活過新政府的最初幾週。

我看不出來布希的白宮會有什麼不同。他們的立場是：「這就是我們的承諾；這就是我們要做的。」而且他們非常當一回事。他們不太重視嚴格的經濟政策辯論，也不太考慮長期的後果。幾個月後，總統反對歐尼爾所建議的改善社會保險的行政措施時，親自對歐尼爾說：「我在競選時就不同意這種作法。」我朋友很快就發現他孤掌難鳴；我很失望，布希政府的經濟政策決定權竟一直完全掌控在白宮幕僚的手中。

賸餘是參議院預算委員會在新會期中所討論的第一道問題。於是，一月二十五日星期四早晨，坐在聽證會明亮的燈光之下，我發現自己即將引爆一場政治紛擾。

最主要的問題，一如參議院主席彼得・多蒙尼契（Pete Domenici）在歡迎我時所說的，究竟預測中的長期賸餘是個短期現象還是長久存在的現象，以及最近越來越多人提到的問題：「我們該如何處理這些賸餘?」我多年來的回答一直都是:「償債。」但如今預計賸餘非常龐大,不消幾年債務就還光了。然而賸餘還會持續下去。國會預算辦公室的統計人員預估,在目前的政策下,賸餘如后:二〇〇一年爲二八一〇億美元、二〇〇二年爲三一三〇億美元,及二〇〇三年爲三五九〇億美元等。到了二〇〇六年,假設沒有重大財政政策變化,國會預算辦公室預估所有得清償債務,將完全淸償;於是所有的賸餘,將以持有非聯邦資產的方式爲之。到了二〇〇六年,賸餘將突破五千億美元。於是,每年將有超過半兆的多餘美元流入山姆大叔(譯註:指美國政府)的金庫裡。

當我對這景象仔細思考之後,覺得有點驚訝。五千億美元是幾乎無法想像的累積數字——每年所累積的規模大約相當於全美最大五家退休基金的資產。財政部要如何運用這些錢呢?要投資在何處?

私有經濟中,包括美國和海外,規模大到足以吸收這筆資金的市場只有股票、債券,和不動產。這種情況我碰過一次,眞的很可怕。二年前,柯林頓總統提議把七千億美元的社會保險基金投資到股市,他建議,建立私人管理機制以監控基金。但政府有這麼一筆龐大的資金可以使用,我已經可以預見尼克森和詹森時代的濫用情事也將會發生。誠如我對眾議院財務委員會所說的,我不相信「這麼龐大的資金,在政治上有辦法完全不受政府指示。」柯林頓很快就放棄這個想法,讓我鬆了一口氣。然而,現在可能要再度發生了。

把這些都納入考慮之後,我有一個全新的瞭解:長期賸餘幾乎和長期赤字一樣,會破壞穩定。償債還不夠。我決定向山姆大叔建議一種償債方法,一旦債務趨近於零時,不會有太多的賸餘等待投資。這不外乎增加支出和減稅，而我的偏好似乎很明顯。我一向擔心支出增加之後就很難再抑制回來。減稅在這方面的問題則沒有那麼嚴重。①而且，降低稅率可以減輕私有企業的負擔，從而有擴大稅基的可能性。我們可以換個方式，先等個幾年，然後，如果還持續產生賸餘，則大幅減稅以消弭賸餘。但我們在那時將無法知道這樣的選擇是否明智；如果通貨膨脹的壓力很大，減稅終將刺激已經過熱的經濟。唯一吸引我的方法是馬上採取行動，把財政政策放進我所謂的「滑行跑道」(glide path) 上，以平衡預算。這會牽涉到在未來幾年裡，透過減稅和社會保險改革等措施，逐步消化賸餘。

有二件減稅法案已經正式提出。參議員菲爾·格拉姆 (Phil Gramm) 及瑞爾·米勒 (Zell Miller) 在新國會開議的第一天就提出來自布希競選活動中的一·六兆減稅法案；而參議院少數黨領袖湯姆·達謝爾則提出幅度比較小的七千億美元減稅計劃。二套減稅案都能滿足我降低賸餘的目標，同時還留下足夠的錢進行社會保險改革。

當然，我還是暗自擔心國會及白宮會再次過度支出，或歲收會意外減少，不管是哪種情形，都會造成赤字絕地大反擊。因此，我在撰寫證詞時，小心翼翼地把保羅·歐尼爾的有條件減稅想法納進來。我請求國會考慮「限制條件，當設定的預算賸餘及聯邦債務目標無法達成時，要對減少賸餘的活動加以限制。」如果無法按照預測形成長期賸餘，就應該對減稅或新增支出的額度加以削減。

①支出沒有上限，但稅收無法降至零以下。

我無法撼動我們政治體系數十年來愛好赤字的偏見。因此，我特別在結尾以強烈的措詞提出警告。「今天，我們正處於優渥的賸餘環境中，」我寫道：「不難想像，近幾年來努力所獲得的財政限制措施將會迅速消失。我們必須拒絕足以造成過去赤字狀況，以及造成未來財政失衡的政策。」

我的辦公室把我講稿的副本在前一天先提供給預算委員會的領袖，對於不直接影響金融市場的複雜證詞，我們經常這樣處理。我很訝異在星期三下午收到該委員會的民主黨頭號人物，來自北達科塔州的肯特・康拉德（Kent Conrad）所打來的電話。他請我過去一趟。康拉德是前任的稅務委員，在參議院很久了，就和我當主席的時間一樣長，爲頗知名的財政保守派。這位參議員感謝我跑去看他之後就開門見山地說了。「你將會製造一個眾人爭食的局面。」他說道：「你爲什麼要支持布希的減稅案？」他預測我的證詞不只是讓白宮的提案鐵定通過，還鼓勵國會放棄多年來好不容易建立起來之脆弱的預算紀律共識。

「我所說的根本就不是這樣。」我告訴他，指出我在證詞中所背書的減稅方案是某種消弭賸餘的方案，未必就是總統那個方案。我最終的目標還是減稅和零赤字。我詳細說明我認爲賸餘的前景已經有重大變化，並解釋說，根據所有的分析，生產力成長似乎永遠處於高水準——至少在未來幾年處於高水準狀態。這已經根本改變了歲入的展望。最後，我同意，財政限制還是很重要，並且自告奮勇，如果參議員願意在質詢時問我有關歐尼爾的「觸發機制」，我將會詳盡解釋這個安全機制。

離開時，我可以看得出來康拉德參議員對我的回答並不是很滿意。但我根本就不相信國會會照著我的說法去行動。政治人物從以前就這樣，只要對他們有利，他們將毫不猶豫忽略我的建議，或對我的建議打折扣。當我宣揚刪減社會保險福利時，我不記得我改變過什麼趨勢。我不想判別誰的減稅案比較好並選邊站——誠如隔天早上我對多蒙尼契於聽證會中要求我爲布希計劃背書時的回答，那基本上是個政治問題。而我是個分析師，不是政治人物；如果我必須爲我所說的每句話的政治意含操心，那麼這個工作就一點意思都沒有了。我只是提供我認爲新奇的見解，並希望我的證詞能爲雙方辯論增加重要的空間。

我回到聯準會，在位置上還坐不到一小時，巴布·魯賓就來電話。「肯特·康拉德打電話給我，」他說道：「他說我必須在你出席聽證會之前和你談一下。」巴布沒看過我的講稿，但康拉德已經告訴過他了，他告訴我，他和參議員在某些地方有同樣的關切。一旦大幅減稅，巴布說道：「風險是，你會失去財政紀律的政治意識。」

他和我已經共同努力多年，才讓財政紀律成爲普遍共識，因此，我問他是否知道我還是以減稅作爲最終目標。「我知道。」他說。那還有什麼問題呢？我問：「巴布，我的證詞裡有哪一點你不同意？」

他一下子無言以對。最後，他答道：「問題不在於你說了些什麼。問題是大家的感受。」

「別人要怎麼想我管不著。」我不耐煩地回他：「我不會這樣做。也不能這樣做。」

結果，康拉德和魯賓說對了。事實證明，減稅證詞成了政治風暴。甚至在我抵達國會之前騷動就開始了：我的講稿副本流落到外面，當天早晨的《美國今日報》以頭條寫著：「葛林斯潘支持減稅。」相關報導還引述康拉德及多蒙尼契的談話，多蒙尼契證實，我將改變立場支持減稅，「因爲賸餘太大了。」

那天的聽證室是我見過最擁擠的一次，有二十位參議員及一些助理，一整排攝影機，還有一大群人。宣讀證詞花了我將近半個小時的時間，然後，我不知道會發生什麼事。康拉德參議員首先向我致謝，宣稱我的方法「相當平衡」——我想，我在前一天談話之後，依然一字未改，他這樣說已經是非常仁慈了。

接著他問道：「我從你的證詞中聽到，你建議我們不要放棄財政紀律？」

「的確如此，參議員。」我答道，有點跳起我前一人所建議的雙人舞招式。我強調，我認為還要繼續清償債務及執行財政限制的看法。

然後是其他參議員的質詢，接下來的二個小時，二黨的問題迥然不同。雖然兩黨都建議減稅，但共和黨聽到我認同的想法時，顯然非常興奮。「我想，我們非常清楚我們該怎麼做。」德州的菲爾・格拉姆說道：「我們越快通過這項預算越好，並馬上付諸行動！」而民主黨員的評論中則大多帶著沮喪。「你會造成大潰散。」南卡羅萊納州的弗利茲・何凌斯（Fritz Hollings）說道。馬里蘭州的保羅・薩班斯插進來說：「新聞報導說得沒錯，『葛林斯潘為大家掀開雞尾酒盆的蓋子。』」最生動的抱怨來自美國有史以及擔任參議員最久的巴布・貝德（Bob Byrd）。他開始以慢吞吞的西維吉尼亞州腔調說道：「我現在是個浸信會教徒。我們有一首讚美詩。這讚美詩是一首歌，〈船錨不隨波逐流〉（The Anchor Holds）。在整個經濟擴張期間，我一直以你馬首是瞻，我認為你就是最主要的船錨。這幾年來我一直聽你的話，相信我們必須還債，這是基本需求。我相信當時你是對的，而我很驚訝地發現，今天的船錨似乎是在隨波逐流。」

大家會記得這種說法。當聽證會結束時，我對我所提出的構想相當樂觀——賸餘過多的風險、

「滑行跑道」的建議，及「觸發機制」的想法——長期而言，隨著立法程序之進行，將會受到重視。但這時，我已經接受我的證詞受到政治操弄的想法。後來我告訴我太太：「我對國會裡的政治操弄很震驚，眞的很震驚。」

白宮很快就顯示出滿意之情——當晚布希總統親自會見記者，稱我的證詞「嚴謹而正確」。各大報也認爲我的證詞是出於政治考量。「減稅是無可避免的事，對葛林斯潘來說，避免在初期和新政府產生歧異是理所當然之事。」《金融時報》寫道。《紐約時報》報導說我爲白宮護航，一如我當年支持柯林頓總統於一九九三年剛上任時推出刪減赤字案：「就像他在〔民主黨〕投票加稅時……保護柯林頓計劃，提供無限價值，今天，他爲減稅案背書保證，促使共和黨員更加努力，推動自雷根政府以來，最大的減稅案。」

我讀了這些評論之後認爲，雖然我沒有政治動機，但我誤判了當時的情緒。我們才剛經歷了大選的憲政危機——我事後才知道，不宜在此時基於經濟分析，推出立場曖昧的主張。然而，就算是高爾當上總統，我的證詞還是一樣。

接下來的數星期，我盡可能地讓「觸發機制」的觀念扮演要角。在二月及三月的國會聽證會中，我一再要大家注意，所有的預測都是試驗性質，並鼓吹設置保護措施。「有一件事很重要，即發展一套預算策略以因應所有可能發生的意外狀況。」我於三月二日告訴一個眾議院委員會。

幾天之後，一小群跨黨派的參議院財政保守團體召開記者會，宣稱將採取「觸發機制」。我和這個團體會面並鼓勵他們——他們有五名共和黨員、六名民主黨員，由緬因州的奧林匹亞·史諾

(Olympia Snowe) 所領導。

但結果是，「觸發機制」連一點機會也沒有。兩邊的領袖都不喜歡這個構想。在我聽證的那天，記者問白宮發言人艾里・佛瑞雪（Ari Fleischer）關於在總統的減稅案上增加反赤字保護措施時，他平淡地答道：「我們必須讓它成爲永遠的最高法律原則。」不久之後，《時代》雜誌引用首席政治顧問卡爾・羅夫（Karl Rove）的話，稱「觸發機制」的觀念「還沒送給總統之前就死了。」而當布希於二月正式宣佈他的二〇〇二年預算時，一併提出一・六兆美元的減稅案，正如他在競選期間的建議。民主黨領袖也反對「觸發機制」的觀念。「如果你對減稅幅度加以限制就不需要觸發機制。」參議院少數黨領袖達謝爾說道。三月初，共和黨眾議院領袖決定把「觸發機制」修正案擋掉，於是眾議院在幾乎完全有沒修改的情況下通過了布希的減稅案。當辯論移師參議院時，幾乎無人支持「觸發機制」。

最後，布希贏了。最後的減稅金額爲一・三五兆美元，小於他所要的數字，卻是共和黨和民主黨二計劃的折衷。但結構則按照布希的意思，全面減稅。立法單位只提出一項原來沒有的計劃：設計一套退稅案把二〇〇一年將近四百億美元的賸餘還給納稅人。這個案子讓每個工作家庭收到高達六百美元的錢，視其去年所繳納所得稅的高低而定。國會通過了所謂的「布希退稅」（Bush rebate），作爲短期刺激經濟從呆滯中恢復活蹦亂跳的工具。「美國納稅人的荷包裡會有更多的錢。」總統宣佈：「而經濟會在手臂上接受應得的一針。」

他於六月七日簽署減稅案成爲法律——重要預算提案的記錄時間。我願意對立法效率感到樂觀。立法效率將會在賸餘產生危害之前化解賸餘。而且雖然減稅並不是爲短期刺激所設計——布希的人在競選期間認爲經濟不需要短期刺激——卻能意外證明具有這個效果。現在正是時候。

然而，沒有通過「觸發機制」是我的遺憾，而且很快地，這個遺憾就越來越嚴重。結果，在幾週之內，我發現我沒再懷疑賸餘是否持續下去是一大錯誤。事實上，這些樂觀的十年預測是錯得離譜。

布希退稅的支票甚至都還沒寄發之前，突然間冷不防地，聯邦的收入驟減。流入財政部的個人所得稅，經商業部做季節性調整之後，開始出現數十億美元的短缺。誇大的賸餘，在六月布希簽署減稅法案時還很強，而且預計還可以持續多年，竟在一夕之間快速地變成疲軟不堪。從七月開始，紅字又回來了。

我們最優秀的統計員被這突如其來的變化所打敗；預算專家花了好幾個月的時間整理數千萬個稅收表格，以找出問題。稅收短缺顯然是股市普遍持續下跌的反應。(標準普爾五〇〇的市值二〇〇一年從一月到九月下跌超過百分之二十。)這導致資本利得及股票選擇權執行的稅收驟減——其下跌，遠比專家所預測的還要猛烈。正如科技熱潮的多頭市場產生賸餘，後達康時代的空頭市場將賸餘帶走。

爲什麼預測會有如此嚴重的錯誤？和緩的經濟衰退愚弄了稅務統計員，讓他們預期稅收減少也將是溫和的。但到了二〇〇二年，從數字上可以看到瓦解的程度非常明顯。國會預算辦公室於二〇〇一年一月估計二〇〇二年會計年度的總歲入爲二・二三六兆美元。到了二〇〇二年八月，這個數字縮減爲一・八六〇兆——在十八個月中下修了三千七百六十億美元。其中，七百五十億是反應布希減稅，而一千二百五十億是反應弱化的經濟活動。其餘的一千七百六十億，這麼一筆驚人的數字，反應在預算人員所謂的技術變化——一種專門術語，用在無法解釋的經濟或國會項目上，例如過度估計來自資本利得的稅收。

那年九月，巴布・伍德華來我辦公室訪問我，討論當時的經濟狀況。他正在爲《大師的年代》一書的平裝版準備新的章節，這是本寫我和聯準會的暢銷書。我告訴他，我對二〇〇一年景氣衰退的走法感到很困惑——和我以前所看過的完全不一樣。在十二月份信心重挫及整個夏季的股價下跌之後，我堅信GDP將會明顯衰退。那年的工業生產掉了百分之五。然而，GDP卻很穩健。不但沒有陷入深谷，竟還處於高原。（事實上，那年的經濟最後還微幅成長。）

看起來，輕微衰退是全球經濟力量的結果，這股力量驅使長期利率下滑，並引起全世界許多地區的房價大漲。在美國，房價也漲很多，以致於家庭覺得富有了，消費意願似乎因而增加。這項因素，加上生產力成長，似乎爲美國經濟帶來全新的上漲力道。

因此，伍德華說了，試著作出結論：「也許今年經濟的眞相是避開了一場災難，而沒有衰退。」

「現在下結論還太早。」我說道：「在整個事件還沒塵埃落定至一個乏味的形態之前，你無法知道。」

這次談話，和我在夏季時，十幾次的記者幕後訪談內容沒什麼兩樣——除了時機。那天是九月六日星期四，正巧在我飛往瑞士參加國際銀行家會議之前。機票上的回程日期是九月十一日星期四。

11 美國所面臨的挑戰

二〇〇一年九月十一日之後的一年半中，我們處於煉獄邊緣。經濟試圖振作，但成長卻微弱而不穩。企業及投資人感到一籌莫展。前幾個月的立即危機（追查蓋達組織嫌犯、炭疽攻擊，及阿富汗戰爭），轉化爲處理國內安全問題及保全成本所造成的低度緊張狀態。二〇〇一年十二月，安隆（Enron）破產，更加深了不確定性和悲觀，這件事引發出一波會計醜聞和破產風潮，暴露出經濟大繁榮時的黑暗面：具傳染性的貪瀆。

有時候，這些壞消息似乎沒完沒了：競選籌款的矛盾問題、華府特區狙擊手殺人事件、恐怖分子炸毀峇里島夜總會地區事件等。二〇〇二年夏，通訊業巨人世界通訊（WorldCom）在作假帳的疑雲中瓦解——其資產達一千零七十億美元，爲史上最大的破產案。

接著是SARS，症狀類似感冒的致命傳染病，從中國開始，影響商務旅行及貿易數星期之久。那段期間，當然，政府正加緊對海珊的攻擊，二〇〇三年的三月和四月，頭條新聞充斥著攻打伊拉克和推翻海珊政權的報導。

所有事情的背後都隱藏著美國本土會繼續遭受恐怖攻擊的預期。特別是華府官方，很難卻除這種迫在眉睫的威脅感受：到處是新的交通路障、檢查站、監視攝影機、全副武裝的警衛。對我而言，不能再走幾條馬路去上班，也不能爲公事包指標而通過電視攝影機；我每天早上開車進入聯準會戒備森嚴的地下停車場。聯準會的訪客，雖然也能把車停在那裡，卻必須等狗嗅過車子，檢查是否有爆裂物——狗真的會進到行李箱。

華府沒有更大的問題：爲什麼不會有第二次攻擊？如果蓋達組織的企圖，正如賓拉登所宣示，是破壞美國經濟，則攻擊必將繼續發生。我們是個開放社會，邊界管制鬆散，而且我們偵測武器和炸彈的能力薄弱。我向許多政府最高層人士提出這個問題，似乎得不到滿意的答覆。

更多恐怖攻擊的預期心理，幾乎影響所有的政府作爲。而且，無可避免地，我們所創造出來的保護機構，其安全氣囊影響了所有的決策。二〇〇二年，新的「國土安全法」準備以緊縮身分規定、增加身分查驗、限制旅遊，及限制隱私等手段，顯著地削減個人自由。①兩黨領袖都贊成。但是當進一步攻擊沒有出現時，這些政治人物又漸漸回復到九一一之前，支持人民自由的立場，有的人轉得比較快，有的人則較慢。如果美國發生第二次、第三次，及第四次攻擊，今天會變成什麼模樣，這是個有趣的假設。我們的文化能容忍這種事嗎？我們能像以色列一樣維持經濟活力嗎？能像倫敦人一樣在愛爾蘭共和軍（Irish Republican Army）幾十年的炸彈威脅下保持經濟活

①「國土安全法」本身較不嚴格，但的確可以讓政府更容易排除「資訊自由法」（Freedom of Information Act），對公務員洩露取自私人企業之「關鍵基本設施資訊」（critical infrastructure information）者處以刑罰，並發展監視人民日常生活之計劃，從而限縮人民之權利。

力嗎？我非常有信心，我們可以……但總是會懷疑。

聯準會對這些不確定性的回應是，維持我們積極調降短期利率的計劃。這是延續我們自二〇〇一年初以來一系列的七次降息動作，以緩和達康破滅及整體股市下跌的衝擊。九一一攻擊之後，我們又調降聯邦資金利率四次，然後在二〇〇二年企業醜聞達到高峰時又調降一次。那年十月，聯邦資金利率落在百分之一．二五——這個數字，在十年前，大多數人都會認為低得難以置信。（事實上，自從艾森豪時代以來，就沒有這麼低的利率。）身為終身致力於打擊通貨膨脹的官員，我們發現，這樣的降息決策經驗實在很奇怪。然而，經濟顯然處於無通貨膨脹（disinflation）的環境中，亦即各種市場力量結合起來，壓制了工資和物價，導致通貨膨脹預期縮小，從而讓長期利率滑落。

因此，通貨膨脹，至少在這個時候，不是問題。長期利率在二〇〇〇年到二〇〇三年之間持續下跌——十年期國庫券的利率從將近百分之七跌到低於百分之三．五。顯然最終的解釋原因遠在美國本土之外，因為全世界的長期利率也正處於下跌趨勢。全球化正發揮抑制通貨膨脹的效果。

我們把這個大問題先擺在一邊，趕緊去處理聯準會迫在眉睫的挑戰：疲弱的經濟。FOMC所抱持的假設是，物價上漲並不會帶來立即的威脅，因而讓我們在降低短期利率上更有彈性。

然而，到了二〇〇三年，經濟萎縮及無通貨膨脹已經持續一段很長的時間，以致於聯準會必須考慮更怪異的危機：物價水準下跌，即通貨緊縮（deflation）。可能美國經濟已經進入我們在日本所見到的跛足循環，這個跛足循環讓日本癱瘓了十三年。這是令我感到寢食難安的問題。在現代經濟裡，長期的頭痛問題是通貨膨脹，而通貨緊縮很少會是個問題。畢竟，美國已不再用金本位制度。我不相信在法償貨幣制度下還會發生通貨緊縮。我一向認為，如果通貨緊縮好像快要形成，則我們可以啓動印刷機，印出足夠的美鈔以阻止惡性通貨緊縮。現在我不是那麼肯定了。日本已經象徵性地打開貨幣閥門，使利率降到零，並且還採取龐大的預算赤字，然而，其物價水準仍然繼續下跌。日本人似乎無法擺脫通貨緊縮的擺佈，而且應該相當害怕他們正處於一九三〇年代以來，沒人見過的下降循環模式。

通貨緊縮逐漸成為聯準會內部的關注焦點。雖然二〇〇二年的實質GDP略微成長了百分之一・六，經濟顯然受到束縛。即使是像安泰（Aetna）和SBC通訊等強大企業也顯示獲利薄弱、裁員，並公開宣稱難以漲價。失業率從二〇〇〇年底的百分之四上升至百分之六。

在六月下旬的FOMC會議中，通貨緊縮是頭號議題，我們都投票贊成進一步調降利率至百分之一。儘管我們的共識是，經濟所需要的可能不是再次降息，我們還是同意降息。股市終於開始復甦，而我們的預測認為，下半年GDP將有更強勁的成長。然而我們還是採取平衡風險的作法。我們要去除發生腐蝕性通貨緊縮的可能性；我們願意冒險降息，我們可能會造成泡沫，形成某種事後必須加以處理的通膨性繁榮。我們這樣權衡各項因素讓我感到很高興。時間將會證明這樣做是否正確，但當時這樣做是對的。

消費者支出帶領經濟渡過後九一一的困境，而帶領消費者支出的則是房市。美國許多地區的居住用房地產受到貸款利率下降的激勵，開始出現價值飛漲。成屋的市價於二〇〇〇、二〇〇一，及二〇〇二年每年上升百分之七・五，高於幾年前上漲幅度的二倍。不只是新屋興建破紀錄，中古屋的成交量也刷新紀錄。這次的繁榮大幅提升士氣——即使你的房子不賣，你還是可以看到別人的房價似乎很驚人，表示你的房子也跟著增值了。

二〇〇三年初，三十年期房貸利率低於百分之六，這是自六〇年代以來的最低水準。浮動利率的房貸成本更低。這刺激了房市周轉，導致價格更爲高漲。自一九九四年以來，美國家庭擁有住宅比率加速成長。到了二〇〇六年，將近百分之六十九的家庭擁有自己的房子，從一九九四年的百分之六十四及一九四〇年的百分之四十四升上來。增加的部分主要來自西班牙裔及黑人，因爲財富增加及政府鼓勵次級房貸，讓許多少數族群的成員有能力成爲首次購屋者。這種所有權的擴張，能夠讓更多人和我國的未來綁在一起，我覺得，將來，國家會更團結。今天，自有住宅所有權和一世紀之前一樣引起共鳴。即使在數位時代，磚塊及水泥（或是夾板和石膏板）仍然是我們安身立命的因素。

資本利得，特別是來自已實現資本利得的現金，讓人們的口袋燒了個大洞。統計學家可以看到消費支出的突增和資本利得突增相吻合。有些分析師估計，所增加的房地產財富中，有百分之三到五顯現在各式各樣的商品和服務上，從汽車、電冰箱到渡假及娛樂。當然，大家還把錢花在居家現代化及擴建上，進一步助長旺勢。這些新增的消費，幾乎完全來自房屋抵押貸款所增加的資金，這是金融機構特別容易掌握的業務。②房子所淨增加出來的債務變成賣方的現金。淨增加的債務恰恰等於資產賣方從房子所取得的資金。這種賣屋所套取的現金，和已實現利得的趨勢相

②當房子轉手時，買方所辦的貸款幾乎都超過賣方原貸款的未清償餘額。淨增加的貸款額度成了賣方的現金。這筆住宅變現資金傾向於和出售房屋的已實現資本利得趨勢相符，但並不完全相等。

符，但不完全一樣。《新聞週刊》（*Newsweek*）的經濟專欄作家羅伯・薩繆森（Robert Samuelson）對這種現象所產生的淨效果有很簡要的描述。他寫道：「房市熱潮救了經濟……把股市養肥，美國人參加了一場房地產狂歡會。我們高價買下，打掉，再加蓋。」

當然，榮景會招來泡沫，一如達康股票投資人從痛苦中所學到的教訓。我們是否正在為自己設置一場痛苦的不動產崩盤？在聖地牙哥及紐約火熱的房市中，這種關切開始浮上檯面，這二個地區的房價在二〇〇二年分別上漲了百分之二十二及十九，而且當地有些投資人開始視房子和公寓為快速致富的最新方法。聯準會密切追蹤此事的發展。隨著榮景持續擴大，投機現象顯而易見。美國的獨棟獨戶房屋市場一向是以自住為主，投資或投機性買盤的比率很少超過百分之十。③但到了二〇〇五年，根據美國全國不動產仲介協會（National Association of Realtors）的報告，美國房市買方有百分之二十八來自投資客。他們變成市場的一股力量，讓交易量增加了將近三分之一。當時，電視新聞報導「炒手」的故事——他們是拉斯維加斯和邁阿密這種地方的投機客。利用寬鬆的信用額度買下五、六棟的預售公寓，打算在房子還沒蓋好之前就脫手以賺取巨額利潤。然而，這種戲碼僅只是區域性而已。我願意對聽眾說，我們所面對的不是泡沫，而是小氣泡——許多區域性的小泡沫，不會漲大到對整體經濟健康產生威脅的規模。

不管是泡沫還是小氣泡，二〇〇五年下半年，當首次購屋者發現房價高到買不起時，這場派對就要人去樓空了。房價越高，貸款金額就越大，漸漸成為每個月所得上的一大負擔。買家以高

③這種買盤大部分是買來出租的。通常這種人買的是公寓或二戶雙拼房子，其中一戶出租。

於售價的方式搶購房子的瘋狂日子已經結束了。賣方的售價依然高掛，但買家卻抽身離去。新屋及中古屋的成交量雙雙應聲重挫。熱潮結束。

這是國際趨勢歷史的一部分。不只是美國的放款利率下降，英國、澳洲，和許多國家都出現活絡的房貸市場。接下來的反應是，全世界的房價大幅飆漲。《經濟學人》檢視二十個國家的房價，估算出在二〇〇〇年到二〇〇五年之間，已開發國家住宅的市場總值從四十兆美元增加到超過七十兆。增值最大的部分——八兆美元——來自美國單戶住宅。但其他經濟的經驗可以作為參考，因為他們的熱潮，開始（和結束）比我們早了一到二年。在澳洲和英國，需求於二〇〇四年開始冷卻，理由和美國後來的情形相同：首次購屋者被高房價趕出市場，而投資客也縮手了。重點是，當這些國家的熱潮結束後，房價只是持平或微幅下滑，而我寫這段時，並未見到崩盤情事。

由於房市熱潮及伴隨而來的新種房貸商品爭相出現，最後，典型的美國家庭便擁有更有價值的家，以及更便於運用的財富。當然，他們的貸款也更大，但因為貸款的利率較低，二〇〇〇年到二〇〇五年之間，房屋擁有者所得中用於支付貸款的比重並沒有太大變化。

然而，後九一一的復甦有其黑暗面。被令人不安的所得集中度變動所玷汙。過去四年來，主管級工人的平均時薪顯著高於生產和非主管級工人。（對許多家庭而言，實質所得上的落差，獲得房屋資本利得之彌補，雖然大部分的資本利得都落入中高所得和高所得群組的手中。）

即使經濟成長已經回來了，你還是可以看到這種現象反應在民調上。二〇〇四年實質GDP每年以百分之三．九的健康速度成長，失業下降、而整體的工資和薪水也都還不錯。然而平均所得之增加，大部分來自高級技術者不成比例的所得大幅增加。許多所得普通者，並沒有增加多少。

因此，調查人員打電話給一千個家庭，發現百分之六十認爲經濟很糟，只有百分之四十認爲還可以，這並不意外。雙軌經濟（two-tier economies）在開發中國家很普遍，但美國自一次大戰之前以來，就鮮少發生所得不均現象。過去一向是，當總體數字不錯時，民調也會呈正面反應。

最近，房市熱潮降溫已經對某些群組造成傷害。對大多數的住宅擁有者而言，房價上漲前他們早已建立了相當的資產，因此並未成爲太大的問題。但對許多利用次級房貸所提供的好處而成爲首次購屋者的低所得家庭而言，他們太晚加入這波熱潮，而沒有享受到好處。他們每月還款付息很辛苦，由於沒有資產緩衝以作爲退路，越來越多人面臨被結清的問題。二〇〇六年將近三兆美元的新承作房貸，其中五分之一是次級房貸，另外還有五分之一是所謂的「另類房貸」（Alt-A mortgages）。後者是放款給信用紀錄優良者的房貸，但他們通常每月只繳息不還本，且其所得和其他特性，未達一般放款條件。這五分之二的放款，表現不佳，導致明顯的信用緊縮，對房市造成相當的衝擊。我當時就知道放寬房貸信用條件給次級借款人會增加財務風險。但我當時相信，現在也還相信，擴大住者有其屋的好處值得我們冒這個險。財產權之保護，對市場經濟是如此之關鍵，擁有財產民眾必須達關鍵人數，才能在政治上長期支持財產權之保護。

我對政府表現的失望程度，恰如我對整體經濟韌性的信心。赤字在二〇〇二年又回來了——我們的赤字是一千五百八十億美元，和二〇〇一年的一千二百七十億相較，惡化超過四分之一兆。

布希總統繼續指示他的政府貫徹他在二〇〇〇年競選時的承諾：減稅、強化國防，及增加健保處方藥補助等。從預計產生龐大賸餘的角度看，這些目標並非不切實際。但布希上任六到九個月之後，賸餘已經消失了。在赤字日益增加的不同世界裡，這些目標已不再完全適切。然而，他還是繼續貫徹他的總統競選諾言。

最讓我感到困擾的是國會和政府都已經放棄財政紀律。四年來的賸餘已經使得節儉變成國會裡的稀有商品。政府官員無法抗拒賸餘的誘惑，他們靠這政治上的「免費午餐」而政通人和。我已經數不清我在一九九〇年代收到多少件國會寫來的信，提出各種增加支出或減稅的方案，以模稜兩可的財務花招來應付「付錢通過」的規定，這些花招的目的在於隱藏方案的成本。複式會計在國會裡已經成爲失傳的藝術。

最後，僞裝終於拿掉。柯林頓在位的最後一年，國會無視於自己所訂立的絕對支出上限，立法通過在十年內增加支出合計達一兆美元。如果沒有這項支出，二〇〇〇年的二千三百七十億美元的賸餘紀錄還會更高。然後布希實施減稅，卻未相對採取減少支出的措施，而且在九月十一日之後，還有更大手筆的支出。

當然，九一一之後所通過的法案包括必須增加國防及本土安全經費。但美國緊急事件的財政措施，對國會的胃口來說，似乎就像是「一塊肥肉」——爲選民執行支出計劃。最先開始的例子是二〇〇一年十二月，在幾乎無異議的情況下通過六百億美元的交通法案。該法案對航空安全作了許多擴大規定，並對機票課稅以彌補部分成本——我認爲這是合理的措施。然而該案還包括四億美元以上的純正肥肉——讓高速公路基金脫離州政府管制，由國會議員分配，用在其家鄉的心愛道路計劃。

接著五月的農業法案（farm bill）更是讓我火冒三丈。這是爲期六年，破壞預算的一千五百億美元補貼案，一反以前在縮減農業補貼及開放市場力量進入農產貿易上所艱苦爭取通過的法案。新措施大幅增加對棉花及穀物的補貼，並新增各種農產品補貼，從糖到鷹嘴豆（chickpeas）。眾議院農業委員會主席，德州共和黨員，賴瑞・康百士（Larry Combest）強力推動這項法案，而中西部的民主黨員，如來自南達科塔州的參議院領袖達謝爾也全力支持。

針對立法濫權，有一項補救措施：稱為總統否決權（Presidential veto）。我私下找資深經濟官員談話，毫不掩飾地說出我的看法，認為布希總統必須否決掉幾個法案。這將對國會釋出一道訊息：在支出上，他們並沒有得到選民的全權委託。但我從白宮資深官員所得到的回答是：「總統不想為難赫斯特。他認為不要和他作對反而比較好控制他。」

事實上，不動用否決權成為布希總統的標誌：他在白宮將近六年，沒有否決過任何一項法案。這是近代史上前所未見的。詹森、尼克森、卡特、雷根、老布希，和柯林頓——他們都否決過數十個法案。而福特幾乎把所有的法案都否決了——不到三年就否決了六十多個法案。這使得他雖然面對民主黨多數的眾議院和參議院，卻還能擁有強大的權力，還能驅使立法委員走向他認為重要的方向。我認為，布希那種合作而不對抗的方法是一大錯誤——一個國家要有財政紀律，就必須有制衡機制。

預算紀律於二〇〇二年九月三十日正式交還給華府的鬼魂。這天，國會容許讓美國最主要的反赤字法過期失效。一九九〇年的預算執行法（Budget Enforcement Act）已經成為國會自制的紀念碑。該法由兩黨共同制定，在老布希總統的支持下，在抑制聯邦預算上扮演重要角色，從而為一九九〇年代的榮景打下基礎。在這項法案中，國會對自己設置了嚴格的「絕對上限」，還有新增支出或減稅都必須在其他地方找到財源支應的「支付通過」規定。觸犯這條規定必將招致嚴厲懲罰，例如全面刪減社會福利及國防——這些是任何政治人物都寧願忍痛避免的刪減。

但預算執行法並沒有想到會出現多年的賸餘（諷刺的是，其目標是在二〇〇二年達到預算平衡）。於是在一九九〇年代後期急於支出時，國會以技術性的方式藐視規定。正如眾議院一名資深職員所說：「我們必須保持『赤字中立』——但根本就沒有赤字！」但現在，預防措施已過期失效，赤字如洪水般地湧回。

九月中，我向國會提出最強烈的請求，希望保留第一道防線。「預算執行法已經失效，」我對眾議院預算委員會說道：「這個法案無法保留下來可能是個重大錯誤。因爲在缺乏清楚方向及建設性目標下，有利於預算赤字形成的先天政治偏好，很可能再度變得根深柢固……如果我們不保留預算規定，並重申我們對財政責任的承諾，多年來的努力成果將揮霍殆盡。」我知道最壞的結果不會立即出現，但必定很嚴重。我警告說：「歷史告訴我們，放棄財政紀律，最後將導致利率上升、排擠資本支出、生產力成長降低，並迫使我們在未來面臨更艱難的選擇。」

我的聲明書事先就發出去了。顯然這些話委員並不愛聽。四十一名委員中，大約只有一半出席。當我唸到兩黨達成歷史性共識，於是才有預算執行法之誕生這段文字時，我看著國會議員的反應。大多都是面無表情。更糟的是在問答時間時，坦白說，沒幾個立法委員對永久性支出限制有任何興趣。發問者並沒有針對我的建議或是建議中所提及的大型經濟危機發問，他們竟乾脆改變話題。討論幾乎完全著重在減稅的現在與未來，以及優缺點上。而這些就是隔天有關我的證詞，疏疏落落新聞報導之主要內容。

在參議院，彼得・多蒙尼契、菲爾・格拉姆、肯特・康拉德，及唐・尼克斯（Don Nickles）等多名財政保守派努力地保留預算平衡機制。但其政治意向卻不在此。他們所規劃的是透過六個月的延遲程序規定，讓增加赤字的法案稍微比以前更難通過。但沒有預算執行法的強制懲罰力，該項規定就沒有牙齒。服侍我們好好的預算紀律已經完全死了。

共和黨贏得二〇〇二年十一月期中選舉的全面性勝利後，問題變得更糟。經濟顧問委員會主席葛蘭・胡柏（Glenn Hubbard）在十二月的一次演講中主張，預算是否達到平衡，對整體經濟而言並沒有太大的差異。有關赤字過高會推高長期利率並影響成長的想法，「我們認爲，這方面的討論將會結束。」他說道：「那是魯賓經濟學（Rubinomics），我們認爲那完全不對。」先不管這句話對民主黨揶揄的部分，胡柏的說法，在短期的情況下是正確的。證券市場已經變得非常有效率，以致於只有當新資訊帶來對未來財政赤字及公債預期上的變化時，目前的利率才會有所變動。美國國庫券在供給上的漸進式溫和變化，相對於全球同等安全的債權工具，一般而言是相當小。相對價格（即利率）上的微小變動能夠引發投資人把相當數量的國庫券換成等額的高品質公司債或外國政府公債。反之亦然：這種公債，甚或赤字上的變動所造成的利率變化，小得令人訝異。全球債券市場中，與美國國庫券品質相當的債券，其市場規模及有效性使得聯邦赤字、公債，和利率之間的長期關係變模糊了。

有時候，當一個議題很複雜時，以極端狀況來思考是很有用的手法。如果赤字眞的沒有關係，而且沒有搭配裁減支出的減稅是很好的公共政策，那麼，爲什麼不乾脆把所有的稅都取消掉？國會想要借多少錢就借多少錢，並自由自在地支出，完全不用怕政府快速累積如大海般的債務會腐蝕經濟成長。然而我們已經在開發中國家一再地看到，政府無限制地借錢和支出，釀成超級通貨膨脹及經濟毀滅。

因此，赤字應該很要緊。政策制定者的決定性問題不是「它們會影響成長嗎?」而是「它們會破壞多少的成長?」事實上，胡柏的計量經濟模型顯示，利率之變動，來自公債餘額的影響只有一點點，然而，他在那最近寫道：「我們的研究不應解釋成赤字的影響不大。政府無力支應的負債若持續保持在一個重大的水準，終將把國內外的可貸資金耗盡……今日的美國，社會保險和健保給付義務所內含的資金缺口，特別令人關切。」但深奧的經濟論爭迷失在政治現實中。國會和總統認爲，預算限制抑制了他們所要訂立的法案。「赤字不重要」成了共和黨員的經濟詞藻，這讓我感到懊惱。

我經過相當的掙扎才接受這已經成爲共和黨的主流社會價值和經濟政策。但我多年之前，一九七〇年代，和紐約上州的年輕國會議員傑克．坎普吃午飯時就見識過了。他抱怨民主黨總是以大幅增加支出的方式來到處買票。而到最後，他們所製造出來的赤字卻留給共和黨來解決。「爲什麼我們不能稍微不負責任一點?」他問道，我大吃一驚。「爲什麼我們不在他們亂搞之前先減稅，先把好處送給人民?」其實，現在就是如此。身爲一名高華德（Goldwater）派共和黨員（譯註，Goldwater Republican，強調良心），我的自由意志情感被冒犯了。

在二〇〇二年十二月下旬及一月上旬間，我用特殊手段迫使白宮的資深經濟官員採用一個較爲理性的方法。我不能說我的抗議起了很大的作用，但白宮應該已經瞭解「赤字沒有影響」的講法聽起來太偏激，因爲他們在布希總統提出二〇〇四年預算案時已經調整用詞了。「我的政府堅信要控制赤字，將之縮減至經濟力量和國家安全利益相符之範圍內。」他於二○○三年二月三日向國會宣示。他繼續說，當前的赤字是無法避免的，因爲必須實施新的減稅案以刺激成長，還必須投注資金以對抗恐怖戰爭。隔日，接替保羅・歐尼爾成爲財政部長的約翰・史諾（John Snow）也發表類似談話。「赤字有影響，」他告訴眾議院財務委員會，但總統在新預算中所編列的赤字是「可控制的」而且也是「無可避免的。」

我覺得新預算令人氣餒。支出總計超過二・二兆美元，餘絀總額一欄所編列的赤字，二○○三年及二○○四年均超過三千億美元，而二○○五年還有二千億美元（我認爲有相當程度的美化）。一如所料，這個預算在本土安全及國防上的支出大幅增加。然而卻尚未包括呼之欲出的伊拉克戰爭經費。（一旦戰爭開打，則政府必須尋求特別撥款，將進一步增加赤字。）

預算的重點是布希總統在幾週之前首先提出來的第二回合重大減稅案。當然，代價最大部分的是取消股利重複課稅。多年來，我倡導完全取消股利重複課稅以作爲資本投資之誘因。新計劃還加速實施布希的所得稅全面調減案，以便立即發揮作用，並永久取消遺產稅。這個稅賦計劃總計在未來十年裡，爲布希第一回合減稅案一・三五兆美元的成本再增加六千七百億（或是一兆以上，如果成爲永久性減稅）的負擔。

預算管理局局長米契・丹尼爾（Mitch Daniels）迅即指出，三千億的赤字相當於只是ＧＤＰ的百分之二・七——從過去的標準來看相當低。沒錯，但我最關切的是，長期亂開福利支票的作法，會導致未來的預算破了一個大洞而無法收拾。我們應該爲嬰兒潮世代的退休問題預作準備，爲艱困的未來年度，採行平衡預算或賸餘預算。④

有人說進一步減稅可以刺激經濟成長。但在聯準會的分析中，徘徊不去的呆滯現象，乃是對戰爭的焦慮和不確定性之反應，不需要作進一步刺激。新聞上全都是伊拉克。二月五日，柯林・鮑爾（Colin Powell）對聯合國發表演說，指控伊拉克握有毀滅性武器；十天後，全世界各大城市出現反戰遊行。在伊拉克狀況還沒解決之前，沒辦法知道減稅到底有沒有用。我於二月十一日告訴參議院銀行委員會說：「在當前這個特殊狀況之下，我是少數還不相信現在應該採取刺激政策的人。」

遠比減稅更重要的是，我說道，必須處理新赤字大幅增加所產生的威脅。我促請參議員恢復法定支出上限及「支付通過」規定，說道：「萬一監控預算流程的執行機制無法落實，我擔心會產生缺乏明確方向及建設性目標的結果……導致難以根除的預算赤字又再度發生。」這樣的結果，會造成無論如何刺激都無法解決的問題。供給面的論點認爲經濟成長越快，赤字問題就越容易處理，這點無庸置疑，我說。除非意外發生，所減的稅都被存起來，否則支出的部分會讓GDP和稅基都增加，從而增加稅收。因此，減稅的總金額會大於稅收的短少。但這仍然是短少。以我們當前所面對的短缺規模，我警告說：「我們不能安全地依靠經濟成長來消弭赤字並解決困難的抉擇，我們必須恢復預算紀律才能解決這些問題。」

我公開向政府計劃挑戰這件事引起一場騷動。「不，總統先生：葛林斯潘嚴厲譴責赤字上升」是第二天早上《金融時報》的頭條。但美國報紙的頭條顯示，我並沒有成功地把辯論重點轉移到

④賸餘不再像二〇〇一年一樣，造成必須去取得私有資產的困擾。目前的負債遠高於二〇〇一年所考慮的水準。

應該討論的地方。我本來想要讓大家瞭解財政限制的必要性，所包含的不只是稅的問題而已，還有更重要的支出問題。但大家都把焦點放在稅之上。《華盛頓郵報》寫道：「葛林斯潘表示減稅還不成熟，戰爭將造成停滯性膨脹。」「葛林斯潘建議暫緩減稅」《美國今日報》說道。國會也沒有任何一位領導人發起預算控制機制。

減稅議題很快就成爲媒體焦點。那星期，四百五十多名經濟學家，包括十位諾貝爾獎得主，發表一份公開信宣稱布希所提出的減稅案對經濟沒有什麼幫助，只會增加赤字，白宮則簽了二百五十名支持其計劃的經濟學家以對抗這封公開信。其中有很多人我都認識——這四百五十名主要是凱因斯學派，而二百五十名主要是供給面學派。整個論戰熱鬧有餘，意義卻不大，而且伊拉克戰爭爆發後就消聲匿跡了。到了五月，國會通過總統所要的減稅案，由總統簽署後正式成爲法律，而預算紀律的需求，在重要事項表上卻隻字未提。我知道卡珊多拉（譯註：Cassandra，希臘神話中的凶事預言家）的感受了。

在布希主政期間，特別是九一一之後，我去白宮的次數比以前更多了。每個星期至少一次，我會從辦公室走幾步路，搭電梯到聯準會停車場，開半英哩的車到西南門。有時候是和國家經濟委員會（National Economic Council）主席史蒂夫·傅利曼（Steve Frideman）及其接任者，艾爾·胡柏等資深經濟官員開例行性會議。我也會定期去拜會錢尼、萊斯，或安迪·卡德等其他官員。當然，有時候我是去見總統。

我又回頭當起顧問了。這些會議的議程涉及國際經濟學、全球能源和石油的動態、社會保險的未來、解除管制、會計詐欺、聯邦全國貸款金融公司（Fannie Mae）和聯邦住宅貸款抵押公司（Freddie Mac）的問題，以及在適當的情況下，討論貨幣政策。我非常努力地提出許多觀念，將在後續的章節中說明。

結果，布希政府和我所想像的福特政府轉世非常不同。如今，一切以政治操作爲主。身爲聯準會主席，我是一股獨立的力量，而且我已經待很久了，但我當然不是圈內人，我也不想當圈內人。

沒多久就很清楚了，這個政府裡容不下像保羅・歐尼爾這樣大剌剌的赤字獵人。他和我花許多時間規劃的案子——例如，把社會保險轉成個人帳戶，以及監督執行長責任的嚴格法令——所得到的待遇，卻不如我們在第一回合提倡減稅時的言論。這個政府強調忠誠和謹守言論分際，保羅那種率性直言的作風，讓他成爲政府的眼中釘。保羅在他二年的財政部長任期內，大部分時間都在和布希的經濟學者吵架，特別是減稅案的主要建築師，拉里・林賽。二〇〇二年大選後，白宮讓這二人都辭職了。接替保羅的是鐵路業巨人CSX公司的前執行長約翰・史諾。事後證明，約翰和保羅比起來，是個更好的行政人員，而且是個更流暢、更有效的經濟政策發言人，而這些正是白宮要求財政部長所需具備的條件。

總統和我的關係，一直和我們第一次在麥迪遜飯店共進早餐的時候沒什麼差別。他一年邀請我好幾次去他的專屬餐廳午餐，通常還會有副總統錢尼、安迪・卡德，和一名經濟顧問作陪。這幾次會議，和第一次一樣，大部分是我在講話，討論全球經濟趨勢和問題。我講得太多了，以致於我不記得有什麼時間吃飯。最後我都是回到辦公室再吃點東西。

在我們共事的五年中，布希總統遵守他的諾言，保持聯準會的獨立性。這段期間，我們大部分都把利率維持在極低的水準，當然，這就沒什麼好抱怨的了。然而，即使在二〇〇四年經濟成長回來之後，FOMC開始逐步調高利率，白宮也沒有表示意見。同時，總統對我批評他的財政政策，即使不能接受，也相當容忍。例如，我反對他主張要立即實施另一次減稅案之後，還不到一個月，他就宣佈打算提名我，讓我第五度當上主席。這讓我感到意外；我的第四屆任期還有一年之久呢。

政府還採行聯準會所提，認爲有益於金融市場健全的政策。最重要的一場戰爭是自二〇〇三年開始，抑制浮濫的聯邦全國貸款金融公司和聯邦住宅貸款抵押公司，這些公司得到國會所授與的特許權，承作住宅抵押貸款。實質上，他們接受了金融市場的補貼，形式爲，他們的債券利率，隱含的信用風險貼水非常低——市場認爲，萬一他們無力清償時，美國政府會出手拯救。全貸及住貸這二家公司一直利用這項補貼來墊高獲利並且不斷成長。但他們的交易已經開始變質並危及金融市場，特別是當這二家公司繼續成長時，問題似乎越來越嚴重。這些公司僱用技巧高超的政治說客，得到國會有力的言論支持。布希總統支持鎮壓這二家公司，所得到的政治好處非常少。然而他支持聯準會，在二年的奮鬥中，完成重大改革。

總統不願對失控的支出行使他的否決權，這點一直讓我感到很挫折。沒多久之前，我有機會拿到美國財政狀況自二〇〇一年一月，也就是新政府上任以來的變化情形。我把國會預算辦公室依照對當時政策（既有法令和預算傳統）所編列二〇〇一年到二〇〇六年九月的預算，拿來和這段期間的實際結果作比較。二〇〇六年九月預計的公債餘額爲一・二兆美元。實際的餘額爲四・

八兆美元。這個落差相當大。當然，收入短少，有顯著的一部分是來自國會預算辦公室無法正確研判股市即將下跌，造成的資本利得稅及其他股市相關稅收減少。但在二〇〇二年，政府和國會已經知道這個事實——但他們的政策方法卻沒什麼改變。

其他的短少來自政策：減稅和增加支出。伊拉克戰爭及反恐措施無法解釋這個缺口。國會預算辦公室估計，二〇〇六會計年度在這二項上合計編列了一千二百億美元。這個數字不小，但對一個十三兆的經濟來說，還足以吸收。聯邦政府在國防上的支出，二〇〇〇會計年度佔GDP的百分之三，創六十年來新低，二〇〇四年回升到百分之四左右，此後則一路持平——二〇〇六年為百分之四・一。（相較之下，國防支出在越戰時耗用了高達GDP的百分之九・五，而在韓戰期間更超過百分之十四。）

但是用在民間部門的支出，即所謂的非國防專屬經費，竟然高漲，超過千禧年當時在賸餘頗多的情況下所作的預測值。最令我氣餒的是二〇〇三年下半年所制定的處方藥物法（prescription drug act）。這項法案並沒有整合必要的健保改革，卻讓整個體制在未來十年中，估計增加了五千億美元龐大而難以解決的成本。雖然這項法案讓總統實現了一項競選諾言，卻提不出解決資金來源的辦法。

這不是孤立事件。當政府和國會打算在二〇〇四年推出超過四千億美元的聯邦財政赤字時，共和黨實際上還試著為放棄自由意志主義小政府的理想，作合理化解釋。「結果，美國人並不想要大幅縮減政府。」來自俄亥俄州的國會議員約翰・貝納在處方藥物法剛通過時的一篇聲明書中寫道。貝納是九年前共和黨拿下眾議院的推手，但如今，黨要面對一個「新的政治現實」，他說道。

我們頂多能希望政府的規模成長得慢一點，但不能要求規模縮小。「共和黨員身爲國會中的多數黨，已經接受這項現實。」他寫道。他和其他黨領袖主張，新目標應該是更大，但也更有效率的政府。他們達成了前項，但後面那項卻沒有達成。

實際狀況甚至還更糟。因爲黨裡的許多領導人，把改變選舉程序以創造共和黨永遠領導政府當成主要目標。眾議院院長赫斯特和眾議院多數黨領袖湯姆・狄雷（Tom DeLay）似乎只要能夠多幾席讓共和黨成爲多數黨，隨時願意鬆開聯邦政府的口袋。事實證明，參議院的領導也沒好到哪裡去。多數黨領袖比爾・費斯特（Bill Frist）是一名極爲聰明的醫師，他贊成財政紀律，但個性不夠強悍來要求別人也贊成。像菲爾・格拉姆、約翰・馬侃、查克・黑格爾（Chuck Hagel），及約翰・孫努努（John Sununu）等保守派經常認爲他們的警告沒人理會。

國會還忙著爭食大餅。當政治人物運用這種權力，指示政府作特定支出時，指定款就氾濫成災，導致二〇〇五年的遊說和貪瀆醜聞。後來，由約翰・馬侃所領導的跨黨派小組，有鑑於國會撥款中的指定款，從一九九六年柯林頓第一任末期的三〇二三件，增加至二〇〇五年布希第二任開始時的將近一萬六千件，遂提出政治分贓抑制法（Pork Barrel Reduction Act）。政府分贓的總金額難以估計（有些指定款是合法的），但不管採用何種定義，金額都達數百億美元。我承認，和二兆多的聯邦預算比起來，這筆金額在比例上相當小，但這不是重點。當我們在研究財政紀律是否瓦解時，指定款就如同礦坑裡的金絲雀（譯註：指小而敏感的危機觀察指標）。而這隻金絲雀看起來是生病了。

在共和黨於二〇〇六年選舉中失去國會控制權之後，共和黨前眾議院多數黨領袖迪克・亞梅伊在《華爾街日報》上發表一篇特稿。其標題爲「革命結束」(End of the Revolution)，從一九九四年共和黨拿下國會說起：

當年，我們的主要問題是：我們要如何改造政府，把金錢和權力還給美國人民？後來，這些政策創新者和「九四精神」大部分被眼界狹隘的政治官僚所取代。他們的問題變成：我們要如何保有政權？二〇〇六年，終結共和黨多數局面的犯罪行爲及醜聞，就是這種變化的直接後果。

亞梅伊的說法完全正確。共和黨在國會裡迷失了。他們拿原則去換取權力。最後二者都失去了。他們輸了活該。

在二〇〇六年暗淡的日子裡，看著一群美國人靜靜地站著，對福特致上敬意，我熱淚盈眶。當車隊把美國第三十八任總統的遺體從安德魯空軍基地移往國會大廈安厝時，街上的人群排了好幾層。享年九十三，他是我們最長壽的總統。華府，爲黨派衝突所撕裂，是失常政府的庇護所，看到全體擁戴這遙遠年代中一位跨黨派同志愛的象徵，眞是難能可貴。這是對慈悲靈魂的禮讚，但也是美國人渴望福特所代表，但已消失很久的美國政治禮貌。

福特在一九七六年總統大選時被卡特打敗，當福特安葬於密西根州大湍城(Grand Rapids)，由四分之一個世紀以來他所代表的國會黨團人員向他致哀時，卡特也前來悼唁，這是個象徵。福特對尼克森行使總統特赦權，讓他在一九七六年付出敗選的代價。民主黨員要求尼克森對其任內的違法行爲負責，因此福特這個決定在民主黨引起軒然大波。然而多年之後，許多知名的民主黨員開始相信，福特的特赦，是我們走出水門傷痛的基本要素。參議員泰德·甘迺迪稱之爲「非凡的勇氣」。⑤

我在車隊中，離載著福特棺木的靈車只有幾碼遠（我很榮幸擔任扶棺人），當我看著車窗外的晴朗天空時，我不禁在想，當年美國的政治是什麼景象，因爲福特和當時民主黨國會議長提普·歐尼爾，每天要從早上九點戰到下午五點，但他還是會邀請這位老朋友來白宮參加雞尾酒晚會。

我在一九七四年八月加入福特政府，當時華府還處於水門事件的創傷中。然而黨派熱情在太陽下山之後就被拋諸腦後了。我所參加的晚宴（一種華府政治習慣）清一色都是跨黨派的。來自兩黨的參議員和代表，與政府官員、媒體，及城裡重要的社交掮客打成一片。二〇〇五年，也是我在政府中完整的最後一年，這個晚宴習慣還在，但已經變成黨派色彩強烈的活動。有許多次，我是唯一出席的共和黨員。而在我所參加的「共和黨晚宴」中，民主黨員也是非常稀少，甚至沒有。由媒體所主辦的年度半正式禮服盛宴——星條晚宴（Gridiron）及其他贊助者所舉辦的晚宴——和當年福特時代一樣，是跨黨派的晚宴。但在這些場合裡，友誼是被迫的，也是做作的。

造成黨派摩擦的原因，學術界的分析很多，但共同的結論卻很少。甚至還有一個耐人尋味的

⑤二〇〇一年五月二十一日，福特獲波士頓甘迺迪圖書館頒發甘迺迪勇氣獎（John F. Kennedy Profile in Courage Award）時，參議員甘迺迪發表此言論。

論點，認為一九五〇年代及一九六〇年代那種跨黨派友誼的美好日子，在歷史上是個異數，而今天的摩擦和過去的歷史相較，並無太大的異常。從我個人狹隘的角度看，我的位置曾經見識到尼克森在一九六八年競選時，成功地發展出「南方策略」，我回想起來，似乎我們政治失常的根源可以追溯到一九六四年民權法（Civil Rights Act）通過後，南方的保守派國會代表控制權由民主黨轉移到共和黨手上。一九六〇年代，民主黨員的人數遠超過共和黨員，而且自新政時代以來，國會和白宮幾乎都是由民主黨所控制。南方民主黨員鎖住南部，在國會建立了重要的資深度，並自羅斯福總統時代以來，控制著委員會主席一職。北方的自由派和南方的保守派難以合作，至今在民權及財政政策上仍然南轅北轍。

據說詹森在一九六四年簽署民權法時，向民主黨宣示：「我們失去南方已經有一個世代了。」如果他說了這句話，他就是個先知。由來自喬治亞州理察・羅素（Richard B. Russell）所領導的南方民主黨參議員覺得他們被來自德州的領導人所出賣。民主黨在深南區（Deep South）各州中，參議員代表席次由一九六四年十八席中的十七席，下降到二〇〇四年國會選舉時的四席。民主黨在眾議院的席次比例也同樣下降。二次大戰後，形成北方工業往南方移動的趨勢，民主黨鎖住南方政治的態勢勢必改變。然而，毫無疑問，民權法案讓這個過程得以加速。從一個共和黨員的觀點來看，一個不錯的結果竟是來自錯誤的理由，這讓我感到難過。

四個國會派系，二黨各佔二個，多年來已經有劇烈的變化。每個派系，二個是共和黨，二個是民主黨，過去都包括自由派、中間派，及保守派。當然，其比率各政黨不同，但任何一個派系在推動任何一項法案時，都很少能夠團結一致，產生全面性的多數。典型的立法投票是民主黨員有百分之六十贊成，百分之四十反對；而共和黨員有百分之四十贊成，百分之六十反對——或是反過來的情況。

今天，國會的派系，反應南方政黨傾向的再調整，不是以自由派爲主（民主黨），就是以保守派爲主（共和黨）。在此情況下，過去在立法投票時，黨內的意見是百分之六十對百分之四十，如今卻很可能成爲百分之九十五對百分之五。結果，立法成了高度的政黨之爭。

或許有人會認爲，在我們悠久的歷史上，自由派和保守派之間的愛並不會消失。但大家並不是在「保守的黨」或「自由的黨」之標籤下運作。執政的機制——指派委員會委員及領導人職位——是由民主黨或共和黨來進行的，而政黨的力量處於支配的地位。共和黨員最後在南方州的政治圈取得支配地位，讓這兩大黨在人數上平分秋色，但過程中，在保守的共和黨和自由的民主黨之間，引進了不同的意識形態。這在中間留下了一大塊無人照顧的區域，我相信在二〇〇八年，要不然就是二〇一二年，會出現勝選有望而且經費充足的獨立總統候選人。

政治上的鴻溝，已經超越政治權威所能搔著癢處的範圍。執政已經失常而危機重重。媒體和龐大群衆向福特致上無上的悼念，他們同時也在爲逝去的同儕政治（collegial politics）哀悼。不到二個月之前，美國人已經用選票把共和黨的國會控制權拿掉。我不認爲民主黨贏了。而是共和黨輸了。民主黨之所以取得國會主導權只因爲他們是剩下來唯一的政黨。

我經常在想，如果在競選搭配上，總統候選人的是共和黨員而副總統是民主黨員，或是反過來，將會吸引大批中間被忽略了的選民。也許只要世界安然無恙，這個議題就不重要。由於全球化這隻「看不見的手」越來越明顯，有效地控制數以億計的每日經濟決策，在此情形下，領導人是誰並不重要。但自九一一之後就不是這樣了。誰有權掌控政府的確很重要。

12 經濟成長的通用概念

身爲聯準會主席，我常常覺得，在處理美國經濟政策所面臨的緊急問題時，必須探討人性和市場力量的各種互動方式。我已經在前幾章中，談到我如何瞭解經濟世界是怎樣運作的種種故事——這六十年來的學習過程。後面幾章，我將先把我的結論臚列出來；再試著就我的瞭解，針對世界經濟結合起來並促使其演化的力量，以及令其分崩離兮的力量，作一個介紹。

在我的專業生涯中，我很早就確定企業競爭這個角色是經濟成長和提升美國生活水準的主要動力。幾十年後，換到全球事務上，我的想法不需要作什麼改變。然而，我的確有很多東西要學。當雷根在一九八七年提名我擔任聯準會主席時，許多評論員表達對我缺乏國際經濟經驗的關切。那是有道理的。經營國內導向的陶森葛林斯潘公司時，除了國際原油經濟之外，我很少觸及國際經濟。一九七〇年代中期，我在經濟顧問委員會的工作中，曾經接觸到歐洲的成功與痛苦，對亞洲新興國家也有一些瞭解。但直到我於一九八七年八月進入聯準會之後，我才讓自己沉浸在全世界各個國家的細節裡，思索其驅動的力量。一九八〇年代和一九九〇年代期間拉丁美洲所定期發生的危機、蘇聯及其經濟的瓦解、一九九五年墨西哥幾乎破產，及各個新興市場爆發可怕的金融危機，到一九九八年俄羅斯破產達到高峰，使我的輕重緩急順序，有了劇烈調整。我在聯準會裡的第一位教師就是國際金融部的主管，泰德・杜魯門（Ted Truman）。他是杜魯門總統的遠親，在耶魯大學拿到博士學位，並在耶魯教了幾年書之後，就加入聯準會擔任幕僚。我向泰德學了很多東西，但多年來杜魯門在聯準會裡表現優秀，乃於一九九八年受命到財政部擔任助理部長，負責國際事務。接他位置的是凱倫・強生（Karen Johnson），麻省理工學院博士，她繼續教導我。

我在聯準會的那幾年，幾乎任何想像得到的國際經濟議題，我都會密集地和專家互動，從管制我們對ＩＭＦ金融捐贈，難解的預算會計規定，到中國珠江三角洲經濟學。至於美國在不斷擴大的全球化環境中要如何運作，我必須持續調整我的看法。監督我好好學習美國經濟的，除了唐・科恩之外，還有大衛・司達登（David Stockton），他一九八一即爲聯準會職員，二〇〇〇年成爲首席經濟學家。他和理事不同，從不尋求，也不接受媒體採訪，但是當理事發表演說時，各位聯準會觀察員所得到的美國經濟預測，就是他所作的。我們理事都把他當成不可或缺的幕僚。①

遠在亞當斯密一七七六年寫出經典之作《對國家財富的本質及其起源的探索》（譯註：*An Inquiry into the Nature and Causes of the Wealth of Nations*，簡稱 *Wealth of Nations*《國富論》）更早之前，人們就在爭論，邁向繁榮，最短、最直接的路是什麼？其實，這個爭論永無結束之日。但即便如此，所有的資料都指出，有三項重要的共通特性影響全球成長：㈠國內的競爭程

①大衛實在是低調到極點，我還是和他密切合作多年之後，才知道他的遠祖，理察・史達登是獨立宣言上的署名者。

度，以及，特別是在開發中國家，該國貿易的開放程度及與其他國家整合的程度；㈡該國經濟事務相關制度的品質；㈢政策制定者為總體經濟穩定所採行之必要措施之成功程度。你可以稱之為資本主義檢查表。

雖然大家都有共識，普遍接受這三項條件為繁榮的基礎，但我懷疑，如果我們對經濟發展專家作調查，大家對各個條件的重要性，可能會有不同的排序，而且還可能對每項條件的重點，都有不同看法。我個人認為，國家實施財產權是促進成長的關鍵制度。因為如果沒有財產權，公開交易及競爭和比較利益的龐大效益將遭受嚴重阻礙。

人們一般不會努力地累積經濟成長所需之資本，除非他們可以擁有資本。當然，所有權有相當多的條件。我是真的擁有一整塊地，還是上面設定了許多地役權（easements），以致於對我而言沒什麼價值？或者，最重要的，如果政府可以任意拿走我的財產，則我的財產權還有多少價值？在經常害怕被徵收的情況下，我還會如何努力改善我的財產？而如果我想賣，可以賣到什麼價格？

多年來，我們看到，即使私人所有權只有一點點，其所發揮的功效也相當驚人。當中國把高度稀釋的所有權授予耕種公社廣大農地的農民，每畝的產量及農村生活水準顯著上升。蘇聯有一大部分的穀物是「私有」土地所生產的，而這種土地只佔耕地中非常小的比例，這是讓其中央計劃經濟難堪的汙點。

人民需要法律之保障，以擁有和處分財產，以免受國家任意徵收或市井暴民奪取之威脅，一如在生活上，對實體財產——食物、衣服，和房子——之需求。當然，人類曾經生活在極權主義之下，也活過來了。但這種情形比較少。約翰·洛克（John Locke）是十八世紀英國哲學家，他對啓蒙時代的貢獻，激發出一套原理，深深地影響美國開國元勳的想法，他在一六九〇年寫道，人類「基於天賦人權，有權保障自己的生命、自由，和財產，不受其他人之傷害或攻擊。」②

很遺憾，對於資本和其他收益性資產而言，財產權一直是個充滿矛盾的想法，特別是在視追求利潤爲不道德的社會裡。畢竟，這種權利的唯一目的就是保護資產以便加以運用獲利。馬克思主義對財產的看法是「偷竊」，一個保有馬克思主義殘留思想的社會，不會支持財產權。其想法建立在「分工所創造的財富是共同產生的，因此屬於集體所有」的假設上。因此，任何個人所取得的權利，必然是從整體社會「偷」來的。當然，這種看法在馬克思之前就有了，並深植於許多宗教中。

個人財產所有權的推定，以及所有權移轉的合法性，應該深植於社會的文化中，以利自由經濟之有效運作。在西方，幾乎所有人都可以接受，或至少默許，財產權在道德上具有正當性。對財產所有權的態度和看法，會透過家庭的價值和教育，一代傳一代。這些態度，是從人們和社會互動的最深層價值中所衍生出來的。因此，從社會主義經濟所謂的集體財產制，轉移到市場經濟的個人財產權的過程，可以預期將是相當緩慢。改變一個國家的兒童教育，非常艱鉅，顯然不是

②洛克宣言，出自《政府論第二篇》(*Second Treatise of Civil Government*)，値得全文引出：「誠如所證，人類生而享有完全之自由，在自然法則下，其所享有之權利和特權不受控制，和其他人以及全世界所有的人完全平等，基於天賦人權，不只可以保障他的財產，亦即，他的生命、自由，和資產，不受他人之傷害或攻擊；而且還可以對其違反侵害他人之行爲加以審判，和懲罰，因爲他相信，侵害他人權利理當受罰，當犯下滔天大罪時，甚至願意被處死，他認爲，這是必要的。」(第七章第八十七節)。

一夕之間就可以完成。

清楚的是，並非所有的民主國家，在保護私有財產權上都有同樣的熱忱。事實上，變化相當大。印度是全世界最大的民主國家，對企業活動的管制相當多，因而顯著弱化了自由使用並處分個人財產的權利，而這點卻是衡量財產權保護程度的基本項目。同樣地，所有堅持保護財產權的社會，在公共議題上也並非一成不變地完全由多數人民的意願來決定。香港早年當然沒有民主程序，但有一套受到英國普通法保護的「權利表列」。血緣類似的新加坡，也保護財產和契約的權利，這是效率市場的重要基礎，但他們並沒有我們所熟悉的其他西方民主特性。然而，具有媒體自由及保護少數族群權利的民主，才是保障財產權最有效的政府形式，最主要的原因是，這樣的民主極少會縱容不滿，任其升高到劇烈破壞經濟制度的程度。另一方面，專制式資本主義，對大批受委屈的人民，採用法制外的解決手段，於是，先天上具有不穩定性，因爲痛苦的人民被迫尋求法制外的彌補方式。這項風險，形成高昂的財務成本。

雖然，有關財產權和民主制度的辯論，毫無疑問還會持續下去，我卻被諾貝爾經濟學獎得主阿瑪遜亞・森恩（Amartya Sen）所作的觀察所吸引：「……在全世界悲慘的饑荒史上，擁有相對自由媒體的獨立民主國家，未曾發生過重大饑荒事件。不論我們如何尋找，都找不到例外……」由於媒體在專制政權下，傾向於作自我內容篩檢，因此對市場干預主義政策這項破壞食物分配最普遍的原因，就不去報導，從而問題得不到修正，直到爲時已晚。

財產權的重要性，大於爲既有企業創造投資動機，甚至大於爲車庫裡敲敲打打的發明家創造動機。祕魯經濟學家赫南多・德・索托（Hernando De Soto）於二〇〇三年一月來聯準會找我，告訴我一個改善全世界部分窮人生活水準的作法，他的方法似乎很激進。我的工作有一部分是接見來城裡拜訪的外國訪客。對我，以及對經常列席的聯準會幕僚而言，這些機會是很有價值的資訊來源。德．索托的風評，至少就我的瞭解，是一名立意良善卻有點誤導的理想主義者，或是用不是很客套的話來說，是個攻擊風車的唐吉訶德。他的簡單想法是，大多數最貧困的公地佔住者，已經有效地使用財產——房子或土地——但問題是，依法他們不能出售這些財產換取現金，或是作為銀行或其他金融機構貸款的擔保品。如果能對這種財產訂定清楚的法律，將釋出一筆龐大的財富。我認為這是天眞的想法，但值得考量：當然，自二次大戰以來，儘管官方對外國補助的支出相當龐大，卻很少見到其他的開發理論。

無論如何，和德．索托見面讓我對此事很感興趣。他的計算顯示，全世界有超過九兆美元的無法運用資產。我很困惑。除了法律保護的財產外，只要這個數字不太離譜，甚至還會增加出相當有價值的資產出來。他已經拜訪過許多開發中國家的政治人物，嘗試為窮困人家的實質土地所有權訂立清楚的法律。德．索托很樂觀，但我想，他的希望可能不會有太大的進展。

我在他離開後想：有沒有可能，他觸及到我們所忽略的東西？我當時很淸楚，他很難說服腐敗的政治人物把他們實質持有，甚至是依法持有的國家資產讓渡出來。德．索托的目標似乎有二個無法克服的障礙。首先，開發中世界有不少的政治人物，即使他們避開了財產是「偷竊」的想法，他們都還是相信某種形式的集體所有制。或者直接的說，讓公地佔住者有權出售土地或作為擔保品，這會讓社會中某個顯著的層級得到權力，相對也就稀釋了政治人物的權力。合法化會剝奪這些政治人物任意沒收一大群公地佔住者土地的潛在權力。然而，中國最近發生一件事，顯示政治動亂有多大。中國許多的省政府或地方政府，爲了努力達成現代化，以他們自己版本的創造性破壞，定期沒收農民的土地以進行開發。暴動一發不可收拾。對農民所耕種的土地，淸楚地授予合法的所有權，經過一段非常漫長的過程之後，終能把不滿平息下來。③雖然達到目標的方法可能完全不淸楚，但赫南多·德·索托的最終目標卻很吸引人。

保護財產權一直是個移動的目標，因爲法律一直試著要趕上變動不居的經濟。即使在美國保護財產權這麼周全的地方，康乃狄克州新倫敦（New London）地區的財產擁有者於二〇〇五年宣稱，他們的土地被市政府拿去作商業再開發，這個案子送到了最高法院。法院的裁決對市政府有利，引起國會強烈抗議。因此，對於該不該保護財產權，或是要保護到什麼程度，不同的文化有不同的見解，這一點兒也不奇怪。這個問題在智慧財產權越來越重要時更爲明顯。我會在第二十五章探討此議題。

雖然我認爲法治和財產權是經濟成長和繁榮的最重要制度基礎，但其他因素顯然也很重要。追求短線高報酬，且願意借用未來所得以達成目標的社會，在歷史上，通常都會陷入通貨膨脹和停滯性膨脹的痛苦。這種社會的經濟，傾向於從印刷機印出法償貨幣以融通龐大的政府預算赤字。最後通貨膨脹隨之而來，繼而導致衰退，甚至更糟，因爲央行通常還會被迫採取鉗制措施。然後整個過程又重新來過一次。我會在十七章談到，拉丁美洲有許多國家特別容易犯這種「民粹主義」毛病。很遺憾美國並不能完全免疫。

③二〇〇七年三月中國全國人民代表大會對財產權之「確認」，迴避了農地的明確授予事宜。

決定經濟成就的一項重要但很少討論的總體經濟因素是經濟的彈性程度以及吸收震撼的韌性。美國在九一一之後迅速反彈，就是彈性重要性的證明，這點我已經提過了。而且，彈性和財產權的程度有關。爲了得到彈性，競爭市場必須能夠自由調整，這表示市場參與者必須能夠自由地依照他們的看法去配置資產。對定價、借貸、結盟，及更廣泛的市場實務加以限制會使成長慢下來。而正向動作，如解除管制，則漸漸和「改革」結合。（就在一九六〇年代，「改革」竟和企業管制結合在一起。理念主導政策。）

另一項讓市場資本主義正常運作的重要條件，但在討論有助於經濟成長及生活水準的要素時卻同樣很少提及的因素是：信任他人的話。儘管法律允許每個人對其所遭受的委屈採取法律上的救濟行動，但如果現有合約中，有一小部分需要裁判，法院系統將會塞爆而動彈不得，就好像社會能力必須由法治來管理一樣。

這隱含自由社會是控制在市民的權利和義務上，大多數的交易，對於合約條款的遵循應該是出於自願，亦即，在必要的情況下，先信任我們交易對手所說的話，而對手，幾乎都是陌生人。我在前幾章提過，許多龐大的交易，特別是在金融市場，先口頭約定，日後再補上書面合約作確認，而且有時候甚至是在價格已經有很大的變化之後，我們對此卻習以爲常，這實在很神奇。我們對藥劑師的信任也很神奇，他們依照醫師的處方箋抓藥給我們。或是我們對汽車製造商的信賴，相信他們所造的車子會如其保證運行。我們並非傻瓜。我們依靠對手的自利心而交易。想想，如果我們現在的文化不來這套，那麼，能作成的生意就沒幾件了。和我們生活水準息息相關而不可或缺的分工，將不存在。

我前面提過，物質享受——即財富創造——需要人們去冒險。我們不能確定，譬如說，我們的覓食、製衣，和尋找棲所的行動是否會成功。但我們對我們的交易對手之信任越大，我們所累積的財富就越多。在以信任爲基礎的市場系統中，聲譽將會具有顯著的經濟價值。企業的財務報表，正式把聲譽資本化，稱爲「商譽」，是一家企業市值的重要項目。

聲譽，以及其所培植的信任，總是讓我覺得這是市場資本主義必備的核心特質。法律充其量只解決市場日常活動的一小部分而已。當信任消失，國內企業的交易能力也隨之受損。不怎麼誠實的交易對手，在市場所創造出來的不確定性，會增加信用風險，從而提高實質利率。

身爲十八年以上的金融管理者，我領悟到政府的規定不能取代個人誠信。事實上，政府對信用作任何形式的保證，都會降低金融交易對手贏得誠信交易信譽的需求。當然，我們可以理解，政府的保證優於個人信譽。但像存款保險這種保證，代價卻相當高。我認爲，而且我猜大多數的法規管理者也都同意，對抗詐欺和破產的第一道，也是最有效的防線，是交易對手的監督。例如，JP摩根放款給美林（Merrill Lynch）之前，會審慎檢視其資產負債表。該公司並不會尋求證管會以驗證美林的償債能力。

雖然銀行業和製藥業可能是聲譽價值的模範市場，在各個專業領域中，也普遍存在這種現象。我小時候，有關中古車業務員良心不安的笑話很流行，但事實上，一個惡貫滿盈而不知羞恥的中古車業務員是很難長期存活的。今天，幾乎每個專業領域都多少受到一些法規架構的限制，因此，比以前更難把信譽的效果獨立出來，但有個產業可以，那就是電子商務。例如，愛理博（Alibris）這家二手書仲介網站。如果你非常想買亞當斯密經典之作《國富論》的早期版本，你可以在愛理博上搜尋出全國有這本書要賣的賣家名字。客戶有機會對他們曾經買過至少一本書以上的賣家作可靠度評價，而這些評價在作購書決策時，無疑扮演重要角色，因爲許多賣家都在使用這個評價。這種公開回饋形式，讓賣家有強烈的誘因，對其書況誠實以報，並迅速交貨。但沒有人能夠免於客戶的懷疑：身爲聯準會主席，我被持有大量美元部位的其他央行主管質問其投資是否安全。

比成長和改善生活水準關鍵要素表列更令人訝異的是不在表列上的要素。超級豐富的天然資源——石油、天然氣、銅、鐵礦——怎麼可能對一國的生產和財富沒有明顯幫助？弔詭的是，大多數的分析師得出結論，天然資源寶藏，傾向於降低，而不是提升生活水準，尤其是在開發中國家。

這種危機是以綽號爲「荷蘭病」(Dutch disease) 這種經濟困境形態出現。(《經濟學人》在一九七〇年代創出這個詞來描述荷蘭發現天然氣後所遭遇的生產困境。) 當國外對某項外銷品的需求，驅使出口國的幣值上升時，荷蘭病就會發生。幣值上升使該國其他的出口品失去競爭力。分析師經常用這種形態來解釋爲什麼資源相對貧乏的香港、日本，和西歐很富庶，而盛產石油的奈及利亞等國家卻無法繁榮。④

「十年後、二十年後，你會看到：石油毀了我們。」這就是前委內瑞拉石油部長、OPEC共同創辦人阿方索 (Juan Pablo Pérez Alfonso) 於一九七〇年代所說的話。他正確地預測，幾乎所有的OPEC國家都無法把他們的富庶，顯著地分散到與石油無關的產業。除了扭曲幣值之外，天然資源寶藏通常還會帶來有害的社會效果。最後，輕鬆到手的財富傾向於腐蝕生產力。某些波斯灣國家提供給人民的福利多到人民如果不是天生愛工作，就不工作了。無聊的工作於是留給外來移民，他們很高興能拿到不錯的工資。還有政治效應：執政派系能動用天然資源的收入以安撫人民，讓他們不要遊行反對政府。

難怪位於非洲西岸外的群島國家，聖多美普林西比（São Tomé and Principe）在其領海發現石油時，到底該不該開採，他們有不同的意見。梅尼士總統（President Fradique de Menezes）於二〇〇三年評論道：「我已經向我的人民承諾，我們要避開所謂的『荷蘭病』、『原油驚夢』（the crude of awakening），或『石油的詛咒』。統計資料顯示，資源豐富的開發中國家，在GDP的發展上比資源匱乏的國家差了許多。他們的各項社會指標也低於平均值。在聖多美普林西比，我們決定要避免這個富裕的悖論。」

荷蘭病主要發生於開發中國家，因爲他們準備不當，無抵抗力。同時，挑戰的規模也通常比較大：因爲天然資源之分佈，與一個國家的經濟規模和成熟度無關，不同於已開發國家，開發中國家的GDP和天然財富相較，更顯得矮小。一般而言，似乎，如果一個國家在發現天然財富之前就「已開發」，就可對任何長期有害的效應具有免疫力。然而荷蘭病對任何地方都會造成傷害。

④荷蘭的情形是這樣，外國對天然氣的龐大需求導致大量購買基爾德（譯註：guilders，荷蘭幣），造成荷蘭幣對美元、德國馬克，和其他主要貨幣升值。這表示荷蘭除了天然氣以外的任何商品在世界市場上處於較不利的競爭地位。外銷廠商以基爾德來支付工資及其他成本，而以較高的匯率換算成美元或其他的貨幣，就是較高的成本。荷蘭的非天然氣廠商如果要在外國市場上具有競爭力，就要收取較少的基爾德，支付工資後，利潤就降低了；或者——比較可能——提高以美元計價的價格，但賣得較少。雖然荷蘭解決了這個問題，沒出什麼大差錯，這種狀況還是稱爲荷蘭病。

一九八〇年代初期，英國在開發北海原油之後就發了一場大病。當英國由石油進口國變成出口國時，英磅兌美元的匯率就開始上升，而其外銷品的價格也暫時失去競爭力。人口不到五百萬的挪威就必須採取劇烈行動以保護其小規模的經濟不受北海發現大量原油的影響。挪威在一九七〇年代後期被此病感染之後，就設立了一個大型的安定基金以降低挪威幣在匯率上的壓力。而從崩潰中復甦的共產黨俄羅斯，現正和溫和型的荷蘭病搏鬥。

過去三十五年來，隨著許多國家致力於經濟自由化，並改善其政策品質，全球每人所得已經穩定上升。以前曾經部分或全部實施中央計畫經濟的國家尤其如此，因為自柏林圍牆倒塌之後，他們就開始擁抱某種形式的市場資本主義。我知道貧窮難以量化，這是眾所周知的事，但根據一份最近的研究，全世界人口中，每日生活費低於一美元的比例（這是常用的貧窮標準），過去三十年來已經大幅下降——從一九七〇年的百分之十七，下降到一九九八年的百分之七，表示減少了二億人。此外，自一九七〇年以來，嬰兒死亡率已經下降了一半以上，就學率穩定上升，而識字率也增加了。⑤

從全球的角度來看，雖然財富和整體生活品質已經提升，但成就並沒有平均分配到每個地區或國家。東亞經濟是經常被引述的成功故事。有些國家，包括中國、馬來西亞、南韓和泰國等就非常出色，不只是成長強勁而已，而且還看到貧窮率大幅下降。還有，這不單單發生在亞洲。拉丁美洲的人均所得在這段期間也有所擴增，而且貧窮率下降，雖然進步的速度相較之下，是慢了些。但遺憾的是，撒哈拉沙漠以南的非洲地區（sub-Saharan Africa），許多國家的人均所得水準是往下掉。

我很訝異，我們對市場競爭效力的想法，基本上和十八世紀啓蒙時代沒什麼差別，而當時，整個概念卻是出一個人——亞當斯密——所提出來的。由於中央計劃經濟在二十世紀結束時滅亡，再加上全球化日益擴大的刺激，資本主義力量得以自由地掌控全局。難怪經濟學家認爲，促成今日物質文明的因素，將會隨著時間，繼續快速演化。然而，從某個觀點看來，市場競爭和其所代表的資本主義之歷史，就是亞當斯密理念潮起潮落的故事。因此，亞當斯密著作的故事，以及被接受的情形，值得吾人特別關注。同時也可以作爲下一章的基礎，資本主義的先天「問題」：「創造性破壞」，經常被許多人視爲單純的「破壞」。亞當斯密思想史，從某方面而言，就是人們對資本主義所帶來的社會錯置及潛在解決方案之態度史。

一七二三年，亞當斯密生於蘇格蘭的柯考地（Kirkcaldy），當時的年代，受到宗教改革運動（Reformation）的理念和事件之影響。這是西方文明史上第一次，個人開始認爲自己可以獨立活動而不受神職人員及國家之約束。政治及經濟自由的現代想法開始流行。這些觀念結合起來，開啓了啓蒙時代，特別是在法國、蘇格蘭，和英格蘭。突然間，社會出現一種看法，認爲由理性所

⑤貧窮率的數字係來自世界銀行及哥倫比亞大學經濟學家伊馬丁（Xavier Sala-i-Martin）二〇〇二年的研究。每日一美元的門檻係以一九八五年的美元購買力平價（purchasing power parity, PPP）爲基準。在衡量與比較不同國家的產出和所得時，經濟學家會採用購買力平價來取代市場匯率。這個方式也許不精確，在衡量一個經濟裡國民生活水準上卻很有用，部分原因是這種方法把「非貿易」商品和服務納入考量——例如，男性理髮。世界銀行係以一九八五年當地貨幣計價的基本商品和服務價格，經通貨膨脹調整，再編製成ＰＰＰ基準。該行用購買力平價來計算一天一美元和二美元的世界貧窮率。

導引的個人，可以自由地選擇自己的目標。我們所知道的法治——具體而言，就是保護個人的權利及財產——已經穩固地建立起來，鼓勵人們去生產、交易，及創新。市場力量開始腐蝕封建及中古世紀所殘留下來的僵化習俗。

在此同時，工業革命的出現導致混亂和錯置。工廠及鐵路改變了英國的土地景觀，農地變成牧羊的草地以供應新興的紡織工業，而爲數龐大的農民則流離失所。新興的工業主義階級和以繼承祖產爲主的貴族產生矛盾。保護主義的想法，即所謂的重商主義（mercantilism），只顧及地主和殖民者的利益，在商業及貿易上開始失勢。

在這些複雜而令人困惑的環境中，亞當斯密確定出一套原理，爲看起來混亂的經濟活動，帶來清楚的觀念。亞當斯密爲當時才剛出現的市場經濟運作方式，架構出全球化的視野。爲什麼有些國家能夠提高生活水準而其他國家卻一籌莫展，他對此提出史上首次詳盡而明白的檢驗。

亞當斯密起初是愛丁堡（Edinburgh）的講師，沒多久就回到格拉斯哥（Glasgow），首次在大學裡擔任教授。他的專業領域是他所謂的「財富之進展」（the progress of opulence）（經濟學這個專業領域在當時甚至於還沒有名稱）。多年來，亞當斯密對市場行爲的迷戀程度越來越厲害，於是，他在旅居法國期間，擔任蘇格蘭一位年輕貴族的高薪教師二年後，於一七六六年返回柯考地老家，全部時間都用在撰寫他那本曠世鉅著。

十年後他所完成的書，後來簡稱爲《國富論》，是知識史上最大的成就。其實，亞當斯密嘗試去回答一個最重要的總體經濟學問題：「什麼因素造成經濟成長？」他在《國富論》中精確地指出，資本累積、自由貿易、適當（但受到限制）的政府角色，及法治爲國家繁榮的關鍵因素。最重要的是，他是第一個強調個人動機者：「每一個人，爲了改善自己的狀況而自然努力，遇到困難時，可以在自由和安全的環境下，戮力以赴，這是非常有力的原理，就是這點……能夠帶領社會邁向財富和繁榮……」他的結論是，要增進一國的財富，每個人，在守法的條件下，應該「自由地以他自己的方法去追求他自己的利益。」競爭是個關鍵因素，因爲競爭會激勵每個人，通常透過專業化和分工，使得每個人都變得更有生產力。而生產力越大，就越加繁榮。

這導出亞當斯密最著名的一段話——爲個人利益而競爭的個人，他寫道，就有如「在一隻看不見的手引導下」，對公共利益作出貢獻。當然，「看不見的手」的比喻，抓住了全世界的想像力——也許因爲這種想法似乎把神一般的善意和全知歸給了市場，其實，他的文章和達爾文在半個世紀後所提出的天擇說一樣客觀。但「看不見的手」這個詞本身，對亞當斯密來說卻遠遠不是那麼重要；他在所有的文章中，一共只用了三次。然而這段話所描述的效益，是他從社會各個階層活動中所察覺出來的，從國家之間大量流動的物資和商品，到鄰里間日常的交易：「我們的晚餐並不是寄望於肉販、酒商、麵包店老闆的善心上，而是寄望於他們會爲他們自己的利益作打算。」

亞當斯密認爲自利心很重要的看法，是他所有見解中，最具革命性的地方，在許多文化的歷史中，依一己之利益而行動（其實就是想辦法累積財富），一向被認爲是不妥甚至於不合法的行爲。然而在亞當斯密看來，如果政府只提供安定和自由之外，其他一概不管，則個人動機將會照顧共同利益。或是如同他在一七五五年的演說中所言：「將一個國家從最低層次的野蠻狀況帶進最高層次的富足，除了和平、少收稅，以及可容忍的司法行政之外，不需要再做什麼了：其他一切自然會水到渠成。」

亞當斯密廣泛引用商業組織及機構的特性，非常成功，但所根據的實證資料卻少的驚人——和今天的經濟學家不一樣，他不曾取得大批的政府和產業資料。然而多年之後，數字證明他的見解正確。在許多文明世界裡，自由市場活動首先創造出能夠維持人口成長的適當水準，然後——很久之後——才創造出足夠的繁榮以促進生活水準普遍提升及增加平均壽命。而後者的發展，爲已開發國家中的人，在建立個人長期目標上，開啓了可能性。這樣的樂趣，對以往的世代來說，除了貴族之外，是遙不可及的。

資本主義還改變生活方式。自有歷史記錄以來，大多數時候，人類所處的社會是靜態而一成不變的。十二世紀年輕農夫的未來就是耕種同一塊地主的田，直到疾病、饑荒、自然災害，或暴力結束他的生命。他的生命很快就結束了。出生時的平均存活壽命是二十五年，和一千年之前差不多。而且，這名農夫可以預期他的子子孫孫也都耕同一塊地。也許這樣僵化的生活，可以在絕對一成不變的形式中提供一種安全感，但沒留下什麼東西供個人創業。

當然，在十六及十七世紀中，農業技術的進步及貿易範圍大幅擴展，超越自給自足的封建莊園，使得分工增加，並提高生活水準及人口數。但成長的步調如冰河般緩慢。在十七世紀，大多數人所從事的生產活動和他們幾個世代之前的祖先一樣。

亞當斯密認爲，更聰明地工作，而不只是更努力地工作，是致富之道。在《國富論》的開場白中，他強調擴展勞動生產力所扮演的重要角色。一個國家生活水準的基本決定因素，他說，是「勞工所普遍運用的技巧、熟練度，和判斷力。」這斷然違反了以前的理論，例如在重商主義者（mercantilist）的認知中，一國的財富係以貴重的金塊來衡量，而重農主義者（Physiocrat）的教義則是，價值衍生自土地。「任何一個國家，不管其土壤、氣候，或領土範圍如何，」亞當斯密寫道：「其每年供給的富饒或匱乏，」必然取決於「勞動的生產力。」二個世紀之後的經濟思想，對於這樣的見解，鮮有增補。

透過亞當斯密及其後繼者的協助，重商主義逐漸瓦解，而經濟自由則廣爲散佈。在英國，這個過程在一八四六年廢止穀物法（the Corn Law）時，達到終點，穀物法多年來設定了一套關稅以阻止穀物進口，以人爲方式維持高昂的穀價及地主的租金收入——當然，工人所買的麵包價格也上漲了。當時，大家接受亞當斯密的經濟學，在許多「文明」世界裡，要求重組商業生活。

然而，當工業化廣爲散佈之後，亞當斯密的聲譽及影響力卻遭到侵蝕。在十九世紀和二十世紀，許多人掙扎著對抗他們所見到之伴隨自由放任市場經濟而來的野蠻和不公義，對這些人而言，他並非英雄。羅伯・歐文（Robert Owen），一名成功的英國工廠所有人，他相信自由放任的資本主義的特性就是只會帶來貧窮和疾病。他創立烏托邦行動，宣揚所謂的「合作之村」（villages of cooperation）。一八二六年，他的追隨者在印地安那州設立新和諧（New Harmony）社區。諷刺的是，住民之間的爭鬥讓新和諧不到二年就瓦解了。但歐文的魅力繼續吸引了許多在惡劣工作環境中掙扎維生的追隨者。

馬克思瞧不起歐文和他的烏托邦，但也不是亞當斯密迷。雖然亞當斯密嚴謹的智慧吸引著他——據馬克思的看法，亞當斯密和其他所謂的古典經濟學者已經正確地描述資本主義之源起和運作方式——馬克思認爲亞當斯密把重點搞錯了，資本主義不過是個步驟。馬克思視之爲進步到無產階級革命和共產主義勝利過程中必經的歷史階段。最後，他的追隨者帶著全球一大部分的人口脫離資本主義——一段時間。

十九世紀後半葉的費邊社會主義者（Fabian Socialists）和馬克思不同，他們並不想要革命。這個團體以古羅馬將軍費邊（Fabius）作爲自己的名稱，費邊在軍事戰略上採用消耗戰而不是全面對決，打敗了漢尼拔（Hannibal）的侵略。同樣地，費邊主義者的目標不是消滅資本主義，而是牽制資本主義。他們相信，政府應該主動保護公共福利免於市場嚴酷的競爭。他們在貿易上宣揚保護主義，並主張土地國家化，還把蕭伯納、H G威爾斯（H.G. Wells），及羅素（Bertrand Russell）等才智出眾人士當成他們的人。

費邊主義者爲現代的社會民主主義（social democracy）打下基礎，而他們最後對世界的影響，至少和馬克思一樣強大。雖然資本主義風風光光地在十九及二十世紀讓工人的生活水準一再提升，但許多人認爲，由於費邊社會主義的冷卻效果，市場經濟才能在政治上得到關愛，並防止共產主義擴散。費邊主義者參與英國工黨的創立。他們對英國殖民地在獨立時也有深遠的影響：一九四七年印度的吉瓦哈羅·尼赫魯（Jawaharlal Nehru）採用費邊原則來爲全球五分之一的人口制定經濟政策。

當我在二次大戰後第一次讀亞當斯密時，我認爲他的理論正處於低潮。而且差不多整個冷戰期間，鐵幕內外兩邊的經濟不是高度管制就是採中央計劃。自由放任在實務上成了罵人的髒話；宣揚自由市場資本主義最有名的就是像艾茵·蘭德和米爾頓·傅利曼這樣的反偶像崇拜者。六〇年代後期，我才剛開始從事公職，經濟思想的鐘擺又開始盪到認同亞當斯密這邊。恢復過程漫長而緩慢，特別是在他的母國。有一名美國經濟學者於二〇〇〇年到愛丁堡的教堂墓園去尋找亞當斯密的墳墓，他在報告中說，必須清除啤酒罐和破瓦殘礫後，才能看到石碑上磨損的碑文：

> 這裡存放著亞當斯密的遺骨。
> 《道德情操論》（*Theory of Moral Sentiments*）
> 及《國富論》的作者

然而蘇格蘭還是調整過來，給予亞當斯密應有的榮耀。通往墓園的路上新設了一塊石碑，上面刻著《國富論》裡的句子，而柯考地附近的一所學院也已經改用他的姓來命名。愛丁堡的皇家大道（Royal Mile）計畫設立一座亞當斯密的十呎高銅像。經費係來自私人基金，恰如其分。還有，就個人而言，二〇〇四年下半年，我很高興接受我的好朋友，長期擔任英國財務大臣的格登・布朗（Gordon Brown）之邀請，到蘇格蘭柯考地爲首次的亞當斯密紀念講座致詞。一位英國工黨領袖，根植於費邊社會主義，和亞當斯密所信仰的教義完全南轅北轍，竟願意發起這樣的活動，的確具有變化上的意義。我後面將會討論，英國努力地在費邊主義教條上融入資本主義——在某種程度上，這是貿易世界一再重複的形態。

13 資本主義的模式

演說者在ＩＭＦ大而擁擠的會議室進行評論時，我可以聽到街上反全球化人士的歌唱和吶喊聲。那是二〇〇〇年四月，約一萬到三萬名的學生、教會團體、工會及環保人士聚集在華盛頓，抗議世界銀行及國際貨幣基金的春季會議。而我們這些房間裡的財政部長和中央銀行官員，雖然聽不清楚他們在唱些什麼，要瞭解他們的訴求卻不難。他們視日益增加的全球貿易市場爲一種掠奪，特別是對開發中國家窮人的壓制和剝削，因而抗議。我對這樣的事感到難過，至今仍很難過，因爲如果這些抗議者成功地摧毀全球貿易，受害最深的將是數以億計的全球窮人，而這些人，正是抗議者所要爲其發聲者。

雖然中央計劃不再是可靠的經濟組織形式，但很清楚，其論述戰爭上的對手——自由市場資本主義和全球化——離勝利卻還很遠。十二個世代以來，資本主義已經一個接著一個地達成進展，因爲全球大部分地區的生活水準和品質都以前所未見的速度進步。貧窮大幅減少，而平均壽命也增加了一倍以上。物質福利上的提升——二世紀以來，每人實質所得增加爲十倍——讓地球可以支撐的人口增加爲六倍。然而對許多人來說，資本主義似乎還是很難接受，更不可能全力擁護。

問題在於資本主義所定義的變動關係，是無情的市場競爭，這與人類追求安穩的慾望有所抵觸。更重要的是，社會有一大部分的人，對資本主義的報酬分配方式，覺得越來越不公平。資本主義中的最大力量：競爭，讓所有人都產生焦慮。擔心失去工作的長年恐懼，是這種焦慮的主要來源。另一個更深層的不安則來自競爭不斷地破壞現況及生活方式，而現況，不論是好是壞，卻讓大多數人感到舒服。如果日本鋼鐵生產者沒有改善品質並大幅提升生產力，我確信，我在一九五〇年代所顧問的那些美國鋼鐵製造廠會相當高興。相對地，我懷疑ＩＢＭ看到電腦化的文字處理器奪走其神聖的射列式（Selectric）打字機風采時，還會興奮嗎？

資本主義在每一個人的內心創造了一場拔河比賽。我們內心交互出現積極的企業家和懶散的沙發馬鈴薯（couch potato），而這馬鈴薯在潛意識裡喜歡較沒有競爭壓力的經濟，每個參與者的所得都相同。雖然競爭是經濟進步的基礎，我卻不敢說我個人總是喜歡競爭。對於企圖拉走陶森葛林斯潘公司客戶的競爭廠商，我對他們從沒有好臉色。但爲了競爭，我必須進步。我必須提供更好的服務。我必須變得更有生產力。當然，到最後，我也變得更好。我的客戶也一樣，而且我猜我的競爭者也一樣。或許，有一道資本主義訊息藏在這件事的深處：「創造性破壞」——淘汰舊科技和舊方法，改用新法——這是提升生產力的唯一方法，因而也是長期提升平均生活水準的唯一方法。發現黃金、石油，或其他天然財富，歷史告訴我們，並沒有這個功效。

資本主義的成就不容否認。市場經濟這幾個世紀以來非常成功，其方式是徹底消滅無效率和不良設備，並獎賞那些爲消費者需求設想，以最有效方式運用勞動力和資本資源以滿足消費者需求的人。新科技則進一步把這個無情的資本主義過程推進到全球規模。到了某種程度，有些政府會「保護」一部分的人口免於受到所察覺之嚴酷競爭壓力，於是，政府讓全體人民所享受的物質生活水準就變差了。

遺憾的是，經濟成長所帶來的滿足或快樂並不持久。如果可以的話，過去二個世紀以來每人實質GDP達十倍的成長，應該在人類的滿足上，有令人滿意的提升。證據顯示，所得增加，快樂也會跟著增加，但只能在一段時間內增加到某一程度。過了這個程度，也就是基本需求得到滿足的那一點，快樂是一種相對狀態，長期而言，和經濟成長沒什麼關係。證據顯示，快樂主要取決於我們對生命的看法及相對於同儕的成就。當繁榮擴散時，甚至可能是其擴散的結果，許多人害怕，瘋狂的競爭與變化會威脅到他們的身分地位感受，而這點，對他們的自尊卻相當重要。快樂取決於吾人的所得和同儕甚至於模範角色的比較結果，遠大於我們實際賺到的絕對金額。不久之前，有人問哈佛畢業生哪種情況比較快樂，一年賺五萬美元而同儕只賺一半，或是一年賺十萬美元但同儕卻多賺一倍，大部分人選擇薪水較低的情境。我第一次聽到這個故事時，笑笑之後就不當一回事了。但這個故事觸動了長期潛藏於記憶深處的一篇迷人的研究：一九四七年桃樂絲·布萊迪（Dorothy Brady）和羅絲·傅利曼（Rose Friedman）的研究。

布萊迪和傅利曼所展示的資料顯示，一個美國家庭，其所得中用於消費性商品和勞務所佔的比重，最主要的決定因素並不是其所得水準，而是該家庭所得相對於全國平均家庭所得的水準。因此，他們的研究指出，一個二〇〇〇年時所得和全國平均所得一樣的家庭，和一九〇〇年所得等於當時平均所得的家庭，預期會有相同比例的支出，即使經過通貨膨脹調整之後，一九〇〇年的所得只是二〇〇〇年所得的一小部分而已。我重新算過她們的資料並加以更新，得到相同的結果。①消費者行爲過了一又四分之一個世紀之後，仍然沒什麼改變。

資料很清楚，人們花多少或存多少，並不是決定於其實質購買力水準，而是決定於他們在所得級距上的前後順序，即相對於他人的所得。②這項發現最值得一提的是，十九世紀後半葉，家庭所得用於食品的比率，遠超過二〇〇四年之情形，但即使在這種狀況下，這項結論仍然成立。③

這些都不會讓索斯坦・韋伯倫（Thorstein Veblen）驚訝，他是美國經濟學家，一八九九年在他的《有閒階級論》（*The Theory of the Leisure Class*）一書中，帶給世界一個知名的符號，「炫耀性消費」（conspicuous consumption）。他提到，個人對商品和勞務的採購，和過去所謂的「不要被隔壁瓊斯家給比下去」（keep up with Joneses）息息相關。如果凱蒂有個 iPOD，莉莎就一定也要買一個。我一向認爲韋伯倫的分析過於偏激，但他找出人類行爲中一項非常重要的元素則是不爭的事實。資料顯示，我們都對同儕賺多少錢和買什麼東西，有競爭的感受。他們也許是

①美國勞工部及其前身自一八八八年開始即定期出版美國消費者所得和支出的調查樣本。我收集了一八八八年到二〇〇四年間的七次調查資料。原始的調查資料顯示，似乎沒有一致的形態，直到我把每個所得級距的支出，對其所得相對於該年度平均家庭所得之比率算出來。然後，和布萊迪及傅利曼一樣，七次調查都顯示，所得只達全國平均所得三分之一的家庭，其支出對所得之比率集中在一・三附近（其支出超過所得百分之三十）。然後這項支出佔所得比率最後下降到所得爲平均所得二倍水準者之〇・八。

②另一種得到相同結論的方式是，觀察全國家庭儲蓄率，看不到明顯的長期趨勢。然而所有的調查顯示，高所得家庭的儲蓄率高於低所得家庭。如果這兩種說法都成立（而且所得分配不偏離其歷史範圍），任何所得層級的家庭，必隨著總合所得之上升而存得更少。儲蓄下滑的程度，必然和平均家庭所得成長率直接相關。

③當然，食品是代替基本生活水準非常有用的變數，基本生活水準不應該和家庭所處的所得級距綁在一起。

朋友，但大家還是暗中較勁，一比高下。當個人的所得隨著國家經濟成長而增加時，他們會顯得比較快樂，而調查顯示，有錢人的快樂程度普遍高於所得較低者。但人類的心理是這樣的，一旦新的有錢人適應了較好的生活水準時，其滿足感很快就褪色。新的滿意水準馬上就變成「普通」。人類任何的滿意程度增加都只是暫時的。④

人們對資本主義的矛盾反應，於戰後年代，孕育出各種不同模式的資本主義，從高度管制到輕度限制。雖然每個人都有自己的意見，但有個趨勢很明顯，大多數的社會，其成員因共同的想法而結合在一起，而每個社會的想法則經常和其他社會的想法截然不同。這點，我覺得，由於人類有歸屬於宗教、文化，和歷史所定義族群的需求，結果，就孕育出對家庭、種族、村落，和國家領袖的天生需求。這種普遍特性所反應的，或許是人類對於日常生活行爲，必須選擇一種依歸。大多數人，大多數時候，覺得自己在這方面做得並不好，因而尋求宗教引導、家庭成員的建議，和總統公告的指導。幾乎所有人類組織都反應這種階層制。社會的共同見證，實際上，就是其領袖的見解。

如果快樂只和物質幸福有關，我懷疑所有的資本主義形式都會收斂成美國模式，這種模式最活躍，也最具生產力。但其所產生的壓力也最大，特別是就業市場的壓力。第八章提到，美國每週大約有四十萬人失去工作，另外還有六十萬人自願換工作或離職。美國的平均工作任期是六・

④幸好，這種心理也適用在相反的狀況。急遽的財務惡化會帶來深層的抑鬱。但除了心理不健全的人之外，會隨著時間漸漸恢復。他們的笑容又回來了。

六年，遠比德國的十・六年及日本的十二・二年短。市場陣營裡的社會——今天，其實就是所有的社會——必須在二個極端所構成的範圍中，選擇他們的落點，而這二個極端，可以用地圖上的二點來代表：一端是瘋狂但高生產力的矽谷，而另一端則是不變的威尼斯。

對每個社會，這項選擇其實就是在物質財富與沒有壓力之間做權衡，而其選擇似乎建立在歷史及其所孕育的文化上。我所謂的文化是指社會成員小時候就被一再灌輸，並廣泛影響生活每一個層面的共同價值。

國家文化的某些層面，最後會對該國的GDP產生明顯影響。例如，對企業成就的正向態度，是深層的文化反應，已然成爲物質福利世代相傳的重要跳板。顯然，對商業抱持正向態度的社會，所給予企業的競爭自由度，遠大於把企業競爭視爲不道德或是擾亂人心的社會。根據我的經驗，有許多人即使瞭解競爭的資本主義在物質福利上的優點，也因爲二個有點相關的原因，而感到矛盾。第一，競爭和冒險會造成壓力，而壓力是大多數人避之唯恐不及的；第二，許多人對財富累積有根深柢固的矛盾情節。一方面，財富是很熱門的炫耀工具（韋伯倫瞭解這點）。但這種想法和深植人心的聖經訓諭相抵觸：「……駱駝穿過針的眼，比財主進神的國還容易呢！」累積財富的矛盾情結，有一段相當長的文化史，即使在今天，也相當流行。在發展福利國家及其核心的社會安全網上，這點具有深遠影響。有人認爲不受約束的冒險行爲會增加所得和財富的集中度。而福利國家的目的在於緩和所得和財富的集中度，於是大部分會透過立法，以法規限制冒險，而稅賦，則可減少冒險所得到的報酬。

雖然社會主義的根基爲非宗教性，其目標與宗教文明社會所開的藥方卻是一致，即減少窮人痛苦。早在福利國家出現之前，追求財富被視爲不道德，甚至邪惡。

這種反物質主義（anti-materialist）的道德總是在接受資本主義的動態競爭及自由機構時，施加低度壓力。十九世紀的美國工業裡有許多企業巨人，他們在保有風險投資收益和放棄大部分累積的財富之間，有著道德上的矛盾。到今天，在我們市場文化的表面底下，累積財富仍殘留著一些罪惡感，但對於累積財富的矛盾程度，及對冒險的態度，全世界還是有相當大的差異。以美國和法國爲例，這二個國家的基本價值都根植於啓蒙時代。最近一項民調顯示，百分之七十一的美國人贊成自由市場制度是現今最佳的經濟制度。而法國人只有百分之三十六同意。另一項民調指出，四分之三的法國年輕人嚮往公家機關的工作。美國人絕少會表達這種偏好。

這些數字說明了二國在風險承擔上的巨大差異。法國遠比美國更不喜歡承受自由市場的競爭壓力，而且，儘管廣泛的證據顯示，冒險是經濟成長的要素，但法國人還是普遍喜歡安全的政府工作。我不能說冒險越大，成長就越高。顯然，不顧一切魯莽地下賭注，很少會有好下場。我所提的冒險是大多數企業那種經過理性計算的判斷。當然，限制行動自由是政府規範企業或對成功的風險投資課以重稅的基礎，這一定會對市場參與者的行動意願產生壓制作用。我認爲，到最後，冒險意願是區別一個國家屬於哪種資本主義模式的主要定義特性。至於不同程度的風險趨避，究竟是來自道德對累積財富的反感，或是道德對競爭壓力的反感，並不會影響結果。這二項因素都會納入考量，選擇法令，對競爭加以限制，以稀釋自由放任的資本主義，這就是福利國家的重要目的。

但自由競爭行爲還受到其他因素抑制，這些因素較不屬於基本層次。政治上最熱門的就是許多社會傾向於保護其「國家寶物」免受創造性破壞風潮的影響，或更糟的，免受外國收購之影響。這是對國際競爭的危險限制，也是另一個文化差異上的議題。例如，二〇〇六年，法國官方要求蘇維士（Suez）這家位於巴黎的大型公用事業管理公司和法國天然氣（Gaz de Farnce）合併，以阻止一家義大利公司收購蘇維士的企圖。

美國在這方面也絕非完美無瑕。例如，二〇〇五年六月，中國海洋石油公司（CNOOC），爲中國第三大石油公司的子公司，以一百八十五億美元現金下標購買美國石油公司，優尼科（Unocal）。這條件超越了早先雪佛蘭（Chevron）所提，現金加股票一百六十五億美元的條件。雪佛蘭喊犯規，說這個標來自一家政府控制的公司，代表這是不公平競爭。美國的立法諸公則抱怨「中國政府追求全世界能源資源」代表著一種策略上的威脅。到了八月，政治上的反對聲浪非常高，CNOOC只好撤標，說衝突已經產生「一定程度的不確定性，成爲令人無法接受的風險。」雪佛蘭拿到這個案子，代價是美國珍貴的資產：我們處理國際案件沒有差別待遇的聲譽，特別是我們的法令，公平對待外國企業一如本國企業的保證。

才三個月後，一家阿拉伯公司買下一家管理美國東岸及波斯灣沿岸貨櫃儲運場的公司時。這個案子在國會裡引起抗議風暴，兩黨的立法委員都聲稱，讓阿拉伯人管理美國港務將會損及反恐的努力並傷害國家安全。二〇〇六年三月，杜拜港口世界（Dubai Ports World）終於在壓力下宣佈，該公司將把港務管理移轉給一家不具名的美國公司。這件事根本就看不出對美國國家安全產生別有用心的威脅。

更廣泛來說，一個國家對其傳統的崇敬深度，及保護上的努力，不管被如何誤導，都根植於人們對永恆不變的環境需求上，這個環境爲他們所熟悉，爲他們帶來喜悅和驕傲。

雖然我是「除舊佈新」的強力宣導者，但我可不主張把美國國會大廈拆掉，換成一棟更現代、更有效率的辦公大樓。然而，不管我們對這類議題的感受有多深，如果達到要限制創造性破壞以保留偶像的程度，某些物質生活品質的改善就被放棄了。

當然，政府干預國家裡的競爭市場，還有其他惱人的不良例子。當政府的領導人定期尋求私部門裡的個人和企業，施予好處以換取政治上的支持時，我們說，這個社會淪爲「朋黨資本主義」（crony capitalism）。特別可怕的例子有：二十世紀最後三分之一個世紀裡，蘇哈托主政下的印尼、蘇聯瓦解之後的俄羅斯，及ＰＲＩ（體制革命黨，the Institutional Revolutionary Party）多年統治下的墨西哥。用來私相授受的好處，一般係以壟斷的形式來掌握特定市場、取得特權以銷售政府資產，或以特殊方式取得特權所掌控的東西。這些動作會扭曲資本運用效率，並降低生活水準。

接下來就是更廣泛的貪汙問題，朋黨資本主義只是其中一部分而已。一般說來，貪汙傾向存在於政府有好處要贈送或有東西要賣時。例如，如果物資和人員可以自由進出國界而沒有障礙，那麼，海關和移民官員就沒有東西好賣的了。事實上，他們的工作也就不存在了。第一次大戰前的美國就是如此。二十一世紀的美國人很難理解，當年政府和企業界劃清界線到什麼程度。一點點貪汙就會成爲頭條新聞。一八〇〇年代初期，許多運河興建都涉及有問題的交易。類似的情形，洲際鐵路（transcontinental railroad）之興肂，以其龐大的土地贈與作補貼，產生了許多表裡不一的行爲，導致一八七二年聯合太平洋信用自動化（Union Pacific-Crédit Mobilier）醜聞案。這類醜聞不多，卻成爲人們對這段期間的記憶。

儘管一九三〇年代以來，政府和企業之間過從甚密，但還是有不少的國家，在防止貪汙上有很高的成就，即使其公務員在依法執行職務時，有潛在的好處可資利用。芬蘭、瑞典、丹麥、冰島、瑞士、紐西蘭，和新加坡特別令人印象深刻。社會的腐敗程序，文化顯然也扮演著一定的角色。我的多年好友，一九九五年至二〇〇五年的世銀總裁，約翰・伍芬森（John Wolfensohn），在該行推動抑制開發中國家舞弊政策。我一直認爲這對全世界之發展有重大貢獻。

沒有直接指標可以衡量文化對經濟活動之影響。但傳統基金會（Heritage Foundation）和華爾街日報所合資的一個案子，結合了ＩＭＦ、經濟學人智庫（the Economist Intelligence Unit），及世界銀行的統計資料，爲一百六十一個國家，計算出經濟自由度指數（Index of Economic Freedom）。這項指數考慮許多因素，包括：財產權的強度及執行狀況之估計值、開辦與結束事業的難易度、幣值的穩定度、勞動行爲的狀況、投資和國際貿易的開放度、清廉度，及全國產出撥入公共用途的比率等。當然，爲這些質化屬性（qualitative attributes）配上數字一定存在許多主觀因素。但就我的判斷，他們從這些資料所歸納出來的評估意見，似乎和我個人隨興的觀察吻合。

該指數的二〇〇七年表列，美國在較大經濟體中，名列最「自由」的國家；而且很諷刺地，現在已是中國一部分的香港，也名列前茅。也許前七個經濟體（香港、新加坡、澳洲、美國、英國、紐西蘭，及愛爾蘭）都有英國基礎，這點或許不是巧合——英國是亞當斯密及不列顛啓蒙運動的家鄉。但英國統治顯然沒有留下永恆的烙印。前英國殖民地辛巴威（還有南羅德西亞），幾乎排在名單的最後頭。

經濟的自由度越大，企業風險及其報酬、利潤的範圍也越大，從而冒險的傾向也越大。由冒險者所組成的社會，其所形成之政府統治，鼓勵有經濟生產力的冒險：財產權、貿易開放，及機會開放。他們的法律絕少會提供管制福利，讓政府官員得以上下其手，拿來出售，或交換金錢或政治上的好處。這項指數衡量一個國家在限制競爭市場上的刻意努力程度。於是這項指數所衡量的未必是經濟「成就」，因爲長期而言，每個國家會透過政策和法律，選擇自己所要的自由度。⑤德國排名十九，因爲該國選擇維持福利大國的政策，而必須把經濟產出作重大移轉。而且，德國勞工市場的限制非常嚴，解僱員工非常昂貴。然而，在此同時，從其人民設立和結束企業的自由、所有權保護和整體法治等項目來看，德國都排在最高。德國在開辦及關閉企業的自由度上是全世界最高者。法國（排名第四十五）和義大利（排名六十），也有類似的混合特性。

這種評分程序實用性的最終測試，就是看其評分是否和經濟表現相關。結果是有。這一百五十七個國家的「經濟自由度分數」和其每人所得取對數的相關系數是〇·六五，對這麼雜亂的數字來說，這已經相當不錯了。⑥

因此，我們剩下一個關鍵問題：假設開放的競爭市場會促成經濟成長，那麼，一方面是經濟表現及其所帶來的競爭壓力，一方面是歐陸等其他國家所擁抱的文明，這二者之間，是否存在一個最適平衡點？許多歐洲人輕蔑地把美國經濟王國取名爲「牛仔資本主義」。高度競爭的自由市場

⑤然而，在某些狀況下，政治障礙業已阻止政府爲反應人民的文化選擇而建立或廢除某些制度。

⑥在計算指數時，對這十項標準給以相同的權重。在時間數列共相關基礎上允許權重改變將會增加共相關性。

被視爲走火入魔的唯物主義，而且嚴重缺乏有意義的文化價值。我覺得幾年前，前法國保守派總理伊多瓦·巴拉度（Edouard Balladur）的獨白，最能抓住美國和歐陸國家在支持競爭市場上的顯著差異。他問道：「市場是什麼？那是叢林法則，大自然法則。而文明又是什麼呢？是對抗大自然。」許多這樣的觀察者，雖然瞭解競爭在促進成長上的能力，卻還是擔心經濟演員在追求成長之時，其行爲方式，必須受到叢林法則的制約。於是這些觀察者爲了較多的文明而選擇較少的成長，至少他們以爲如此。

這些人認爲粗暴的競爭行爲很可悲，但是，根據他們的定義，在文明行爲和大多數人所追求的物質生活品質之間，眞的存在簡單的交換關係嗎？從長期的觀點來看，這樣的交換關係，不管用任何有意義的角度去感受，都不顯著。例如，過去一個世紀以來，美國所創造的資源遠超過生存之所需。這樣的賸餘，即使在競爭最激烈的國家裡，一直都是各國用來改善生活水準各個面向的主要方法。簡列如下：㈠更長壽，首先是來自廣爲開發的乾淨飲水，接著是醫療科技急遽進步；㈡普及的教育制度，讓社會流動性得以大幅增加；㈢工作環境大幅改善；及㈣強化環境品質的能力，把自然資源隔離成國家公園，而不用爲了基本的生存水準去耗用這些資源。⑦在一個基本水準上，美國人已經用我們市場導向經濟所產生的大筆財富去購買許多人心目中更偉大的文明。

顯然，並不是所有市場所採用的行爲都是文明的。許多行爲雖然合法，在道德上卻令人厭惡。違法及背信的確會破壞市場效率。但對一般人而言，美國的法律基礎及市場紀律是充分建立在法

⑦巴西亞馬遜河雨林的住民必須砍伐森林才能生存，這是亞馬遜河的悲劇。

一九九三年二月十七日，柯林頓總統在國會聯席會議上報告他的赤字裁減方案時，我就夾在希拉蕊．柯林頓和蒂柏．高爾中間。雖然座位安排的政治戲碼讓我有點不舒服，但和她們坐在一起，我很愉快，更重要的是，總統把焦點放在裁減赤字上，我爲他喝采。Luke Frazza/AFP/Getty Images

我發現柯林頓總統參與經濟議題的作風清新可喜。

上：Ron Sachs/CNP/Corbis，下：白宮官方照片

一九九七年四月六日，安蕊亞和我在維吉尼亞州小華盛頓的小旅館結婚。

丹尼斯・李吉（Denis Reggie）提供

一九九四年我和財政部長班森在參議院網球場隔網合照。羅伊德，我的好友，在推行柯林頓總統成功的經濟政策上所扮演的角色實質高於評價。美國財政部提供

擔任聯準會主席期間，由於美國經濟和世界經濟日漸整合，對於其他國家的經濟危機，我的參與就越來越深入。雜誌封面上，旁邊是誇張的標題，人物是財政部長羅伯．魯賓、財政部次長賴瑞．桑莫斯，和我。我們有非常豐碩而和諧的工作關係；我非常尊敬他們二位。

《時代雜誌》/Time Life Pictures/Getty Images

在達康熱達到顛峰時，CNBC發明了一個怪招，稱爲公事包指標，當我早上抵達聯準會參加FOMC會議時，攝影機會跟著我。其理論是，如果我的公事包薄薄的，那麼我就是沒什麼煩惱，經濟應該不錯。但如果公事包鼓鼓的，則升息儼然成形。CNBC提供

一九九九年十二月三十一日新年前夕，安蕊亞和我從柯林頓白宮的「千禧年晚宴」離開，回家途中順道進入聯準會查看，和Y2K危機管理小組合影。

霍華・安默（Howard Amer）提供

二○○四年四月二十一日於國會聯合經濟委員會前為美國經濟作證詞。「別怕，不會痛」這句安慰話不但醫生可以用，聯準會主席對大眾發言時也可以用。

大衛・伯內特（David Burnett）攝/Contact Press Images

二〇〇〇年十二月十八日，在華盛頓的麥迪遜飯店，總統當選人小布希和我開完第一次會後出來面對媒體。

辛西亞・強生（Cynthia Johnson）/ Time Life Pictures/Getty Images

二〇〇四年六月十九日在科羅拉多州福特的家中，由副總統錢尼主持，我第五次，也是最後一次宣誓接任聯準會主席。

白宮官方照片 / 大衛・波爾（David Bohrer）

全世界的高級財政官員（後排）和央行官員（前排）聚集在華府特區，參加G7的經濟決策官員會議。現任法國總統尼可拉斯・沙柯吉（Nicolas Sarkozy，後排左二）及英國現任首相格登・布朗（後排最右）也在財政官員當中。

義大利央行（Banca d'Italia）提供

二〇〇〇年四月十七日，一群抗議者希望打斷世界銀行／IMF在華府所召開的年會。諷刺的是，依照他們的想法壓制全球市場，不論是分開進行或相互合作，隨著這種公開抗議越演越烈，民族國家的力量卻同步減弱。AP Images/Khue Bui

二○○二年九月，到英國旅行期間，我很榮幸受伊莉莎白二世女王封爲騎士，並爲新財政大樓題款。二○○五年，我在我的好友，當時的財政大臣，格登．布朗陪同下，接受愛丁堡大學的榮譽學位。

上：AP Images/David Cheskin；下：Christopher Furlong/Getty Images

我感到很驚訝，在距離如此之遠的情況下，中國領導人竟能迅速地對市場經濟運作方式有相當成熟的瞭解。我在北京人民大會堂和中國國家主席江澤民會面。右邊是中國財政部長金人慶。葛林斯潘收藏

中國總理朱鎔基對世界經濟的影響和戈巴契夫不相上下。會面多年之後，他和我成了好朋友。一九九九年他到華府訪問時，我和魯賓與他合影留念，當時他正促請柯林頓總統支持中國加入世界貿易組織。Epix/Getty Images

攝於天安門廣場樓上，當年毛澤東宣布成立中華人民共和國的位置就在附近。

葛林斯潘收藏

二〇〇三年六月在金融教育計劃中，我對華盛頓特區的中學生談就學的重要性。美國某些最嚴重問題的解法就在我們對兒童教育的改革上。
AP Images/Susan Walsh

二〇〇六年十二月三十日，參加在美國國會圓頂大廳所舉辦的福特總統葬禮。前排，我右方是季辛吉、史考克羅和杜爾。福特逝世舉國同悲，我對此深深感動，也不禁感覺，有一部分的悲傷是感歎美國政治史上那段沒有政黨惡鬥的日子一去不返。Mark Wilson/Getty Images

二○○六年二月六日班·柏南克（Ben Bernanke）宣誓就任聯準會第十四任主席典禮。我非常放心地把位置交到這位經驗老到繼任者的手上。Jim Young/Reuters/Corbis

從一九九七年到二○○六年一共八年半的關鍵年度，我和我的左右手，聯準會副主席，羅傑·弗格森在一起。

黛安娜·華克（Diana Walker）攝

「嗨！我是葛……在葛林斯潘的車庫裡……這次維修比我預期的要花更多時間」

「請讓艾倫接受，有些事是他無法改變的；賜給他勇氣去改變他所能改變的；還有，請賜給他智慧以瞭解這二者的差別。」

美國國內的漫畫

艾倫・葛林斯潘的誘惑

艾倫・葛林斯潘的退休生活

琴瑟和鳴。

哈利．班生（Harry Benson）攝

治之上，足以扼止這些脫序行爲。儘管最近這幾十年美國的企業和金融領導人爆發驚人的背信案，生產力這項企業效率的重要指標在一九九五年到二〇〇二年之間仍然加速成長，這點頗值得玩味。我將在第二十三章進一步探討企業治理。

這麼多代下來，關於經濟文化的穩定性，歷史能告訴我們什麼？有關文化對未來的衝擊，歷史會如何建議？今天，美國文化和當年創立時已經有很大的改變，雖然基礎還是建立在美國國父的價值上。雖說美國今天的資本主義極爲自由，但和早年的資本主義比起來，可是遜色不少。我們也許在南北戰爭前數十年就已經相當接近純粹資本主義了。當時的聯邦政府對企業及企業實務，大致上，但不是全然地遵循自由放任政策，對於競相創造財富而嚮往資本主義者，提供很少，甚至不提供安全網。如果你和很多人一樣，失敗了，你就必須靠自己的力量重新站起來，通常是在美國邊境快速成長的墾荒地上。數十年之後，一名達爾文追隨者，赫伯特・史賓塞（Herbert Spencer）創造出「適者生存」這句話，這種競爭哲學，生動地掌握美國早年社會的特質。而羅斯福的新政還在一個世紀之後呢。

我二十歲出頭時，沉迷於亂成一團的資本主義社會現象中，我所幻想的，大多數是優點的部分。我並未深思資本主義在憲法上的明顯矛盾：奴隸，把人當作財產處理。雖然十九世紀下半葉在民粹主義刺激下，通過了一些限制企業實務的法案，美國經濟一直到一九二〇年代都還相當程度地保留著十九世紀初那種自由放任的光輝。

當然，新政時代產生了許多政府新法規，對之前的自由競爭構成龐大的限制網，到現在，許多法令都還留著。「創造性破壞」的許多毛邊，都被立法給修掉了。國會在一九四六年通過了就業法（Employment Act），授權美國政府制定政策，以保證「有能力且有意願工作者」有工作可做。這當然不是馬克思主義的號召，但和羅斯福新政之前，政府在經濟事務上的角色比起來，這是相當顯著的變化。當時成立了經濟顧問委員會，二十八年後我當上主席。政府永遠參與經濟事務的新承諾造成市場角色明顯降級。

然而，受惠於自一九七〇年代中期以來的解除管制浪潮，今天美國的經濟仍然保持全世界最具競爭力的大型經濟，而美國文化依然展現早年那種冒險探索的味道。傑克森・特納（Frederick Jackson Turner）於一八九三年宣佈邊界已經封閉，但一百多年來，美國人仍沉迷於牛仔精神的英勇故事，這些牛仔於南北戰爭之後，把牛群趕上奇澤姆小徑（Chisholm Trail），從德州一路殺到堪薩斯州的火車站。

當然，美國在文化上的改變相當明顯，但從人類二千多年歷史，在制度架構上的變化來看，還算相當窄小。而且，我相信美國文化已經相當穩定，可以預期未來的二代之內不會有什麼變化。即使拉丁美洲移民繼續進來，改變了我們社會的文化成分，我也要這麼說。這些人自願離開他們的母國，顯然相當排斥妨害拉丁美洲經濟成長的民粹文化。上個世紀初開放移民時也是這種情形。這些移民被美國「熔爐」成功地吸收。

二次大戰後，全球化發生之前，在這段壓力不高的期間，政府能夠建立社會安全網，並推動其他政策，以保護人民免受創造性破壞風暴之攻擊。在美國，社會保險、失業保險、勞工安全立法，及健保等的擴增，形成越來越大串的項目。大多數工業化國家也有類似作爲。美國政府的社會福利支出佔GDP比重從一九四七年的百分之三・四上升至一九七五年的百分之八・一（而且此後一路上升）。雖然這些安全網提案，由於會導致勞動市場及產品市場成本大幅增加，從而降低彈性，通常還要重新加以調整，但政策制定者的判斷是，這並不會造成經濟成長的重要障礙。因爲在大蕭條和二次大戰期間被壓抑的需求，驅動全世界的GDP向前邁進。

在國際貿易影響不是很廣泛的經濟裡，競爭對效率較差者的懲罰不像今天這麼嚴重，而且，社會裡顯然有一大部分的人想要重溫往日情懷。在今天的全球競爭市場裡，要維持早年所發展出來的那套安全網已經越來越有問題，特別是在大多數的歐陸國家，出現了長年高失業現象。各種派別的政府還是會協助人民取得應用新科技所需的技能。而且他們一般都會對適應不良的人提供所得上的支援。但是對那些損及工作、儲蓄、投資，及創新之市場誘因的嚴重侵入型干預行爲，科技和國際競爭將會展現強大威力，讓這些干預付出昂貴的代價。例如印度，直接外人投資顯然受到壓迫性管制的影響而裹足不前。

二次大戰後歐洲所出現的政府，經由立法所制定的安全網比美國的還要大，這反應了他們的集體主義（collectivist）偏好，結果，即使在今天，歐洲經濟結構還是非常僵固。我在前面章節提過，當我在二次大戰後開始成爲一名經濟學者時，資本主義的信心跌落到十八世紀以來的最低水準。在學界，資本主義被視爲過時的東西。歐洲國家大部分都被一種或多種社會主義所吸引。社會主義者和共產主義者顯著地出現在歐洲的國會中。一九四五年，法國眾議員有四分之一是共產黨員。英國在新工黨政權之下，大幅走向計劃經濟，而這並不是特例。西德在聯軍佔領期間的管制相當嚴格。因爲蘇聯經濟力量的誤導，經濟計劃，即使其形式相當薄弱，卻成爲歐洲普遍的經濟思想。

當然，歐洲和日本戰後都是一片廢墟，而且，即使是美國，也沒幾個人對未來的經濟成長有信心。事實上，一九三〇年代的記憶非常鮮明，大家都害怕大蕭條死灰復燃。在英國，資本主義的誕生地，戰後經濟的恐懼是如此之深，以致於戰爭期間頗受敬重的領袖邱吉爾，當他去波茨坦和杜魯門及史達林開會時，竟被認爲不夠重視國內經濟需求，而在草率的投票中，被驅趕下臺。新上任的工黨政府把英國重要產業收歸國有。在德國，俾斯麥於一八八〇年代所推行的社會福利制度則又擴大了。

傳統的想法認爲馬歇爾計劃對歐洲的復甦貢獻很大。我不懷疑馬歇爾計劃對歐洲有幫助，但其規模太小，不足以解釋戰後復甦的非凡變化。我認爲，一九四八年由西德經濟部長德維希・艾哈德（Ludwig Erhard）所推動的商品和金融市場自由化，到目前爲止，是歐洲戰後復甦最重要的刺激因素。當然，西德也因此而成爲西歐經濟的主要力量。

然而多年之後，政府所推動的各種計劃經濟，其穩固性和成果都令人失望，於是所有的歐洲經濟體，都紛紛在不同的時間點，以不同的程度投向自由市場資本主義。雖然大部分的自由市場宣導者都知道創造性破壞的缺點，他們還是向其人民推銷資本主義的好處，因此，在選舉上得到勝利。然而，由於每個國家各有其文化上的深層差異，因此就各自執行其特有的版本。

英國之所以脫離社會主義路線，一部分是因他們經常發生外匯危機，於是不得不讓步，改採競爭市場。柴契爾夫人（Margaret Thatcher）喚醒英國走向資本主義陣營。我第一次碰到柴契爾夫人是在一九七五年九月，於華盛頓所舉行的英國大使慶祝會上，她才當上保守黨領袖沒多久。這眞是一次特別的會面。晚餐時，我坐在她旁邊，正想，這又是一個和政治人物在一起的無聊之夜。「告訴我，葛林斯潘主席，」她問道：「爲什麼我們英國無法計算M3？」我嚇一跳。M3是一種奇怪的貨幣供給指標，爲米爾頓・傅利曼的追隨者所擁抱。那天晚上，我們都在討論市場經濟學和英國經濟所遭遇到的問題。我重複我在四月時對福特總統所表達的憂慮：「似乎，英國經濟已經到了一個緊要關頭，該讓政府所採行的財政政策刺激方案懸崖勒馬了。狀況顯然非常危險。」

我對柴契爾夫人的初次良好印象，在她當上首相時，更加強化。一九七九年她選上首相，正面對抗英國僵硬的經濟。柴契爾夫人宣佈關掉一些政府所擁有的不賺錢煤礦之後，礦工於一九八四年三月罷工，這是她的大戰開始。一九七三年的礦工工會罷工事件，造成當時的艾德華・希斯（Edward Heath）政府下臺。但柴契爾夫人的策略是事先備妥大量的煤，以免造成電力短缺而像上次一樣，讓工會有談判籌碼。鬥志高昂的工人中計了，一年後放棄罷工，回去工作。

柴契爾夫人擁抱市場資本主義，在英國大選上得到令人羨慕的支持。一九八三及一九八七她又再當選，成爲一八二七年以來，連續執政最長的首相。她神奇的執政之路最後不是被一般選民所害，而是因爲保守黨的內部叛變。她被迫於一九九〇年末下臺。柴契爾夫人一直很痛恨害她下臺的人。一九九二年九月，其羞辱感仍隱隱作痛，當時正好是英國難堪地被迫退出歐洲社區匯率機制（European Community's Exchange Rate Mechanism），我和她及她先生，丹尼斯・柴契爾共進晚餐。丹尼斯仍滿懷期望能夠東山再起，講了一個計程車司機在財政瓦解後的心聲：「長官，我希望一個月內能看到您回來唐寧街十號(譯註：Number Ten，英首相官邸)」然而，大勢已去。

約翰・梅傑（John Major）所領導的保守黨又繼續執政了二年，此時，工黨領袖約翰・史密斯（John Smith）早逝，把其二位副手格登・布朗和東尼・布萊爾（Tony Blair）拱上領導人位置。

不久之後，一九九四年秋，布朗和布萊爾連袂風塵僕僕地來聯準會找我。寒暄當中，我覺得布朗比較資深。布萊爾只是當個配角，主要由布朗談「新」工黨。麥可・復特（Michael Foot）和亞瑟・史卡吉爾（Arthur Scargill）等礦工工會強硬派領袖在戰後所主張的社會主義教條已經被揚棄了。布朗支持全球化和自由市場，似乎不想改變柴契爾夫人對英國所作的改革。他和布萊爾拜訪一個知名的資本主義捍衛者（就是我），更強化了我的印象。

一九九七年上臺之後，年輕的中立派工黨領袖東尼・布萊爾及格登・布朗接受柴契爾對英國的產品及勞動市場所進行的深遠而重要的結構改革。事實上布朗是擔任非常多年的英國財政大臣，顯然迷戀於英國所展現的驚人經濟彈性。（布朗還特別鼓勵我要改變G－7成員的想法，讓他們知道彈性對經濟穩定的重要性。）在二十一世紀的英國裡，社會主義所留下的東西幾乎已經所剩無幾。費邊社會主義還反應在英國的社會安全網，但從我的角度看，已經相當淡化。由柴契爾和「新工黨」所推動的自由市場讓英國非常成功，顯示，這些強化英國GDP的改革，將會傳承到下一代。

英國從二次大戰後多年來的僵化經濟，進化成全世界最開放的經濟，這一切，反應在格登・布朗對知識的探討過程，他在二〇〇七年寫給我的電子郵件中，陳述了這段教育歷程：「我對經濟學之學習，主要來自對社會正義的關切，我父親教導我的社會正義。一如早期的費邊主義，我認爲經濟學失敗了，因此答案是凱因斯學派——更多的需求，至少，要讓大家有工作。到了八〇年代，我看出來，我們需要更有彈性的經濟才能創造就業。我對廣泛的全球化之瞭解是，我們必須讓穩定、自由貿易、市場開放，和彈性與人員投資相結合，這種投資，原則上是透過教育，讓人們具備未來的工作能力。我希望英國已經準備就序，接受全球經濟之挑戰，支持我們在自由貿易而不是保護主義信念下所實施的安定政策、支持全世界最開放的競爭政策及彈性市場，並透過教育和相關措施，大量增加人員投資。」

重建德國在戰爭中損壞的基礎建設，並追上戰爭期間所發展出來的科技，這些項目所需要的經濟活動水準，推動德國GDP成長。出乎意料之外，才過了四十年，德國的「經濟奇蹟」就把這個聯邦共和國變成了世界強權。西德在一九五〇年到一九七三年之間，每年平均成長率爲驚人的百分之六。平均失業率在整個一九六〇年代都維持在最低水準，這是戰前大蕭條年代所無法想像的成果。我於一九五〇年代後期，開始爲美國整體經濟作預測時，把歐洲視爲我們輸出和提供美援的對象，而不是我們的競爭對手。幾十年後，歐洲已經成爲可怕的競爭力量。

美國工商業的戰後結構，反應了衍生自小農場（部分是十九世紀西部贈地的自耕農）和小商家對大企業的歷史反感。銀行特許權很少發給企業集團。國營企業和私部門競爭是非常特殊的狀況。民粹主義攻擊大型企業的「托辣斯」，而高等法院於一九一一年決定解散標準石油托辣斯則成爲代表作。

由於「反大」傳統，一般而言，美國有別於德國和歐洲。戰後的歐洲經濟擁抱許多國營企業，並依法鼓勵產業聯合工會和全國性的工資協商。在德國，法令強制規定公司的監察人中必須要有勞工代表。大型企業和大型工會控制經濟。鼓勵所謂的綜合銀行這種大型金融機構投資，或貸款給大型企業。這種大型化精神源自十九世紀末的卡特爾化經濟，而卡特爾化，部分是因軍事需求而產生。

德國在二次大戰後的幾十年期間，創造性破壞主要是「創造」。大部分的「破壞」，戰爭期間已經轟炸完成，因此戰後就沒有發揮破壞的餘地。資本主義過程中的壓力和對經濟安全網的需求，在一九七〇年代極其微小。德國企業雖然面對嚴格的管制和文化限制，仍快速擴張。

然而到了一九七〇年代後期，德國經濟奇蹟卻開始褪去。西德差不多已經把拯救經濟的重建需求都完成了。需求漸緩而經濟成長也慢下來。創造性破壞——必要而痛苦的經濟改革和經濟資源重配置——戰後一直蟄伏至今，現在出現了。一九五〇年代適時出現的經濟基礎建設大致上都已經停下來。企業及其員工開始感受到壓力。

勞工法在戰後沒多久就實施以保障人民工作，這在突破大量需要勞力的時代裡並沒有什麼作用。在經濟快速成長的年代，僱主爲了滿足迅速增加的需求而有壓力，必須僱用足夠的工人。他們很少考慮解僱員工所新增的罰款成本，因爲招惹這個麻煩的機會不大。如今這種均衡已經變了，因爲戰後重建工作已經接近完成。解僱工人的成本立即使得僱主不願僱用人員。西德的失業率從一九七〇年的百分之〇・四低水準暴增至一九八五年的將進百分之七，而二〇〇五年則超過百分之九。全球景氣上揚，德國出口帶來了成長，讓失業率在二〇〇七年春降到百分之六・四。然而，長期的結構問題——高失業和生產力短缺——尙待妥善處理。解僱員工的成本一直是僱主不敢僱用員工的主要因素。

更廣泛而言，OECD（經濟合作發展組織）確定，對員工薪資課以重稅及優厚的失業福利也是西歐失業水準顯著高於美國的因素。根據IMF，二〇〇五年EU－15⑧的勞動生產力只有美國的百分之八十三，從一九九五年的百分之九十降下來。目前，沒有一家會員國的勞動生產力水準超過美國。ＩＭＦ將之歸因於「在採用新科技，尤其是進步神速的資訊通訊科技（ＩＣＴ）上較慢。」相對於美國，這項落差越來越大，其原因則是金融業和零售及躉售業在ＩＣＴ上的投資落後所致。ＩＭＦ建議，這個現象隱含歐洲需要降低競爭障礙。

對西德經濟成長打擊最大的致命決策，就是把以東德幣計價的東德資產和負債以一比一的比率，轉換成西德馬克，作爲東西德統一的條件。由於在統一之前就已經發現東德的生產力水準遠比西德低，因此，大家擔心東德工廠會因爲完全沒有競爭力而瓦解破產。但如果不以一比一來轉換，根據當時黑幕．柯爾總理的說法，將會造成大批的勞動力從東德蜂擁至西德，這也許沒錯。不管是哪種方式，東德產業都必須靠聯邦共和國的補助才能生存。而且，東德還從西德慷慨的社會安全網中得到好處，到目前爲止，必須把德國ＧＤＰ百分之四左右或更多的資源移轉到東德，才能支應其退休和失業人員。

柯爾總理作出結論，當東德的生活水準終於追上西德時（他認爲也許要花五到十年），經濟難題就迎刃而解，而加諸於西德納稅人身上的負擔也將結束。德國央行能力很強的總裁卡爾奧圖．波爾（Karl-Otto Pöhl）在談到統一的時候就告訴過我和其他人，他擔心德國的最後結果會很嚴重。事實證明他有先見之明。

法國有點特殊，因爲他們對文明和歷史的感受，有意識地引導經濟。法國人大多反對市場競爭，而市場競爭正是資本主義經濟運作的基礎。市場競爭被視爲不文明，或是以巴拉度的話來說，

⑧係二〇〇四年擴大之前的歐盟會員國。

是「叢林法則」。然而他們還是保護資本主義制度——法治和財產權——一如其他的已開發國家。

知識上的衝突，在經濟的日常運作中不斷上演。法國公然避開市場開放和全球化的經濟自由主義。二〇〇五年，當年的總統賈克・席哈克（Jacques Chirac）坦率指出「極端的資本主義，和當年共產主義的威脅一樣大。」然而，法國有一大堆的世界級企業在世界舞臺上有非常強的競爭力（而且他們五分之四的獲利來自海外）。法國和德國共同領導歐盟的經濟自由貿易區，於二〇〇七年三月慶祝其五十週年紀念。（當然，其動機不在於經濟，而是爲了邁向歐陸的政治整合，在兩次世界大戰的三分之一個世紀中，歐陸整合已經蕩然無存。）然而，歐洲新憲法無法得到法國（以及其他地區）的人民投票通過，讓整合程序原地踏步。

雖然法國私部門裡的工會代表相對較少，但全國性的集合協商契約把所有受僱者，不論是否參加工會，都綁在一起。於是工會在市場上有相當強的力量，尤其是對政府。法國和德國一樣，由工會所推動的工作保護法，導致解僱員工成本高昂，限制了僱用意願，造成一種效果——失業顯著高於解僱成本低的國家，如美國。

企業所負擔的僱用成本（特別是退休成本），定期促使法國政府不顧一切地想要推動一點點改革，但都被香榭麗舍上的反對示威給扼殺，這種示威戰術，讓許多法國政權悲痛不已。

我們很難不對法國的前景感到憂慮。根據ＩＭＦ的資料，法國在全世界的每人平均所得排名上，已經從一九八〇年的第十一名掉到二〇〇五年的第十八名。一九七〇年代初期的失業率平均爲百分之二・五。一九八〇年代之後，則分布在百分之八到十二之間。然而法國人普遍具有自由和國家主義意識，當走投無路時，他們似乎會重新組合，並積極參與全球社群。我猜，尼古拉・

沙柯吉（Nicolas Sarkozy）當選總統，未來將會有所不同。我認為，他帶來希望。當然，在公開場合，他是堅定的保護主義者。但二〇〇四年他當財政部長時，我曾經和他有過對話，他對美國經濟模式中的彈性顯得相當崇拜。無論如何，世界競爭市場都會帶著他走向這條路。文化和經濟福祉註定要起衝突。

義大利有許多和法國同樣的問題，而從許多方面看，其前景也相同。羅馬為文明中心已二千多年。和法國類似，義大利也經過大起大落，但掙扎著向前邁進。義大利在一九九九年採用歐元，立即獲得強力貨幣的經濟力量（過去里拉必須不斷貶值以維持該國的全球競爭力）、低利率，和低通膨。但其揮霍無度的財政文化卻未隨著新貨幣而稍有減抑。義大利對定期的貶值沒有安全閥，導致經濟遲滯。有關義大利回歸里拉（並貶值）的言論呼聲四起。義大利何時，以及如何轉回里拉的問題非常困難，而且代價極其昂貴。檢視此問題深淵而對其不滿，終將迫使義大利政府進行改革，這顯然是義大利人及其全球伙伴的共同需求。

但歷史和文化本身並不足以維繫歐元區域經濟，或是更廣泛的歐盟經濟。歐洲領袖二〇〇〇年三月於里斯本召開會議，體認到歐洲經濟模式必須在競爭力上作調整。他們推出了所謂的「里斯本行動議程」（Lisbon Agenda），以完全的創新和競爭歐洲，作為十年目標。到目前為止，目標雖可貴，進度卻遠遠落後，必須加緊趕上。大約是去年，歐洲已經在世界經濟熱潮帶動下，出現週期性成長。但基於我將在二十五章所提的理由，世界的成長腳步將會趨緩，因此，除非他們好好處理，否則歐洲地區文化導向的經濟結構問題將一直存在。⑨

在主要工業化國家中，日本可能是文化上最團結者。其移民法大致上並不鼓勵任何不是日本血統的人，而且該法鼓勵一致性。這是個非常文明的社會，避免創造性破壞發生。日本人對於經常換工作及經常解僱員工以消滅或改革經營不善公司的作法非常不以爲然。無論如何，日本從二次大戰結束後到一九八九年之間，成功地發展成全世界最成功的資本主義經濟之一。戰後重建吸收了所有的勞動力，還有——員工很少被解僱，而日本也因終身僱用制而聞名於世。同樣地，經營不善的企業也因爲高漲的需求而得以生存。到了一九八九年，全世界投資人對天皇居所的土地評價等於加州所有不動產的總價值。我記得我當時在想，這個價值眞是奇怪啊。

日本最近這幾年才從一九九〇年的股市和不動產崩盤惡果中，掙扎出來。當年，由於不動產價格狂飆，日本銀行把大量資金放在不動產擔保的放款上。當反轉來臨時，價格一瀉千里，擔保品就不足了。但其銀行家不像西方人一樣收回放款，而是在文化力量的束縛下，繼續忍耐。後來花許多年及許多緊急紓困措施才讓房地產價格穩下來，並讓銀行體系回到正常，眞正地評估壞帳和不良資產。

從這次及其他的歷史事件中，我得到一個結論，日本的行爲和其他資本主義國家不同。我的頓悟是，瞭解了「丟臉」對日本人的羞辱是到什麼程度。二〇〇〇年一月，我到東京日本大藏省大臣宮澤喜一的辦公室和他會面。在行禮如儀的談笑之後（他的英語很流利），我切入重點，詳細分析日本日益惡化的金融體系。宮澤喜一是很有作爲的政務官，這個話題，我已經和他談過幾次。

⑨然而，部分歐元地區已經進行相當程度的改革。尤其是愛爾蘭和荷蘭已經發展出降低失業率計劃。而德國在二〇〇〇年代初期所推出的不完全勞工改革，其影響力可能比先前所想的還大。

我開始說起美國的故事，我們成立資產清理信託公司（RTC）來清算七百五十家左右的破產儲貸合作社，一旦原先看起來賣不掉的不動產出清得差不多時，不動產市場就馬上回春，而新的小型儲貸業也開始興盛。我把美國政府的策略提供給他：㈠讓大部分儲蓄業裡失敗的公司破產，㈡把他們的資產交給清算機構處理，及㈢大幅折價處分不良資產可以讓不動產市場再度活絡，相當適合用在日本的狀況。

宮澤喜一耐心地聽完我的演講之後，溫柔地笑道：「艾倫，你對我們銀行問題的分析非常有見地。至於你的解決方案，那不是日本的方法。」把付不出錢的債務人逼去破產，並清算其銀行擔保品，這應該避免，就像應該避免裁員一樣。日本人嚴格遵守禮教，因此，丟臉的事完全不用考慮。

毫無疑問，我現在和當時都認爲，如果日本在經濟停滯期（一九九〇年到二〇〇五年）採取類似RTC的策略，將可縮短泡沫後的調整期，而讓日本經濟更快地回復到正常功能。在多年的停滯期當中，預測人員，包括我在內，不斷地預測會有復甦。但復甦似乎永遠不會出現。導致日本停滯的看不見經濟力量是什麼？答案就在我和宮澤喜一的談話中。這個看不見的力量並非經濟的，而是文化的。日本爲了避免讓許多企業和個人丟臉，刻意接受極爲昂貴的經濟停滯。我不能想像美國的經濟政策也採取這種作法。

奇怪的是，同樣的團隊精神，很可能也解救了日本經濟，免受退休財務問題之威脅，而這個問題，所有的大型已開發國家未來都要面對。我最近問一名日本高級官員，日本政府對未來退休人員所作的承諾，可能無法達成，日本要如何處理這個問題？他回答說，縮減福利，而且這樣做不會有問題——日本人認為，這樣的調整對國家有利，而這樣就夠了。我無法想像美國國會或美國選民會這樣理性。

儘管戰爭結束時所流行的民主社會主義文化，制定了許多管制法令，歐陸還是能夠以資本主義的步調重建其被戰爭蹂躪的經濟。就像歐陸重建時的超額需求，讓福利國家的大型安全網無用武之地，戰後前三十年成長同樣快速的日本，也不必對裁員要求鉅額罰款，或是逼著無力償債的債務人去破產。絕不能「丟臉」。

當歐洲的成長在一九八〇年代持續趨緩時，福利國家的成本上升，使得成長更為緩慢。同樣地，在日本，當不動產價格泡沫破滅時，銀行不願清算貸款戶，使得經濟問題更加嚴重。在不動產市場幾乎停擺的情形下，銀行沒有實際去估算擔保品價值，因此也就不知道自己是否還有清償能力。因此銀行就必須對放款小心翼翼，於是造成新客戶的貸款受限，然而，因為銀行是日本金融體制中的要角，對大型已開發國家非常重要的金融中介功能在日本幾乎已經枯竭。通貨緊縮甚囂塵上。直到長期下跌的房地產價格在二〇〇六年從谷底翻升之後才能對銀行的償債能力作合理的判斷。也只有在這時，新放款才開始進來，讓經濟活動有顯著成長。

雖然本章主要探討影響大型經濟體的經濟力，這些力量，大部分也作用於加拿大、北歐，和荷比盧各國。加拿大是我們重要的貿易伙伴，和我們之間有全世界最長的模糊國界，而我卻未給予應有的篇幅，因為加拿大的經濟、政治，和文化趨勢大多和英國及美國相同，而這部分，本書已著墨頗多。

澳洲和紐西蘭在採行市場開放改革上，及和亞洲，特別是中國漸漸增加互動之後的發展特別有趣。過去四分之一個世紀，有無限多的案件顯示，把僵化的經濟開放，引進競爭，可以大幅改善生活水準，事實上，澳洲和紐西蘭就是很好的例子。澳洲勞工部部長巴布・霍克（Bob Hawke）在一九八〇年代面對抑制競爭的法令限制，採取了一系列重大而痛苦的改革，尤其是在勞動市場。關稅顯著下降，而匯率則允許浮動。這些改革點燃了神奇的經濟復甦之火。經濟復甦自一九九一年開始，一直持續到二〇〇六年而未見衰退，實質人均所得增加了百分之四十以上。紐西蘭在財政部長羅傑・道格拉斯（Roger Douglas）所設定的目標之下，於一九八〇年代中期進行類似改革，也得到同樣優異的成果。

從許多方面看來，澳洲一直讓我覺得是美國的縮小版。早期澳洲墾荒者深入廣袤無垠的大陸，讓人想起美國西北部的路易斯（Lweis）和克拉克（Clark）拓荒史。澳洲社會從一個十八世紀末英國丟置重刑犯的地方，轉變爲高水準文化，以雪梨歌劇院作爲海報形象。我知道我不能以短短幾年的觀察爲基礎做整體性推論，但不管怎麼說，我在聯準會任職期間，發現在許多方面，是美國經濟表現的先行指標。例如，澳洲最近的不動產飆漲和結束就比美國早了一到二年。我一直在注意澳洲的經常帳赤字，已經持續了遠比美國還長的時期（始於一九七四年），但除了外人持有澳洲企業資產增加之外，並沒有顯著的經濟衝擊。

澳洲和美國早年在二次大戰痛苦期間所發展出來的關係一直維繫到今日。即使考慮其規模（二千一百萬的人口）和距離（雪梨距洛杉磯七千五百英哩），澳洲現在活力十足的市場經濟，還是在美國留下了非常鮮明的足跡。我一直對這麼小的國家竟有如此深入的經濟人才印象深刻。我發現，長期擔任澳洲準備銀行（澳洲央行）理事的怡安・麥克法蘭（Ian McFarlane）對全球化議題有非凡的見解，一如澳洲財務長（即財政部長）彼得・考斯特羅（Peter Costello）。約翰・霍華（John Howard）總理對科技在美國生產力成長上的角色有相當高的興趣，令我刮目相看。他讓大多數政府首長兢兢業業地管好各自細節，然後於一九九七年到二〇〇五年期間多次找我討論這些議題。他不需要我在貨幣政策上給予激勵。他的政府已經在一九九六年授予澳洲準備銀行充分的獨立性。

本章所探討的是一些已開發市場經濟體中各種不同模式的資本主義作法。但還有三個重要的國家，不太能視爲這種在自由競爭和某種安全網限制之間的簡單權衡模式：中國、俄羅斯，和印度。他們在某個程度上都遵循市場法則，但作法上卻有明顯偏離，因而難以歸類或預測。中國的財產權只有半正式的法律，卻越來越像資本主義。俄羅斯有財產權的法律，但政治上的權宜措施，決定其執行程度。而印度雖然有合法的財產權，卻受到許多其他規範的限制，通常是受到裁量權之影響，以致於在吸引外資上，不具應有之效力。這三個國家的人口佔全世界的五分之二，但ＧＤＰ還不到全球的四分之一。這些國家未來四分之一個世紀裡的政治、文化，和經濟會如何演化，將對全球未來經濟產生相當大的影響。

14 中國之選擇機會

我上次以聯準會主席身分拜訪中國是二〇〇五年十月，中國前總理朱鎔基及其夫人勞安在北京高雅的釣魚臺國賓館辦了一個小型晚宴為我餞行，釣魚臺國賓館是中國領導人用來招待貴賓之處。朱鎔基和我有機會在晚宴之前的正式茶會裡聊起來，而他談話的態度讓我強烈懷疑，他是否眞的下臺了，因為官方報紙一直在報導他。對於我們二國間的重要事務他非常注意，也有最新的資訊，而見解深入敏銳，一如我們交往的這十一年。

當我們針對中國的匯率及美國貿易失衡交換意見時，他談論此事的那種精熟老練程度讓我感到訝異，即使在全球各地領導人中，也甚為特殊。多年來，我們已經討論過許多議題——中國如何使社會安全網不受國營企業瓦解之傷害、最佳的銀行監理模式、不干預中國剛起步的股市之必要性，及其他議題。

我覺得朱鎔基越來越有意思，當我知道我們可能無法再見面時，還有點傷感。他擔任副總理及中國央行行長時，我們就是朋友了，而且我很注意他的生涯發展。他是鄧小平這位偉大經濟改革者的思想傳人，當年鄧小平把中國從「腳踏車年代」帶進「機動車年代」，其意義不言自明。朱鎔基不像鄧小平一樣擁有廣大的政治基礎，他是技術出身；他的影響力，就我看來，來自江澤民之支持，江澤民是一九九三年到二〇〇三年的中國國家主席及一九八九年到二〇〇二年的黨領導人。還有，朱鎔基全面實現了鄧小平所提出的制度改革。

鄧小平是位務實的馬克思主義者，把中國從封閉的中央計劃農業經濟，轉型成經濟上令人敬畏的形象。該國從一九七八年開始向市場進軍，當年因爲嚴重的旱災，主管當局被迫把控制農民土地的嚴格行政管制鬆綁。在新規則下，農民可以把他們所生產的顯著部分拿來自用或銷售。結果非常驚人。農產品產量大幅增加，激勵進一步解除管制並發展農業市場。停滯了數十年之後，農產品開花了。

農業上的成功，鼓勵把改革帶到工業。再一次，把限制稍微放寬就產生超乎預期的成長，讓改革者想要加速邁向競爭市場平臺的主張得到動力。沒有一個倡導者敢把新模式稱爲「資本主義」。他們使用像「市場社會主義」這樣的委婉說法，或是使用鄧小平的名言，「中國特色社會主義」。

中國領導人非常有見識，不會看不出來社會主義經濟的矛盾及限制，以及資本主義成功的證據。眞的，要不然，他們爲什麼要擁抱這麼一個如此野心勃勃，卻又如此和共產黨傳統非常不一樣的創舉？當中國無可避免地一步步向資本主義道路邁進時，經濟進步已是人人皆知，早年的意識形態論戰似乎已經走進歷史。

我第一次踏上中國是在一九九四年，當時改革早已開始。我陸續去了好幾次。和所有的參觀者一樣，我印象深刻，而且每一次拜訪，都會覺得其變化太神奇了。中國經濟，從購買力平價看，已經成爲世界第二大，僅次於美國。一般而言，中國還成爲全世界最大的商品消費國、第二大石油消費國、最大的鋼鐵生產國，且已從一九八〇年代的腳踏車經濟進化爲二〇〇六年汽車產量超過七百萬輛的經濟，而其設備產能還遠遠超過這個數字。摩天大樓從千年不變的田裡竄起。中國人幾代以來規定要穿的灰褐色制服已經被奔放的各種色彩所取代。而且，當所得隨著繁榮增加時，消費文化也出現了。廣告，一度是大家完全不知道的東西，今天則已經成爲中國成長最快的產業，而沃爾瑪、家樂福，和B&Q等國際級零售巨人，則和新近創新出來的中國店家相競爭。

前不久還是集合農場的土地上，顯然已經實施了寬鬆定義的市區財產權；否則不動產、工廠，和證券的外人投資早就沒了。投資人的行爲就好像他們預期可以在投資上得到報酬，並收回本金似的。而他們也做到了。①中國人民後來獲得一項權利，可以買賣房子，這創造出累積資本的重要機會。我猜，赫南多・德・索托應該會很高興。而在二〇〇七年三月，全國人民代表大會通過了一項更周全的所有權法律，讓所有權得到國家級的保護。但其所擁有的財產權，和已開發國家比起來，還是差太多。徒法不足以自行，財產權還需要行政及司法系統來落實。就這點看，中國還是落後。公正的司法，目前仍是中國的目標。還有一些違法行爲，特別是智慧財產權方面：到處是合作設廠的投資人抱怨把科技帶進新廠，結果被中國人的工廠抄襲，而成爲直接競爭者。

①當然，大幅解除零售市場中一大部分商品的價格管制，引起外資興趣。一九九一年，有幾近百分之七十的零售價格爲市場導向——就百分比而論，幾乎是一九八七年的二倍，當時，鐵幕後的中央計劃經濟已經出現搖搖欲墜的初期跡象。一九八〇年代後期，組裝出口品的零組件之進口稅大幅鬆綁，增加出口之獲利能力。

中國不斷成長繁榮，大舉破壞了該國對共產主義革命根基的承諾。我已經和中國的財經官員開過無數次會議，我不記得有哪次聽過共產主義或馬克思這些字。當然，我所接觸的主要是「自由派」人士。我只參與過一次意識形態交換會議——一九九四年時，我和李鵬辯論自由市場資本主義，李鵬是熱情的馬克思主義者，也是朱鎔基之前的總理。他對美國經濟事務非常熟悉，是個可怕的辯論對手。一開始就很清楚，我所面對的不是大學裡的那種馬克思主義辯證法。李鵬專心聽我仔細推論爲什麼中國應該加速開放市場。他回敬我一個問題，如果美國對沒有管制的市場如此堅信不疑，那我要如何解釋尼克森在一九七一年實施工資和物價管制。我很高興他知道問這個問題。他不只是和現實世界有所接觸，而且，作爲一個知名的強硬派，他的話聽起來幾乎完全理性。我的回答是，那次的物價管制乃是不當的政策，而唯一的優點就是再度證明物價管制行不通。我補充說，此後我們就再也不受此誘惑了。然而，我不打算改變他的想法。我們這二個辯論者都是可憐的政府官員，即使當錯誤證明出來時，也無權去解決錯誤。不論我多麼努力地想要改變他，或他改變我，我們二人沒一個可以在自己政府所主張的政策下公然改變方向。

我已經有很多年沒有和李鵬交談了，二〇〇一年，當中國加入世界貿易組織這個自由競爭的堡壘時，我只能好奇的想，他會怎麼想。我一向堅決支持以立法方式和中國建立永久的正常貿易關係，我相信一旦中國完全接受世界貿易制度，中國人民的福利就會增加，他們會看到生活水準提升，而美國的企業和農民也會發現一個更歡迎他們，卻尚未開發的市場。二〇〇〇年五月，在總統的要求下，我在白宮發表談話，希望把中國完全帶進全球市場，主張這個行動將能培養人權並強化法治。我告訴記者：「歷史顯示，任何除去中央計劃經濟並擴大市場機制的行動，一如W

TO之作爲，毫無疑問，將會讓人權更廣爲散播。」（柯林頓爲了強調我出現的理由，惡作劇地補充道：「我們都知道，當葛林斯潘說話時，全世界都在聽。我希望國會今天也有在聽。」）

中國參與全球金融機構也帶來其他的效益。現在中國的中央銀行官員在瑞士國際清算銀行（Bank for International Settlements, BIS）中扮演關鍵角色。這個機構長期以來和資本主義國際金融相結合。周小川二〇〇二年接掌中國央行行長時，於一次BIS的例行會議上，受到主要開發中國家央行代表的特別歡迎。周小川除了流利的英文和嫻熟的國際金融知識外，他對中國事務的公正評估是我們很難在其他地方得到的。他詳細說明中國金融市場的演進過程，讓我有新的看法。我二〇〇六年離開聯準會之後，在一個檢討國際貨幣基金方面的融資問題委員會上和周小川共事。他和他的同事，已經在短短幾年中，從孤立的中央計劃經濟，成爲全球金融體系運作上的要角。

顯然，中國還吸收了許多西方文化。數一數二的國際銀行HSBC，過去二年已經在上海贊助數百萬美元的高爾夫球賽。高爾夫球場在中國各地冒出來，令人訝異的不是他們有球場，而是沒人認爲這件事有什麼特別。②很少有運動像高爾夫這麼象徵資本主義。蘇聯有職業網球手，但沒有職業高爾夫球員。

②老虎・伍茲（Tiger Woods）曾短暫參加這二場上海球賽。不過最近高爾夫在某些中國大學裡成爲衝突的來源，學生抗議學校在教學用的運動場上拆命蓋高爾夫「練習場」。無論如何，在中國海南島所舉辦的另一場國際高爾夫球賽，於二〇〇七年三月登場。

我聽說中國的西式古典管弦樂團比美國還多。而當江澤民主席告訴我，他最喜歡的作曲家是舒伯特時，我冷不防地嚇了一大跳。這樣的文化，和一九七二年尼克森拜訪中國時的文化簡直有天壤之別。

我一直認爲，戈巴契夫的改革開放是導致蘇聯滅亡的最可能原因。他們讓蘇維埃人民去接觸史達林及其大多數接班人所壓制的「自由」價值。象徵性的潘朵拉寶盒打開之後，各種理念在這樣的散佈方式下，蘇聯及其衛星國家的集體主義之滅亡只是時間問題。我覺得中共政治局在網際網路上控制資訊的作法已經得到相同的結論，他們不想看到歷史重演。

一九九四年，我站在天安門廣場一角，這裡是毛澤東一九四九年宣佈建立中華人民共和國之處，我對中國現代化之困難重重只能感到驚訝——然而，最近幾年，卻又如此成功。這裡，五年前發生鎭壓自由屠殺學生事件，我還發現自己對這一個十三億人口的社會，經過數代馬克思主義的教導，竟然能象徵性地絕處逢生，放棄小時候最易受影響時所被教導的價值。也許，儘管中國快速進步，那些價值比外表所呈現的還要根深柢固。雖然各地都有變化，毛主席的面孔還是印在中國貨幣上，暗示傳統的力量依然頑強。

共產黨透過革命取得政權，而且一開始，就是以帶來正義和爲人民提供物質幸福爲哲學作爲政治上的訴求。然而，物質幸福只是人類所努力追求的一部分而已，無法單單靠此來維持極權統治。新繁榮的喜悅很快就會消失，而且一段時間後，便以此爲基礎，衍生出更多甚至更高的期望。在上個四分之一世紀，生活水準迅速提升，並得到人民的支持。

但至少，共產主義意識形態上與生俱來的矛盾浮上檯面只是時間問題而已。馬克思和毛澤東的幽靈在富裕加速的年代裡靜靜地躺著，到了二〇〇六年，被一個名叫劉國光的八十多歲退休馬克思主義經濟學家所吵醒，一項釐清並擴大財產權的憲法修正案被他給封殺掉了。他高舉共產國家的意識形態大旗，而且，竟意外地得到許多支持，在全國人大中得到勝利。其基礎來自北京大學法學教授鞏獻田熱情的公開信在網際網路上流傳。爲了回應馬克思左派的批評，胡錦濤主席聲明，中國必須「毫不動搖地堅持經濟改革。」我們等著看這場意識形態上的鬥爭，究竟是老一輩迴光返照，還是對中國資本主義之路更基本的破壞。二〇〇七年三月人民代表大會只作了微幅修訂，而其增修條文，正如我說的，令人振奮。

中國上一代領導人展現相當的創意，避開了幾乎是人人皆知的結論：儘管馬克思很聰明，他認爲人可以加以組織以創造價值的分析卻是錯的。馬克思認爲，生產工具歸國家所有，是社會生產財富能力和正義之基本設備。於是，在馬克思社會中，幾乎所有的財產權，在人民的託付下，都歸國家所有。個人財產權是剝削的工具，只會讓「集體」(the collective)，也就是整個社會，付出代價。他主張分工集體化(collectivization)。大家爲單一目標集合在一起工作，將遠比市場整理個人不同的選擇還要有生產力。所有的這些典範，最後的仲裁者是現實。現實眞的如其所建議的方式運作嗎？實際上的馬克思經濟體——蘇聯和其他地區——無法生產財富或正義，一如大家今天的普遍認知。集體擁有的想法失敗了。

西方的社會主義，修正了馬克思經濟的錯誤，重新定義社會主義，不再要求所有的生產工具都歸國有。有些乾脆宣揚政府管制而不談國有財產以增進社會福祉。

鄧小平則從好的一面來看馬克思的錯誤，他忽略共產主義的意識，把黨的政權正當性，建立在符合十多億人口物質需求的能力上。他所採取的行動，創造出前所未見的每人實質GDP將近八倍之成長，嬰兒死亡率下降、及平均壽命增加。但正如許多黨領導人所害怕的，以市場定價取代政府管制，開始削弱黨的政治控制力。

我在一九九四年拜訪上海時看到了這種現象。一名資深官員告訴我，他五年前被派去管農產品配給站。他告訴我，他每天早上五點就必須到那兒去分配進到上海的農產品。他的工作是命令誰可以拿到什麼。雖然他沒刻意對決策動腦筋，但顯然他擁有相當的支配力量——我能想像他應該可以從當地盤商那裡得到不少好處，因爲這些盤商急於和他建立關係。同樣的，他說，他很高興配給站改成公開市場，由盤商來標這些農產品。誰用什麼價錢拿到竹筍，不再是由一人決定，而是買賣雙方自己去談好價錢。市場根據需求來決定價格及農產品的配置——清楚地展示出命令經濟和市場經濟間的根本差異。由於這項改變，這名官員愉快地透露，他的日子變輕鬆了：「我現在不用再早上五點就爬起來了，我可以好好地睡，讓市場幫我把事情辦好。」

我對自己說：「他是不是眞的明白他剛剛所說的事？」當市場主導時，共產黨的控制力就縮減了。共產主義制度是個權力由上往下流的金字塔。總書記把絕對的權力授予他的，譬如說，十名手下。然後，這些手下，再把絕對權力授予他們下一層更多的人。這個輾轉下傳的過程不斷擴大，直到金字塔的底部。由於每個公務員都被其上一層所監管，所以制度得以維繫。這就是其政治力量之來源。這就是黨的統治方式。然而，如果市場定價取代了金字塔中的任何一層，政治控制就喪失了。你無法同時擁有市場定價機制和政治控制。二者互斥。這已經對黨的權力結構產生嚴重壓力。

到目前爲止，這個根本上的難題似乎已經被黨裡的長老巧妙地處理掉。然而，不斷成長的繁榮漸漸地把中國農民從土地和生計中解放出來，讓他們有餘力對於自己認爲不公正的事進行抗爭。我不相信黨不知道繁榮，以及最近的教育方式正把中國帶離威權統治。今天，胡錦濤主席所掌控的權力似乎比江澤民還少，江澤民則少於鄧小平。而鄧小平的權力更遠少於毛澤東。這個權力不斷削減之路的終點，就是西歐的民主福利國。這條路上還有許多障礙，以致於中國至今的狀況和鄧小平的公開目標，「已開發」經濟還有相當差距。中國改革者所面對的各種重大挑戰其實很清楚：反動派的老勢力；龐大的農村人口至今尚未分享繁榮的成果，卻鮮有例外被禁止移居到城市；蘇聯式命令經濟所殘留下來的一大堆爛攤子，包括還在膨脹中，沒有效率的國營企業；爲這些國營企業提供服務的銀行體制大部分已呈苟延殘喘狀態；缺乏現代金融及會計專家；貪汙，以絕對權力爲基礎的金字塔權力結構之必要副產品；以及最後，缺乏政治自由，也許短期內市場機制在運作上並不需要這點，但對不公正和不公平所引起的人民痛苦，卻是很重要的安全閥。此外，中國領導人必須處理大眾對新富階級的羨慕，及對工業汙染的憤怒。這些問題，任何一個都足以星火燎原。儘管中國已經把經濟中顯著的部分開放給市場機制，中國還是以行政控制，即中央計劃經濟的殘餘體制爲主體。結果，經濟依舊僵化，我想，恐怕很難像美國在九一一時那樣承受重大撞擊。

中國剩下來的問題深度可以視爲其領導人在解散殘餘中央計劃控制時所必須面對的困難度。鄧小平於一九八〇年代的改革，帶來了第一波的解除管制所產生的繁榮，此後，有好幾年無法進步。最主要的問題是中國實施錯誤的匯率制度，以及嚴禁人民自由地在農村和都市，或是鄉鎮和城市之間遷徙。如果要讓中國維持過去十年來的高成長，就必須把這二個中央計劃經濟時的重要現象，大致上，但不一定要完全地解決掉。

第一個焦點是中國人民幣的匯率制度。一九八〇年代初期的人民幣匯率，並不是像今天大多數人所抱怨的太低，而是太高了。中央計劃人員把人民幣固定在一個不實際的匯率上，而黑市的匯率卻比這低了很多。一九八〇年代早期，在官方匯率之下，國際貿易可想而知非常低緩。中國出口商的成本是人民幣，其美元定價必須比較高才能打平，但這樣的美元價錢就沒有競爭力了。對比之下，新近解除管制而非常繁榮的國內市場就變得相當明顯，於是貨幣當局持續讓人民幣貶值。但這個過程花了他們十四年。到了一九九四年，貿易上的外匯交易完全自由，而人民幣黑市也消失了。人民幣對美元從不到二比一貶到八點多對一。

中國的出口，在初期的遲滯之後，便爆發了，從一九八〇年的一百八十億美元，上升到二〇〇六年的九千七百億美元，年成長率將近百分之十七。中國出口，半數以上採進口來料加工，而出口商品的價值不斷提升，因爲出口品平均單價之上升，超過物價指數所固定採樣的一籃商品。③但我們不清楚平均單價之上漲，有多少只是單純反應來料部分的品質上升。

這點很重要，因爲中國出口品越是高科技產品，中國對已開發世界的競爭衝擊就越大。中國可能正順著科技之梯往上爬。該國現在所出口的商品遠比十年前複雜。但這高水準的複雜度是中國人造出來的嗎?或者中國只是組裝別人所造出來之更複雜的產品?《經濟學人》雜誌引用彼得

③例如美國商務部計算進口自中國商品的固定加權價格。二〇〇五年，美國佔中國出口的百分之二十一。

森國際經濟研究所（Peterson Institute of International Economics）尼可拉斯・拉第（Nicholas Lardy）的部分看法，於二〇〇七年三月評論道：「中國的外銷模式……大部分是把便宜的勞工和土地租給外國人。即使是中國最成功的本國電腦商……也把生產包給臺灣公司做。」然而，我認爲，中國出口商品附加價值之增加只是時間問題。我預期中國會漸漸把他們的進口零組件換成高附加價值的國產零件。

外銷的興起過程，和農村工人劃時代地往城市移動過程相符。農村人口在一九九五年達到高點，將近八億六千萬人。十年後，降爲七億四千五百萬人。這樣的改變，可不只是來自人民遷往都市，以及某些定義上的調整結果而已，還有農地都市化的結果，就像珠江三角洲，與活力十足的香港爲鄰，開始出現許多新的製造特區。一九七〇年代，這塊肥沃的區域是沉睡的農田和農村之家，但過去十五年來，來自香港及其他地區的海外投資先鋒進駐，帶動這塊區域的成長。如今珠江三角洲生產各行各業的產品，從玩具到紡織品，大多是外銷。香港的例子，以及對珠江三角洲經濟發展的貢獻非常驚人。

當中國於一九九七年重新收回香港的統治權時，我對香港資本主義之生存並不抱太大希望。認爲中國會遵守諾言，讓香港繼續成爲資本主義堡壘五十年的想法，在我看來，非常幼稚。在同一個政權統治下，資本主義和共產主義比鄰而居，這眞的難以相信。但是在鄧小平的「一國兩制」之下這十年，其結果和我所擔心的完全不同。中國並沒有用共產主義來取代香港的文化和經濟，反而漸漸受到香港的文化和經濟法則之影響。

過去十年來，平均每年有百分之一・四的人口從農村移往都市，這明顯提升了中國的生產力：

中國都市地區的資本顯然比農村地區還要精明。二者之間的差異，造成都市每小時產出上是中國農村的三倍以上。一九八〇年開始設立的經濟特區，主要是外資所投資的製造廠，以外銷爲主，證明非常成功。部分國營企業的私有化也有顯著進展，而其他的國營企業則在進行重大的結構重整。結果，這些組織裡的就業人數大幅下降，顯示創造性破壞進行得相當不錯。

重整一大堆的國營企業，並把剩下的大部分私有化，必須把國營企業的社會保險和福利義務轉移給其他的政府單位，或是尋求私人資金。如果國營企業必須負擔帳面上所有社會福利網的完全成本，則顯然將無法競爭。國營企業冗員充斥，成爲間接失業保險的形式，這種現象也在消逝中。在人民大會堂一個傳統泡茶的地方，中國國家主席江澤民於一九九七年向我描述他當年經營一家大型鋼鐵廠的情形。他把工人減了非常多，鋼鐵的產量還是一樣多，成爲中國東北頗具競爭力的國營企業，他對此感到很驕傲。

如果不對國內遷徙作長期的限制，農村人口遷移到都市的速度是不是會更快，這是一個值得推敲的問題。他們現在所採用的限制形式，可以回溯到一九五八年。每個人出生後都必須住在出生地。官方的遷徙許可證只授予人口中的一小部分。這種強制定居，可以滿足中央計劃員之要求，讓經濟中的每一區塊都各得其位，以利中央計劃之施行，雖然，毫無疑問，政治控制當然也是目的之一。限制遷徙也有效地限制了職業之選擇。

我無法想像，人在這種環境中要如何成長，雖然，我認爲，這是文化大革命夢魘的改良版。當前的領導人持續對這些限制鬆綁，這很重要，也很受歡迎。但他們害怕農村人口大量移往都市會帶來動盪不安，於是限制變革，一如中國人生活中的許多面向一樣。

然而，當大多數的中國人口仍然居住在農村地區，對普通農民的挫折感施以強力震壓，這種解決方式將會帶來暴動。當經濟快速成長，解放了許多人，不再只是追求溫飽，而有餘裕去思考他們所觀察到的不公正，不管是眞實的還是想像的不公正。中國沒有民主的安全閥來舒解這種不安。受到欺凌的人無法用選票把執政者趕下臺，只好訴諸造反。

一九四〇年代後期中國所發生的惡性通貨膨脹（hyper-inflation）經常被認爲是造成動亂，進而在一九四九年讓共產黨取得政權的原因，這個教訓，他們太清楚了。因此，我們可以理解，共產黨在經濟上最害怕的就是造成社會動盪不安的通貨膨脹。誠如凱因斯所說的：「列寧當然是對的。顚覆一個社會，沒有任何方法比讓其貨幣失去價值更妙、更有效。其過程，讓經濟法則中的所有隱藏力量發揮破壞作用，而其作法，一百萬人中，沒一個可以診斷出問題。」

中國領導人深知，除非通貨膨脹受到控制，否則經濟將永無寧日，包括都市地區失業增加，此爲動亂來源。他們認爲，要避免可怕的勞動市場不穩定，則必須擁有穩定的匯率。他們錯了。現行這種壓制匯率的政策，可能引發更大的破壞風險。由於中國向已開發國家「借」技術的結果，導致其每人GDP成長得比貿易對手國還快，在國際競爭之下，對中國貨幣的需求就有增無減。④中國貨幣當局爲了抵消這個效果，以維持人民幣相對穩定，於二〇〇二年到二〇〇七年間，以人民幣買進外匯，累計達一兆美元之多。⑤爲了消化吸收央行購買外幣所釋出的過多貨幣，中國央

④對低工資國家產品之需求，會拉升對生產國貨幣相對於其他國家貨幣的需求。需求上升的國家，其相對於其他國家的幣值也會隨之上升。直到經匯率（以及生產力差異）調整後的工資，上升到其他競爭國家之水準。

行大量發行以人民幣計價的債券。但這還不夠。結果，貨幣供給額之成長率遠超過名目GDP之成長，令人憂心忡忡。這是通貨膨脹的火種。

另一個同樣困擾中國領導人的問題是所得集中度快速增加。從一九八〇年代開始，當時大家普遍都很窮，所得集中度很小，這樣的社會，竟發展成一個，根據世界銀行判斷，所得分配不均比美國和蘇俄都嚴重的社會，的確讓人吃驚。另一個頭痛問題是中國的銀行體制，直到今天，都還無法有效改革。然而中國銀行的股價卻從二〇〇六年一路漲到了二〇〇七年。國營的中國工商銀行於二〇〇六年募集了二百二十億美元，成爲有史以來最大的股票上市案。其他國營銀行也有股票上市大規模釋股或到海外掛牌的情形。但大家急於搶進這些中國國營機構股票，反映出投資人預期中國政府會有效保證這些銀行的負債。中國已經從其龐大的外匯存底動用六百億美元重新充實銀行的資本，並在這個過程中解決了許多銀行的壞帳。中國的銀行過去的放款有許多都是基於政治效益，但多數顯然不具有用的經濟效益。

而且，還在發展中的銀行體制尚不足以應付經濟調整所需的彈性。以市場爲基礎之經濟常常會有脫離均衡的狀況發生，但由市場所驅動的利率和匯率變動，再加上商品和資產價格的調整，經濟很快就回到均衡。中國政府不允許利率隨著供需而浮動，但會透過行政命令以調整銀行準備

⑤中國以政治力阻止人民幣升值，造成美國和世界各國的政治人物大爲驚愕；他們錯以爲，人民幣受到抑制是造成美國大量進口的主要原因，從而造成製造業工作機會之流失。人民幣升值很可能減少美國對中國的貿易赤字，但不是美國的整體貿易赤字。美國進口商只要轉向其他低工資國家進口以取代失去競爭力的中國外銷品。（中國自二〇〇一年以來所買進之外匯包括美元和其他貨幣，換算成美元，共計一兆。）

率的方式來調整利率——但只有在不均衡現象非常明顯時才會採用。這必然是爲時已晚，而且，有時候所採取的行動力道不足甚或是反效果。當貨幣官員看到成長非常大時，會對銀行行政指導，要他們增加放款，但一樣，這也是爲時已晚。這些措施很少能適當調整金融上的不均衡。諷刺的是，中國在金融上沒有和其他國家連結，讓中國不受一九九七～九八年的金融風暴之波及。

中國極度缺乏金融專業人才。這並不奇怪，因爲在中央計劃經濟之下，這些專業人員無用武之地，而企業行銷人員、會計人員、風險管理員，及其他市場經濟裡日常運作所不可或缺的專才也都一樣。最近這幾年中國教育已經把這些技能納入課程，但經濟，特別是銀行部門要有適切的人才則還要一段時間。二〇〇三年十二月，中國銀行業監督管理委員會當時的新主席劉明康前來拜訪聯準會。他承認中國的銀行缺乏判斷貸款是否可以回收的專業人才。劉明康指出，外商銀行日益增加，對他們有幫助。我則建議，中國眞正需要的是那些具有西方市場經濟經驗，並且在競爭的放款審核上，具有敏銳眼光的放款主管。目前已有改善，但尙待加強。

由於在中央計劃經濟裡，金融沒有發揮功能的餘地，因此，中國的銀行一向和我們所熟悉的西方銀行不同。多年來，國營銀行在政治指導之下，挪用資金去實現國家所作的承諾。他們沒有放款審核主管要求放款必須能夠得到淸償，他們只是個匯款單位。國民所得會計裡的壞帳，是GDP（即生產產出的預計市場價值）和員工福利及利潤（即生產的所有人）之間妥協的結果。由於爛投資的情況非常嚴重，GDP的數字中，有一部分是垃圾，沒有價值。中國的壞帳水準，也讓人對中國所發表的GDP數字究竟有何意義，引發同樣的疑問。然而，我應該這樣說，即便投資不具任何未來價値，但終究還是要耗用原料。因此，中國所公布的GDP，也許還是可以用來合理衡量其生產所需投入的資源，亦即，作爲衡量所需投入價值的指標。

中國在一九七〇年代後期所開始進行的改革成果，即使對資料品質上的疑慮作調整之後，仍然是相當出色。你只要觀察北京、上海，及深圳的劇烈變化，還有其他地區，變化雖沒那麼大，卻很實在，你就會認爲，中國絕不是虛有其表。

在我的經驗裡，努力執行市場改革計劃的是中國政府裡的技術官僚，主要爲央行、財政部，以及令人意外的管理機構。然而，他們大多只能提供顧問服務。重要的政治決策來自國務院及政治局，由於他們願意大幅接受親近市場的建議，這是他們的功勞。剩下一個關鍵性障礙，從核心威脅共黨統治政權，就是意識形態上的挑戰。要達成鄧小平的目標，在世紀中葉讓中國達到「中度開發國家」，即使面對馬克思主義守舊勢力的抵制，也必須進一步強化財產權。

都市的財產權已經有相當的進展。然而，七億三千七百萬名中國人所居住的農村土地卻是另一回事。釋出農地財產權有違共產主義傳統，爭議太大，而無法輕易同意。農民可以承租土地並在公開市場出售農產品，但他們對其所耕種的土地沒有取得合法的所有權，因此不能買賣，也不能拿來質押借款。最近這幾十年來，當都市化侵入中國的農村時，地方政府徵收了龐大的土地，卻只把都市化特區應有價值中的一小部分拿出來作補償。這種徵收，是近來抗爭和暴動不斷上升的主因之一。一名中國最高警政官員報告說，全國的抗爭事件從十年前的一萬件上升到二〇〇四年的七萬四千件。二〇〇六年的估計值則較低。讓農民合法擁有土地，這不過是大筆一揮，就能大幅拉近城鄉住民之間的財富差距。

雖然經濟至上是黨的政策核心，但領導人還有其他的問題，其中最重要的就是臺灣的狀況。

許多，也許是大部分的領導人知道，武力衝突會嚇退外資，並使全國想要建立世界級經濟的渴望遭到致命的破壞。

總之，共產黨的領導人面臨一個非常困難的抉擇。目前所走的路線，最後會帶領黨放棄其哲學根基，並正式擁抱某種形式的市場資本主義。中共會不會像其他前蘇聯集團國家所發生的事一樣，轉型為民主社會黨？他們會不會默許可能出現的多元政治，從而危及黨的統治權？或者，黨會放棄改革，回到正統的中央計劃經濟制度以及獨裁主義？這幾乎一定會損害領導所賴以建立正當性的繁榮。

我毫不懷疑中國共產黨可以維持一個獨裁式的半資本主義政權，並在一段時間裡保持相對繁榮。但沒有民主程序這個政治上的安全閥，我懷疑這種政權長期可以成功。這些選擇會如何演變，不只對中國有深沉的涵義，對整個世界也是一樣，後面，我會再探討這個議題。

15 老虎和大象

在中國把自己重新改造成東亞經濟上的八百磅重大猩猩之前，綽號爲「亞洲虎」的幾個國家，早就已經測試修正，得出中國所選擇並追求的那種經濟模式。中國造成經濟成長爆炸的出口導向模式，顯然是效法這些老虎的先前作法——尤其是香港、臺灣、韓國，和新加坡。他們的模式簡單而有效。開發中國家把經濟中的一部分或全部開放給外國投資，以僱用低薪，但通常是受過教育的勞動力。有時候設立像中國經濟特區這種地理區域，在政治上更容易吸引外資和科技。這個模式的關鍵是投資人要得到保證，如果成功，他們可以拿到報酬。這必須讓財產權在開發中國家受到尊重。

亞洲由於二次大戰及韓戰和越戰之破壞，經濟從非常低的基礎開始進步。許多亞洲國家的每人GDP比基本生存水準高不了多少。只有把受保護的投資資本和低成本勞工結合起來，才可能有重大進步。一開始並沒有自由市場經濟。中央計劃經濟形式和國有財產很普遍。韓國模仿日本，對大財閥給予特別優惠。臺灣有許多大型的國營事業，而且和其他的「老虎」一樣，對國內產業採取重度的貿易保護。

這些國家大多數都有魅力十足但獨裁專斷的領導人。新加坡的李光耀一手催生小而世界級的城市；而其他的獨裁者，像蘇哈托將軍，統治著印尼的朋黨資本主義體制，一般認爲，不是很成功。馬來西亞總理馬哈迪（Mahathir Mohamad）是個非常強悍的國家主義領導人，對該國過去的殖民史仍心懷痛恨。

我拜會過這些國家的許多領導人，但我不敢說瞭解他們。多年來我接觸最多的是李光耀，最近一次是在二〇〇六年，雖然我們不是每次都有一致的看法，但我發現他相當令人尊敬。我第一次遇見他，是他接受邀請，到喬治・舒茲（George Shultz）著名的（或不著名，看你的觀點）波西米亞樹林（Bohemian Grove）作客，這是一個隱密於加州紅樹林，限男性參加的俱樂部。（《時代》雜誌曾經派遣一名女性僞裝成男性進去報導該俱樂部偷偷摸摸的勾當。）

二〇〇五年五月，當我去布萊爾迎賓館（華府用來接待外國首長和達官顯要的官方招待所）拜訪馬哈迪博士時，我發現他並沒有我想像中的激烈，事實上，他似乎很有思想也很有意思，只要我不去想他把馬來西亞的財政部長及馬哈迪的預定接班人安華（Anwar Ibrahim）關進監牢這件事。安華在我們這些國際金融領導人的圈子裡廣受尊崇。我猜想，美國副總統高爾於二〇〇〇年所發表譴責：「這個表演式的審判……讓正義的國際標準蕩然無存。」最能表達我們的心聲。雖然我們有最嚴重的政黨鬥爭，但我還是不能想像這種政治惡鬥在美國上演。

當G7的財長和央行行長於一九九一年拜訪泰國，得到機會參觀裝飾華麗的皇宮時，我一直在尋找安娜・李奧諾文斯（Anna Leonowens）的遺跡，她是傳奇的十九世紀英國女教師，泰皇聘她擔任皇子的家教老師，而當時泰國還稱爲暹邏。其後代，泰皇蒲美蓬（King Bhumibol Adulyadej）

已經退位六十多年了。我覺得泰國君主政體的運作特別神奇。泰皇蒲美蓬沒有實權，但卻受到崇敬，而且明顯展示出重要的道德力量。當政治僵局導致二〇〇六年九月的一場軍事政變時，電視中，泰皇出現在政變領袖，軍隊指揮官宋提．汶雅叻格林旁邊，讓政權移轉順利完成。

這些專制政府的領導人最初都很成功，把奄奄一息的經濟救回來。一九七〇年代，高度依賴補助和保護的東亞工業，產品出口日益增加，改善了人民的生活水準。計劃經濟或半計劃經濟儘管非常浪費而沒有效率，不少國家還是在經濟上有某些進步。但僵化的經濟，再加上嚴重干預的束縛，也只能達成這樣程度的成就。因此，為了避免熄火，東亞的老虎諸國把他們的對外貿易障礙降低，到了一九八〇年代，還大幅取消缺乏競爭的補助，在許多亞洲經濟裡，除了外銷產業之外，大都已經被補助寵壞了。

外銷生產者，由於提升生產力的科技（借用自已開發國家）結合低工資，創造出高報酬，持續在國際市場裡進行有效的競爭。結果，外銷導向的企業必須提高工資以吸引他們所需的勞動力來填補快速增加的新訂單，而國內產業，也必須提高工資作回應，以留住員工。結果，東亞工人的生活水準顯著提升。

這些老虎經濟，在一九八〇年代，除了外銷到已開發國家之外，不久之後也相互交易。把重點放在工作持續窄化上（專業化），一向可以強化競爭力並提高每名工人的產量。特別是當競爭對手就在附近，交通成本相對較低時，更是如此。這些老虎經濟面對較為緊俏的勞動市場及工資上揚，漸漸失去他們早期在勞力密集產品上的競爭優勢，而受到亞洲、拉丁美洲，及最近的東歐國家更低成本競爭者的威脅。幸好教育是這些老虎經濟追求競爭動力的首要項目。於是東亞有能力進軍更複雜的產品：半導體、電腦，及各式各樣的高科技產品，在國際市場上產生高附加價值。資本和成熟的勞動力已經讓幾個老虎經濟體躍升至已開發經濟的所得和地位。

但這些利得是否是以犧牲其他國家，特別是其盟國——美國和歐洲——爲代價？答案是否定的。貿易擴張不是零和遊戲。事實上，這半個多世紀來，全球進出口的成長顯著比全球的ＧＤＰ成長還快。在老虎經濟中也發生這種現象，因爲高關稅和其他貿易障礙會造成製造成本，特別是勞力成本在各國間產生持久的大幅差異。隨著貿易協商出現，及運輸和交通科技的重大改善，障礙消失了，生產活動移向東亞和拉丁美洲，提升了他們的實質所得。同時，美國和其他的已開發國家則持續在概念商品及智慧服務等高附加價值市場裡進行專業化。例如，在美國，金融保險的附加價值從一九五三年佔ＧＤＰ百分之三・〇，上升到二〇〇六年的百分之七・八，而同期間的製造業則大幅衰退。我會在第二十五章討論美國這個劇烈變化的原因和意義。

生產之移轉，像美國一些紡織及成衣生產轉移到海外生產，會把資源釋出，投入到消費者世界中價值更高的產品和勞務。其淨效果是美國以及，譬如說，東亞工人的平均實質所得增加。當然，「淨」這個字把美國紡織和成衣工人失業時所受的痛苦給模糊掉了。

東亞經濟體是由半世紀前的低微基礎經過漫長努力而來。但他們還能繼續進步，特別是以近幾年的步調進步嗎？這個區域再度進步時，是否能避免重蹈一九九七年那樣具破壞力的金融危機？危機不太可能發生，至少類似模式不會發生。自一九九七年以來，這些亞洲老虎已經大幅修正他們外匯存底上的缺失。更重要的是，他們已經不再把匯率鎖住美元，消除許多短線的「利差交易」（carry trade）投資，這種交易在結清出場時，如果外匯存底不足，就會爆發危機。①因此，意外的經濟衝擊應該比十年前更易於承受。

但不斷增加的貿易和生活水準可以無限地持續下去嗎？是的。這是自由競爭市場及科技累積不可逆的禮物。跨國貿易量，很少國家會對其設限。②例如盧森堡，其二〇〇六年的出口爲GDP的百分之一百七十七，而進口爲百分之一百四十九。無論如果，世界市場大幅開放之後，特別是蘇聯瓦解之後，許多障礙和無效率已經移除。從某個角度說，開放貿易這種掛在低處的果實已經被採光了。當然，二〇〇六年杜哈（Doha）回合貿易談判不能完成，應該讓我們大家把提升未來全球生活水準的腳步暫時停下來。由於我們在降低貿易障礙的程度上，已經達到如果還要再降低，就會觸及難以克服的政治阻力，我們幾乎確定，未來貿易障礙的下降速度將會趨緩。這表示像東亞這樣以出口爲導向的經濟體之成長，不太可能再像六十年前一樣快。

到最後，國際貿易商品——工廠產品及大宗物資——競爭廠商之間的成本，經過風險調整後的差價會收斂，至少會下降，這會降低採行外銷導向成長策略的成效。同時，外銷導向的服務業成長策略卻顯而易見——例如，印度把電話客服中心和電腦服務外銷到美國，而在美國則稱之爲外包——這些市場還很小。

中國及這些老虎之不斷增加的出口比重有一項障礙，就是日益上升的生產成本。因此，在大

①在釘住美元的固定匯款下，許多人借美元，以高利率放款給東亞。如果採浮動匯率，這種交易的風險將大幅增加。

②就任何一個國家而言，出口減進口不能大於GDP減存貨變動，而就全世界整體而言，出口等於進口。但流動毛額並沒有限制。

家爭相把越南當成下一個擴大市場基礎的生產平臺下，越南開始——研讀資本主義——進行貿易，成爲戰後年代的一大諷刺。二〇〇一年，在美越雙邊貿易協定（U.S.-Vietnam Bilateral Trade Agreement）下，越南對美國的出口增加了八倍，從二〇〇一年的十一億美元上升到二〇〇六年的九十三億美元。而美國對其出口則增加一倍以上。

二次大戰後的美國史上，在和共產主義作戰時，有二次戰敗的紀錄。第一次是一九五〇年冬，美軍面對中國大批軍隊渡過鴨綠江進入北韓而迅速撤退；第二次是我們於一九七五年羞愧地放棄南越。戰場上，我們也許打輸了，但這場戰爭卻沒輸。中共和越共都爲了資本主義的經濟自由，努力地把中央計劃經濟這件緊身夾克鬆開，雖然他們試著不把他們所做的事大聲說出來。二〇〇六年，美國的美林證券跟隨在一年前的花旗集團之後，獲准在胡志明市新成立的股票交易所買賣越南股票並造市（market making）。當全世界最富有的資本家比爾・蓋茲拜訪河內時，他受到越南共產黨最高領導人的接待，並得到群眾的欽羨。奇蹟永遠都不會消失嗎？想法很重要。事實上，美國的資本主義想法比劍還有力。

也許，以印度來象徵兼有市場資本主義的生產力和社會主義的停滯，遠比本書中所提的其他大國還要生動。印度正快速地變成二個實體：幾個世代以來大致呈停滯狀態的歷史文化，以及躍然升起的世界級現代核心。

這個現代核心顯然已經以蛙跳方式，躍過了中國及其他東亞國家所擁抱的二十世紀勞力密集，爲外銷而製造的模式。印度把焦點放在二十一世紀的全球高科技服務，這是世界經濟活動中，成長最迅速的區塊。現代的火花，已經爲整個印度服務業，包括貿易、觀光，及與觀光相關的建築業，帶來很大的進步。其實質GDP成長率從一九五〇年到一九八〇年間的百分之三・五上升至二〇〇六年的百分之九。這些進步，把二億五千多萬人帶離每日所得不到一美元的極度貧窮生活。

然而印度每人的GDP在一九九〇年代早期和中國相當，現在卻只有中國的五分之二。事實上，每人GDP七百三十美元還低於象牙海岸及賴索托。過去十五年來，印度不能跟著中國跳出低階的開發中國家，其原因就在於一個理念上。

當英國於一九四七年宣佈印度獨立時，他們把英國統治的所有面向都撤離了，但留下了一個讓印度菁英著迷的觀念：費邊社會主義。尼赫魯（Jawaharlal Nehru）是聖雄甘地的門徒，印度獨立後擔任總理達十六年，被費邊主義清楚的理性思維所深深吸引，認爲市場競爭是經濟上的破壞力。社會主義被英國拋棄了很久之後，卻還是牢牢地抓著印度的經濟政策。

尼赫魯對中央計劃經濟非常著迷，視之爲人類共同合作，爲大多數人而不是少數人生產物質福利的理性延伸。他身爲總理，最初把重點放在策略性產業國營化，主要是電力和重工業，同時還對其他的產業強加控制，這些產業，由一群知識豐富，而且還很仁慈的政府核心官員所管理。

很快地，無所不在的控制，他們稱之爲「執照是王」（license raj），就幾乎滲入印度所有的經濟活動裡。任何想像得到的經濟活動，只要你想經營，就必須要有執照、許可或核准章。於是在管制之下，印度得到一個溫和的成長率，大家戲稱爲「印度百分之三」。官僚不知如何是好。其「科學」的系統，照說應該讓成長有所提升才對。但卻沒有。然而廢除管制就等於放棄費邊社會主義的平等原則。

由於過多的執照、許可，和核准章似乎對經濟沒有幫助（事實上，他們正在減少證照中），官僚單位核發許可證的決策很快就失去原則，而變成獨斷裁量。但正如我在描述中國共產黨的金字塔權力時所說的，裁量，就是權力。即使是最有原則的印度公務員也不願交出來，而較沒有原則者就有東西可賣了。難怪印度以前以每一種指標來衡量貪汙情況的成績都很差（現在也是）。

於是幾乎涵蓋印度經濟每個部門的官僚體系就牢牢地握有實權而不願釋出權力。而這種不願放手的心態，還得到印度強悍且根深柢固的工會支持和強化，特別是在印度政壇上，獲得一向頗有聲望的共產黨之支持。社會主義由於基本前提爲集合所有權，因此不只是一種經濟組織形式而已，還具有深遠而重要的文化意含，而這些文化意含，大多受到的印度人的擁護。

印度是全世界最大的民主國家，令人敬佩。民主選出代表人民的人，而在印度也是如此，印度一向對相信社會主義集合原則的人有利，非常明顯。在印度有個非常難以改變的觀念，他們認爲印度的知識分子，基於社會整體福祉的考量，在資源配置上，能夠做得遠比雜亂無章的自由市場力量還要好。

一九九一年六月，印度左翼國會黨（Congress Party）的一名舊官僚納拉辛哈・勞（P. V. Narasimha Rao）成爲印度總理。印度經濟正處於動盪不安的崩潰邊緣，反應四十多年來中央計劃經濟的實際狀況。如今，印度顯然也受到導致東歐凋敝的同一個失敗制度之傷害，重大改革即將出現。勞的做法令人大感意外，當經常帳危機儼然成形時，他打破了存在已久的傳統，採取行動，取消部分的盲目管制，並任用曼莫翰・辛（Manmohan Singh）爲財政部長。

辛是市場導向的經濟學家，竟能在嚴格管制的經濟中，撕開一個小洞——他在非常多的領域推動自由化步驟——再次展現一點點經濟自由和競爭，對經濟成長發揮非凡的助力。反資本主義的聲音暫時被經常帳危機的壓力給止住，這個危機爲解除管制開了一扇機會之窗。於是市場資本主義可以取得一個立足點以展現其效益。

最近的全球經濟史，故事大部分都是關於東歐和中國等中央計劃經濟國家採用市場競爭，獲得經濟快速成長的報酬。而印度的故事卻不一樣。當然，辛也引進不少的改革，但在許多關鍵區域，他還是受到聯合政府長期社會主義傾向的約制。即使在今天，員工超過一百人的公司，除了少數例外，沒有政府允許不得開除任何人。

辛在一九九一年所推動的改革目前仍在進行。關稅障礙在某種程度上已經下降，讓企業家得以自由參與國際競爭市場。③進口及出口商品對名目GDP的比率皆迅速上升，而軟體淨出口值從二〇〇一年的五十八億美元上升至二〇〇六年的二百二十三億美元。當然，印度的外銷廠商還是必須應付本國的繁文縟節，但對他們而言，財產權的保護以及價格和成本的決定，如今大多已脫離官僚體制的範圍。④

辛的自由化，加上全球通訊成本下降、印度英文教育的能力，及低工資，把印度推進到國際

③然而，印度的關稅仍爲東南亞國家平均水準的二倍，增加出口商品所耗用的原物料成本。印度出口的商品和勞務只佔全球貿易的百分之二・五。中國則佔百分之十・五。

④印度的財產權明顯受到合約之強制執行成本之影響。根據世界銀行，印度法院要花四百二十五到一千一百六十五天（各州不同）來完成合約之強制執行。印度土地所有權，十分之九都有糾紛。

外包商務服務的前線：電話客服中心、軟體工程、保險理賠處理、抵押放款、會計、X光掃瞄評估，以及不斷擴大的網際網路服務。印度的軟體工程師協助全世界解決Y2K問題。

印度作爲外包主要供應商的形象，對美國人而言特別清晰，因爲美國人誇張地認爲印度搶走了一大塊的美國白領工作。但印度的競爭入侵程度只是普通到微小而已，特別是和印度將近四億五千萬名的勞動力比起來。

目前印度資訊科技產業的全部就業人口大約是一百五十萬人，是一九九九年的五倍。幾乎所有的增加全部和外銷有關。另外還有三百萬個就業機會明顯是通訊、電力，和營建業所創造出來的，而這些都是拜資訊業成長之賜。直接和間接加起來，只佔了印度總就業人口的百分之一。而這就是問題之所在。

資訊產業及其他服務業隔絕於德里、邦加羅爾（Bangalore），和孟買等幾個大城的現象，躍過了二十世紀，進入二十一世紀。但正如二〇〇七年上半年一名政府官員向BBC採訪員所抱怨的：「走出某幾座大城的光環之外，你就回到了十九世紀。」印度如果要如願地在國際競技場上成爲一名主角，就必須建工廠，把農業人口中非常大的部分吸引到都市區域，以生產勞力密集的外銷品，依循亞州虎和中國那條經過時間證明成功的路子。

然而，印度的製造業，即使是高科技，數十年來都受到勞工法和破舊基礎建設的摧殘，不可靠的電力、⑤鐵公路運輸無法把製造出來的零件和成品從工廠運到市場。百分之四十以上的製造業就業人口係來自僱用五到九名員工的廠商。相較之下，韓國是百分之四。這些印度小廠商的生產力比大型廠商至少低了百分之二十以上；顯然小廠商無法創造大廠所擁有的規模經濟。印度經常拿中國作比較，如果大量生產可以不斷拉近印度和中國在生活水準上的差距，就必須鼓勵農業勞力往製造業城市遷移。而要鼓勵綁在土地上的工人離開，製造業就必須具有全球競爭力。這必須大量拋棄執照是王的殘餘舊習。目前的困境是五分之三的印度勞動力被困在田裡痛苦掙扎。他們需要劇烈的改革才能改善。

印度都市陷於貧窮的程度，不輸給任何非洲次撒哈拉沙漠以外的地方。這裡是印度文盲高度集中之處（二分之一的女性，三分之一的男性），而且三億五千多萬的印度人，大多是靠著一天低於一美元的所得過活。印度家庭有一半沒有電。農業區的生產力只有非農業區的四分之一。稻米產量是越南的一半，中國的三分之一。相對而言，印度棉花的產量更糟。小麥產量則受惠於一九七〇年代「綠色革命」（Green Revolution）的種子改良，但還是只有中國的四分之三。印度唯一生產超過亞洲對手國的農產品只有茶。而且，印度連接農田和都市的道路運輸非常缺乏，因此生鮮的穀物大部分只限於農場在地消費，而三分之一的穀物在運往市場途中就報銷了。

自一九八〇年代起，農業生產力成長就已經遲緩。雖然部分原因可以歸咎於氣候，但政府所主導的高度補貼農業，阻礙了調整農地利用的市場力量才是罪魁禍首。近年來，其政府已經把百分之四以上的GDP花在補助上，主要是食品和肥料，雖然州政府對電力和灌溉的補助也不遑多讓。如果要鼓勵農業人口移往更有生產力的都市，一如中國的情形，則必須維持養活十三億人口的農業生產水準。印度增加食品進口的能力受到財力上的限制。於是，當製造業把工人從印度農

⑤很多企業裝設自用的小型發電機以確保電力穩定。

村吸走時，維持食品供應能力唯一可行的方式就是提升農地生產力。農業急需市場競爭。知名的哈佛經濟學家馬丁·費爾斯坦在《華爾街日報》（二〇〇六年二月十六日）一篇討論某個不同主題的文章裡，有一段諷刺性文字，可以適用在印度農業政策的問題上：「……〔印度〕到處都有低廉的手機服務，因為手機被認為是奢侈品，故放手由市場自行運作；而電力很難取得，因為電力被認為是必需品，故由政府來管理。」

很遺憾，在德里取消大型農地補貼，似乎不像在巴黎或華盛頓那樣妥當。長期補貼已經資本化，進到土地的價值裡。補貼的淨福利總是歸那些補貼案甫推出時的土地耕種者所有。後來的土地持有人，則要以較高的價格買進，以支付賣方預期的連年補助款。理論上，他們並不是淨受益者。而提高農地稅——實際上的作用就等於反補貼——農地持有人絕不會輕易接受。削減這些補貼已經勉強有一些進展，但考慮國會黨及其二十三席聯盟伙伴，包括共產黨的政治傾向，全面刪除很困難。印度總理辛是位備受尊崇的改革經濟學家，但他沒有鄧小平一九七八年在中國實施農業改革的那種統治實力。印度的民主有能力處理這個任務。只要把焦點放在印度人口的緊急需求上。一帖重藥，競爭和解除管制可以把印度資訊工業革命擴散到其他領域。⑥

印度快速成長的資訊產業主要來自自行培養的軟體程式師和工程師。雖然印度企業家在高科技服務業做得相當出色，他們在高科技硬體產業上就沒有那麼好，這是受到印度整體製造業諸多缺失之影響。

⑥印度的工業生產之成長自二〇〇四年起開始加速，但和中國比起來，尤其是工業生產部分，還是落後。

印度亟待採行出口導向的製造模式，這模式在亞洲其他地區已經有相當耀眼的成就。在都市設立大量生產中心，僱用工資低、受過一點教育的農村工人。關鍵因素在於，受保護財產權法律（通常是新頒布）吸引，帶著先進技術而來的外人直接投資（foreign direct investment, FDI）。隨著中央計畫經濟消失，這個模式遍及整個開發中世界，尤其是中國。

但很清楚，執照是王的作法讓外人直接投資裹足不前。印度二〇〇五年所收到的FDI是七十億美元，和中國的七百二十億美元相較，簡直是小巫見大巫。印度二〇〇五年底所累積的FDI總額佔GDP的百分之六，而巴基斯坦是百分之九、中國百分之十四、越南百分之六十一。印度FDI嚴重落後的原因，也許用印度不願充分擁抱市場力量這個理由來說明最爲恰當。非常明顯，印度對經濟問題的反應通常是中央集權式。二〇〇七年初，面對日益嚴重的食品通貨膨脹，印度的反應並不是允許漲價以促使供給增加，而是下令在年底之前禁止小麥出口，並暫停期貨交易以「遏止投機」——這正是印度經濟突破官僚束縛所需要的市場力量。

16 勇猛前進的俄羅斯

說我被嚇到了還不足以允當表達這個緊要關頭。福拉登米爾·普丁（Vladimir Putin）的首席經濟顧問安德雷·伊拉里安諾夫（Andrei Illarionov）在二〇〇四年十月國際貨幣基金的美俄雙邊會議之後走過來找我，問道：「下次你來莫斯科時，你願意和我及我的一些朋友見個面，討論艾茵·蘭德嗎？」蘭德這麼一位毫不妥協的自由放任資本主義捍衛者，也是激烈的共產主義反對者，竟能滲入俄羅斯知識領袖封閉的領域，讓我思緒錯亂。當然，普丁在起用伊拉里安諾夫時應該很瞭解他嚴密地護衛競爭市場的作爲。那麼，這表示伊拉里安諾夫是普丁政策動向的窗口嗎？俄國人從小耳濡目染的文化這麼快就要擺脫了嗎？我不敢相信普丁這位前KGB成員竟會在這麼短的時間內發展出這麼去蘇聯化的觀點。

顯然，現實遠比這還複雜。一九九九年底，當普丁被葉爾欽指定爲代理總統時，他只花了四年，就從一名在莫斯科工作的總統顧問脫穎而出，驚人地急速竄起。一九九七年他擔任總統行政團隊的副首長，並於一九九八年成爲俄國聯邦安全局（Federal Security Service）局長，舉世矚目。改革者對他有信心，覺得他會繼續推動市場經濟改革，而擁護他成爲總統。普丁從一開始就表明支持這些改革，雖然他認爲他們必須符合「俄羅斯的現實狀況」，包括溫和專制主義國家的傳統。

普丁和伊拉里安諾夫在二年內就以領導俄羅斯進入全球經濟的明確目標，透過俄羅斯議會（Duma）推出稅賦改革、解除管制，和一些土地私有化等積極方案。

但在這些樂觀的擁抱資本主義行動之後，普丁開始走回專制的老路。顯然，他害怕俄羅斯會受制於他所無法控制的市場力量。特別是寡頭資本家——這些企業機會主義者，在一九九〇年代和克里姆林宮同流合汙，以特殊的貸款取得股權（loans-for-shares）方式，取得俄羅斯大多數的生產財——被視爲運用財富在顚覆他的政權。結果，自二〇〇三年開始，出現了一種不同的經濟策略。普丁以選擇性的方式執行新舊不同法令，進入克里姆林宮的勢力範圍，奪得大量能源資產的控制權。俄羅斯經濟成長的主要動力——石油和天然氣——漸漸國家化，成爲俄羅斯政府所擁有或控制的壟斷，例如俄羅斯天然氣公司（Gazprom）控制天然氣、俄羅斯國家石油公司（Rosneft）控制石油。尤科斯石油公司（Yukos Oil）的創辦人米卡耶・霍多爾科夫斯基（Mikhail Khodorkovsky）被關進監牢並沒收財產，其財產後來被俄羅斯國家石油公司所呑併。

我不能假裝我知道霍多爾科夫斯基是否眞的犯了他被控訴的罪行。但赤裸裸地從克里姆林宮早期的市場自由主義者詐取財富，顯然讓伊拉里安諾夫的夢想破滅，於是不久他就公開批判他的老闆。他公開稱這種對尤科斯的資產追討欠稅，以及毫不掩飾的財務操作以圖利俄羅斯國家石油公司的行爲是「年度最大騙局」。

普丁出身於ＫＧＢ，而且在集體化的社會裡長大，他似乎不太可能對自由市場的運作方式有深入的瞭解。但他選擇伊拉里安諾夫擔任首席經濟顧問，表示他已經注意到資本主義在提高生活水準上的成就。然而，最後他可能發現，看似混亂的葉爾欽資本主義對他本人之威脅，超過他對亞當斯密看不見的手的安定力量之渴望。於是再一次，我懷疑亞當斯密在普丁的想法裡究竟是不是首要議題。奪下了俄羅斯的石油和天然氣財富之後，他在二〇〇六年一月笨拙地對烏克蘭和西歐天然氣供應中斷二天，在在顯示他的目標極可能是爲了恢復俄羅斯的國際影響力。

但整個事件最奇怪的是伊拉里安諾夫很久之後才被降級。後來他被下放去當G8領袖會議的總統代表，而後，才在二〇〇五年辭職，宣稱俄羅斯已經不再是個自由國家。但伊拉里安諾夫在克里姆林宮的延長任期，也許是反應普丁對資本主義陣營的怨妒。普丁對於是否全面撤除葉爾欽的民主一直舉棋不定，這件事在與前蘇聯領導人戈巴契夫交換意見時浮顯出來，戈巴契夫於二〇〇六年一次廣播訪問中談及此事。戈巴契夫引述普丁總統的話，「黑道幫派以及其他類似分子的影響是如此之強，導致選舉變成一場買賣。」這很糟，戈巴契夫說普丁告訴他：「如果犯罪分子可以用這種方式滲透政府基層人員，你就不能既要民主又要打擊犯罪和貪汙。」①

①在同樣的二〇〇六年三月一日訪問中，戈巴契夫說：「作爲一個轉型中的國家，免不了要有些衝撞和犯錯的自由。但我相信我們總統並非搞任何一種獨裁統治。」諷刺的是，他是在自由歐洲之音（Radio Free Europe）上發表這段談話，自由歐洲之音是美國廣播系統，用來作反蘇宣傳。他於二〇〇六年八月十八日又再度接受自由歐洲之音訪問，說道：「經常有人控訴民主遭到壓制，而出版自由也被抑制。事實上，大多數俄羅斯人並不同意這種看法。我們知道我們正處於痛苦的歷史轉捩點上。我們轉型到民主的過程並不平順……當普丁上臺時，我認爲他的首要任務就是防止國家分裂，而所需採取的手段不盡然來自民主教科書。是的，的確有些人擔心反民主趨勢……但是，我不會拿這種處境大作文章。」

如果犯罪和貪汙消除了，普丁是個願意接受民主的人嗎？還是他只是個獨裁主義陣營裡的善辯者？戈巴契夫似乎相信他是前者。當然，在普丁的統治下，俄羅斯的經濟有一大部分持續擺脫蘇聯中央計劃經濟的桎梏，這是接受更多自由的指標。②

普丁的行爲顯示，他好像相信自由市場對大多數的俄羅斯經濟有好處。但他好像也相信，重要能源資產由國家實質控制可以防止寡頭資本家持續剝削俄羅斯的經濟御寶。當然，這些御寶隨著石油和天然氣的價值翻升到一九九八年水準的數倍之高，也變得更有價值了。

二十一世紀初的俄羅斯，在世界舞臺上不再被蘇聯冷戰時期的軍事威望捧得高高的，而是被貶爲次要角色。烏克蘭、喬治亞，和其他前蘇聯集團國家已經漂離俄羅斯的勢力和控制範圍。爲了處理這個問題，普丁也許會在策略上運用從許多方面看都比紅軍更爲有力的資產：一個世界能源市場上的大國。蘇俄的軍力被潛在的美國反制力量給限制住了。但俄羅斯認爲，如果他們動用天然氣作爲經濟或政治武器，並不會招致集體報復的威脅。作爲西歐（以及像烏克蘭等所謂的「鄰國」）主要的天然氣供應國，俄羅斯的市場力量是無可匹敵的。而且，俄羅斯現在也是世界原油市場的主要參與者，雖然因爲石油無法輕易壟斷，其控制力量比在天然氣市場還弱。

普丁插手干涉俄羅斯天然氣公司要求提高烏克蘭天然氣價格談判一事，西方世界的反應，我猜，會讓普丁感到困惑——當他的干預導致短暫的供應中斷時，他被徹底地指責爲蘇聯式的以大

②俄羅斯天然氣壟斷的耀眼例外：俄羅斯天然氣公司，成立於一九九二年。其定價和供給分配讓人想起蘇維埃中央計劃經濟的不透明和沒效率。結果，其龐大的管路基礎設施沒有好好維護而且老舊。

欺小。但他一定覺得奇怪，資本主義不就應該在市場所能承受的範圍內，毫不猶豫地運用經濟優勢以創造利潤嗎？此外，他不過是取消烏克蘭多年來從俄羅斯所拿到的經濟援助而已——與天然氣運送到西歐的相關差額，一向未受重視。難道美國十九世紀時的范德堡（Vanderbilt）或卡內基（Carnegie）不會這樣做嗎？我認為不會。真正的資本家在保護他們的獲利能力時，會以保持良好客戶關係和長期最大獲利的名義，尋求逐步調整的方式。雖然表面上看起來，自從天然氣被關掉以後，烏克蘭對俄羅斯的「鄰國」政策變得比較逆來順受，這起事件已經促使西歐客戶尋求俄羅斯天然氣的替代品，尤其是液化天然氣和其他的管線資源。這可不符俄羅斯的長期利益。

但就短期而言，普丁的天然氣和石油政策非常成功。俄羅斯作為蘇維埃巨獸的龍頭，倒下之後的二十年內，又獲得全球充分的重視。而且，雖然普丁逐漸把大部分葉爾欽時代所發展出來的民主制度都解散了，我還是相信戈巴契夫在二〇〇六年八月所講的：「俄羅斯的改變程度是如此之大，不可能再回頭了。」

不可否認，普丁選擇性地鼓勵市場開放，也讓法治顯著改善。他支援大幅修訂殘存的集體化蘇維埃法律制度。法官和俄羅斯法庭的角色，以貪汙而惡名昭彰，他已經加以整頓以減少賄賂和政治操控判決的機會。例如，二〇〇一年的法律宣佈取消許多對企業沒有經濟意義的要求，諸如執照取得、檢驗，和認證等——這些繁文縟節公然誘惑官員貪汙。（低薪的官僚工作因此極為搶手。）雖然農地買賣的權力因為有著和中國一樣的共產主義意識形態作祟，還在掙扎，但這幾年來，財產權已經有相當的擴展。除了挑戰克里姆林宮的行為外，俄羅斯人民是自由的——旅行、集會，和參與各種民主社團的活動。

今天的俄羅斯經濟可以形容爲建立在還不完美法治基礎上的市場經濟。該國最有價值的資產，有一大部分是掌握在國家或克里姆林宮集團的手上。他們加強主要媒體的控管，而其餘的則「鼓勵」自我篩檢，從而強化政治控制。普丁和他的政策依然頗受歡迎。來自俄羅斯人民的反對極少；顯然葉爾欽民主的亂象——包括粗暴對待人民財務存款的破產事件——留下了深沉的痛苦。二〇〇六年一項民調顯示，幾乎一半的俄羅斯人民認爲物質福利比自由和人權重要——民主和言論自由並不是當務之急。讓俄羅斯人民在葉爾欽的民主自由但經濟不穩定年代，和普丁統治下的安定和獨裁作選擇，現在，大多數人偏愛普丁。

這令我難過，但我並不訝異。也許我們這些來自西方的人，對於被集體主義灌輸了七十年的人所採取的激進反抗之期望太過樂觀了。誠如戈巴契夫曾經在《金融時報》（二〇〇六年七月十二日）所寫的一段話：「西方主要國家的經濟花了數十年，甚至數百年才發展成熟。俄羅斯從一個以中央計劃經濟爲基礎的極權主義國家走出來還不到二十年，而且我們的改革路線，即使是我們自己來看，還需要更久的時間。」但歷史告訴我們，就如同俄羅斯人厭惡一九九〇年代的亂象，他們也將對政治自由受到限制感到厭煩。人性在這點上是相當確定的。人民的反抗行動不是會不會的問題，而是何時的問題。

俄羅斯自一九九八年破產崩潰之後，其經濟之復甦超過大多數分析師的預期。每人實質GDP已經超越危機前的水準。一九九八年的失業率徘徊在百分之十三附近，二〇〇七年上半年降到百分之七。通貨膨脹率從一九九九年七月的百分之一百二十七之十二個月高峰，下降到個位數字，而俄羅斯的外匯存底從一九九九年的八十億美元增加到二〇〇七年的將近三千億美元。政府外債也已經還得差不多。

當然，這麼優秀的經濟表現大部分要歸功於油價和天然氣價格的飆漲。在一九九八年到二〇〇六年之間，石油和天然氣出口的成長值佔名目GDP成長的五分之一。然而，來自天然資源的致富捷徑，很少不伴隨著浮士德交易（譯註：Faustian bargain，指出賣自己的靈魂給魔鬼）。經濟決策官員遭遇到一個令人氣餒的兩難問題：盧布的匯率如果快速升值會加速荷蘭病，但買進外幣以減緩盧布匯率升值的速度可能引發通貨膨脹，視其所採用的機制而有不同的結果。但此二者都會大量抵銷俄羅斯自蘇聯解體以來的經濟進步成果。

荷蘭病的症狀已經很明顯。當石油和天然氣的出口高漲時，盧布的價值也隨之上升，而俄羅斯非大宗物資之出口則衰退。一九九八年到二〇〇六年之間，盧布相對於俄羅斯貿易對手國的貨幣價值，經過相對的通貨膨脹率調整之後，變爲二倍。其衝擊可以預見：不含石油及天然氣的出口值之實質成長只及石油和天然氣出口的一半。

俄國人完全瞭解他們所面對的危機——而且見過荷蘭病重創許多OPEC產油國經濟的情形——他們要爲打擊荷蘭病效果而戰。荷蘭病的標準療法是以本國貨幣買進外國貨幣，企圖對抗該國的匯率遭到市場拉抬。希望以此來避免，或至少緩和高匯率對國內產品外銷競爭力的負面效果。在俄羅斯的案例中，其央行用大量的盧布買進美元或歐元。

但這會增加貨幣基數（monetary base），即創造貨幣供給的原料，以及增加通貨膨脹風險。在一九九八年和二〇〇六年底之間，貨幣供給（現金加上銀行準備）年增率爲百分之四十五。單位貨幣供給（unit money supply），即貨幣供給除以產出，年增率爲百分之三十五。③即使已經把單位貨幣供給年增率控制得差不多了，俄羅斯的通貨膨脹率還是相對過高，幾乎達一年百分之十，這無疑讓擔心通貨膨脹再度爆發的俄羅斯貨幣當局感到困惑和憂慮。

當然，俄羅斯中央銀行（Central Bank of Russia, CBR）和所有的央行一樣，有能力創造貨幣，也有能力消滅貨幣。他們的方法是向大眾出售盧布債，然後把收到的價款消滅掉。但俄羅斯央行由於缺乏廣大的盧布債券市場以及成熟的銀行體系買進央行所出售的債券，因而受到限制，這些金融機構的地位低落乃是承襲蘇聯的傳統。由於缺乏妥善的工具吸收並消滅俄羅斯央行購進美元及其他貨幣所創造出來的超額盧布，俄羅斯很快的就必須停止外幣買進動作而讓盧布漲得更快——導致荷蘭病舊病復發。

財政部長阿列克謝・庫德林（Alexei Kudrin）及其同僚從二〇〇四年開始面對這項挑戰。他們設定了一個石油的長期名目價格，當油價超過這個價格時，原本要歸入俄羅斯國庫的超額利潤就轉到由財政部所管理的一個特別基金。這個所謂的安定基金（Stabilization Fund）只能投資在指定的外界資產（大部分是外國公債）。預算中「超額的」石油收入係以外幣計價，直接購入外國資產，可以避免增加貨幣基數，從而降低通貨膨脹的可能。到了二〇〇七年春，該基金已超過一千一百七十億美元，百分之九十七爲外幣（幾乎都是美元和歐元，各佔一半）。對俄羅斯的政治人

③長期而言，一般物價水準傾向於和單位貨幣供給同步，因爲價格係以貨幣作衡量標準——例如，小麥每蒲式爾（bushel）四美元。簡言之，越多的流通貨幣購買生產出之商品和勞務，則平均價格越高。

物而言，安定基金的缺點就是把一大筆錢放到管不到的地方。雖然政府支出的確因開採石油和天然氣的相關收入而顯著增加，庫德林到目前爲止已經成功地抵擋了石油致富的壓力。庫德林以來賓的身分參加G7的財長和央行行長會議，我有數次機會和他碰面，他能力很強，但我擔心他打的是一場向上攻堅的戰爭。我不清楚除了技術性的財經議題外，普丁到底給他多大的決定空間。

俄羅斯還是個開發中國家。石油和天然氣資源在GDP裡舉足輕重。根據世界銀行，俄羅斯二〇〇五年平均每人生產毛額（per capita gross national income）低於墨西哥而與馬來西亞相當。處理荷蘭病壓力的能力，顯然受到相對於整體經濟規模的病毒嚴重程度之影響。

然而，如果俄羅斯已經是一個依賴石油和天然氣的經濟，他們又何必關心這個問題呢？他們正運用部分出口收益從其他國家進口高品質的消費性商品。這些商品在國內或國外生產有關係嗎？事實上，如果所有石油和天然氣的附加價值之增加是來自不斷增加的產出及／或不斷上升的價格，就完全沒關係。但石油和天然氣的價格，最終還是受到地質上的限制，價格會漲，也一樣會下跌。來自石油，特別是天然氣礦的存量會以一定的速度衰退，而必須不斷開採新礦，以保持同樣的產量，更不用提增加產量了。價格若沒有持續上升，持平的石油和天然氣產量隱含每名工人的附加價值也是停滯的。近幾年來，石油和天然氣的投資已經緩下來了；可能導致生活水準停滯。當然，俄羅斯政府爲了反制這個風險，用部分來自石油和天然氣的收入，以直接或間接投資方式，取得非能源的生產性資產。其項目繁多——鋼鐵、鋁、錳、鈦、油輪和飛機。但這些大都是上個世紀就已經發展出來的科技。而且，這些產業是用來作爲「全國冠軍」之準備，而不是利潤極大化的組織。我們還感受不到俄羅斯在二十一世紀尖端科技上的表現，雖然普丁總統和他的顧問在二〇〇五年宣佈了一項遠大的計劃，一個特殊、但爲國家所控制的科技特區。

一九九八年俄羅斯瓦解破產後盧布重貶，迫使這個以數代建立起來，缺乏整體競爭力的中央計劃經濟轉型，成爲一個稍具競爭力的經濟。在俄羅斯整個廣大的國土上，每小時的產出非常低，因此必須持續去除冗員充斥的工廠，讓許多產業稍具國際競爭力。俄羅斯消費性產品的需求被嚴重禁錮，加上大型外國投資進場的可能性，毫無疑問，如果投資人的所有權能得到保障，消費性產品的產出將一飛沖天。④

儘管法律有明文規定，俄羅斯的財產權還是相當薄弱。最近幾年，其國會已經宣佈訂定重大法案以支援法治。和一九九〇年初該國的黑市經濟比起來，規範今日俄羅斯的正式法律架構已有長足之進步。然而，修改法律是一回事；執行新法則是另一回事。普丁在新舊法之間以選擇性的方式實施讓政府能夠控制能源資產。問題就出在這種選擇性執法，而非新法的缺失。一個立法禁止個人財產權的國家，和一個法律定有充分財產權，但視政策輕重緩急之不同而選擇性施行的國家，二者在法律的確定性上是不分軒輕的。選擇性實施的權利並不是權利。

文明社會有一套龐大的文化要求和傳統來規範人民相互間，以及人民和國家間的互動。這些很少是書面的，而且我們大多無法充分瞭解，即使是我們日常的瑣碎行爲，都受到社會力量、宗教，和教育之影響。當然，我們的法律制度也是以這些價值爲基礎，但通常也只有在必要之下才

④當然，在盧布高度「高估」之下，這些投資毫無疑問將望而卻步。

訂爲法律。

因此，像俄羅斯這樣的國家也許可以重新制定法律，但重新訂定文化規範的工作則要花數年，甚至數代。這和戈巴契夫與普丁之談話內容相符，或許能解釋近來俄羅斯政策朝專制推進，只不過這樣的解釋未被承認。在俄羅斯，如果「制度」行不通，你就除掉政治上的多元歧異，及造成歧異的混亂民主過程，以加強政治統治。相較於商品和勞務的高度競爭市場或爭奪政治權力的民主戰爭所呈現出來的亂象，安定和政治安和似乎更受重視。

資本主義，物質福利的引擎，在競爭的政治之下更爲繁盛。集權統治並不能提供資本主義社會和平解決爭端所需要的安全閥。全球經濟——如果全世界的生活水準要繼續提升，並消弭貧窮，全球經濟就必須不斷向前進——需要資本主義的安全閥：民主。

俄羅斯註定要在全球資本主義的進一步演化上扮演一個角色。至於這個角色會不會因爲荷蘭病，以及典型集權統治造成資本配置未達最適狀況，而導致國內經濟成長緩慢，而有所限制，則要靠未來數十年的演變來決定。當然，到目前爲止，俄羅斯似乎安然渡過荷蘭病之侵害，比較像個已開發國家而非開發中國家。因此，我絕不會排除俄羅斯。當我還是研究生時，數學重要見解的註解有一大部分是俄國名字，我總是對此感到印象深刻。我當時就想，像這樣的文化，值得享受更精緻的經濟，遠非蘇維埃所能產生的經濟。現代俄羅斯還有另一個機會在經濟上享有崇高地位。這主要靠普丁和其接班人。俄羅斯所擁有的能源和軍事資產，足以讓該國在未來數十年的世界舞臺上扮演重要角色。然而，其角色是哪一種，現在下結論還太早。

17 拉丁美洲和民粹主義

一九九九年十二月在柏林召開的一場會議上，巴西的財政部長佩德羅・馬蘭（Pedro Malan）就坐在我的對面。他是典型拉丁美洲能幹的經濟決策官員，第一次參加二十國集團（Group of Twenty）會議，這個組織是由各國的財政部長和央行官員在全球經濟多年喧囂之後所組成的。雖然已經相互認識，但我們認爲設立這個組織，可以確保新興市場國家在討論全球經濟發展時，可以充分參與。①

馬蘭在一九九四年時擔任巴西總統費南多・卡多索（Fernando Henrigue Cardoso）的央行官員時，是「眞實計劃」（Plano Real）的建築師之一，成功地終結了該國狂亂的通貨膨脹，其通貨膨脹，在一九九三年中到一九九四年中的十二個月中飆漲了百分之五千。我相當欽佩佩德羅。但

①G20財政部長和中央銀行行長包括G7國家（加拿大、法國、德國、義大利、日本、英國、美國）、十二個其他國家（阿根廷、澳洲、巴西、中國、印度、印尼、墨西哥、俄羅斯、沙烏地阿拉伯、南非、南韓、土耳其），和歐盟的貨幣主管。

對該國，我不免要提供一個囉嗦的問題：爲什麼一個經濟可以失控到這種程度以致於需要劇烈的改革？即使是卡多索，他自己現在也說：「……當這個工作落到我身上時，在右腦思考下，誰會想去當巴西總統？」

更廣泛地說，拉丁美洲是如何在一九七〇年代、一九八〇年代，到一九九〇年代，從文人政府走到軍人政府，再回到文人政府，爆出一個又一個的經濟危機？簡單的回答是，拉丁美洲國家少有例外能夠放棄經濟民粹主義，這個主義就好比讓整個拉丁美洲和其他國家競爭時解除武裝。儘管幾乎所有拉丁美洲政府在二次大戰之後所紛紛實施的民粹主義政策的經濟成果顯然非常糟，卻還不能讓他們對經濟民粹主義之追求有所抑制，這點，特別讓我感到痛苦。

顯然，二十世紀對我們南方的鄰居不怎麼友善。根據知名的經濟史學家安格士・麥迪遜（Angus Maddison）指出，阿根廷在二十世紀初的每人實質GDP大於德國，而且幾乎是美國的四分之三。然而到了二十世紀末，阿根廷的每人GDP掉了一半，比德國和美國都差。而墨西哥在這個世紀中，每人GDP從美國的三分之一掉到四分之一。②其北方鄰國的拉升力量，不足以讓他們避開衰退。在二十世紀中，美國、西歐，和亞洲的改善生活水準速度，幾乎都比拉丁美洲快了三分之一。只有非洲和東歐的表現同樣差勁。

字典對民粹主義的定義是一種支持人民的權利和權力的政治哲學，通常反對特權菁英。我把經濟民粹主義視爲貧窮人民對失敗社會的反應，而這個失敗社會的特質，則由被視爲壓迫者的經

②這些每人GDP的資料都採實質GDP。

濟菁英所決定。在經濟民粹主義之下，政府會答應人民的要求，而不太考慮人權以及如何增加該國財富，甚至維持該國財富的經濟現實。換言之，政策的負面經濟效果被刻意或非刻意地忽略了。正如所料，民粹主義在所得分配高度不均的經濟——像拉丁美洲——非常盛行。事實上，拉丁美洲經濟體的不均現象是世界最高的，遠比任何工業國家高，而且，值得注意的是，也比任何的東亞經濟體都高。

拉丁美洲不均的根本，深深發源自歐洲殖民時代，從十六世紀到十九世紀剝削奴役當地民眾。其殖民遺風，至今猶存，根據世界銀行的資料，不同族群間的所得差異相當大。結果，拉丁美洲成了孕育二十世紀經濟民粹主義發生的特別沃土。折磨人的貧窮就和經濟繁榮比鄰而居。經濟菁英必然被指控利用政府權力自肥。

美國至今仍被誤認為造成南方邊境諸國悲慘經濟的主因。數十年來，拉丁美洲的政治人物一直在抱怨美國的企業資本主義和「美國佬帝國主義」（Yankee Imperialism）。美國在經濟和軍事上的優勢尤其讓拉丁美洲感到惱怒。美國人透過「炮艦外交」，強迫南方鄰國實施美式的財產權，特別讓他們感到痛苦。接著是美國的老羅斯福（Theodore Roosevelt）總統在哥倫比亞不准美國興建運河通過巴拿馬時，於一九〇三年協助巴拿馬叛變，脫離哥倫比亞。難怪龐丘・維拉（Pancho Villa）成為墨西哥知名的英雄。維拉一直是美國邊界屯墾區的威脅，一九一六年美國大舉入侵墨西哥（由約翰・潘興將軍〔General John Pershing〕領軍），卻未能成功逮捕到他。

拉薩羅・卡德納斯（Lázaro Cárdenas）大膽的反美行動最能抓住廣大拉丁人的反應，讓他成為二十世紀墨西哥最受歡迎的總統。他強迫徵收外國人所擁有的石油資產，主要為紐澤西的標準石油（Standard Oil）和荷蘭皇家殼牌（Shell）。他的行動造成墨西哥長期的悲慘命運。③然而卡德納斯卻被當成英雄來紀念，而光是卡德納斯這個姓，就可以讓他兒子瓦德默克（Cuauhtémoc）於一九八八年幾乎不用選舉就當上了墨西哥總統。

自二次大戰結束以來，事實上可以追溯到小羅斯福的「好鄰居政策」(Good Neighbor Policy)，美國的外交政策嘗試著改善我們的負面形象。而且，我猜測，即使最客觀的分析都會把拉丁美洲繁榮的主要因素歸功於戰後美國對拉丁美洲的投資。但歷史帶給我們南方鄰國沉重的負擔。信仰會一代傳一代，社會文化的變化相當緩慢。根據我的經驗，許多二十一世紀的拉丁美洲人還是繼續怪罪美國。委內瑞拉的雨果・查維茲（Hugo Chávez）特別勤於煽動反美情緒。

經濟民粹主義所尋求的是改造而非革命。其執行者對於所要處理的特定不公義問題相當清楚，但其處方則是模糊的。經濟民粹主義不像資本主義或社會主義，對創造財富及提升生活水準的必要條件並沒有提出一套正式的分析。他們非常不理智。倒比較像是痛苦的吶喊。經濟民粹主義的領導人提供明確的承諾醫治已知的不公正情事。土地重分配及起訴涉嫌偷竊窮人的腐敗菁英是常用的萬靈丹；領導人向每個人承諾提供土地、住宅，和食物。他們還奢求「正義」，而且正義一般可以重新分配。當然，所有形式的經濟民粹主義都反對自由市場資本主義。但這樣的立場基本上是錯誤的，而且是建立在對資本主義的錯誤觀念上。我和許多人，包括區域內及區域外的人，

③墨西哥石油（PREMEX）接收自外國公司的國營壟斷性石油公司正搖搖欲墜。他們至今仍排斥外國在深水鑽探上的援助，除非他們取得援助，否則其老舊的油礦將枯竭。

都認爲，經濟民粹主義透過更多的資本主義，而不是更少的資本主義，更容易達成目標。當成功出現時——當大多數人的生活水準增加時——更開放的市場及更多的私人財產權必然扮演相當重要的角色。

民粹主義面對一再重複的失敗似乎毫不退卻，這清楚證明，民粹主義是一種情緒反應而不是以理念爲主要依據。自二次大戰結束至今，巴西、阿根廷、智利，和祕魯都已經經歷了數次民粹主義政策失敗的事件。然而新一代的領導人似乎不能從歷史學到教訓，依然繼續尋求民粹主義的簡易解決方案。我認爲，在這個過程中，他們讓事情變得更糟。

我很遺憾民粹主義行動在努力尋求當前困境的淸楚答案時，並沒有考慮他們先前的經濟挫敗，但我對此並不感意外，也不會對他們拒絕自由市場資本主義感到意外。事實上，我承認，我對這麼龐大而低教育水準的人口及政府代表在遵循市場資本主義法則上的意願，感到相當困惑，我完全沒有諷刺的意思。市場資本主義是個廣泛的抽象觀念，未必總是和一般人對經濟運作方式的天眞看法相符。從拉丁美洲創造財富的長期歷史來看，我先入爲主地以爲他們接受市場。然而，誠如人們經常對我的抱怨：「我不知道市場是如何運作，市場似乎總是在混亂邊緣動盪。」這種感受並非完全不合邏輯，但正如經濟學第一○一課所教的，當市場每隔一陣子脫離穩定的路徑時，競爭反應會發揮作用，使其再度回到均衡上。由於重新回到均衡的行爲涉及數以百萬計的交易，其過程難以掌握。課堂上的抽象概念只能從動態的變化中得到暗示，例如，讓美國經濟在九月十一日攻擊之後能夠穩定下來並繼續成長的動態變化。

經濟民粹主義幻想一個更爲直接了當的世界，在這個世界中，其觀念架構似乎偏離明顯而緊迫的需求。其原則很簡單。如果發生失業，那麼政府就應該僱用這些失業的人。如果貨幣緊俏導致利率攀高，那麼政府就該設定利率上限或多印一些錢出來。如果進口對工作產生威脅，就停止進口。這樣的反應，和你想發動汽車時就去啓動鑰匙比起來，爲什麼就比較不理性呢？

答案是，在一個數以百萬計的人每天工作和交易的經濟裡，個別市場非常密切地相互連結在一起，如果你壓制住一個失衡現象，必然引發一系列的其他失衡現象。如果你對汽油訂定價格上限，就會出現短缺，加油站前大排長龍，就和美國一九七四年的情況一樣，非常清楚。市場系統之美，就是當其運作順暢時，而市場幾乎總是運作順暢，市場傾向於創造自己的均衡。民粹主義的看法就相當於單式簿記（single-entry bookkeeping）。它只記錄借方，像是降低汽油價格的立即效率。我相信經濟學家採用的是複式簿記（double-entry bookkeeping）。

缺乏有意義的經濟政策細節，造成民粹主義的沉重負擔，爲了吸引追隨者，就必須高舉道德之理由。因此，民粹主義的領導人必須具有領導魅力，並展現出大有爲的氣魄，甚至還要有獨裁的能力。許多，也許是大部分的領導人都出身軍旅。他們不會大力主張民粹主義的觀念優於自由市場。他們不會擁抱馬克思的知識形式主義。他們的經濟訊息很簡單：「剝削」、「正義」，和「土地改革」等加油添醋的修詞語，而不是「GDP」或「生產力」。

對佃農而言，土地重分配是慈善的目標。民粹主義領導人從不說明潛在的不利狀況：可能是大毀滅。辛巴威自一九八七年以來的總統，羅伯・穆加比（Robert Mugabe）向其追隨者承諾沒收白人殖民者的土地並發放給人民。但新的土地擁有者並沒有管理土地的意願或能力。食物生產瓦解，必須靠大量進口。應稅所得急遽下降，迫使穆加比必須靠印鈔票來支應他的政府。走筆至此時，超級通貨膨脹正在瓦解辛巴威的社會契約（social compact）。一度曾經是非洲歷史上最成功的經濟就被毀了。

雨果・查維茲於一九九九年成爲委內瑞拉總統，重蹈穆加比的覆轍。他把委內瑞拉過去令人驕傲的石油產業（半世紀之前是全世界第二大）強行佔有並政治化。當他把大多數政府所持有的石油公司之非政治技術人員換成他旗下的親信時，石油基本設施的保養水準就大幅滑落。導致每天產能損失數十萬桶。委內瑞拉的平均原油日產量從二〇〇〇年的三百二十萬桶掉到二〇〇七年初的二百四十萬桶。

然而幸運依然向查維茲微笑。他的政策如果是在其他國家早就破產了。但自從他當上總統之後，全世界的石油需求讓原油價格翻了四倍，讓他倖免於難，至少到目前爲止還沒出事。以石油蘊藏量來算，委內瑞拉可能是全世界最大的產油國。但藏在地底下的石油，除非你能創造出開採石油的經濟，否則其價值就和封存千年差不多。④

查維茲的政治立場讓他陷入一個重要的兩難問題。他的國家，三分之二的石油收入來自銷往美國的石油。委內瑞拉和美國斷絕往來的代價非常昂貴，因爲其所生產的大批原油必須靠美國的煉油廠。把原油轉銷亞洲是可以，但成本太高。當然，較高的油價讓查維茲有吸收多餘成本的空間。但他不斷花錢購買國外的影響力和國內的政治支持，將漸漸地，但也是無情地把他的政治前途和未來的油價綁在一起。他必須靠持續的高油價。幸運可能不會永遠對他微笑。

④一九一四年的委內瑞拉就有能力開採，當年荷蘭皇家殼牌買下開發財富所需之技術。

並非所有有魅力的民粹主義領導人取得政權時，行為都和查維茲及穆加比一樣，這點，全世界應該可以鬆一口氣。路易茲・伊納西奥・盧拉・達席爾瓦（Luiz Inácio Lula da Silva）是巴西的民粹主義者，追隨者相當多，於二〇〇二年選上總統。巴西預期他會勝選，股市大跌、通貨膨脹預期上升，而許多預計進行的外國投資也撤消了。但出乎大多數人意料之外，包括我，他大致遵循「眞實計劃」的合理政策，這是前任總統卡多索於一九九〇年代初期為了控制巴西的超級通貨膨脹所提出的計劃。

經濟民粹主義沒有考慮財務問題就許下龐大的承諾。經常為了實現承諾而導致財政收入短缺，以致於無法向私部門或外國投資人借款。他們幾乎總是無助地依賴央行，把央行當成發餉者。要求央行印鈔票以提升政府的購買力必然引發超級通貨膨脹大火。從歷史來看，其結果一直都是政權被推翻，並對社會安定造成嚴重威脅。這個模式說明了巴西一九九四年的通貨膨脹，以及一九八九年的阿根廷、一九八〇年代中葉的墨西哥，和一九七〇年代中期的智利。這對他們的社會造成毀滅性影響。誠如知名的國際經濟學者魯迪・杜恩布許（Rudy Dornbusch）和賽巴斯提昂・艾德華（Sebastian Edwards）所建立的說法：「每個民粹主義實驗結束時，實質工資比開始時還低。」超級通貨膨脹事件每隔一陣子就會在開發中國家出現——事實上這種趨勢也是定義開發中國家的特性之一。

拉丁美洲能夠背棄經濟民粹主義嗎？過去二十年來，儘管總體經濟政策一再失敗，或許正因為如此，拉丁美洲幾個主要國家已經培養出一批本土的經濟技術人員，他們當然有身分去領導拉丁美洲往新方向走。最近的主政者名單，都是非常優秀的人才，這幾十年來，我有幸在非常艱困的日子裡，和其中的大多數人共事過：墨西哥的亞斯培（Pedro Aspe）、歐地斯（Guillermo Ortiz）、葛瑞亞（José Angel Gurría），和迪亞茲（Francisco Gil Díaz），以及巴西的馬蘭和福拉格（Arminio Fraga Neto）。他們大多擁有美國知名大學的經濟學高等學位。有些甚至當上了國家首長——墨西哥的塞地羅（Ernesto Zedillo）和巴西的卡多索。他們多數在面對深沉的民粹主義抵制之下，建立了有效的市場自由化改造和政策，強化經濟體質的政策。根據我的判斷，拉丁美洲如果沒有這些能幹的執行人員，狀況一定非常糟。但是大多數這些拉丁經濟決策官員的世界觀，和他們所服務社會的觀念（依舊傾向於經濟民粹主義）之間的裂痕，還是頑強存在。

拉丁美洲第二大經濟體墨西哥於二〇〇六年總統大選時，拉丁美洲維持經濟安定的薄弱能力，被提出來嚴格檢視。儘管墨西哥在一九九四年導致瀕臨破產的外匯危機之後，已有相當的成就，但一名民粹主義煽動者——歐布拉德（A. M. L. Obrador）——差點就選上總統了。如果他上任，會不會比較像盧拉而不是查維茲，我無法猜測。

一個經濟民粹主義根深柢固的社會能夠快速改變嗎？個人可以，而且也已經改變了。已開發國家的市場架構——法律、實務、文化——能夠實施於古老的反對主義所培育出來的社會嗎？從巴西的「眞實計劃」來看，是可行的。

巴西自從一九九四年穩下來之後，除了二〇〇二年下半年該國匯率貶值百分之四十所帶來的短暫物價上漲之外，通貨膨脹已經控制住了。經濟表現很好，而且生活水準也提升了。當然，貶值失敗所引發的短期通貨膨脹，也許是靠全球的抑制通貨膨脹力量而不是國內政策解決，但巴西的經濟對巴西人民來說，似乎還不錯。

不過，阿根廷的經驗比較嚴重。當憲法所規定的阿根廷披索對美元一比一的制度維持了十年而崩潰時，對就業和生活水準造成強烈破壞，其經濟在二〇〇二年於焉瓦解。有心改革的決策官員，如果沒有人民對基本必要政策的支持，還能有多大的本事，這個瓦解的故事，提供了很好的教訓。例如，社會爲滿足當前需求的動力，不可以課徵不合理稅負的財務緊身衣來加以限制。社會願意作長期投資之前，必須先嘗到進步的果實，並信賴領導人。這種文化上的改變通常要花非常長的時間。

阿根廷在一次大戰之前，大致上是以歐洲文化爲主。一連串失敗的經濟政策、再加上通貨膨脹蹂躪了好幾個時期，創造出不安定的經濟。阿根廷在國際經濟評比上節節敗退，尤其是在胡安·裴隆（Juan Perón）獨裁統治的那二十年。其文化正逐漸而明顯地改變。阿根廷經濟在高度管制之下，即使是後裴隆時代立意良善的勞爾·阿方辛（Raúl Alfonsín）也無法遏止爆炸性通貨膨脹和停滯性通貨膨脹。

最後，到了一九九一年，狀況變得非常悽慘，以致於新當選的總統卡洛斯·梅南（Carlos Menem）只好求助於他能幹的財政部長，多明哥·卡瓦洛（Domingo Cavallo），諷刺的是，梅南竟是打著裴隆的旗號而當選。卡瓦洛在梅南總統的支持下，把阿根廷披索以一比一鎖住美元。這項極爲危險的策略可能實施不到幾小時就瓦解了。但勇敢的行動加上信誓旦旦的承諾，引起全世界金融市場的興趣。阿根廷的利率迅速下降，通貨膨脹率從一九九〇年三月的百分之二萬（年對年）降到一九九一年底的個位數（年對年）。我感到很神奇，也滿懷希望。

結果，阿根廷政府顯然能夠以只比美國國庫券稍高一些的利率，從國際市場借到大量美元。

我覺得卡瓦洛的改革觀遠比當時許多阿根廷立法者和省政府官員的老套修詞要合理多了。那些人的看法，太容易讓人想起幾十年前不負責任的財政政策。我記得在一次G20的會議上，他坐在我對面，我看著他，心想，不知他是否明白，披索的借款安全網，只有在不過度使用時，這個支撐來源才能一直保住。維持如此大量的美元緩衝，也許可以讓其貨幣永遠釘住美元。然而，阿根廷的政治體制無法抗拒使用這麼大筆似乎不用成本的美元來照顧選民的需求。

美元借款規模的緩衝漸漸而無情地減少了。美元經常是被借來出售以買進披索，讓釘住美元作虛功。二〇〇一年底，桶子終於見底。央行爲了保護剩餘的美元準備，在國際市場上放棄披索一比一釘住美元的報價。結果，二〇〇二年一月七日，披索崩盤。到了二〇〇二年中，要三塊多披索才能換一美元。

阿根廷債大量違約之後，一開始導致通貨膨脹率及利率高漲，但讓我非常訝異的是，金融面很快就恢復平靜。披索重貶刺激了外銷和經濟活動。而通貨膨脹也沒有過去類似事件發生時的嚴重。十年後，我猜，經濟史學家會得出結論，那是因爲全球化抑制通貨膨脹的力量讓這次的調整沒那麼緊張。

這個事件讓我覺得不尋常之處，並非阿根廷領導人於二〇〇一年無法設定維持披索釘住美元所需的財政限制，而是他們竟然有辦法在一段期間內，要求人民爲了釘住美元而必須接受一定程度的限制。顯然，這項政策的目標是爲其文化價值帶來更大的發展，讓阿根廷在一次大戰前所享有的國際威望再現。但文化慣性證明，這個障礙難以克服，就和過去幾次的情形一樣。

並不是已開發國家，像美國，就不會對經濟民粹主義有所憧憬。然而，在我看來，民粹主義領導人不太可能改變美國憲法或文化，帶來裴隆或穆加比式的毀滅。威廉．詹寧斯．布萊安一八九六年在民主黨年會上所發表的動人演說「黃金十字架」（Cross of Gold），我覺得，是美國史上經濟民粹主義最有效的聲音。（「你不可以把荊棘之冠戴在勞工的額頭上，」他宣示：「你不可以用黃金十字架來折磨人類。」）然而我懷疑，如果他當上總統，美國會有什麼改變。

路易斯安那州的修義．朗（Huey Long）以「分享財富」（share the wealth）這個華麗詞藻，於一九三〇年代當上了州長，並成爲美國參議院的一員，對此，我的看法還是一樣。當他在一九三五年被暗殺時，他眼中看的是白宮的大位。然而，民粹主義顯然並不在他的基因裡。他兒子羅素（Russell）我很熟，長期擔任參議院財務委員會（Senate Finance Committee）主席，他是資本主義和企業稅賦減免的堅定支持者。

當然，在整個美國史上，也曾經發生幾次民粹主義政策的事件，但這都不是民粹主義政府——從十九世紀末的自由鑄造銀幣運動（free-silver movement）到近代的新政（New Deal）立法。最近的事件是尼克森一九七一年不幸的工資—物價凍結。但尼克森總統和更早的民粹主義政策事件是美國經濟進步上的小插曲。而拉丁美洲的民粹主義政策和政府則已經成爲當地的特色，因而影響也就更大。

經濟民粹主義自認爲把民主制度延伸至經濟學上。其實不是。民主人士所支持的政府形式，對所有大眾議題都採多數決，但絕不抵觸基本人權。在這種社會裡，少數人的權利會受到保護，不會受到多數人之侵害。對於所有不侵犯個人權利的公共議題，我們自願把權力交給多數人去決定。⑤

民主是個混亂的過程，當然不會永遠都是最有效的政府形式。但我認同邱吉爾的妙諷：「民主是最糟的政府形式，只是，其他各種政府形式試到現在都沒比較好。」不論好壞，我們都無從選擇，只能假設一個行動自由的人到最後對於如何管理自己，會作出正確的選擇。如果多數人作了錯誤的抉擇，則會出現不利的後果，甚至於到最後，導致公民暴動。

民粹主義把人權和人多數人所謂的「自由民主」(liberal democracy) 綁在一起。然而，「經濟民粹主義」一詞在大多數經濟學家的用法裡，隱含了這種民主裡的「人權」大部分都不合格。在不合格的民主之下，百分之五十一的人可以合法剝奪其餘百分之四十九的人的權利，因而形成暴政。⑥當這個詞用到像裴隆這樣的人身上時，就成了貶抑的意思，大多數歷史學家都認為裴隆應該為二次大戰後阿根廷的長期經濟衰退負起大部分責任。阿根廷到現在還在為他所留下來的爛攤子痛苦掙扎。

資本主義之戰，尚未成功。拉丁美洲可能比其他區域都更清楚顯示這點。源自十六世紀西班牙和葡萄牙佔領所產生的所得集中和地主階級仍然屹立不搖，而且惡化成嚴重不滿。資本主義在拉丁美洲，頂多只算尚在掙扎中。

⑤我們需要超級多數決 (supermajorities) 才能通過法律。例如美國，只有超級多數決才能撤銷總統否決權——但十三個創始州集結起來通過憲法，決定採這種方式治理國家的那次，卻是採多數決 (majorities)。

⑥我們有許多位國父擔心美國的多數決法則，如果沒有美國憲法前十條修正案——我們的人權法案 (Bill of Rights)——就會形成暴政。

18 經常帳和債

「消費者的長期負債……正要進入歷史轉捩點……質押應儘速調整到我國的容納量以內，容量並非無限。」《財星》於一九五六年三月宣告。一個月後，該雜誌又補充道：「我們在抵押借款上也同樣觀察到這個普遍現象——但力道是二倍。」首席經濟學家山帝．派克和吉爾．博克（Gil Burck）在鑽研過美國家庭的詳細負債資料後，得到如此憂鬱的結論。（資料是我收集的，當時我是《財星》顧問。）並不是只有他們在擔心——許多經濟學家和決策官員都擔心家庭負債對家庭所得之比率已經上升到有拖欠債款和倒帳之虞的程度。但結果證明，他們的憂慮是多餘，因爲資產和家庭淨值快速上升，超過他們的認知。

今天，將近五十年後，家庭負債對所得之比率還在上升，而評論者依舊憂心忡忡。事實上，對於家庭及企業所累積的負債，我看，哪個十年中不發生一波憂慮現象？這種恐懼忽略了現代生活上的基本事實：在市場經濟裡，負債會隨著進步而亦步亦趨。更正式一點的說法是，負債相對於所得幾乎總是在增加，只要我們有不斷精進的分工和專業化工作及生產力不斷提升，造成資產和負債對所得之比率隨之上升。因此，單單是家庭負債對所得之比率上升，或單單是非金融負債總額對GDP比率上升，並非壓力之衡量指標。①

當我們有類似關切：美國貿易赤字和更廣域的經常帳赤字也增加了，此時，我們應牢牢記住上面的教訓。美國經常帳赤字近年來急速上升，從一九九一年的無赤字到二〇〇六年的佔GDP百分之六・五。同時，這個數字已經從學術期刊裡的附註躍升爲全球的頭條新聞。這幾年來，幾乎我所參加的每一場國際會議，議程上都有這個主題。這個數字，已經成爲全世界對美國外部失衡（一個國家進口和出口間的巨大缺口）的恐懼焦點，將加速美元對外幣交換價值之瓦解並帶來世界金融危機。美元下滑已經成爲決策官員的關注焦點，他們擔心過去數十年不斷創造世界繁榮的全球化現象是否能永續存在。

對美國的對外赤字之關切並非毫無根據。當然，到了某一個程度，外國投資人就不願意增加美國資產佔其投資組合的比重。這是對收支逆差作反挹注。在這點上，美國的失衡必須縮小，因此可能讓美元下跌以刺激美國出口並抑制美國進口。而且，在美元對外幣兌換價值快速下跌所伴隨而來的風險之下，外國投資人突然反轉的情緒無法完全消除。然而，誇大美元崩盤的可能性卻很容易。世界經濟持續發展已經足以讓常態性財務賸餘和赤字的規模（包括跨國流動），在最近這幾年裡急遽增加而相安無事。我在第二十五章會提到，未來幾年，我們將會有許多差額，特別是聯邦預算赤字會更讓我們操心。相較之下，我認爲美國的經常帳問題還差得遠呢。

美國經常帳赤字令人關切的根本原因是，在二〇〇六年，該項赤字的資金來源，也就是來自

①非金融負債包括家庭、企業，和政府的負債，但不包括銀行和其他金融中介機構的負債。

海外的資金，佔該年度全球六十七個經常帳賸餘國家之跨國儲蓄總額之四分之三強。②這些賸餘半數來自開發中國家，他們顯然無法在其國內找到獲利不錯，足以克服其國內市場和政治風險的投資。十年前的美國人不可能搞出一年將近八千億美元的經常帳赤字，理由很簡單，我們沒辦法吸引外國儲蓄的資金。例如，一九九五年的跨國儲蓄就不到三千五百億美元。

把一國的經常帳餘額視爲會計上的等式：一國之國內儲蓄（即該國家庭、企業，和政府之所有儲蓄）減掉國內投資（主要爲生產性資本資產和住屋），許多分析師都同意這種觀點很實用。③但大家看法一致之處也僅止於此。

根據公式，一國的經常帳餘額一定等於該國國內儲蓄與國內投資支出之間的差額。④然而決定儲蓄的人和決定投資的人並不相同。事實上，如果我們把任一期間之預計儲蓄總額及預計投資總額計算出來，這二者幾乎永不相等。只有在交易、所得，和資產流動隨著匯率、物價、利率，以及經濟活動水準而調整，計劃因而被迫改變之後，等式才會成立。當這些市場相互調和時，所有的變數也同時發生調整。這就相當於得到一組聯立方程式的解。全世界的支票簿一定會達到平衡。

造成近幾年來美國經常帳赤字過於龐大的原因相互糾結而難以分離。例如，家庭儲蓄增加，

②跨國儲蓄是貿易順差國家之經常帳餘額之加總。

③一般而言，在國民所得會計中，國內儲蓄和國內投資之缺口就等於淨外國儲蓄；淨外國儲蓄是經常帳餘額的近似值。

④技術上有些差異，但不重要。

其他條件不變，將會降低一國的經常帳赤字。但其他條件永遠不會不變。家庭儲蓄增加，隱含家庭支出減少——結果，可能導致企業獲利衰退而使得企業儲蓄減少。隨之而來的企業營利所得稅減少會造成政府儲蓄下降，以此類推。由於構成儲蓄和投資的所有因素會相互影響，因此，因果關係模糊不清。

大多數外國人以及許多美國分析師指出，美國快速增加的預算赤字是造成經常帳失衡的主因。但過去十年財政餘額的變動方向，屢屢和經常帳赤字不同。例如，我們的預算在一九九八年到二〇〇一年間出現賸餘，而我們的經常帳赤字在這段期間卻持續上升。

有些人主張，其他國家的貨幣主管機關，首先是日本，然後中國，大量買進美國國庫券以抑制其匯率，造成美元對外幣的價值增加，從而成爲美國進口大量增加的主因（從二〇〇二年上半年之佔美國GDP百分之十三增加到二〇〇六年下半年之將近百分之十八）。毫無疑問，這種説法是有些根據，但根據我的經驗，官方操縱外匯的影響力經常被誇大。⑤美元是全世界最重要的外

⑤我幾乎不懷疑中國貨幣主管機關買進數千億美元以壓制匯率很成功。中國金融市場還相當原始，市場對這種買進行爲的反作用力還相當低。但日本顯然不同。日本買進數千億美元以壓低日元的效果相當有限。日本是複雜的國際金融市場之一部分，能夠在利率和匯率僅有微幅波動的情況下吸收大量的有價證券。例如，數十億美元的美國國庫券可以在幾個基點的微幅成本下，以資產交換方式換成等值的高等級債券。換句話説，大額的美國國庫券之買進或賣出可以在影響利率變動極微的情況下完成。匯率也是一樣。幾年前，日本貨幣主管機關在一天當中買進了二百億的美元，對日元匯價卻沒有顯著影響。數月之後，我在沒有適當瞭解這項操作的政治用意之下，公開提到這次的買進效果不大。我的日本朋友對此感到不悅。二〇〇四年三月，日本突然中止長期以來的日元干預措施。這次，匯率還是一樣沒什麼反應。

匯準備貨幣，這個因素造成美國的對外赤字，更加明顯。然而，許多觀察家認爲這也是美元的弱點——外國貨幣主管機關可能會突然一起結清美元部位，並把準備轉換成歐元或日幣。我將在第二十五章探討這個問題。

對美國經常帳赤字上升史最有說服力的解釋是，經常帳赤字的增加，來自一組廣泛的力量。這種說法並不像我們聯邦預算赤字的說法那樣證據確鑿，但卻和國際金融的實際狀況吻合。過去十年來美國對外赤字的增加情形似乎和全球化明顯的新階段相符。我認爲，最關鍵的因素是經濟學家所謂的「本國偏誤」(home bias) 大幅下降，以及美國生產力明顯增加。

本國偏誤是投資人在爲其儲蓄的投資作選擇時的一種偏狹傾向，即使放棄外國更有利的投資機會，也要選擇自己的母國。當人們對某個投資環境比較熟悉時，他們會認爲風險小於環境不熟的遠方投資，即使二者的客觀條件一致。越來越多的儲蓄者跨越國界投資外國資產，顯示本國偏誤下降。這樣的變動，造成某些國家的經常帳賸餘增加，並抵消其他國家所增加的赤字。當然，從全世界整體角度來看，出口應該等於進口，而全世界的合併經常帳餘額也一定是零。

二次大戰後半個世紀裡，全球的本國偏誤現象非常明顯。國內儲蓄幾乎完全導入國內投資，即投資人所屬國家的工廠、設備、存貨和住宅。在一個本國偏誤極爲強烈的世界裡，外部失衡現象非常小。

然而，自一九九〇年代開始，本國偏誤就顯著下滑，這是跨國資本流動限制瓦解所致，或多或少符合中央計劃經濟消失後所帶來的競爭性資本主義。私有財產權和跨國投資顯著上升。而且，資訊和通訊科技之進步，有效地縮減了全世界各市場間的距離。簡言之，科技和監理上的重大進步，擴展了投資人的地理視野，使得外國投資的風險看起來不再像幾十年前那麼高。對外人財產權之保護，隨著中央計劃經濟之瓦解而日益增加，造成風險進一步降低。

因此，我們把全世界許多國家或區域之國內儲蓄對國內投資的相關係數依其對全世界GDP之比重加權，作爲衡量本國偏誤程度的指標，這項係數自一九七〇年到一九九二年即徘徊在〇·九五左右，卻下降到二〇〇五年的〇·七四。（如果每個國家的儲蓄等於投資——即百分之百的本國偏誤——其相關係數就是一。反過來說，如果沒有本國偏誤，國內儲蓄和投資的金額及地區無關，則其相關係數爲〇）。⑥

最近這十年才發生美國貿易和經常帳赤字隨著不斷擴大的貿易而日益增加，同時配上我們許多貿易伙伴的總體外部賸餘而更形增加，包括最近的中國。二〇〇六年出現鉅額經常帳賸餘者：中國（二千三百九十億美元）、日本（一千七百億美元）、德國（一千四百六十億美元），及沙烏地阿拉伯（九百一十億美元）全都創新高。發生赤字的，除了美國（八千五百七十億美元）以外，還有西班牙（一千零八十億美元）、英國（六百八十億美元），和法國（四百六十億美元）。爲了瞭解其離散程度（即各國儲蓄扣除投資之後的差額和零之間的離散程度），我計算出各國經常帳絕對差額（不管正負號）的總和對全世界GDP的百分比。從一九八〇年到一九九六年之間，這項比

⑥顯然，如果每個國家的國內儲蓄完全和國內投資相等，所有的經常帳收支就不會有差額，也不會出現收支差額的離散情形。因此，經常帳差額之存在，需要國內儲蓄和國內投資之共相關性——即反應本國偏誤的程度——低於一·〇。

率徘徊在百分之二到三之間。而二〇〇六年則已經上升到將近百分之六。

本國偏誤下降是賸餘和赤字擴大的主要決定因素，但各國風險調整後的報酬率之不同可能也有所影響。⑦當然，風險調整後的相對報酬率是決定超額儲蓄該導向哪個國家去投資的關鍵因素。

自一九九五年以來，美國生產力大幅成長（相對於外國溫和的成長率），顯然造成相對較高的風險調整後預期報酬率，導致全球對美國資產之需求不成比例地上升。這進一步解釋了爲什麼外國儲蓄有那麼大的比率導入美國。⑧

有關美國經常帳赤字近來大幅增加原因之論爭，我預期還會持續。然而，遠比這更重要的問題是，似乎無法避免的外部調整是否會開始，或是如許多人所害怕的，當美元崩盤時，將導致一場國際金融危機。我說過，我比較相信有利的結果。

大家最關切的是，如果外國人開始拒絕在投資組合中再增加對美國人民請求權的部位，一如當前出入超趨勢所隱含的意義，將會發生什麼問題。經常帳赤字已經不斷累積，成爲美國人民不斷上升的國際投資負部位（二〇〇五年底將近二・五兆美元），並伴隨著還本付息的維護成本而上

⑦「風險調整後」(risk-adjuted) 一詞是經濟學家用來瞭解風險性投資的術語，如果要投資人投資，就需要較高的報酬率以補償潛在的損失。風險調整指的就是資產報酬中另外要求補貼的部分。

⑧所有非美元貨幣都以市場匯率轉換成美元基準以便比較。購買力平價（PPPs）並不適合用來處理跨國流動的儲蓄和投資。因爲從世界整體看，儲蓄必須等於投資，和幣別無關。就二〇〇三年到二〇〇五年期間，儲蓄和投資在統計誤差上的絕對值，以PPP計算，爲一年二千三百億美元，而以市場匯率計算，則只有六百六十億美元。

升。這個趨勢無法永遠持續。到某一點，即使美國的投資報酬率還是相對較高，外國投資人將因投資組合不斷集中而卻步。不要把你的雞蛋全部放在一個籃子裡的老法則不僅適用於個人理財，也適用於全球金融。一旦外國人對美國資產的胃口開始鬆懈，就會造成美元需求減少，從而降低美元對外幣的價值。⑨當然，美元貶值會抑制進口並鼓勵出口。於是，外國拒絕對美國的對外赤字提供資金，本身就會減少赤字。全世界各貨幣主管機關分散其外匯存底，以及，更直接的，分散個別投資人的國際資金，有其重要性。

分析師擔心，爲了讓美國不斷增加的外債能夠還本付息，我們的貿易赤字終將大幅縮減（或回到出超），而且／或是外國人投資美國資產的意願必須提高到能夠提供足夠的資金以滿足美國債務人還本付息的需求。⑩這還不是個問題，因爲二〇〇五年美國對外投資二兆美元的投資報酬率是百分之十一，遠高於美國支付給持有美債的外國人的利率。結果，我們支付給外國人的還本付息資金和股利，還超過我們從外國人所收到這類資金。但在外債淨增加（相當於經過資本利得

⑨事實上並非所有對美國人民的請求權皆採美元計價，而且並非所有以美元計價的請求權皆針對美國人民，例如歐洲美元（Eurodollars），但我不考慮這點。以美元計價的請求權和對美國人民的請求權之間重疊的部分大到足以忽略這些差異。

⑩既然幾乎所有的美國資產都以美元計價，我經常被問到，爲什麼這會是個問題。難道外國人不接受美元付款嗎？是的，他們通常會接受。但如果銷貨客户決定接受美元付款，他們就要增加對美國資產的投資。然而，如果他們把美元賣給第三者（以交換其本國貨幣），這個第三者將會投資美國資產。如果在當前的匯率下，沒人要持有更多的美國資產，則最後這些美元一定要在外匯市場上折價出售，造成美元匯價下跌的壓力。

和損失調整後的經常帳赤字）無法避免的情況下，支付外國人的淨所得之增加儼然成形。

美國一直到二〇〇六年還維持相當大的經常帳赤字，我猜這不會對美國經濟造成嚴重的負面效果，因爲赤字主要是在全新的全球科技環境下所演化出來，是不斷地專業化和分工的外在表現。把所有的證據兜起來——敍事證據、間接證據，和統計證據——強烈顯示，至少我覺得是強烈顯示，美國創新高的經常帳赤字只是反應美國經濟單位——家庭、企業，和政府——之間相互交易所造成之一組更廣域的赤字增加和賸餘抵消現象的一部分，而主要部分則發生在美國境內。我認爲這些廣域的赤字和賸餘已經持續增加了數十年，甚至是數代。這個較爲廣域的赤字一直存在著長期上升趨勢，但頗爲和緩。不過，造成外國融通資金給美國個別經濟單位差額（即我們的經常帳赤字）的廣域成分佔我們GDP的比率從一九九〇年代的可以忽略不計，上升到二〇〇六年的百分之六・五。

從我的觀點看，決策官員一直把焦點侷限在狹隘的外國對美國住民的請求權上，而不是所有會影響經濟行爲，引起系統性關切的因素，包括來自國內及國外的請求權。經常帳餘額只表達跨國交易。我們的表格，寬鬆地建立在早年十八世紀重商主義時代追求國際收支表賸餘的舊思維上，而國際收支表賸餘所帶給國家的則是當時用以衡量一國財富的黃金。

如果我們衡量一個範圍小很多的地理區域之淨金融收支餘額，例如，美國的一州或加拿大的一省（我們並沒有這樣的統計），或是衡量範圍更大的一群國家，例如，南美洲或亞洲，這些統計所衡量出來的趨勢及其可能的含意，也許會和單從傳統依統治區域劃分的國家統計，即經常帳餘額，有相當大的不同。

適當的地理衡量單位之選擇，視我們所要探討的問題而定。我認爲在大多數情況下，至少在制定政策時，對於能夠明顯預測經濟逆境之經濟壓力，我們要尋求方法以判斷其壓力程度。在這種情況下，要作出最佳判斷所需要的財務收支平衡資料就必須詳盡到形成經濟決策的層次：個別家庭、企業，和政府。這就是發生壓力從而引起經濟動盪之行動及趨勢所發生之處。

當一個家庭的消費和投資支出，例如投資房屋，超過其所得時⑪——即現金流出大於現金流入——經濟學家稱之爲財務赤字家庭。他們是金融資產的淨借款者，或清算者。具有負的現金流量。透過累積金融資產或是減少債務以儲蓄的家庭則稱爲財務賸餘家庭，以彰顯其正現金流量。類似的名稱也適用於企業和政府——聯邦政府、州政府，和地方政府。當我們把美國人民所有的赤字和賸餘合併起來，就得到美國人對外國人所新增的淨請求權或淨負債之差額——也就是我們的經常帳賸餘或赤字。⑫

但在合併之前，美國個別經濟單位——家庭、企業，和政府——的財務賸餘和財務赤字相對於所得之比率，平均而言，已經上升了好幾十年，甚至可能從十九世紀以來就一直上升。⑬在這段期間的大多數時候，某些美國民間經濟單位的赤字幾乎和其餘經濟單位的賸餘完全吻合。因此我們的經常帳餘額很小。⑭而過去這十年比較特殊之處是，本國偏誤下降，加上住宅及其他資產

⑪當然，投資項可能爲負值：例如，出售成屋或處分存貨。

⑫事實上，爲了達到經常帳平衡，必須作一些小額的調節性資本移轉。

⑬不論我們用個人所得或是全國的國內所得，或與此其相當的GDP，這點都成立。把個人所得整合爲全國總所得並不會造成所得流失。

顯著的資本利得，導致美國人民購買外國產品和勞務大幅增加，也造成外國投資人願意提供資金。

只加總對外人的淨請求權，是潛在經濟壓力程度的不完整統計圖像，可能低估或高估整體經濟所面臨的問題。事實上，如果我們生活在一個完全不管商品、勞務，和資產交易的國度或其他疆界裡，最狹義經濟單位壓力的衡量指標，毫無疑問，必然最有資訊價值。以國家為定義域的經常帳餘額在滙率相關問題上有特殊的用途，但我懷疑這種衡量指標，在界定更為一般的不安問題時，則經常被濫用。這是不對的。

美國境內的貿易和財務收支差額已經成長了好一段時期。這反應出不斷增加的經濟功能專業化，至少可以回溯到工業革命之初。走出自給自足的個人或國家之行動，是由分工所引起的，在分工的過程中，不斷地把工作細分，創造出更深層次的專業和技能，結果，改善了生產力和生活水準。這種專業化，促成了國內各經濟單位間的交易，而且，即使在商業最早期的年代，也的確促成了國際貿易。

隨著時間發展，越來越多的美國家庭、非金融性企業，和政府（包括全國性和地方性）的投資資金來源不再侷限於自己的家庭所得、企業內部資金，或政府稅收。早期的美國，幾乎所有的融資都來自美國的金融機構或其他美國單位。美國人民對外國人的負債很少。有相當比例的美國人，因預期未來所得而借款的（風險偏好）趨勢與日俱增，這點，反應在家庭及企業之資產和負

⑭美國後南北戰爭的經常帳赤字是個例外，一直到該世紀末，外人提供美國龐大鐵路網之資金，對美國經濟活動一直相當重要。

債相對於所得之比率持續上升。

聯準會幕僚對一九八三年到二〇〇四年間美國五千多家非金融性企業的資料詳加細算，發現資本支出超過現金流量的企業，其赤字總額之成長持續超過企業附加價值之成長。以賸餘和赤字，不管正負號作加總，作爲企業附加價值的替代項的比率顯示，平均每年成長百分之三・五。⑮非金融性企業以外的美國經濟單位，其財務赤字的離散資料則很少。另一個不是很令人滿意的計算，只取部分個別經濟單位的財務餘額做加總，和名目GDP作相對比較，這項計算顯示，過去半個世紀以來，每年賸餘和赤字絕對值的總和之成長比名目GDP的成長快了一・二五個百分點。⑯

根據部分財務收支餘額資料之計算，過去十年來，美國境內經濟單位之收支差額的離散增加

⑮賸餘（及赤字）之衡量係以非經常項之前的所得，加折舊，減資本支出。企業附加價值的替代項爲毛利，即銷貨減銷售成本。

⑯這項計算估計出美國總體統計中七大非金融部門合併之儲蓄減投資之餘額：家庭、企業、非農業之非公司事業、農業、州政府及地方政府、聯邦政府，和世界其他部門。我把「世界其他部門」納進來是因爲這項目衡量美國人的賸餘和赤字，雖然它們反應對外國人的累計淨請求權或義務。其他六大部門所反應的只有對國內人民的淨請求權或義務。我們的確考慮了賸餘和赤字結果的資料：未合併負債和資產的水準。當然，只有在某些經濟單位一直有赤字，而其他單位卻一直有賸餘的情況下，其關係才明確。然後，累計負債會產生未合併負債餘額之變動，而累計賸餘會產生資產之變動。如果這種狀況爲眞，則我們能從未合併之資產和負債估計值，得出離散程度。事實上，過去半個世紀以來，除了一九八六到九一年這段特殊期間之外（當時的儲貸產業瓦解，扭曲了負債數字），資產和負債相對於GDP的比率的確是不斷上升。這本身並不能證明離散度增加，只能作爲我認爲長期離散度的增加，超過了名目GDP增加之佐證。

情形似乎沒什麼變化。既然經常帳赤字在這幾年中加速成長，似乎可以合理假設，美國各經濟單位的收支差額離散程度在整個過程中保持不變，但美國家庭、企業，和政府的赤字，有越來越高的比重來自外國資金而非國內資金。我們的聯邦財政赤字和企業資本支出顯然如此。⑰簡言之，我們可以認爲，過去十年來我們的經常帳赤字之擴大，表示美國境內的交易及融資活動轉移成向境外交易及融資。

於是，我們經常帳餘額遭到侵蝕的故事，就是一九九〇年代初期，國內財務收支差額外溢到國界以外的故事，在那個時點上，我們測量到經常帳赤字快速上升。任何開始時的賸餘（就像一九九一年的情形），一旦變成快速增加的赤字，總是會引起關切，而且幾乎都演變成政治事件。但除非是受到重大影響的問題，例如，探討美國國內企業的資本支出究竟是向國外而還是國內融資，否則收支差額最攸關的衡量指標，應該包括國內和國外的資金。我們可以認爲，美國經濟單位所受到的壓力，來自資金來源移轉的影響極少。收支差額（包括國內及國外）對GDP之比率之上升趨勢，遠比其單獨的國外部分（即經常帳）之趨勢還要和緩而不是那麼可怕。

例如，許多美國企業原先零組件購自國內供應商，但最近幾年已轉向國外供應商購買。這些企業一般都把國內外供應商的競爭情形，看成和國內供應商相互競爭一樣。從國內供應商換成國外供應商會影響國際收支平衡表的會計帳，但我們認爲這不是總體經濟壓力。當然，失去商機的

⑰一九九五年到二〇〇六年之間，非金融企業對外人之負債佔非金融企業負債總額之比率顯著上升。美國財政負債中，對外人之比率這幾年從百分之二十三上升到百分之四十四。外人借予美國家庭之部分一向可以忽略。

廠商和員工將會受到負面影響，至少在他們重新受到僱用作更具競爭力的使用之前如此。但這和在國內競爭中敗北的情形並無差別。唯一明顯不同的是，轉換成外國供應商，在調整過程，及調整以後，會影響匯率。然而從個人壓力的觀點來看，這些效果和重要零組件價格變化是類似的。

另一個美國國內經濟單位的賸餘和赤字相對於所得在過去這半個世紀以來事實上一直在上升的證據，出現在金融媒介資產相對於非金融資產及名目GDP的增加上。這些金融機構大量吸收存款並放款，和美國人民的財務賸餘及赤字相吻合。例如，家庭把他們未支出的所得存到商業銀行和儲蓄機構。這些存款貸放出去，可以支應其他人投資於住屋和廠房設備。因此，這些機構的規模可以作爲這些賸餘和赤字的替代指標。事實上，吾人可以推測，世世代代以來，帶動我們堅強金融機構發展的力量，就是這些不斷擴增的賸餘和赤字對於金融媒介之需求。

自一九四六年以來，美國金融媒介的資產，即使扣除過度成長的抵押貸款部分，相對於名目GDP，每年成長百分之一．八。從一八九六年（最早有詳細銀行資產資料的年分）到一九四一年，銀行（即當年主要的金融媒介）的資產相對於GDP每年成長百分之〇．六。

個別經濟單位的財務賸餘和赤字之離散度不斷擴大，隱含的意義是預期某些單位的累計赤字會增加，從而可能增加負債對所得或是其等義的GDP之比重。⑱從一九〇〇年到一九三九年，非金融私人負債相對於GDP，每年增加了將近百分之一。二次大戰及其後的通貨膨脹把負債的

⑱個別經濟單位所累積的赤字會增加淨負債——即負債總額減金融資產。在大多數情況下，負債總額會隨著淨負債而增加。

實質負擔沖淡了一陣子；因此負債對GDP之比率也隨之下降。然而，不久之後這項比率就又開始上揚：從一九五六年到一九九六年，非金融性私人負債相對於GDP每年上升了百分之一．八，而一九九六年到二〇〇六年則為百分之一．二。⑲

日益增加的負債對所得之比率，或是全部非金融私人負債對GDP比率，對家庭單位而言，比率本身並非壓力的衡量指標。大部分所反應的是經濟單位日益增加的財務收支差額之離散程度，從而反應分工和專業化不可逆轉的上升趨勢。過去五十年來，非金融部門的資產和負債，成長皆高於所得。但負債增加得比資產快，換言之，舉債的槓桿倍數也增加了。例如，家庭負債對資產的比率於二〇〇六年底達到百分之十九．三，而一九五二年為百分之七．六。非金融公司負債對資產的比率，從一九五二年的百分之二十八，上升到一九九三年的百分之五十四，但到了二〇〇六年底又回落到百分之四十三，因為企業執行了改善資產負債表之重大計劃。

這種長期的槓桿增加到底問題有多大很難判斷。由於風險趨避是與生俱來而永遠不變的特性，幾代以來，增加槓桿的意願很可能是反應改善的金融彈性，可以在不增加風險的條件下增加槓桿。後南北戰爭之後的銀行家發現資本必須達資產的五分之二。低於此數就有風險。今天的銀行家，十分之一就覺得很夠了。無論如何，今天破產事件仍沒有一百四十年前那麼普遍。同樣的趨勢也發生在家庭和企業。槓桿增加似乎是科技和基礎結構大幅改善的結果，而不是人性更偏好

⑲國內金融差額離散增加，不只發生在美國，其他國家似乎也有這種趨勢。這種趨勢顯示於，過去三十年除美國之外的主要工業化國家，其未合併非金融負債之成長，每年比GDP快了一．六個百分點。

風險。槓桿舉債超過了新科技所能支撐的程度顯然會招致危機。我不確定極點位於何處。而且，一九五〇年代後期消費者在債務負擔上的經驗，讓我不願低估大多數家庭和公司管理財務的能力。

我們很容易作出結論，認為美國經常帳赤字基本上是長期力量的副產品，因此大致上是良性的。畢竟，最近幾年來，我們似乎相當容易就能為其籌措資金。但美國個別家庭和非金融性企業的赤字明顯不斷上升本身，是否反應經濟日益趨緊？而這些赤字的資金是來自國內或國外有關係嗎？如果制定經濟決策時不用考慮貨幣或跨國風險，則吾人可以認為，經常帳差額並不具特別的經濟意義，而對外國人的累積負債，除了債務人本身的償債能力之外，也沒有什麼意義。美國各單位所有的負債究竟是欠國內或國外的債權人並不重要。

但國家邊界的確有影響，至少在某種程度上。對外國借款的還本付息支出，最終必須來自出口商品及勞務，或是從資本流動的資金，而償還國內負債，則有更廣泛的工具基礎。對企業而言，跨國交易可能受到匯率波動影響而更為複雜，但一般而言，這是正常的企業風險。跨國交易的市場調整過程似乎較境內交易缺乏效率或透明度，這是事實。例如，相同物品在相鄰地點但跨越國界的價格，即使換算成相同貨幣，也有顯著的差異。⑳因此，跨國經常帳差額也許會傳達出一定

⑳歐盟會員國地區許多相同商品出現不同價格的持續發散問題見約翰・羅傑斯（John H. Rogers，二〇〇二年）之分析。至於美加地區的類似物價差異情形，詳查爾斯・恩格爾（Charles Engel）和約翰・羅傑斯之文章（一九九六年）。

程度的經濟壓力，可能會大於國內收支差額所產生的壓力。除了正常的國內風險之外，跨國的法律和貨幣風險也很重要。但其差別究竟有多大呢？

全球化正改變我們許多的經濟指標。我們也許可以合理假設，全球未經合併的各經濟單位之財務收支餘額，其離散程度佔先前所提到的全世界名目GDP比重，將會隨著全球各地日益增加的專業化和分工而增加。而全世界經常帳餘額之離散度是否也會持續增加則有待商榷。這種增加，隱含本國偏誤還要進一步下降。但在一個以國家爲主的世界裡，本國偏誤只能下降到目前的程度。本國偏誤終將趨於穩定，事實上，目前就已經穩定下來了。㉑在這種情況下，美國的經常帳赤字就很可能回歸平衡。

在過渡期間，不管經常帳的赤字有多嚴重，或是造成多大的負面影響，一如我前面所說的，保持經濟彈性，也許就是對付這種風險最有效的方法。美元對美國人民具有請求權，而美元之累積，已經導致外國投資人對風險集中的關切。雖然外國投資人尚未明顯減緩對美國資本投資的資金挹注，但自二〇〇二年上半年以來，美元相對於其他貨幣的價值已經下降，而某些指標也顯示美元資產佔全球跨國投資組合的比重也下降了。㉒

㉑本國偏誤指標的共相關係數自二〇〇〇年以來並無變動。離散度指標也一樣。這和美國會計帳上赤字比率增加的情況相符。

㉒國際清算銀行二〇〇六年第三季底所報告之相當於四十兆的跨國金融和私部門所持有之國際債券請求權中，百分之四十三爲美元計價，百分之三十九爲歐元計價。各國的貨幣主管機關傾向於持有美元債權：二〇〇六年第三季底，四．七兆美元等值的外匯存底中，約有三分之二爲美元，四分之一爲歐元。

如果當前漂向保護主義的亂流受到控制，而市場保持足夠的彈性，那麼改變貿易條件、利率、資產價格和匯率，應該會造成美國的儲蓄相對於國內投資有所增加。這將會減少對外國資金的需求，並把過去十年來越來越依靠外國資金的趨勢反轉回來。然而，如果美國和其他地區在財政上不負責任的惡性潮流沒有受到控制，加上違反全球化的保護主義作怪，經常帳赤字的調整過程可能會讓美國及美國的貿易伙伴相當痛苦。

19 全球化和管制

從各種同時發生的事件來看，一九一四年之前的世界，似乎是朝著更高水準的謙和文明前進而無法回頭；人類社會顯得完美無瑕。十九世紀終結了慘絕人寰的奴隸買賣。不人道的暴力似乎日漸減少。除了一八六〇年代的美國南北戰爭和一八七〇至七一年間短暫的普法戰爭之外，自拿破崙時代以來，「文明」世界就一直不曾發生大規模戰爭。全球的發明腳步，在十九世紀裡不斷進步，帶來鐵路、電話、電燈、電影、汽車，和家電用品，這些方便的發明，無法一一列舉。醫療科技、營養改善，和大量配送的飲水已經讓所謂已開發世界的平均壽命，從一八二〇年的三十六歲增加到一九一四年的五十歲以上。這種無法倒退的進步感普遍存在。

二次大戰的實體破壞力雖強，但一次大戰對謙和文明的破壞力卻比二次大戰爲甚：這是毀滅理念的早期衝突。我無法抹煞一次大戰前的想法，當時人類的未來顯得好像不受拘束，也沒有極限。①今天，我們對未來的展望與一世紀之前顯然不同，但也許更符合現實。恐怖主義、全球暖化，或民粹主義復活等，會像一次大戰當年的破壞力一樣，對當前全球化的進步生命紀元橫加摧殘嗎？沒人有斬釘截鐵的答案。但在處理這個問題之前，應該先探討提升全球人民生活水準和重建人類希望的後二次大戰經濟學的制度根基。

當個別經濟體的住民學會專業化和分工時，經濟就會成長繁榮。因此，其規模是全球性的。全球化——跨越國界以深耕專業化並加強分工——顯然是深入瞭解我們近代經濟史的重要法門。全球的交易量和冒險能力不斷增加，創造出一個眞正的全球經濟。生產已經變成國際化活動了。一個國家所組裝的最終成品，包含來自許多國家的零組件。能夠在全世界尋找最具競爭力的勞力和物料投入，而不只是在國內尋找，不只可以降低成本和價格膨脹，而且還可以提高產出和投入的價值比例——此爲最廣義的生產力指標，也是有用的生活水準替代指標。平均而言，生活水準已經顯著提升。數以億計的人，大多數是在開發中國家，已經走出生計貧窮（subsistence poverty）。另外還有數億人正在體驗工業化國家所享有的終生富足。

另一方面，全球化之下所發生的所得集中現象，再度燃起福利國和資本主義文化間的戰爭——由於中央計劃經濟失寵，有些人以爲這場戰爭已經完全停止。恐怖主義的發展，威脅法治進而威脅繁榮，這件事一直纏著我們。世界正在辯論全球化和資本主義的未來，而其結論，將定義未來

①我至今仍保有學生時代的一本書《經濟學與公共福利》（*Economics and the Public Welfare*），退休教授班哲民·安德森（Benjamin Anderson）以令我難忘的方式喚起那失落年代的理想主義和樂觀主義：「還留有一次大戰前記憶和世界認知的成年人，對這段期間總是眷戀不已。當時有一種今天所沒有的安全感。大家視進步爲理所當然……十年復十年，政治越加自由，民主制度廣爲散佈，逐步提升全民大衆的生活水準……在金融事務上，大家理所當然地對政府和央行充滿信心。政府和央行未必能夠永遠履行承諾，但當承諾無法實現時，他們會覺得羞愧，他們會採取各種措施盡力來達成承諾。」

數十年的世界市場和吾人的生活方式。

歷史告誡我們，全球化是可逆的。我們可能失去過去四分之一個世紀所得到的成果。二次大戰之後所發生的貿易和商業障礙可能會死灰復燃，但類似一九二九年股市崩盤的後果，肯定少不了。

有關我們保存世界物質近年來之進步的能力，我有二點嚴正關切。首先是所得出現日益集中的現象，對民主社會的禮讓和安定造成威脅。我怕這種不均現象引發政治上的緊急措施，造成經濟上具破壞性的反作用力。其次是全球化過程本身必然放緩腳步所造成的衝擊。這會降低世界成長，也降低了蘇聯滅亡後資本主義被廣為接受的程度。人類很快就適應了較高的生活水準，如果進步慢下來，他們就會覺得困頓而亟欲尋求新解釋或新領導。諷刺的是，資本主義現在似乎在許多成長快速的開發中世界——中國、部分的印度，和東歐許多地區——所受到的喜愛程度，大於孕育資本主義，但成長緩慢的西歐。

在「充分全球化」的世界裡，利潤追求和冒險，驅動不受限制的生產、貿易，和金融活動，完全不受距離和國界之影響。那種狀態永遠無法達成。人類天生趨避風險，加上這種趨避性所表現出來的本國偏誤，表示全球化有其極限。近幾十年來的貿易自由化已經大幅降低商品、勞務，和資本流動上的障礙。要再進一步，困難度就大了，正如二〇〇六年夏，杜哈回合貿易談判僵局所顯示的結果。

由於吾人近來的體驗，很多都是前所未見的，因此我們很難斷定，今日的全球化動態到底還可以持續多久。而且，即使到那時候，我們也要小心，不要落入把全球化水準降低和新投資機會耗竭混為一談的陷阱。例如，十九世紀末美國拓荒先鋒宣告結束後，並沒有引發許多人所害怕的經濟停滯。

後二次大戰的經濟復甦，最初的形成因素是當時經濟學家和政治領導人普遍認為一次大戰之後的保護主義是形成大蕭條的主因。結果，決策官員開始有系統地去除貿易障礙，而且很久之後，還去除了金融流動的障礙。在蘇聯倒下之前，當通貨膨脹猖獗的一九七〇年代刺激大家反省大蕭條所產生的拙劣經濟政策和管制時，全球化於焉大有進展。

由於解除管制、新增創新②、及降低貿易和投資障礙，數十年來跨國交易的擴張速度遠大於GDP，這表示全世界進口對GDP之比率，平均而言，相對成長。結果，大多數的經濟體都暴露在嚴厲而緊張的國際競爭之下，雖然這與國內的競爭壓力沒什麼不同，卻顯得較難控制。已開發國家因大量進口所產生的工作不穩定，讓其人民付出代價，無法調升工資——害怕失去工作的恐懼顯然已經讓員工的需求消音。於是，進口品的價格具有我們所需要的競爭性，限制了通貨膨脹力量。

二次大戰後的前十年，國際貿易大量增加，但每個國家的出口和進口大致上呈同步成長。一九九〇年代中期之前，顯著而持續的貿易失衡現象很少出現。此時，資本市場的全球化才開始發

②由於光纖遍及全球，通訊成本大幅下降，加上世界各地的運輸成本普遍下降，是刺激跨國交易大為增加的另一項因素。

展，降低資金成本，從而擴大實質資本存量，是生產力不斷成長的主要因素。許多儲蓄者，過去因喜歡或是受到限制，只能在國內投資，此時開始向國外伸出觸角，參與更廣域的新興投資機會。由於資金來源更爲多元，企業的平均資本成本（cost of capital）下降。自一九八一年以來，全球長期利率參考指標，美國十年期國庫券的殖利率一直呈下降趨勢。到柏林圍牆倒塌時，已經跌了一半，到二〇〇三年中又再跌了一半，達到最低點。

結果，全球金融市場之進步，顯著地提升全世界儲蓄的投資效率，這是世界生產力成長間接而極爲重要的因素。在我看來，一九九五年之後，除了某些明顯的例外，全球市場大致皆已去除管制，似乎是從一個均衡狀態，平順地移動到另一均衡狀態。亞當斯密的「看不見的手」在全球規模上發揮作用。但這隻「看不見的手」做了什麼事呢？爲什麼我們的就業及產出，經歷了一段長期的穩定或上升期，而匯率、物價和利率卻只有漸進式的調整？當我們在市場中見到這種穩定而予以信賴，這是否太愚蠢了？或者如一位新近粉墨登場的財政部長所問的：「如果沒有政府明顯的干預，我們如何能夠控制不受管制的國際貿易和國際金融先天上的亂象？」既然跨國交易每日高達數兆美元，而其中鮮有公開記錄，怎麼有人能確定解除管制的全球系統眞的可以運作？是的，的確可以日日運作。當然，系統有時候會故障，但故障出奇的少。我們相信全球經濟能夠依照預期方式運作，這份信心，建立在深入理解平衡力量的角色上。（很遺憾，經濟學家似乎比制訂法令的律師和政治人物更瞭解這些力量。）

今日的全球「亂象」，用我一位財政部長友人的錯誤解釋來說，是前所未見。即使在一次大戰前「黃金歲月」(golden days)，其「自由放任」在某種程度上已經完全國際化，當時全球金融所扮演的角色仍然不如今日這般重要。就像我之前所提的，自二次大戰結束以來，國際貿易量的成長遠遠超過全世界實質GDP之成長。這樣擴展所反應的是國際市場敞開和通訊能力的重大進展，這點，引發《經濟學人》雜誌於數年前宣稱「距離之死」（The Death of Distance）。跨國交易在金融工具量上的成長，必須比交易本身的成長還快，才能讓金融、保險，及無時無刻不在發生的各種交易順暢進行。發明或開發新形式的金融——信用衍生性商品（credit derivatives）、資產擔保證券（asset-backed securities）、原油期貨（oil futures）等有其必要性，這些工具讓世界交易系統的運作更有效率。

從許多角度看，我們的全球貿易和金融系統顯然非常穩定，這是亞當斯密於一七七六年所提出，經過千錘百鍊的簡單原理之再確認：個人基於自利心自由地相互交易，會導引出一個穩定而成長的經濟。教科書的完美市場模式只有在其基本假設成立時才能發揮作用：人應該可以基於自己的利益而自由活動，不受外部恫嚇或經濟政策之限制。全球市場裡，參與者無可避免的錯誤和興奮，以及這些錯誤所造成的無效率，會產生或大或小的經濟失衡現象。然而即使在危機中，經濟似乎一定會自我導正（雖然這個過程有時需要相當長的時間）。

危機，至少會有一段時間，把維繫市場正常運作的關係打亂。危機創造了買進或賣出某些商品、勞務，和資產時，得到異常高利潤的機會。市場參與者會利用這些機會，形成一陣混亂，把物價、匯率，和利率壓回市場適當的水準，從而消除不正常的利潤率以及造成不正常利潤率的無效率。換言之，充分而自由地反應全球消費者價值偏好的市場，將傾向於把全球各地風險調整後的利潤率均等化。超過這個水準的利潤是消費者偏好被欺騙了的證據。太低的風險調整後報酬率通常是浪費生產資源（例如廠房及設備）的證據。大多數的失衡，只有在人類繁榮驟然改變，或是恐懼淹沒了市場調整過程時，才會顯現。但那時就已經太明顯了。

金融全球化的擴展程度，極爲適切地配合貿易全球化的快速腳步。一個有效的全球金融系統可以引導全世界的儲蓄，爲生產最符合消費者價值的商品和勞務資本投資提供資金。外國人不假思索就能指出，美國的儲蓄太少了。我國的儲蓄率——二〇〇六年佔ＧＤＰ的百分之十三・七，非常貧弱——造成美國是目前已開發國家中儲蓄最少的一國。即使把投資到我們國內經濟的外國投資算進來，美國整體投資佔ＧＤＰ的百分之二十・〇，是Ｇ７大型工業化國家中第三低的。但因爲我們對貧乏的投資之配置非常有效率而且浪費極少，我們所發展出來的資本存量，近年來已經產生出Ｇ７國家中最高的生產力成長率。

每一樣商品和勞務的價格，隱含了配合這些商品或勞務的生產、配送，和行銷所需支付的金融服務費。這項費用佔售價的比重已經大幅上升，而成爲具有金融技能者快速增加的所得。這些服務的價值，我前面提過，在美國表現最明顯，ＧＤＰ流入金融機構——包括保險——的比率，近幾十年來大幅上升。③

資訊系統提供了金融市場狀況前所未見的細節，讓金融機構有能力找出異常的獲利或利基機

③美國來自金融服務所增加的附加價值，有許多，但不是全部都出現在紐約，紐約是紐約證券交易所和世界主要金融機構的家。但仍有許多金融機構遍佈全美，美國的ＧＤＰ佔全球五分之一，必然需要金融機構的資金挹注。當然，倫敦漸漸成爲紐約在國際金融中心上的對手（從大多數指標看，倫敦在跨國金融上超越紐約），但英國幾乎所有的金融活動都源自倫敦。英國其他地區對金融的需求，和美國相比，相對較小。

會——即風險調整後報酬率超出正常者。在一個解除管制的市場裡，一般而言，異常報酬所反應的是世界儲蓄流入資本投資的無效率。大量買進這些利基資產會讓其價格回到「正常」。雖然，所引發的價格調整，當然不是追求利潤的市場參與者之目的，但就亞當斯密的理論來說，卻讓全世界的消費者享受效益。

高額的金融利潤已經吸引了一大群身懷絕技的人士和機構。最顯著的就是避險基金產業又復甦了。我記得在半個世紀之前，這產業還是金融業中沉悶的邊陲產業，如今已轉變爲由美國企業主導，規模達數兆美元的活躍產業。避險基金及私募基金似乎代表著金融業的未來。但目前還不成熟。市場（間接來說，即客戶）一九九〇年代中期之後，配置於金融服務上的超高價值，讓許多投資銀行的資淺合夥人創造出避險基金精品店。結果，造成避險基金市場在二〇〇六年暫時出現供過於求的現象。當太多的新進者看到前輩所得到的豐碩果實，而試圖要收割這塊利基利潤時，許多基金被迫清算。但被摘走的就不存在了；輕易到手的錢大部分已經不見，許多急於成爲未來避險基金大亨的人，眼看著他們龐大的新淨值迅速暴跌。局外人則鮮少爲他們的困境掉淚。

即便如此，避險基金的投資策略繼續成爲消除市場異常利差及諸多市場無效率的工具。事實上，避險基金已經在全世界的資本市場上成爲關鍵角色。據說，他們佔了紐約證交所相當顯著的成交量，而且普遍爲許多呆滯的市場提供流動性。他們基本上不受管制，我希望能夠保持如此。蓋上一張代價昂貴的管制地毯，只會把尋找利基利潤的熱忱成功地悶殺掉。避險基金將會消失，或變成平凡單調的投資工具，而世界經濟將因此而變得更差。

今天的市場，本身也透過所謂的交易對手監理（counterparty surveillance）對避險基金加以管制。換言之，避險基金的限制來自其高所得的投資人及貸款給他們的銀行和其他機構。這些放款人為保護自己的股東，有非常密切地監督避險基金投資策略的動機。我一開始當過一家銀行的董事（JP摩根），然後當了十八年的銀行管理者，我相當清楚，和政府金融監理機關之「帳面管理」比起來，具有更好的身分及更充裕人力的銀行，在瞭解其他銀行及避險基金的作業上，將做得更好。不論金檢人員在金融實務上有多優秀，在沒有告密者的情況下，發現嚴重舞弊或掏空事件的機率非常低。

民間的交易對手監理中有一次重大失誤，即第九章所述，LTCM於一九九八年幾近瓦解的重大金融事故。LTCM的創辦人包括二位諾貝爾獎得主，其所擁有的威望足以讓他們拒絕提供擔保品給放款人，而他們也這樣搞——放款人作出致命的讓步。由於模仿者跟著加入該基金所領導的市場，造成市場飽和，LTCM沒多久就耗盡所有能夠獲利的利基獲利機會。LTCM並沒有把所有的資本（而不是一部分）還給股東並宣告完成使命，而是把其本金交給賭徒，從事和原先業務計劃毫不相干的豪賭。一九九八年，LTCM輸到片甲不留。

這起事件造成市場震撼。但這是該產業，以及整體金融體系發展的象徵，因此，當二〇〇六年美國另一家名為阿瑪蘭斯（Amaranth）的知名避險基金倒閉，損失超過六十億美元時，全球金融體系幾乎是不痛不癢。

最近的一項重大金融創新是信用違約交換（credit default swap, CDS）。CDS顧名思義，是一種把信用風險，通常是債上的信用風險，以特定價格轉移給第三者的衍生性商品。能夠移轉信用風險並從放款交易中獲利，對銀行和其他金融仲介而言是一大利多，這些機構為了賺取適當的淨值報酬率，必須以收受存款義務及／或發行債券的方式，來對他們的資產負債表作高度槓桿運用。大多數時候，這些機構靠放款賺錢。但在逆境時期，他們通常會陷入壞帳問題，遇到這種狀況，在過去，他們只好縮減放款。結果造成經濟活動普遍受到影響。

對經濟穩定而言，能讓這些高槓桿的放款發起人把風險移轉出去的市場工具非常重要，尤其是在全球化的環境中。爲了回應這樣的需求，發明出CDS並席捲整個市場。從事國際交割的銀行，二〇〇六年全世界總計承作了相當於二十兆美元合約金額的CDS，從二〇〇四年底的六兆美元成長上來。這些工具的緩衝力量在一九九八年到二〇〇一年之間，生動地展現出來，當時，CDS是用於分散快速成長的通訊網路一兆美元的放款風險。結果，雖然這些風險性投資在科技破滅時期有一大部分無法還款，卻沒有任何一家主要的放款機構陷入困境。損失最後由高度資本化的機構所承受——保險公司、退休基金，及類似機構——這些機構是信用違約保護的主要供應者。他們有相當足夠的能力來吸收打擊。因此，並未發生以前年代所發生的連鎖違約情事。

遺憾的是，每次避險基金發生問題成爲新聞焦點時，管制該產業的政府壓力就來了。避險基金是風險接受者，規模又大，大家的想法是——難道這還不能證明他們很危險嗎？政府不該管管他們嗎？先不談這些行動會造成市場流動性受損，我很困惑，政府管制越多，究竟有什麼好處？避險基金的持股變動非常大，以致於昨晚的資產負債表到了今早的十一點也許就沒用了——因此管制人員實際上必須一分鐘、一分鐘地對這些基金作檢查。任何政府對這些基金投資行爲所作的限制（這就是管制），都會減少風險承擔，而這點，正是與避險基金對全球經濟，特別是美國經濟的貢獻息息相關之處。我們爲什麼要限制華爾街蜜蜂授粉呢？

我自己以管制者的身分說這種話已經有十八年了。當我接受雷根總統提名成爲聯準會主席時，讓我心動的是，如何運用我將近四十年所學到之經濟和貨幣政策。然而我知道聯準會也是主要銀行的管制者，監控著美國的支付制度。雖然我是主張讓市場不受限制運作的熱情捍衛者，我知道，身爲主席，我也要爲聯準會這個大型管制機關負責。我能拿我的責任和我的信仰作妥協嗎？

事實上，早在我擔任福特總統的經濟顧問委員會主席時，我就立下了破釜沈舟的決心。雖然經濟顧問委員會的主要工作是反對草率的財政政策，但有時候我也接受增加管制——當狀況顯示那是在政治上對行政單位最沒有壞處的選擇時。在擔任聯準會主席時，我下定決心，我個人對管制的理念必須放在一旁。畢竟，我必須宣誓就職，承諾擁護美國憲法以及和聯準會業務範圍相關的法律。既然對於管制，我要把我的意見置之度外，我打算在這類事務大致上採取被動的態度，讓其他的聯準會理事去主導。

我在驚喜中加入聯準會。從我和聯準會幕僚成員的接觸中，特別是在福特政府時代，我知道這些幕僚是多麼的優秀。我過去並不知道這些幕僚乃自由市場導向，如今我知道了，即使是銀行監理和管制部（Division of Bank Supervision and Regulation）也是如此。（其主管比爾·泰勒〔Bill Taylor〕是個可愛而徹底專業的管制人員。布希總統後來任命他爲聯邦存保公司首長，而他一九九二年過世則是同事和國家的一大打擊。）因此，雖然理事會幕僚建議必須執行國會命令，他們總是形成一種促進競爭並讓市場去運作的觀點。我們很少用「爾等不得」的口氣，而比較常用讓市場更有效運作的信任管理和揭露管理。這些幕僚也充分瞭解交易對手監理是對過度擴充或不當信用的第一線防護力量。

這種對管制的看法，無疑受到機構裡以及理事會上的經濟學家之影響。他們普遍對支持競爭市場力量的必要性非常敏感，而美國金融安全網則會傷害競爭力量。這道安全網——包括存款保險、銀行取得聯邦準備銀行之折扣工具，及聯邦準備銀行之大型電子支付系統等安全措施——降低了商譽在限制過度舉債上的重要性。無論如何，經理人努力保護商譽對所有企業而言都很重要，而在金融業特別重要，因爲商譽是一家銀行營運狀況的整體健全指標。如果一家銀行的放款組合或是員工受到懷疑，則存款人就不見了，而且通常很快。但如果存款有某種保險，則擠兌比較不會發生。

有關大蕭條年代銀行擠兌所造成傷害的研究，讓我認爲，平衡正負因素之後，存款保險是正面的。④然而，政府金融安全網的出現無疑造成了「道德風險」，這個術語是保險業用來描述何以客戶比較不會像未保險時那樣，對他們的行爲仔細考量各種可能的不良後果。因此放款和存款所採用的法規應該仔細設計，把必然出現的道德風險減到最小。民主需要妥協。

我很高興，作爲一個管理者並沒有我所害怕的負擔。在我任內大約數百次的理事投票裡，我發現只有一次我是少數。（我主張消費者法律要求依一種方法計算利率並加以揭露是不對的——

④我一向認爲支付系統應該完全由民間經營，但聯邦電匯系統（Fedwire）這個由聯準會所經營的電子資金匯撥系統的確提供某些民營銀行所無法提供的功能：無風險的最終交割。聯準會的貼現窗口擔任放款人的最後靠山，私部門無法在不損及銀行股東權益下提供這項功能。

這並不是什麼重大的哲學觀點思辯。）雖然我從不會像有些人一樣，對法條的遣詞用句有那麼大的熱忱去琢磨，但我很樂意讓自己安置於一個舒服的角色，只注意我認爲對整個金融體系和聯邦準備制度之運作有重大影響的議題。

多年來，我學到了什麼樣的管制可以產生最少的干預。有三個經驗法則：

一、在危機中所通過的管制，事後應再調整。國會在安隆和世界通訊破產案的震撼中所倉促通過的沙氏法（Sarbanes-Oxley Act，簡稱ＳＯＸ），要求企業作更多的財務揭露，這正是今天亟待修改者。

二、有時候，數個主管機關比一個主管機關好。單一主管機關會變得風險驅避；主管官員試圖防範所有想得到的負面現象，造成令人難以負荷的遵循負擔。在金融業裡，聯準會和金融管理局、證券管理委員會，及其他主管機關共同負有管轄權，我們都會彼此照會。

三、管理法規活得比其用處久，應該定期更新。這點，我是向長期擔任聯準會首席法務幕僚的威吉爾．馬丁里（Virgil Mattingly）學的。他把每五年一次檢討聯準會法規視爲非常嚴肅的法律要求；被判定爲過時的規定，不用任何儀式，直接丟棄。

一個領域如果需要政府更多的干預而非更少的干預，根本就是個舞弊的騙局。這是任何市場制度的剋星。⑤事實上，華府可以用訂定新法的方式，大幅推動反貪腐而把資源拿走，並綁架法律。

我們常常看到立法委員和主管機關倉促發布新法令以因應市場之失誤，而其所產生的錯誤卻要花數十年來矯正。我長期主張一九三三年把證券承銷業務隔離於商業銀行之外的格拉斯史帝格法是基於錯誤的歷史。一九三三年國會前的證詞充滿了許多祕辛，讓人產生一種印象，認爲銀行不當運用證券子公司會損害其整體健全性。一直要到二次大戰後，當電腦使我們有能力評估整個銀行體系時，我們才明白，擁有證券子公司的銀行，承受一九三〇年代危機的能力比沒有子公司的還要好。我到聯準會履新的幾個月前，理事會提出一份建議案，打算在極爲嚴格的條件下，開放銀行透過子公司銷售證券。理事會持續鼓勵解除限制，而我則爲推動立法，多次去作證。一直到一九九九年格拉斯史帝格法才被金融服務法（Gramm-Leach-Bliley Act）所取代。幸好，美國金融服務法爲金融業帶回企盼已久的彈性，並非僥倖。近幾年來，大家越來越瞭解過度管制的反效果以及經濟適應力的需求。我們不敢再走回頭路了。

全球化，乃資本主義向世界市場之延伸，和資本主義一樣，成爲只見創造性破壞之破壞面者的嚴重批評標的。然而，所有可靠的證據都顯示，全球化的效益遠超過成本，甚至還超越經濟學的領域。例如，經濟學家巴瑞·艾肯格林（Barry Eichengreen）及政治科學家大衛·黎博朗（David Leblang）在二〇〇六年下半年出版的一篇論文中，「發現［從一八七〇年到二〇〇〇年的一百三十年中］全球化和民主化二者雙向都存在正向關係。」他們發現「貿易開放會促進民主……金融開

⑤詐欺是市場過程的毀滅者，因爲市場參與者必須仰賴其他市場參與者的誠信。

放對民主的效果沒那麼強，但方向一致……〔而〕民主更可以除去資本管制。」

因此，我們應該專注於處理並緩和這些創造性破壞黑暗面所帶來的恐懼，而不是對世界繁榮之基礎建築強加設限。創新對我們全球金融市場之重要性一如其在科技、消費性產品，及健康醫護上的重要性。當全球化於擴展之後終於開始趨緩時，我們的金融體系必須保持彈性。保護主義，不論如何僞裝、政治的或經濟的、不論是否影響貿易或金融，其醫治方法只會造成經濟停滯和政治上的集權主義。我們能做得比那更好。眞的，我們一定要做得更好。

20 謎團

「怎麼搞的?」二〇〇四年六月，我在聯準會理事會上向貨幣事務部（Division of Monetary Affairs）處長文生・藍哈德（Vincent Reinhardt）抱怨。我之所以不安，是因爲我們已經把聯邦資金利率調高了，但十年期國庫券的殖利率不只沒上升，還往下掉。這種形態，在緊縮信用後期，當長期利率已經充分反應聯準會緊縮措施之下的通貨膨脹預期時，我們倒是習以爲常。①但緊縮週期一開始殖利率即下跌就非比尋常。

緊縮週期才剛要開始呢。不到二個月前，我在國會聯合經濟委員會（Joint Economic Committee of Congress）之前作證時才開始釋出訊息，清楚地表明聯準會升息的企圖：「物價通膨壓力終將出現，聯邦資金利率應該調高至某一點以防範之……聯準會認爲，爲了讓繁榮持續，必須維持

①例如，一九九四年的長期利率就是典型的形態。我們從二月開始調升聯邦資金利率，合計升了一百七十五點，目標是消除剛剛出現的通貨膨脹預期。長天期國庫券的殖利率應聲上漲。一直到一九九四年底，我們又再調升聯邦資金利率七十五點時，國庫券的殖利率才開始回跌。

物價穩定，必要時，我們將採取行動以確保成果。」我們希望把房貸利率調高到一定的水準以驅散房市熱潮，當時的房市正產生不受歡迎的泡沫。

市場立即發生反應。市場參與者預期聯邦資金利率首次調高時，債券殖利率經常會隨之上揚，於是在長期債券工具上建立了龐大的空部位。接下來幾週，十年期國庫券的殖利率大約上升了一個百分點。我們的緊縮措施似乎還算中規中矩。但到了夏季，不知道為什麼，長期利率在市場壓力下回挫。我認為我們應該是碰上了異常現象，我既困惑又好奇。

無法解釋的市場事件是聯準會決策官員經常要處理的問題。許多時候，只消觀察個一兩個月之後，異常就結束了，而我通常都可以找出造成市場定價異常的原因。但其他時候，異常現象卻一直是個謎。當然，價格變化是供需均衡變動所產生的結果。但分析師只能觀察到變動的價格結果。由於缺乏所有市場參與者的心理分析以決定什麼因素導致他們採取該種行為，吾人可能永遠無法解釋某些事件。一九八七年股市崩盤就是個例子。到今天，到底是什麼因素造成那次的單日最大跌幅有許多不一樣的假設。各種說明都有，從美德二國間的緊張關係到高利率都有。我們當然知道賣方比買方多。但沒人知道眞正的原因。

二〇〇四年事件，我想不出解釋原因，認為這應該只是另一次無法解釋的臨時事件，不會重複出現。我錯了。二〇〇五年二月和三月，這種異常現象又出現了。長期利率反應聯準會持續的緊縮措施，又開始上揚，但和二〇〇四年一樣，市場力量馬上發揮作用，讓這些利率上升成為短暫現象。

這些市場力量是什麼？它們當然是全球性，因為在那段期間，國外主要金融市場長期利率下挫，至少和美國一樣明顯。當然，全球化自一九九○年代初期以來就已經成為抑制通貨膨脹的明顯力量。我在一九九五年十二月畫出來給FOMC同仁看的變化形態之多，至今仍覺津津有味，我告訴他們：「全世界任何地方都很難找到通貨膨脹的力量。其中必有緣故。」當時，我還不能提出證明，但我把我認為的答案，解釋給他們聽：

你們也許還記得今年一開始時我所提出的科技加速發展所造成的異常衝擊問題，這些科技主要是以矽為基礎的科技，所產生的衝擊則有：資本累積之周轉、庫存平均壽命相當劇烈地縮減，以及造成勞動市場裡，面對持續變革的科技工具之個人的高度不安全感。有一個例子，我覺得可以讓我們更熟悉這種發展，雖然這不是個真實的例子，如果打字機上的字母位置每隔二年就換一次，祕書會有什麼感受。事實上所有的工作都面臨這個問題。我的想法是，這現象越來越能解釋為什麼工資的走勢一直受到如此之壓制。最近有一個特別的證據，即五到六年的勞動契約數量之高，前所未見。過去三、四十年來，我們的勞動契約從未超過三年……支撐這個假設的科技變革似乎每一世紀，或每五十年才發生一次……此外，由於電腦晶片技術的發展，導致產品的體積越來越小，顯著地降低了運輸成本。我們所生產出的小東西，在搬運上更為便宜。通訊科技降低通訊成本的劇烈效應也［同樣重要］……當小型產品越來越多而通訊成本下降之後，地球就變得越來越小了……如今我們看到外包現象在全球各地增生。當這個現象發生時，事實上正在發生，吾人可以預期，資本效率提升結合名目單位勞動成本下降……這是個新現象，它提出一個有趣的問題：長期而言，在這些現象深層當中，是否出現具重大影響力的事物？

我告訴他們，對於這個變動不居的世界，我們沒有把握作五到十年的確實評估，但全球性抑制通貨膨脹的現象，會隨著時間而到來，大幅降低我們的壓力。在新的千年裡，全世界繼續保持無通貨膨脹現象，而且越發明顯，即使過去歷史上充滿了通貨膨脹事件的開發中國家也是一樣。我前面提過，墨西哥在二〇〇三年能夠很驕傲地發行二十年期披索計價的債券，只是八年後，墨西哥政府面臨嚴重的流動性危機，連美元計價的短期公債也賣不掉，而需美國之援手。我承認，墨西哥在一九九五年幾近破產之後實施了許多重要的措施才使其財政和貨幣機構上軌道。但那些措施並不足以使該國有能力發行利率相當低的二十年期披索計價債券。至今，墨西哥變化無常的總體經濟史使得該國長期債券之發行必須以外幣計價才能吸引投資人。

墨西哥並非單獨事件。其他開發中國家的政府則以已開發國家頗為歡迎的利率，增加發行以該國貨幣計價的長期債券，這不過是十年前的事。我在前面提到，巴西和以往的經驗相反，有能力在二〇〇二年吸收其貨幣百分之四十的貶值，只造成短期而且相當溫和的通貨膨脹結果。

通貨膨脹幾乎在全球各地都已經受到控制。反應通貨膨脹預期的長期債券殖利率下挫。開發中國家債券的殖利率已經跌到前所未見的低點。開發中經濟體的歷史註冊商標，二位數，有時候是三位數的每年通貨膨脹率，除了少數例外，幾乎全都消失了。超級通貨膨脹事件變得極為罕見。②

②經濟已經破壞殆盡的辛巴威一向是主要的例外。

一九八八和一九八九年之間，開發中國家平均的消費者物價年增率是百分之五十。到了二〇〇六年，消費者物價通貨膨脹率已經降至不到百分之五。

但即便全球化已經讓長期利率降下來，在二〇〇四年夏季，即使考慮全球化的力量，我們也沒有理由預期聯準會的緊縮措施不能把長期利率拉上來。我們預期我們能從比以前所習慣還要低的長期利率開始。從聯準會二〇〇四年貨幣緊縮措施所得到的前所未見之反應顯示，除了全球化之外，某種深遠而重要的力量已經發展出來，其重要性的深度和廣度在二〇〇四年夏季之前，僞裝得很好。我被難倒了。我稱這個有史以來從未出現的事件狀態爲「謎團」（conundrum）。我的迷惑並沒有隨著幾瓶送到我辦公室裡的康農莊葡萄酒（Conundrum）而化解。年分我記不得了。

歐洲一個不太受注意的事件提供了解開新謎題的第一道線索。西門子這個德國令人敬畏的出口廠商，於二〇〇四年通知其工會，德國金屬行業工會（I.G. Metall），除非他們同意在二座廠裡裁減工資達百分之十二以上，否則西門子將考慮把設備移往東歐。德國金屬行業工會陷入困境，只好默許，而西門子遷廠到東歐新近自由化經濟區域一案也就此打住。③這個事件引起我的共鳴，因爲我以前曾經見過類似衝突的報導。這讓我去檢視德國的工資上升形態。雖然從一九九五年到二〇〇二年之間，西德平均時薪每年的成長率爲百分之二．三，並不是特別快，但德國的僱主長期以來一直抱怨高工資讓他們失去競爭力。這個訊息最後顯然扳回一成。從二〇〇二年下半年開

③二〇〇六年九月，福斯汽車（Volkswagen）也以遷廠作爲要脅，在工人欲換取工作保障的條件下，協商出類似的時薪調降合約。

始，每小時勞動成本的成長率突然降了一半，而且一直到二〇〇六年底都維持在相當低的水準。西門子和其他德國產業，在被允許廣泛僱用所謂臨時工人的改革下，能夠先減緩，然後完全止住德國的工資、成本，尤其是物價的上升趨勢。通貨膨脹預期隨著通貨膨脹率跌到新低而下跌。當然，德國金屬行業工會之所以喪失談判籌碼，完全是因一億五千名脫離蘇聯帝國中央計劃經濟制度的低工資、高學歷工人進來競爭之結果。

冷戰結束——世界二大核子超級強權從危險邊緣退下——無疑是二十一世紀下半葉最重要的地理政治事件。蘇聯滅亡在經濟條件上的重要性，正如我在第六章所提的，令人肅然起敬。柏林圍牆的倒塌，暴露其經濟頹敝狀態具有毀滅性以致於早先被歌頌爲「科學性」的中央計劃經濟被「混亂」的市場所取代，聲名狼藉。沒有悼文或經濟驗屍。就這麼消失了，從政治和經濟的文獻看，完全沒有哀鳴。結果，十年前發現實際上市場有好處的中共，加速往市場資本主義前進，當然，他們從來不提他們所做的事。印度開始自前總理尼赫魯僵化的官僚社會主義掙脫出來。新興經濟體裡，任何在經濟面實施中央計劃的想法，都悄悄地被凍結了。

很快地，超過十億的工人，大多受過良好教育而且全都低薪，開始從幾乎是完全中央計劃並與全球競爭隔絕的經濟體，往世界競爭市場漂移。ＩＭＦ估計，全球的勞動力中，有八億多人從事外銷導向，也就是競爭市場的商品生產工作，比一九八九年柏林圍牆倒塌時多了五億人，比一九八〇年多六億人，所增加之人數，一半來自亞洲。東歐從中央計劃經濟保護下，移往國內競爭市場的人數較少。還有數億人尚未移轉，主要在中國和印度。

這種工人進入市場的行動，把全世界的工資、通貨膨脹、通貨膨脹預期，及利率給壓下來了，因而對世界經濟成長之提升貢獻卓著。即使這些新近換得工作的勞動力其薪水總計只有已開發國家的一小部分，其衝擊卻遠比這還大。低價進口品不只取代已開發國家的產品，從而取代其工人，但被取代掉的工人，他們尋找新工作的競爭效果，壓制了沒有直接被低價進口品給裁員的工人之工資。此外，低薪的工人從東歐移民到西歐，讓西歐本地的勞動力暴露在激烈的工資競爭中。最後，來自以往中央計劃經濟體的出口品，爲所有經濟的出口價格帶來競爭壓力。

如果這十億低成本工人一夕之間全部抵達世界勞動市場，我確信將會發生市場混亂。蘇聯所統治的東歐經濟體花了十年進行轉型，但頗不平順。然而他們只代表尚待結構轉型的十分之一。目前，最主要的部分在中國，其勞動力資料，就比較可靠的部分，顯示出緩慢、漸進、由政府管制的勞動力，從農業省分往珠江三角洲和其他外銷導向省分等動態市場爲主的區域移動。大量的中國工人離開農業相關地區到都市追求製造業，特別是服務業的工作。私人企業崛起，佔了中國七億五千萬工作人口的顯著比重。到了二〇〇六年，農業就業人口下降到只比五分之二多一點點。儘管國營企業大量裁減僱用人數，中國製造業的就業人口近年來還是相當穩定。這十年來就業量增加最多的是服務業。

重點是，抑制已開發國家工資成本以及物價的無通貨膨脹壓力程度，取決於就業人口由中央計劃經濟移向競爭市場的步調，即變動率。由於前面所提及的進口和移民的間接競爭效果，影響已開發國家整個勞動成本結構的是新增的低薪工人。起初，整體衝擊也許頂多只是每年的工資成長率只少了幾個百分點。而要從一開始顯然毫不起眼的影響發展成重要的系統性結果就好比一個人要舉起一噸重的鋼鐵。但如果有枝槓桿，他就可以做到。成長的軌道已經改變了，形成一個工資成本減少導致通貨膨脹預期減少，然後進一步壓縮工資的成長並爲物價上漲踩煞車的循環。

中國目前是舉足輕重的參與者。過去四分之一個世紀以來，工人移居中國外銷導向的沿海省分比率不斷上升，表示對已開發國家所造成工資（及物價）無通貨膨脹的程度不斷上升。但這也表示，以前的中央計劃工人，雖然渴望，也有能力投入世界市場競爭，但一旦移轉完成，已開發國家工資率和物價的向下壓力也將停止，至少來自這種全球性來源的壓力會停止。二〇〇〇年，半數的中國勞動力就業於初級產業（主要是農業）。南韓在一九七〇年達到那個水準而一路下滑。今天，中國初級產業的就業比率約爲百分之四十五，而南韓則低於百分之八。如果中國在未來的四分之一個世紀裡依照南韓的歷史軌跡走，未來幾十年，其內部遷徙比率（目前還在上升中）預計將不會達到最高峰。但南韓早年以及中國今天的資料品質，讓我們在量測遷徙變動率的明確度打了一個折扣。而且，由於今天的中國和四分之一個世紀前的南韓在規模、政治傾向，和經濟政策上有相當差距，這種類比只能當作參考。

對世界經濟展望及決策官員而言，關鍵時刻並非工人移轉的流量何時會終止，而是其成長率何時開始緩下來。我們知道這種現象終會慢下來，因爲到某一點，不論這點有多遙遠，移轉到競爭市場的行動終將完成。當工人流動率達到高峰，無通貨膨脹效應將開始停下來時，高通貨膨脹壓力也將開始出現。這個反轉點可能還要好幾年才到，一如南韓的例子。但是這個過程的早期跡象已經出現，將漸漸引起全球金融界的預期反應，使得市場的反轉點提前來臨，也許是三年內，也許更早就出現了。

雖然柏林圍牆倒塌之後通貨膨脹及通貨膨脹預期明顯地受到抑制，從而降低了全世界發行長期債券所需含括的通貨膨脹溢價，但對實質利率的效果，就低風險貼水的狀況而言，是相當有限的，而此低風險貼水係因低通貨膨脹導致低市場波動。其餘的降低實質利率效果，似乎來自全世界平均有效儲蓄傾向相對於（把儲蓄投資於生產性資產的）投資傾向之顯著上升。多餘的潛在儲蓄湧進全球金融市場，造成實質利率卜降。但這似乎也是後蘇聯時期開發中國家移轉到競爭市場並造成一波成長浪潮的結果。

全球在廠房、設備、庫存，和住宅上的投資，應該永遠等於全球儲蓄——即這些投資的淨資金來源管道。每項資產都必定有個所有人。新創資本資產的「紙上」請求權之市場價值，必定等於這些資產的市場價值。從某個角度說，全世界的支票簿一定平衡。到最終，整個世界的儲蓄應該等於投資。但企業和家庭在他們能夠知道最後世界上是哪個儲蓄者提供給他們資金之前就規劃他們的投資。而全世界的儲蓄者是在他們知道他們的資金最後會入到哪項投資之前就規劃他們的儲蓄。因此，任何一段時期的預計投資幾乎總是不等於預計儲蓄。

當投資人和儲蓄者都試圖在市場上達成他們的計劃時，任何不平衡都會迫使實質利率改變，直到實際投資等於實際儲蓄爲止。如果預計的投資大於預計的儲蓄，實質利率將會上升到足以勸阻投資人不要投資，和／或鼓勵儲蓄者多儲蓄。如果預計儲蓄超過預計投資，實質利率將會下跌。在教科書之外，這個過程並非相繼（sequential）發生，而是同時（concurrent）而立即（instantaneous）發生。我們從未觀察到實際的全球投資不等於實際的全球儲蓄。

儘管開發中國家的家庭和企業所得較低，其儲蓄佔所得的比重超過已開發國家的家庭和消費者。已開發國家已經建立借錢給消費者和企業的龐大金融網路，通常是透過抵押借款的方式，讓相當比率的人可以支出超過他們的當前所得。在開發中國家，這種誘使人們支出超過所得的金融網路少很多。而且，大多數開發中社會還相當接近只求溫飽的階段，所以人民必須對未來的意外事故作保險。由於這些國家很少有政府安全網能提供逆境時的適當保護，對於令人恐懼的貧窮，他們尋求緩衝以對抗之。人民為了不時之需和退休之需要而被迫儲蓄。④

誠如IMF所得到的報告，先進經濟體（即已開發國家）的儲蓄佔GDP比率在一九八〇年代和一九九〇年代期間差不多徘徊在百分之二十一到二十二附近。而開發中國家這幾十年來的平均是百分之二十三到二十四。但從二〇〇〇年開始，開發中世界所擁抱的資本家競爭市場終於開始回報。外人直接投資僱用國內低薪的勞動力，在財產權越來越可靠的鼓勵下，外銷導向的成長開始加速。⑤

過去五年來，開發中國家的成長一直是已開發國家的二倍。由中國所帶領的開發中國家之儲蓄率，從二〇〇一年的百分之二十四上升到二〇〇六年的百分之三十二，因為這些保守文化的社會消費不足，而且投資遠遠趕不上儲蓄的增加速度。自二〇〇二年以來，已開發國家的儲蓄率已

④我半個多世紀前為全國工業委員會所作的一份統計分析顯示，美國農民儘管平均所得較低，其儲蓄佔所得的比率大於城市住民。當年的城市所得並非引起幾乎所有農村家庭痛苦的財富幻夢。請注意，當時農民的同儕團體是其他的農民，因此城市的支出形態並沒有完全滲入農村社區。

⑤我提過，中國的外人直接投資以漸進方式從一九八〇年增加到一九九〇年，但到了二〇〇六年增為七倍；因為市場資本主義是促成繁榮最有效力量的觀念已經廣為人知。不管是對是錯，外國投資人應該相信中國管理當局已經吸收了這門課，並開始實施他們有點模糊的法治。

經滑落到百分之二十以下。世界投資佔GDP百分比的成長相當緩和，幾乎完全來自開發中國家。⑥石油輸出國選擇把新石油產能所增加的收入只花掉一小部分。

當然，經濟學家能夠衡量儲蓄，但因儲蓄意願很少留下記錄，儲蓄意願之估計比非正式的猜測好不了多少。然而，推測近年來全世界的預計儲蓄已然超過預計投資卻不無道理，因爲全球的實質長期利率——即調整後的通貨膨脹預期——都在下跌就是個明證。即使沒有任何人改變預計的儲蓄行爲，由於長期具有較高儲蓄率的開發中經濟體，其所得佔全世界之比重日益增加，將年復一年地讓全世界的預計儲蓄不斷上升。而且只要開發中國家的經濟成長率持續超過已開發國家，一如二〇〇〇年以來的情形，這個趨勢就會持續下去。通常，當實質利率下降時，經濟學家很難判斷究竟是預計儲蓄增加還是預計投資減少才是可能的原因。但開發中國家暴增的儲蓄，只有一半投資在開發中世界，強烈顯示造成實質利率下降的因素是開發中國家外溢的儲蓄。由於已開發國家實際記錄的投資佔GDP之比重只有微幅增加（因爲低利率之誘導），已開發世界的預計投資佔GDP之比重應該一直很穩定或接近穩定。事實上，我將在第二十五章提及，從企業內部現金流量有越來越多的部分退回給股東來判斷，應該是缺乏新投資機會，因此，近年來美國的預計投資應該是遲滯的。這些資料，和這十年來長期利率之下降，不論是名目或實質，主要是受到地理因素而非一般市場力量的影響之想法吻合。

如果開發中國家繼續快速成長，而金融網路擴大到足以放款給這些國家中越來越多可支配所

⑥這種評估有個小問題，全球儲蓄和全球投資的資料因統計誤差而有所不同。

得不斷成長的人民，則開發中國家的儲蓄率註定要下跌，至少要跌回一九八〇年代和一九九〇年代的水準。「不要被隔壁瓊斯家給比下去」這項人類與生俱來的特質，在開發中國家不成熟的消費市場裡，已經變得相當明顯。消費增加將傾向於消除超額儲蓄所造成的實質利率下跌之壓力。⑦但即使開發中國家的所得成長趨緩，這種傾向還是很可能發生。在所有的經濟體裡，支出很少會隨著意外的所得增加而變動；因此意外所得增加時，儲蓄率上升。當所得成長緩下來，回到原來趨勢，儲蓄率就會下降。

因此，當前中央計劃經濟的勞動力完成其向競爭市場之移轉，以及開發中國家日趨成熟的金融體制促使高消費和低儲蓄的天生傾向雙雙發生時，通貨膨脹、通貨膨脹貼水，和利率將逐漸失去其過去十年來的那種無通貨膨脹緩衝因素。當本書出版時，這個趨勢尚不明顯。我會在最後一章探討這些事件的時機問題。

開發中經濟體以高於已開發經濟體速度成長的能力將會褪去，除非其所借用的科技最後得到開發中國家新合格的高科技工程師和科學家之新觀點和創新之支援。在中國、印度，及其他地方，他們正在學習上一世紀西方所發展出來的科技。我們也許可以合理預期其中有些會超越已開發經濟體的技術水準。但對經濟成長更重要的是——甚至可能是中國、印度，或俄羅斯的技術超越，譬如說，美國的必要條件——政治的確定性。

美國的政治制度——對人權，尤其是財產權的保護以及低度管制和貪腐影響——對當前美國

⑦當然，如果預計投資佔GDP之比重沒有跟著同步下挫的話。

人民和開發中國家人民在生活水準上的差距貢獻有多大？我猜非常大。然而，我們雖然有世界級的大學，但我們的初等和中等教育制度，一如我在第二十一章所提的，缺乏提供能夠操作日益複雜基礎結構的本土人才，而這個基礎結構所產生出來的商品和勞務水準，尚無其他國家能匹敵。

開發中國家的人民，在其本國無法找到和美國投資一樣的適當風險調整後報酬率，而在美國，二個多世紀以來，所有人的財產權——包括美國公民及外國人——都在我們的法律下受到公平而堅強的保護。自從我們爲外國人提供保護以來，鮮少有開發中國家對其自己的人民提供像我們對外國人所提供的財產權保護水準。我所謂「風險」調整後的報酬率是指在開發中經濟體，以及許多已開發國家中，投資或其等義事物在致命的管制、反覆無常的稅制、執法不公、或貪汙猖獗的形式下，被公然充公的風險程度。

我要強調一點，任何合理量測存在於一國之內財產權程度的指標，都必須包括有效去除財產權所表彰所有權自由的執法和任何管制行動的自由裁量因子。此外，貪腐是所有權成本的直接損耗。大多數開發中國家在這些項目上的評比都很差。事實上，他們一直留在「開發中」而無法進級到「已開發」的主要原因就是他們在所有權的落實上分數太差。美國排名很高。其「政治風險貼水」是全世界最低的。⑧

我已能看出已開發和開發中經濟體間之科技知識缺口正明顯縮小。然而，我發現，我們難以

⑧然而，美國的風評經過幾次阻擾高知名度的外國購併案之後——二〇〇五年一家中國公司購併優尼科案，以及二〇〇六年杜拜港口世界公司購併一家美國港務管理公司案——已經有點下降。

預見中國的專制政權、印度令人窒息的官僚體制，或俄羅斯在財產權執行上的反覆無常會有明顯的短期改變以顯著降低這些國家的政治風險。事實上，投資人對政治風險認知的改變相當緩慢，以致任何基本而可靠的改變，很可能要數年之後，這種風險才會在經濟決策中大幅刪除。

我一直認為，在一個僅殘留少數民粹主義（有任何國家能免疫嗎？）競爭的民主社會裡，衡量出來的通貨膨脹率低到百分之一，這種情形，在使用法償貨幣的經濟裡是無法持續的。⑨這種貨幣，就其特性而言，其供給的唯一限制就是政府機構的行動，而政府機構，無法完全隔絕於政治影響之外。一九四六年、一九五〇年，和一九七〇年代晚期的美國通貨膨脹，在我的記憶裡還非常鮮明。我的看法在二〇〇三年受到日本通貨緊縮的挑戰，雖然，通貨緊縮最後並未確定。如果經民主制度全權委託的法償貨幣，其「正常」的通貨膨脹率落於百分之一到百分之二區間外的上方，當抑制通貨膨脹的二大力量失效時，是什麼新力量造成這個區間的上限不會被突破？最明顯的答案是貨幣政策。到某一點時，央行官員會一再受到壓力去抑制通貨膨脹壓力。

過去幾十年來，中央銀行官員已吸收了一個重要原則：物價穩定是維持最大經濟成長之路。事實上，許多經濟學家認為央行的貨幣政策是這十年來全球通貨膨脹下降的主要因素。我願意相信這點。我不否認我們在全球無通貨膨脹趨勢出現時，配合著調整政策，但我高度懷疑過去這一、二十年來政策行動或央行反通膨的可靠性，在降低長期利率上發揮了什麼重要角色。這種下降（以及謎團），可能來自貨幣政策以外的力量。事實上，我在一九九〇年代中期和全球央行及金融市場

⑨在物價之衡量有向上偏誤的情況下，報告上百分之一的物價上升也許就代表經濟體的物價穩定。

互動的經驗裡，我相當訝異，當時把通貨膨脹拉下來竟相對容易。我很淸楚一九八〇年代晚期的通貨膨脹壓力大致上已經消失，或者更精確地說，已經停止了。「謎團」透露出這點。

爲判斷通貨膨脹是否成功抑制，央行會檢視隱含通貨膨脹預期的長期利率變動情形。當長期利率受到積極的緊縮措施影響而下滑時，成功就很明顯。但我記得，當我們面臨通貨膨脹壓力上升時，大多數時候並不需要太積極的緊縮措施。即使只是稍微「踩一下煞車」也可以讓長期利率掉下來。這似乎太容易了，和一九七〇年代貨幣政策危機的情況完全不同。我宣誓就職擔任聯準會主席那天，十年期國庫券的殖利率爲百分之八．七，然後上升到黑色星期一那天的百分之十．二。接下來的十六年，十年期國庫券的殖利率就一路下滑，似乎完全和聯準會的政策立場無關。我經常在想，聯邦資金利率必須調升多少，十年期國庫券的殖利率才會升高並維持一段相當的時間。只要國際力量驅使通貨膨脹預期和長期利率下降，並迫使股票和房地產價格上升，逆向對抗龐大的全球金融流量是不可能的任務。造成十年期國庫券如此的力量似乎越來越是全球性。在這種情況下，最好的政策就是順應潮流——調整貨幣政策以配合這股全球力量。我們就是這麼做。我們的策略很有效，因爲在我擔任聯準會主席，面對全球金融轉型期間，我們知道要採取什麼政策最能符合美國金融市場的安定。我懷疑我們有資源來對抗全球性的長期利率下跌壓力。日本當然沒有。最近的經驗大體上顯示物價穩定對經濟成長和生活水準的重要性，這將是全世界央行官員在抑制通貨膨脹壓力時所要走的方向。即使是法償貨幣經濟，貨幣政策也應該在運作上「就像有金本位準備」一樣。這個世界有可能永遠學到穩定物價對經濟成長和生活水準的效益，並願意維持支撐物價穩定的政策嗎？我將在第二十五章探討這個問題。

21 教育和所得不均

儘管這五年來的經濟成長高於平均，使得失業率充分低於百分之五，令人印象深刻，但據報導，二〇〇六年大多數美國人對經濟狀況顯著不滿意。美國的中所得階級有一種感受，認爲近年來經濟繁榮的報酬分配不公。而且事實上，雖然「公平」與否是旁觀者的觀點，所得集中度自一九八〇年以來的確是不斷上升。①民調受訪者中，有相當顯著的比率情緒悵然。危機是：民粹主義政治人物迎合這種情緒，可以意外地領導國會多數通過短視而有害的行動，把不好的感受狀態，轉化成眞正嚴重的經濟危機。

這個長期存在的問題讓我們蒙上焦慮的陰影：數十年來競爭市場已經提升大多數美國人和許多國家的生活水準，但這項資料雖然證據充分，卻和許多人在求職市場上的日常體驗相抵觸。日

①家庭所得集中度的標準衡量指標，例如吉尼系數（Gini coefficient），一九八〇到二〇〇五年間穩定地從〇．四〇三上升到〇．四六九。民調給每個受訪者相同的權重，低、中所得者中認爲經濟景氣不好者，遠比高所得者來得多。

趨競爭的市場已經成爲今日高科技全球化經濟的標誌，但太多人的感受是工作不斷遭到破壞，而且損失顯而易見。媒體公開報導大規模裁員。美國的工廠現場和辦公室裡，職缺似乎不斷地減少。

因此，競爭經常被視爲對工作安全有害，這並不意外。大家並未感受到競爭是高薪的創造者，雖然競爭最後總是造就了高薪，而且也將持續造就高薪。自二次大戰結束以來，實質工資不斷上升，因爲競爭市場把停滯及低生產力設備所使用的資本和工人，移動到新穎、較爲科技密集，從而也是轉化成國家GDP更具生產力的方式。結果，經濟大餅變大了，資本和勞力的報酬也增加了，而競爭力量傾向於讓受僱薪資和利潤佔國民所得的比重，數十年來約略保持不變。在景氣循環的第一階段，利潤所佔的比重傾向於上升，而員工薪資的比重則下降，但之後就反轉回來。事實上如果我們檢視過去十或二十年來的資料，我們可以看到淨結果是，國民所得分配於資本和勞工的比重，和過去半個世紀以來的經驗並無太大差異。這表示自二次大戰結束以來，每小時實質薪資的趨勢緊跟著每小時產出（即生產力），② 然後，這意味著，多年來來自生產力改善的收益，對勞工薪資和利潤之間的分配一直很穩定。

然而，這並未說明勞工薪資本身的分配問題，勞工薪資包括工廠工人和其他非主管工人、企業高階主管，及其他職務的所得。一名工廠的現場工人，當他或她的工資只有微幅增加而CEO

②如果實質勞動所得佔實質國民所得，或GDP的固定比重，則 $L=a\cdot Y$，L＝實質勞動所得，而 Y＝實質GDP，而 a 爲勞動所得佔GDP的比率。$L=w\cdot h$，w 是實質工資率而 h 是工作小時。因 $w\cdot h=a\cdot Y$，於是 $w=a\cdot(Y/h)$，而 (Y/h)＝每小時實質產出。因此，如果勞動所得之比重長期不變，則實質工資率應該和每小時產出呈比例關係。

卻拿到好幾百萬美元的紅利獎金，這可不怎麼好受。勞工的薪資分配，由另一組主導相對技能供需狀況的競爭力量所決定。過去十年來，我曾經追蹤估我們非農業勞動力五分之四的生產線或非主管工人相對於五分之一的「主管級」受僱者，包括專業技術人員和經理人的平均每小時工資和薪水。二〇〇七年春，主管級勞動力平均每小時的薪資大約是五十九美元，而非主管員工則是每小時十七美元。這表示那五分之一的美國受僱人口賺得了全部工資和薪資的百分之四十六。這項百分比在一九九七年是百分之四十一。③這項比率已經持續上升了十年。生產線工人的時薪平均每年增加百分之三・四，而主管級工人的時薪則上升百分之五・六。

對國家經濟福祉有所貢獻的努力，從而清清白白「賺來的」高所得，美國人普遍都能接受。雖然什麼是「賺來的」、什麼「不是賺來的」還有待解釋，大家似乎還是急於下結論。例如，近年來，美國選民及其華府民代比較不能忍受企業執行長薪資劇烈增加。我將在第二十三章討論這個問題。

全國產出據以分配給GDP各個創造者的這組複雜市場力量鮮少為一般美國人所察覺。這幾年來，當工人看到他們的老闆在工人薪水只有溫和增加時卻領取大筆的紅利獎金，此時辯說放任的競爭讓社會平均而言更為富裕是沒用的。大家必須親自體驗競爭的好處。否則，有些人就會轉而支持民粹主義領導人，這種領導人承諾，譬如說，建立關稅圍牆。在保障高薪工作的鋼鐵、汽

③這些估計數係採用勞工統計局之受僱人員薪資（主管對非主管）、非主管工人平均時薪，以及商業部每季向勞工部呈報之所有僱主所發出之總工資和薪資，包括獎金及股票選擇權。

車、紡織，和化學業——以往美國強大經濟的代表——可以觀察到這種保護主義的錯誤行徑。但二十一世紀的消費者和他們的父母比起來，較不受這些工業產品的擺佈；這意味美國國內經濟將不再支持這些工業在早期協商所簽訂下來的相對工資和工作水準。因此，鋼鐵業和紡織業的就業人數從一九五〇年代和一九六〇年代的高峰急遽下降。這種衰退可能還會持續下去。

美國傳統製造業工作的流失，被視為令人擔心的經濟空洞化。其實不是。相反的，製造業工作從例如鋼鐵、汽車和紡織業移轉到現代與其相當的電腦、通訊，和資訊科技，對美國的生活水準而言，是正面而非負面的。傳統製造業不再是先進科技的象徵；其根基深植於十九世紀或更早。全世界的消費者越來越被新點子的產品所吸引——譬如說，行動電話比腳踏車受歡迎。全球貿易讓我們取得全部的商品而不用樣樣都由我們自己在國內生產。

如果我們一時衝動，致力於經濟上的無知行動，對外國貿易建立障礙，則競爭的步調當然會緩下來，而壓力，我想，一開始可能好像舒解了。畢竟一九七一年八月尼克森實施工資和物價管制時，一開始也受到高度歡迎。當短缺開始出現時，好景很快就消散了。如果建立關稅圍牆，這種日益增加的不滿景象可能會再度出現。美國的生活水準將很快開始停滯甚至下滑，這是物價上漲、產品選擇惡化，以及，也許是最明顯的，貿易報復等因素所導致的結果，而貿易報復是指我們的貿易伙伴將採取報復措施，把我們賴以創造就業機會的出口禁掉。

製造業不再是高薪的工作，因為工廠工人的薪水最終是由消費者所支付。而消費者已經有所遲疑了。他們喜歡沃爾瑪的價格。這些價格所反應的是中國的低廉工資，和高薪的傳統美國工廠格格不入。強迫美國消費者付出高於市場價格的代價以支持工廠的薪水終將引起強烈反彈。但到那時候，美國的生活水準可能已經降下來了。彼得森國際經濟研究所估計，自二次大戰結束後，累計全球化效應對美國GDP水準的貢獻度是百分之十。關掉貿易之門就會造成美國生活水準下降這麼多的百分點。相較之下，從一九八一年第三季到一九八二年第三季實質GDP龐大而痛苦的緊縮只有百分之一・四。那些說「要盡量讓受到全球化壓力影響的人數減少，即使這樣做會導致有些人的財富縮水」的人是在作錯誤的選擇。一旦鎖國，國家就會失去競爭活力並開始停滯，而停滯會爲更多的人帶來更強烈的痛苦。

如果悲慘的後果令人無法接受——我相信如此，我們要如何做才能防止有關工作的取得和失去以及所得產生的方式之見解遭到扭曲？還有，我們要如何來矯正所得不均日益擴大的現實呢？這二個想法，以及其他的想法，都將傷害競爭市場的支撐基礎。我提過許多次，競爭市場及其延伸，全球化和資本主義，如果沒有得到社會上大多數人的支持就無法維持下去。在法治之下運作的資本主義經濟制度如果持續受到廣泛的支持就應該被視爲是「公平」的。有的偏見反對由經濟來負責勞力的即時重新配置，調和這種偏見的唯一方法，就是繼續支持市場誘因，創造工作並找出具生產力的方法以緩和失業者痛苦的市場誘因。這個問題並非現在才有。然而，日益擴大的所得不均，必須針對根本作分析，還需要適當的政策。

披頭四合唱團在英國做得不錯，但當他們打進世界市場並得到遠超過母國所具有的龐大聽眾利益而創銷售紀錄時，那眞是壯觀極了。沒人抱怨全球化。也沒人抱怨羅傑・費德勒（Roger Federer）的好運。如果他把自己侷限在母國瑞士裡，他的網球技巧將只能爲他賺到一點點錢而已。當然，當企業能夠跨越國土時，也會得到大量好處，並把一部分的好處透過低價傳給國內客戶，一部分的好處則傳給股東。經濟學家會說，這是因他們全球化的邊際成本只是所增加的全球收益非常小的一部分。跨國貿易有助於國內沉沒的固定成本，尤其是研發成本之回收。例如，波音（Boeing）和空中巴士（Airbus）如果把他們的市場限制在國內銷售，就不會開發出那麼多的機種。

從多次成功的貿易談判來判斷，全球化到最近爲止，一直被普遍接受。無庸置疑，由快速擴展的創新和競爭所帶動的全球化，已經幾乎是各地所得日益集中的主要貢獻因素。過去幾十年裡，創新，特別是網際網路相關的創新，其進行的步調一向比我們教育自己去應用這些科技還要快。於是，先進技術之供給相對於需求的短缺，迫使專業技術的工資高升。爲什麼一大堆的創新點子馬上就能獲得適量的技術工人之供給以執行其創新，並沒有令人信服的理由。促使尖端技術進步的觀點來自勞動力中非常小的一部分。

當全球化日益增加技術工資的溢酬時，技術創新也付費給無技術的工人。當重複性工作逐漸被電腦程式所取代，初級技術工人的需求也隨之下降。我記得建築師事務所和工程設計公司有一大辦公室的人，爲新建築或新噴射機畫詳細的設計圖。現在這些工作沒了——被程式給消滅了。所得較低的工人，以提供不受全球競爭影響的服務爲主，其生活已經大爲好轉。美國人害怕移民會破壞他們的工資水準，這點還需要具體證據來證實。一般而言，美國所得較低的工人在一九八〇年代的狀況並不好，但近幾年來則有相當的改善。

當美國所得分配裡，中、低部分的所得滯緩時，最富裕者的所得卻在過去這四分之一個世紀裡快速成長。美國過去也曾見過這種情形。上一次美國所得集中於相對少數者手上是發生在一九二〇年代下半一段短時間裡，以及（我猜）更長的第一次大戰前夕那幾年。由於美國在十九世紀末葉迅速發展出全國市場，到了二十世紀開頭幾年，如洛克斐勒家族、福特家族、摩根家族，和卡內基家族等，可以跨出其所在地，對所得作多倍數槓桿操作，於是所得已經變得高度集中。但現在的新富階層則是由更大的族群所組成，而不只是世紀之交佔據社會報導大幅版面的少數知名家族。然而，二十世紀上半葉驚人的所得不均導因於其遠高於今日的財富集中度。當年的所得集中情形，多數是反應來自財富的利息、股利，和資本利得，而非工資和薪水上的差異。④

相對地，今日的所得集中，多半是來自技術工人之需求和其有限供給間的失衡所刺激出來的高所得。然而，這個趨勢卻令人感到困擾。企業經理人持續認定缺乏技術工人是今天最嚴重的問題，願意出高薪來挖角。

技術進步很少一帆風順。對這種暴增的需求，勞動市場可能要花好幾年調整。其調整方式是炒高技術工人的薪資，吸引外國工人並鼓勵本國工人去上課或學習其他更棒的技術。但這些反應要時間，而找外國技術工人又受到限制。在過渡期間，技術工人高漲的薪資水準和不具技術者的薪資差距甚大，於是所得分配就集中於最高所得級距。基本上，除了許多保護主義者的主張之外，全球化對所得日益不均的貢獻並未遭致嚴重反對——至少目前還沒有。然而，最近多邊國家在放寬國際貿易限制的努力（杜哈回合貿易談判），已經對進一步擴散全球化舉起了政治紅旗。

④十九世紀末的財富分配資料相當稀少，但當年普遍流行的財產所得和大量的敍事性記錄吻合。一九三〇年代到二次大戰期間所得集中度降低之原因爲資產價值弱化和資本損失、二次大戰期間超級緊俏的勞動供給，以及工資及物價管制導致供需無法運作。附帶說明，在工資凍結的情況下，公司提供健保以吸引工人的方式，是這些管制之下所產生的結果。這項制度目前美國製造業已普遍採用。

大多數的已開發國家或多或少都曾經體驗過類似美國的科技和全球化衝擊。然而，雖然他們也碰到所得日益集中的問題，但到目前爲止，其狀況顯然沒有像美國所發生的問題那麼嚴重。美國的趨勢顯然特異於我們的全球貿易伙伴，而我們需要對造成美國所得不均的原因尋求更廣的解釋。部分解釋是精緻的福利系統，尤其是歐洲實施遠比美國陽春方案還要完善的計劃以進行所得重分配。但這並不是新的東西。這種不均在一九八〇年代之前就存在了，當時，所得不均開始成爲全球性問題。

對於最近的發展，美國初等和中等教育體系出問題似乎是主要的解釋因素。波士頓學院（Boston College）的林區教育學院（Lynch School of Education）於一九九五年所主辦的一項研究顯示，雖然我們小學四年級學生的數學和科學在國際評鑑上優於平均，但當他們唸到高中最後一年時，已經掉到比國際平均還差的程度。領先的國家包括新加坡、香港、瑞典，和荷蘭。⑤一項一九九九年到二〇〇三年的後續研究指出美國並無多大進步。這個教育災難不能歸咎於我們的學童品質。我們的學生在九或十歲時在平均或平均之上。我們在其後的七、八年間到底對他們做了什麼好事，造成他們考得比其他國家的同儕還要差。我們對他們的學習過程到底是做了什麼好事，導致企業徵人者必須把一大堆應徵初級技術工作，「受過教育」的申請者刷掉，只因他們不會寫通順的句子，也不會把一列數字正確地加總？

結果，不意外地，我們有太多學生苦於畢業時的技術水準太低，以致於這種技術水準較低的

⑤這份研究和後續追蹤可以在國際研究中心（International Study Center）的網站上取得：http://timss.bc.edu。

勞工，面對顯然下降的需求，又增加了供給。我們可以想想看，如果我們的學生和新加坡的一樣優秀，我們的勞動市場將會如何運作。⑥這些教育所造成的不及格技能，加上全球化和創新的力量，似乎可以解釋許多或甚至大部分我們所得之中、低級距者的實質薪資在過去這四分之一個世紀裡無法顯著增加的原因。工會把工資水準撐在高於市場水準的能力日漸下滑，這點或許對中所得階級有些影響，但就美國相對於貿易伙伴之集中度顯著增加的問題來看，這不可能是個重要因素，因爲全球化已經在全球各地削弱了工會的談判力量。

於是，在我看來，解決日益不均的關鍵政策手段，最主要的就是教育和移民。市場已經往這方向走。我們必須讓其過程加速。具體而言，我們必須善加控制形成美國教育發展的競爭力量，至少，我們必須讓高級技術人才更容易移民進來。我後面還會回到這幾點。

二次大戰後的三十年裡，面對科技和全球化進展，我們試圖維持所得分配穩定。我們做了些什麼？還有，這些經驗可以協助我們防止所得不均惡化，甚至使其反轉嗎？而我們從這些經驗學得了什麼教訓？

二次大戰結束時，我們的勞動力技術組成，與當時算是複雜的資本設備之需求，合理地契合在一起。結果，工資—技術差離（wage-skill differential）相當穩定，而所有工作的百分比變動大致相同。勞動力中明顯增加了大學畢業生，有一部分是因《退伍軍人法》提供助學貸款的結果，足以抑制高級技術的工資上升。技術較低者的實質工資也有所上升，一部分是有效的高中教育和

⑥諷刺的是，許多新加坡的教育人員對美國年輕人的創業技能相當激賞。

戰爭期間所學得的許多技能。簡言之，所有工作層次的技術熟練度似乎和我們複雜基礎結構之需求同步成長，穩定了美國三十年來的所得分配。雖然，《退伍軍人法》和二次大戰時期軍中的在職訓練一開始並不是市場導向，但對符合勞動市場不斷變化的需求，卻有所幫助。

然而，到了一九八〇年，開始出現一種所得不均的現象。⑦美國高薪的工廠中層階級自從他們在一九七九年中人數達到接近二千萬的高峰之後，已經感受到科技和進口的壓力。但近幾年來，以往不受國際競爭影響的服務業，由於外包而帶來工作不安的恐懼。這種全球競爭所造成的不安全感，對許多中所得的美國人而言也是前所未見，使得他們漸漸願意放棄加薪以換取工作任期之保障。

我們的教育制度在四分之一個世紀之前對日益明顯的技能不足現象作出反應，但也只針對一部分而已。當我年輕時（一九四〇年代），教育是一生工作的準備。但大家視正式教育爲每個人早年所要做的事。你不是讀到高中畢業就是繼續讀到大學或更高。但不管你最後的學歷是什麼，你的一生也就決定了。一名十多歲的高中畢業生會跟著他父親到當地的鋼鐵廠，或者，如果是大學畢業生，他會在大企業裡找個工作，擔任高階主管的助理。鋼鐵廠的待遇很高，而大多數人也希望一輩子都在廠裡工作。年輕的男企業助理則渴望某一天能取代他們的老闆。大部分的年輕女性則在畢業後結婚，或在成家前先擔任祕書或老師的工作。在一九四〇年，二十五歲到五十四歲的女性只有百分之三十有工作或在找工作。（今天，這個數字超過百分之七十。）

⑦有趣的是，儘管過去四分之一個世紀以來所得集中明顯增加，美國的財富集中情形卻沒有重大變化的跡象。

但當競爭刺激出創造性破壞時，工作流動的步調加速，而終生在一家公司工作的願景也褪色了。當二十世紀行將結束時，這已經變得越來越清楚：高中或大學畢業生在職場生涯中很可能要換好幾個工作，甚至好幾個行業。於是，正式教育漸漸成爲一生的志業，而且要反應市場。

這種現象的第一個證明就是社區大學註冊人數大幅增加。這些機構在教育上經過多年來的不被重視之後，竟已成爲先鋒。二年制學院的註冊人數從一九六九年的二百一十萬增加到二〇〇四年的六百五十萬。幾乎有三分之一的學生年齡超過三十以上。這些機構專門傳授可以立即應用在今天工作環境中的實用技能，而且專門協助失業者作再訓練，以獲得新工作。典型的課程是：電子維修、碰撞修護技術、護理、訊息診療和電腦資訊安全等。這些中所得技能顯然比我在一九四〇年代後期初次進入職場時中所得工人所要具備的技能還要多。

此外，受益於工作相關知識傳授的人口比率正日益增加。「企業大學」迅速成爲成人在學習上的固定資產，尤其是和工作相關的學習上。許多企業不滿意新進人員的素質而補充其教育和能力，俾使新進人員符合世界市場有效競爭所需之條件。通用汽車有一所大規模的「大學」系統，包含了十六個功能學院。麥當勞其名符其實的漢堡大學（Hamgurger University）每年教育五千多名員工。

然而，對市場的這種反應就美國教育而言並非新的東西；這一直是美國教育的核心。上個世紀之初，技術進步所要求的是：工人得具備比那數十年前國內農村經濟時代還要高的認知技能水準——例如，閱讀手冊、解釋藍圖，或瞭解數學公式的能力。年輕人從機會有限的農村跑出來，進入企業和進步的製造部門之更有生產力的工作。我們的教育體制作出回應：在一九二〇年代和一九三〇年代期間，我國的高中入學人口快速增加。為學生的工作生涯作準備成了這些機構的工作。從當時經濟的需求看來，高中文憑代表具備了美國企業成功發展所需的訓練。高中文憑在就業市場上的經濟報酬上升，結果，高中的入學率也隨之上升。在美國進入二次大戰之時，十七歲年輕人教育程度的中位數是高中——這項成就也讓我們和其他國家有所區別。

經濟進步所創造出來的新需求對我們高等教育制度的演化有著重要影響。雖然許多州以前已經設立了贈地學校（land grant schools），⑧當以農業和礦業見長的經濟在十九世紀後半想要利用科學生產新方法的好處時，這些學校進一步受到支持。

二十世紀初葉，美國大學所教授的內容已經從古典基礎課程發展成含有科學、實證研究，及現代人文藝術的課程。大學對應用科學——特別是化學和物理學——於鋼鐵、橡膠、化學藥品、醫藥、石油，及其他需要新生產科技之商品的需求作出回應。

美國高等教育領導世界的聲望就建立在這些多元靈活機構的能力上，這些機構合起來，符合經濟的實際需求，而且，更重要的是，讓社會進步的創造性思維釋放出來。由於這些價值受到認可，吸引了全世界一大部分的學生來到我們的教育機構接受高等教育。近幾十年來，雖然我們的大學，尤其是社區大學，驚人地反應市場力量，但初等和中等教育並未對市場有所反應。

雖然我對我們世世代代所建立的世界級大學體制加以讚許，但我對初等和中等學校教育的狀

⑧聯邦政府從一八六二年開始，贈地（後來提供資金）給州政府設立教育機構以教授工程、農業和軍事戰術。康乃爾、德州A&M、柏克萊，和賓州州立大學等都是這一百多家贈地計劃所成立的機構之一。

況卻不得不表示關切。然而，大家要知道，除非初、中等教育能夠扶植爲世界級，否則高等教育不是要依賴外國學生就是要退步成泛泛之輩。根據全國科學基金會（National Science Foundation）的研究顯示，我們科學家和工程師的平均年齡日益上升，幾年後會大量退休，相對於複雜資本累積不斷成長的需求，技術工人之供給將會減少。由於在當前的情況下，低技術工人相對於需求似乎並無短缺現象，如果我們不能迅速取代這些技術工人，則技術－非技術工資差異擴大的壓力將與日俱增。

許多高中畢業生所缺乏的技能就是數學。在取得其他技術性工作能力上，這項技能比其他技能更重要。我不會假裝我精熟二十一世紀美國教育的各項細節。然而我所敬重的學者，以及有資格瞭解這事的人抱怨：我小時候的那些數學老師已經被擁有教育學位的老師所取代，這些人通常沒有數學、科學，或大量使用數學學科的學位。例如，二〇〇〇年，幾乎有五分之二的公立中學數學老師沒有主修或副修數學、數學教育或相關領域。前IBM董事長及教學委員會（Teaching Commission）創辦人路・葛斯特納在《基督教科學箴言報》（*Christian Science Monitor*，二〇〇四年十二月十三日）上說：「問題的核心在於我們奇怪的教師聘用和培育方法，以及僵化的單一薪資制度」……所有的教師都適用此僵化的薪資制度，不論其專長領域爲何，「不管社會對某項技術的需求有多迫切，也不管教師在課堂上的表現有多優秀。這沒有道理，然而這依然是教學專業的規範。」

中學老師因學科不同而有不同的薪俸也許和教學的特性有所抵觸。或許金錢不該當作激勵因素。但金錢的確是激勵因素。無庸置疑，我們的中學數學教師所作的犧牲非常大，他們放棄了教學以外所能賺到的更高薪水。但他們應該是少數，因爲葛斯特納也說過：「……根據一份對大都會地區所作的二千個樣本調查，有將近百分之九十五表示立即需要數學教師——我們除了質的問題之外，量的問題顯然更爲嚴重。」

現在越來越淸楚了，當需求不一致時，沒有差異的薪資制度就是一種固定價格的形式，對吸引合格數學教師的能力有所傷害。既然數學或科學專家在教學以外的財務機會非常龐大，而英國文學老師在教學之外的機會有限，在相同的薪資之下，數學教師從事教職所拿到的薪水很可能低於平均水準。教數學很可能就留給那些沒有能力爭取到高薪工作者來做。而英國文學或歷史老師則不太可能有這種情形。

而且，退休或受過良好教育的學生家長自願到學校擔任某些科目，例如數學的臨時教師也被拒絕了，因爲他們沒有教育學位。這種情形已經到了非常普遍的程度，因而成爲市場力量在教育發揮作用上的官僚障礙。幸好，治療這種失常狀況的建議已經發揮作用。

例如，傑出的數學家詹姆斯．西蒙斯（James Simons）應用其技巧在華爾街建立了最成功的避險基金，他於二〇〇四年把他的興趣轉向提升中學數學的教學上。他的「爲美國改善數學」（Math for America）計劃已經發展成招募和訓練中學數學教師的高額獎助學金計劃。紐約的查克．休莫（Chuck Schumer）參議員於二〇〇六年支持這項計劃，爲這個案子推動立法。

加強初等和中等學校對市場力量的敏感度應該有助於改善美國技術工人供需失衡的問題。我不知道爲公立學校有效引進競爭元素的教育券（vouchers）是否爲最終答案。但我猜測，傅利曼夫婦把其傑出的最後一段職場生涯奉獻於推動這項政策，是正確的行動。（我想不出這二人終其一生曾經走錯過什麼方向。）

一份布魯金斯研究所（Brookings Institustion）爲漢彌頓計劃（The Hamilton Project，爲羅伯．魯賓所創）所寫的有趣論文，是往強化競爭方向更邁進一步。該作者提到，教師認證（一般需要教育學位）和教師是否適任沒什麼關係。他們建議開放讓適任者，即擁有四年大學學位但不具正式認證資格者，從事教學工作。他們估計，除去認證障礙後將可鼓勵新近的大學畢業生和年長的專業人士從事教學工作。此外，他們還建議追蹤教師和學生的成就，並讓終身教職資格更難取得。他們以二〇〇〇年到二〇〇三年洛杉磯十五萬名學生的表現爲基礎，建立一套模型對其建議進行模擬。該文作者的結論是，如果學校制度淘汰四分之一不適任之教師，學生在畢業時的測驗分數會提高十四個百分點。這是很大的改變，即使只能做到其中的一部分，學業成績也會有長足的進步，拉近美國年輕學子和國際教育間的落差。

全國數學教師協會（National Council of Teachers of Mathematics）於二〇〇六年的報告中反對該會一九八九年所作的錯誤決策建議案，並承認我們數學教育的嚴重問題，這也是我們抱以希望的理由。他們先前報告所建議的課程是放棄強調基本數學技巧（乘法、除法、平方根等），要求學生去尋求自由的解題流程，並對特定數學課題作廣泛研習。我一直覺得納悶，除非你有紮實的基礎，而且一次只專注於非常少的主題，否則，你怎麼學數學？在學童還不知道他們所想像的東西是什麼之前，就要求他們運用他們的想像力，我覺得似乎是很空幻的。事實就是如此。

另一項教育要求超越了培植以滿足競爭市場要求爲基礎的市場力量。我知道放任市場自行運作之後，市場的激勵因素將無法照顧到那些「落後」學童的教育（引用當前美國教育法條的說法）。

教育均等主義的成本必定極高，而且難以用經濟效率和短期生產力作判斷。聰明學生可以相當容易就達成某種程度的學習成果，因此，成本遠低於不聰明的學生。然而，民主社會把跟不上進度的學童遺棄在教育機構之外是相當危險的。這種遺棄，將會強化所得集中度，而且維護資本主義和全球化的長期成本顯然會更高。涉及這種抉擇的價值判斷已經超出市場的要求。

除非美國人民在學校的協助下，能夠供應我們所需的技術水準，但目前尚無法做到，當我們具有技術的嬰兒潮世代退休時，我們將需要大量增加移民到美國的技術工人。誠如微軟董事長比爾・蓋茲於二〇〇七年三月在國會前所做的簡潔證詞：「如果我們禁止最能協助我們競爭的人進來，美國將會發現，要維持科技上的領導地位有無限的困難。」我們「對全世界最優秀，也是最聰明的人，就在我們最需要他們的時候，把他們趕走。」

我們有許多的技術短缺可以透過教育改革來解決。但再怎麼好，也要花好幾年的時間。世界的變動太快了，不容政治和官僚磋跎。我們必須迅速解決美國的二大缺憾：所得日益集中及我們高度複雜的資本存量在人才聘用上日益增加的成本。此二缺憾都可以透過把美國開放給全世界廣大的技術工人人才庫而「治癒」。我們的技術性工作比全世界任何地方的薪水都高。因此，如果我們開放技術人員移民到我國來，技術工人對非技術工人的工資溢酬將很快下降，而且美國的技術工人也不會短缺。⑨我們之所以發生短缺是因爲我們限制世界競爭勞動市場之運作。行政上的排他條款已經取代了價格機制。在此過程中，我們已經在經濟裡創造出一群享有特權、本地菁英的技術工人，其所得由於技術專業人士的移民限額，支撐在毫無競爭力的高水準上。除去這樣的限制，只要大筆一揮，就能大幅降低所得不均，並解決潛在無競爭力的資本存量問題。

當然，目前的移民政策，政治之影響力大於經濟。移民政策遭遇一個非常困難的問題：人民想要維持一個團結社會的文化根基並培養互利的自願交易。美國一向能夠吸收一波波的移民並維持先賢們所送給我們的人權和自由。但在轉型中，總是比我們現在事後回顧，更爲困難。如果我們還要繼續參與世界並擴展我們的生活水準，那麼我們不是顯著地改善我們初等和中等教育，就是大幅降低我們的技術移民門檻。事實上，若二者都能達成，將帶來顯著的經濟效益。

公共政策是一系列的選擇。我們可以在美國周圍建立一道圍牆，把和國內生產者及工作者競爭的商品、勞務及人員拒之於外。其結果就是失去競爭火花，導致經濟停滯和疲弱。我們的生活水準會下降，而且當我們從世界領導者的地位淪爲昨日黃花時，社會不滿就會產生並進一步惡化。

當然還有另一種選擇，我們可以參與競爭日益激烈的高科技世界，而且，當我們國內的學校體制所供應的新技術工人水準無法平抑日漸惡化的所得不均時，進一步對全世界不斷成長的技術人才庫開放我們的國界。

沒有一種方法可以在不用對商品和人才開放國界，從而免於受其挑戰和壓迫的情況下，提升美國人的生活水準。公共政策就是選擇。而每項選擇必有其成本和效益。要得到效益，我們就必須接受其成本。

⑨技術工人和非技術工人間所得之差異全世界皆上升，顯示技術工人缺乏是全球性問題。由於國際間並不能自由移民，技術工人的「價格」全球並不一致。美國的問題顯然比其他地方嚴重。因此，開放技術人員移民到美國來，對非美國技術工人的工資產生向上拉力，而所得集中度也會微微增加；但也會讓美國的技術工人工資水準下降。

22 世界要退休了，但我們的錢夠嗎？

幾乎所有的已開發國家都處於前所未見的人口深淵邊緣：一大群工人，嬰兒潮世代，即將從生產工作上退休。取代他們的年輕工人太少，而技術工人的短缺問題將更形嚴重。這種變化的先鋒，在德國已經開始浮現，該國儘管有高失業率，但技術工人嚴重短缺的問題儼然成形。德國一名招募主管告訴《金融時報》（二〇〇六年十一月八日）：「爭取工人之戰已經開打，而從德國和部分東歐及南歐的人口統計趨勢來看，問題將更形惡化。」

結構變遷的確是二十一世紀的問題。退休是人類史上相當新的現象；一世紀之前許多已開發國家的平均壽命只有四十六歲。活得夠老可以過退休後生活的人，相對較少。

工業化國家受贍養老人對工作年齡人口的比率至少持續上升了一百五十年。其上升的腳步在二次大戰後嬰兒潮世代出生後明顯減緩。但當這個世代達到退休年齡時，受贍養老人之增加，幾乎可以確定將更爲迅速。日本和歐洲的加速現象將特別厲害。日本過去十年，六十五歲以上所佔人口比率從百分之十三上升到百分之二十一，而人口統計學家預期，到了二〇三〇年將會達到百分之三十一。日本的工作年齡人口已經在下降中，預計還會從二〇〇七年的八千四百萬人下降到二〇三〇年的六千九百萬人。雖然沒有日本那麼嚴重，但歐洲的工作年齡人口預計也會減少。

美國預計的變化並沒有那麼嚴重，但無論如何，這是個令人害怕的挑戰。在未來四分之一個世紀裡，美國工作人口年成長率預計將會減緩，從今天的百分之一，下降到二〇三〇年的大約〇・三個百分點。同時，六十五歲以上所佔人口比率將顯著上升。雖然整體人口預計將持續老化，但許多勞動力之老化，已經出現在嬰兒潮世代的老化上。一旦嬰兒潮世代開始退休，美國勞動力的平均年齡預期將會穩定下來。

我們人口和勞動力之年齡結構預期變化，大致上是戰後出生潮以後下降的生育率所導致之結果。一九五七年時，婦女終生生三・七個嬰兒達到高峰，此後，美國的生育率就降到一九七〇年代中期的一・八，但自一九九〇年以來，就穩定於略低於二・一，此即所謂的人口替換率（replacement rate），在沒有移民及壽命不變下，維持人口不變所需的水準。①自嬰兒潮之後，每一家庭兒童數之減少，已經無可避免地導致老人對工作年齡人口之比率的預計上升。

然而，持續移民將緩和出生率下降之衝擊，而人口也會隨著平均壽命之增加而保持成長。在一九五〇年，六十五歲的美國男人平均可以活到七十八歲，而現在則可以活到八十一歲。如果保持這個趨勢，到了二〇三〇年預期可以活到八十三歲。女性的平均壽命預計也有相同的增加，根據社會保險局受託人（Social Security Board of Trustees）②二〇〇七年之資料，從一九五〇年的

①這裡所採用的生育率是總生育率。計算觀察年度之產婦一生平均共計生幾個小孩。

②社會保險和健保的受託人包括財政部長、勞工部長，及總統指定的二名公共受託人。

八十歲，到今天的大約八十四歲，及二〇三〇年的八十五歲。

美國人不只是活得比較長，一般而言，還活得比較健康。老年人的殘疾率（rates of disability）已經持續下降，反應各階段的醫藥進步以及工作性質之改變。一個世紀以來的工作趨勢是朝向更多的觀念性經濟產出而非實體經濟產出，於是工作變得比較不耗體力而較需要智力。例如，在一九〇〇年，平均十名工人中，才有一名是專業、技術，或管理職。到了一九七〇年，這個比例已經變爲二倍，而在今天，這類工作大約佔我們勞動力的三分之一。於是，必然的結果是，美國的老化現象將很可能是我們的老年人口既有能力、又有意願工作到長長久久。

六十多歲的工人已經累積多年珍貴的經驗，因此，把勞動參與年齡延長個幾年可能爲經濟產出帶來可觀的衝擊。但有一件事無法避免：幾乎所有的嬰兒潮世代將會在二〇三〇年之前脫離勞動而退休。而其「金色歲月」（譯註：指退休後的日子）的長度將無法和以前的世代相比。「金色歲月」眞的會是金色的嗎？嬰兒潮世代之後的勞動力，除了要爲自己和家人生產商品和勞務之外，還要爲前所未見的龐大退休人口生產，美國的勞動力成長如果變慢了怎麼辦？

人口統計上的冷酷事實將對世界經濟力量的均衡造成深遠的扭曲效果。老化並不是非已開發國家的迫切問題，但中國是個例外：中國曾經透過中央計劃抑制出生率——政府的一胎化政策。聯合國預測，今天的已開發國家，其人口佔全世界人口的比率將從今天的百分之十八・三下跌到二〇三〇年的百分之十五・二。已開發國家如何處理當前的變化將決定世界經濟力量均衡之變動是趨緩或越演越烈。結果如何，關鍵在於已開發國家面對力量和威望流失，是否會變得對外界漠不關心，並對與快速增長的開發中世界之貿易升起毀滅性的障礙。政府要採取什麼手段，將其勞動人口對日漸增加的退休人口之比率，在比率日漸縮小的情況下轉化爲實質資源，這可能是下個四分之一世紀的決定性問題。對民主社會而言，政治上的作爲將會特別令人失望，因爲選民中，享受福利的退休人員所佔的比率越來越大。

退休經濟學是直接了當的：必須把一生工作所得之資源撥出來支應退休時期之消費。所有退休制度成功的關鍵在於退休時可以拿到的實質資源。退休制度所採用的財務規劃把資源作轉化，使得退休後仍有能力對商品和勞務作消費，但他們本身並沒有生產那些商品和勞務。例如美國，國會也許會通過，而總統也許會簽署成爲法律，規定在退休時對一定程度的健保提供津貼。但誰能確保到時候整體的醫院、藥商、醫師、護士等醫療基礎結構，可以適時地把一紙承諾轉化成有價值的未來醫療服務？

對任何退休制度的簡單測試就是，該制度是否能在不造成工作年齡人口的過度負擔之下，確保提供退休人員其所承諾的實質資源。在這樣的標準之下，美國可能岌岌可危。二〇〇八年，嬰兒潮世代裡頭最年長的屆時將符合社會保險資格。根據聯合國推算，二〇三〇年時六十五歲（含）以上人口大約是成年人口的百分之二十三，而今天這個比率是百分之十六。這麼龐大的人口變動將會讓我們的退休財務系統面臨嚴重的壓力，而且要作史無前例的調整。由於受贍養人口主要是老人而非兒童，將使社會資源的負擔更爲沉重，因爲老人，以每個人而言，消費的資源比重相對較大，而兒童消費所佔的比重相對較小。

由於退休的所得壓力增加以及有經驗之勞力日漸缺乏，美國老年人的勞動參與在沉寂多年後，最近開始顯著增加。③ 一如我前面所說，毫無疑問，這將持續下去。無論如何，增進未來生活水準，從而兼顧工作者和退休者的希望，最有效的方法就是增加一國的儲蓄以及提升使用這些儲蓄的生產力。如果我們要出資建立資本設備——例如，尖端科技的廠房和設備——以生產更多的實質資源以確保對嬰兒潮世代的退休福利承諾能夠眞正兌現，那麼在未來十年，我們必須大幅增加儲蓄。而且我們必須在不必嚴重增加未來工作者的負擔之下做這件事。

然而，幾乎從任何標準來看，要創造照顧美國大幅增加之退休人口所需的資源，其所需要的儲蓄非常龐大，這足以挑起一個嚴肅的問題：聯邦政府是否有能力履行對退休者的承諾。

社會保險系統的受託人計算，該系統必須立即把薪工稅（payroll tax）從現行的百分之十二・四增加到百分之十四・四，或是立即把福利全面減少百分之十三，或是這二種的組合，才能把下一個七十五年的資金缺口補足。這些調整如果拖延或分段實施，以後就必須採用較高的稅或較低的福利。而且，因爲預計赤字會超過七十五年的期間，即「七十五年淸償」這個社會保險上有點專斷的標準，以後將需要作調整。雖然預計的短缺是個問題，但這問題本身並不會產生無法克服的財政或經濟困難。更重要的是，社會保險給付的推估非常可靠。這是因爲退休人口統計是經濟學家最準確的預測，也因爲社會保險採確定給付制，因此每個受益人的費用都可以預先合理推算出來。

相對的，健保的問題就大了。受託人預測A類健保（Part A），即住院保險基金（Hospital

③儘管老年就業的可行性越來越大，美國人卻越來越早退休。例如，一九四〇年時，男性退休年齡的中位數是六十九，到了二〇〇五年，退休年齡中位數約爲六十二。

Insurance Fund）的七十五年資金缺口可以在當前百分之二．九的薪工稅上立即再加徵百分之三．五（合計百分之六．四），或是立即將給付減半，或二者之組合的方式來消除。但這還沒完。B類健保的成本，主要用於支付醫師費用或其他門診費；以及新增的D類成本，支付處方藥費用；預測將雙雙大幅上升。但依法它們必須以一般稅（general tax）支應而非薪工稅。B類和D類給付雖然不像住院保險稅那麼醒目，將來一般稅所要支付的B、D類金額在數量級上和A類相同。

公共受託人從另一個角度看未來的健保成本，他們於二〇〇六年評論道：「如果受託人對未來數十年的指導證明是可靠的，則在不增加專款收入的狀況下，依現行健保給付標準，不出十五年，就必須由普通基金（General Fund）調撥相當於百分之二十五聯邦所得稅收的資金……（比二〇〇五年財務負擔的三倍還高），接著不到十年，普通基金所調撥的金額將為聯邦所得稅收的將近百分之四十。」但即使是這樣的數字也未必掌握到問題的全貌，因為健保給付的預測，不確定性非常高。

健康支出的成長，多年來一向比經濟還快，這主要是因為科技大幅進步所造成。我們不太清楚醫療科技的進步將會有多快，也不清楚這些創新如何轉變為未來支出。科技創新能大幅改善醫護品質，而且在某些情況下，可以降低現有的醫療成本，當然也會降低醫院的管理成本。但因為科技擴展了醫療可能性的範圍，因而也有可能增加整體支出——在某些狀況下，增加得非常多。

由於私人健康紀錄普遍採加密保護，研究人員第一次研究時，就必須對廣泛的各種疾病之醫療成果作有效評估。我認為結果將會出現一套全國最佳實務標準。最後還會出現一套公開的標準來對醫院和醫師作評比；市場競爭預期也將出現。然而這些都不可能馬上發生。有史以來醫療實務一向是醫師和病患間非常私密的關係，而且雙方都不願冒險破壞隱私。

美國的醫療實務已經發展成各地區之間有相當大的差異。我假設，全國最佳實務，剔除了最差的醫療和從業人員之後，將強化平均醫療結果。但我們無法得知全國對最佳實務的認知和需求，究竟是增加還是減少醫療支出。我們必須記住，不確定性——特別是我們無法找出醫療照護未來需求上限的不確定性——在制定政策時要非常審慎。審慎處理的關鍵理由是新計劃很快就會發展成選民強烈抵制任何刪減支出或稅賦優惠的意志。結果，萬一赤字支出的方案事後證明太浮濫或誤導，我們的控制力量將會相當有限。

於是決策官員在審核新預算支出時寧可失之過嚴。萬一未來有足夠的資源可供運用，計劃總是可以再擴大，但如果後來的資源和承諾有落差時，卻不可以在事後輕易刪減。這就是我相信在整體健保計劃嚴重失衡而資金短缺尚未處理之前，就在二〇〇三年推出無資金來源的處方藥計劃是個錯誤，也許還是個大錯誤的理由。④

我曾經多次參與健保未來成本效益的模擬研究，其結果，例如，二〇三〇年的結果變動範圍之大，令我訝異。我提過，社會保險的可能變動範圍相當窄小。當然，人口統計學者在處理健保受益人人數時也同樣操作得很好。但平均每名受益人的成本，在現行法令下，不只和未來科技有關，還和病患的選擇與其他一大堆的變數有關。

④基本上（而且不尋常地），健保D類成本，即處方藥方案部分，現在已經低於預測值。也許該方案已經建立起原先所規劃的競爭效果。然而，該案仍沒有資金來源，而且費用龐大，不斷成長。

預測非常複雜，因此受託人不得不回歸到一個簡單的演算法——每名健保受益人預計健保給付成長率相對於預計每人國民所得成長率。每名受益人的實質健保支出之成長率，過去十年，平均一年約為百分之四，大約比實質GDP成長率高二個百分點。公共受託人接著說：「我們似乎可以合理假設，（每人的）醫療照護和健保費用成長率將逐漸減緩到GDP的成長率——因為我們認為，美國人願意把所得成長中多大的部分用於醫療照護，這應該有個上限。」事實上，這說法可能是對的。

但任何瞭解華府運作方式的人都應該知道，這樣的假設涉及一個花式跳躍。這隱含了現行法律所未明定的一定程度限制。它假設要在一場還沒開打的政治戰爭上取得財政勝利。誠如這些公共受託人自己的觀察：「過去半個世紀以來，這種趨緩現象從未具體發生。」於是，如果在現行的補貼法令和現行的健保支出趨勢下，健保支出所產生的稅賦負擔將更為龐大。

要把健保導正，還有一大堆工作要做。完全靠加稅方式來支應社會保險和健保的未來資金缺口在經濟上行不通，這點應該很清楚。這樣做，意味著出現前所未見的和平時期高稅率。到某一個程度，提高稅率就會不戰自敗：加稅會吸收購買力並降低工作和投資動機，從而降低經濟成長率。於是稅基之成長就會慢下來，預計的稅收增加也就無法完全實現。

我們剩下一個令人氣餒的現實：要解決聯邦社會保險資金缺口就必須刪減福利。政府有道德上的義務儘快作刪減，以便讓未來的退休人員有最長的時間來調整他們的工作、儲蓄，和退休支出等計劃。若不對美國人提出適當警告，讓他們知道他們所計劃的退休所得將會減少，就可能會對許多人的生活造成重大破壞。

一旦社會保險和健保所能合理承諾的給付水準決定之後，公共政策如何確保實質資源準備妥當以實現承諾？把焦點放在社會保險和健保內的財務能力而不考慮更廣泛的總體經濟全貌並不能確保未來資源將可以備妥。沒有更多的淨投資，產生未來給付所需的實質資源將不會被生產出來。因此，在處理社會保險和健保差額時，我們必須確認，爲支應未來給付承諾，現在所採行的措施代表全國儲蓄和儲蓄所投資的生產性資產有實質的增加。

其實，我們應該在幾年前還有資金支應未來社會保險給付時，就把假想的「保險箱」化爲實際。保險箱的概念對許多美國人而言是如此眞實，以致於眾議院議長湯姆·佛利（Tom Foley）講了一個故事，當他嘗試要解除母親想法上的疑惑時，他母親譴責他。「佛利先生，」他母親說道：「當我知道眾議院多數黨領袖對社會保險根本就一竅不通時，我感到非常訝異和震驚，我希望你不要覺得被我冒犯了。」當時的保險箱建議爲，保險信託基金（當時有賸餘），不只在會計上不應該納入預算，而且還要求國會下令扣除社會保險賸餘之後的預算必須達到平衡。在千禧年之交那幾年預算賸餘氾濫的短暫期間裡，兩黨達成共識，決定要這麼做。但很遺憾，在較爲不利的經濟環境之下，扣除社會保險和健保後之預算要維持平衡，顯然需要大幅縮減支出或大幅加稅時，這項承諾就瓦解了。

我們對未來退休人員的承諾和我們履行這些承諾的能力之間的差額如果不好好處理，可能會對經濟以及政治造成嚴重的後果。最後，我預期健保資金失衡問題的解決方案是取消富人的福利。⑤在政治狂熱和目前相當棘手的所得日益不均問題下，在我的判斷，已經沒有其他可靠的選項了。我們可以透過發展私人帳戶（我支持這項）或透過立法要求健保給付對象必須作經濟條件審查（就像醫療補助），以回復平衡。配給制只是另一個實務上的選項，但美國恐怕不太能接受。大多數未來的健保給付必定要集中於中、低所得族群。高所得族群所得到的醫療服務，將必須由沒有補助的私人醫療保險或自己的資金來給付，或許是以共同給付的方式湊足百分之一百。當經濟狀況審查呼之欲出時，許多人將被排除在健保給付之外，但在高度競爭的全球經濟裡，二十一世紀人口統計學上的計算顯示這勢在必行。

雖然我偏好自由移民政策，但我不會為了增加社會保險稅以協助解決社會保險／健保資金短缺問題而採用這個方法來增加勞動人口。基於我後面將要說明的理由，我們也不能依賴經濟生產力上的僥倖增加；美國長期的每小時生產力成長上限似乎是一年百分之三，而百分之二是最有可能的結果。簡言之，我們很可能沒有足夠的人工作，我們平均每名工人生產量也不能足夠的提升，以支應現行法令所規定補貼的龐大短缺。甚至還差得遠了呢。

由於未知項目如此之多，我擔心在我們目前的人口統計結構和生產力成長上限的條件下，我們可能已經對嬰兒潮世代的退休人員，作出比我們政府所能實際履行還要高水準的實質醫療資源承諾。我前面提過，國會可以立法給予補貼，但符合二〇三〇年法律基本條件所需的醫院、醫師、護士，和藥商等的經濟資源，補貼本身並不生產。以二〇三〇年來說，從工作生產者移轉到退休者的實質資源，規模非常龐大，以致於工作生產者將無法接受。到時候的勞動力可能只比現在多

⑤給付該砍多少才能減少醫療服務支出並不確定。多年前，我請聯準會的幕僚，假設健保和醫療補助等補貼都不存在，模擬二〇〇四年的醫療服務支出水準。幕僚的結論是支出只會稍稍降低。但市場效率則非常明顯。

一點點而已，但因爲無資金來源的補貼方案擴大，受益人對全國產出的請求金額，可能遠超過勞動力所生產的產出。簡言之，承諾可能註定無法實現，或者換個較好的說法，承諾有待「澄清」。

未來可用實質資源的重大不確定性，反應在退休人員所得替代率的不確定性上。今天，我們已經預料到退休需求和龐大的補貼承諾之間，有著一大鴻溝，私人退休金和保險給付所扮演的角色必將越來越重。二○○六年底，美國的私人退休基金擁有五・六兆美元的資產，其中二・三兆是傳統的確定給付制（defined benefit program），而三・三兆則是確定提撥制（defined contribution plan），主要是401(k)。⑥二○○五年，私人退休金和利潤分享基金（profit sharing funds）支付了三千四百四十億美元的給付。⑦相較之下，社會保險和健保合計給付了八千四百五十億美元。當美國工人及其僱主爲符合工人的退休所得目標而採取必要行動時，私人退休基金註定要追上社會保險和健保基金。

但那是多年之後的事。當下，確定給付退休金已經出問題了。那種退休計劃在退休後平均壽命相對較短而人口快速成長時期很流行。嬰兒潮世代前所未見的規模和預計的長壽已經大大減低確定給付制的優點。退休金義務已經出現相當龐大違約，而歸入退休金給付保證公司（Pension Benefit Guaranty Corporation）之義務。

確定給付制的法定給付義務當然要靠僱主・退休基金已經存在備用，但因法律規定某一水位

⑥此外，還有三・七兆美元放在個人退休帳戶（IRAs）。

⑦另外團體健康保險（group health insurance）支付了五千八百一十億美元，但其對象主要爲六十五歲以下者。

的基金採託管方式，於是企業視其確定給付退休基金爲獲利機會——退休基金的投資收入越多，僱主公司投入基金所需的資金就越少。換句話說，挹注的現金越少，勞工的流動成本就越低，從而利潤越高。結果，公司受到誘惑想盡辦法來減少投入基金的費用。

但既然公司相當確定未來幾年誰將於何時退休拿到多少給付，成本不就是簡單的算術嗎？不盡然。一家公司，或是一套確定給付計劃的預期成本，有一部分和破產事件發生時的退休金給付狀況有關。例如，破產事件發生時，退休金給付依照合約，對企業資源享有最高順位的請求權，其給付成本之計算很明確。在這種環境下，企業所設立的退休基金也許會選擇建立在無風險的美國國庫券上，而其到期日則配合給付的時點。給付係由美國國庫券在給付年度到期時之本金和累計利息所產生。但實務上，企業會嘗試各種方法來避開這麼簡單的計劃，因爲這種方式的成本最高。企業權益證券、不動產、垃圾債券、甚至於AAA級公司債的收益率都比國庫券要好。但這些都有違約的風險，而當違約事件發生時，僱主公司就必須用公司其他資產來給付退休金義務，或是不給付。

有關退休基金應該追求什麼樣的報酬率以及能夠接受多大風險之論爭，最後，要視企業在支付其所承諾的給付時所要求的確定性有多高而定。退休基金資產的風險越高，其投資的利潤率越大。

財務理論似乎造成了高報酬幻覺，因爲如果市場對風險正確地評價，則退休基金的報酬率應該和其投資組合的風險程度無關，因爲高報酬率補貼的高風險證券經常會變成毫無價值的損失。但理論上正確，實務上卻不一定行得通。（或者，更正確地說，你需要一個新理論。）退休基金經理人會告訴你，實際上股票長期的已實現報酬率高於所謂的美國整體經濟風險調整後報酬率。自十九世紀以來，各項報酬率證實，分散持有股票達數十年之久，必定產生高於平均報酬率的獲利。我已經提過，這也許是人類與生俱來趨避風險特性的結果。願意承受壓力，無怨無悔地長期持有股票者，得到較高的報酬。於是，有能力抱住投資數十年不動的確定給付退休基金，便以股票作爲主要資產。爲了降低公司的成本，確定給付制退休基金會去冒險，包括其資產（包括股票）價格短期波動的風險。而這些風險，主要來自大量投資股票，結果有好有壞。

當股票價格上揚，公司提撥到確定給付計劃的資金主要來自資本利得。由於現金提撥減少，公司帳上的獲利也就隨之增加。反之，當股價下跌，一如二〇〇〇年到二〇〇二年的表現，許多退休基金就變成提撥不足。

投資組合風險造成退休人員給付上的風險是不容迴避的事實。近年來，許多未提撥退休金義務非常龐大的企業，像鋼鐵公司和航空公司，選擇破產，並把其退休金義務轉給退休金給付保證公司——亦即，大部分的美國納稅人。幸好，二〇〇六年的退休金保護法（Pension Protection Act）已經顯著降低納稅人暴露於私人退休金短缺的傷害，但仍無法完全消除。

所有確定給付退休基金所產生的報酬率都是變動的，尤其是短期報酬率，無法預測。但企業有支付「確定」的固定給付之法定義務。這就需要和第三者（幾乎總是僱主公司本身）承作一個交換（swap），把確定給付計劃投資組合的變動收益換成契約所要求的固定給付。近幾年來，交換的成本已經上漲。部分原因是許多公司已經採用確定提撥退休金計劃。確定給付計劃所持有的資產佔整體退休基金資產的比重，從一九八五年的百分之六十五下降到二〇〇六底的百分之四十一。

這個趨勢沒有減弱的跡象。確定提撥計劃的僱主企業可能會更專注於員工所能投資的形式，甚至於退休後多久可以把基金發出去的種種規定。我希望將來當社會保險的融資能力隨著工作者對退休受益者的比率下降而日漸減少時，確定提撥計劃還可以漸漸取代社會保險。當退休者漸漸感受到明顯的退休重擔時，越來越多的健康老年人，很可能發現延後退休勢在必行。但更重要的是，實質資源從工作者轉移到退休者，其資金來源，將越來越需要仰賴 401(k) 計劃、私人保險，和許多尚待確認的融資新工具。

在美國，高所得的嬰兒潮世代所擁有的財富和所得來源，事實證明，作爲適當的退休資金已綽綽有餘。而中、低所得的嬰兒潮世代將會發現資金來源相當有問題。今天這種資金自籌，政府擔保的社會保險計劃，其計算結果，需要很高的工作人數對退休人數比；而努力維持這種計劃的結果，將證明負擔是越來越重，也越來越難以接受。唯一具可行性的選擇，幾乎可以確定就是某種形式的私人理財，別無他法。我在本章標題：「世界要退休了，但我們的錢夠嗎？」中提出問題。答案是，世界會找出方法。世界別無選擇。人口統計資料決定其命運。

23 公司治理

「我必須接受安隆獎嗎？」二〇〇一年十一月我問我的老友兼導師，前財政部長、國務卿貝克。「你說的正好是貝克學會的部分計劃。」他答道。我不知道晚宴上還有頒獎。安隆股票正在崩跌，而三週內，該公司就倒了。那年十一月，「獎」似乎不是個很妥當的字眼。但我欠貝克非常多，因此，如果沒有正式發表，也不涉及金錢的話，我同意接受這個獎。

自從我二〇〇〇年十二月在達拉斯的聯邦準備銀行董事會上聽過該公司快速成爲ＣＥＯ的傑弗瑞・史基林（Jeffrey Skilling）之簡報後，安隆就已經讓我覺得疑惑。他對這家二十一世紀新公司的運作方式作了非常精闢的說明。令人印象非常深刻。但我岔開話題，問了一個挑剔的問題：「安隆生產什麼？如何賺錢？」我瞭解他們那些聰明的衍生性商品和避險策略，但他們拿什麼利潤流量去做避險？

安隆的滅亡，根據史基林事後的說法是因爲大家對該公司的信心崩潰，使其貸款能力消失而拖垮公司。我覺得這種說法似乎有問題。我認爲大型鋼鐵公司遇到信心瓦解時，其煉鋼爐至少還有一些價值。然而令人難解的安隆就這麼的化爲烏有，除了員工和股東的憤怒之外，不留絲毫痕跡。我從未見過一家美國的主要公司從受人崇拜到滅亡消失是如此快速。

安隆的潰敗和世界通訊瓦解後接踵而來的醜聞特別讓我擔心。在四分之一個世紀裡，我到聯準會之前，我加入過十五家上市公司的董事會（當然不是同時十五家），非常瞭解建立在這些公司上的權力手段。我漸漸瞭解美國的公司治理，與大眾及政治領袖對這些治理的看法，這二者之間的斷層。大眾已經對企業倫理有所懷疑（如果他們不認爲企業倫理根本就是矛盾修飾語的話），我擔心，當一些事實發布，破壞了他們所相信的公司治理方式時，他們會無法接受。公司治理實務的許多迷思早就被現代經濟的強制要求所取代。

從十九世紀到二十世紀初，股東，許多是有控制權的股東，積極參與治理美國公司。他們指派董事，然後由董事聘請CEO和其他主管，一般而言，股東控制著公司的策略。公司治理有民主代議政治的裝飾。但所有權傳到下一代時，公司創辦人的子孫卻未必都能繼承其管理和創業技能。當金融機構經過二十世紀的演化後，持股成了投資問題，而非積極參與的所有權。如果股東不喜歡公司的管理方式，他就把股票賣掉。獲利良好的公司，其管理很少遭受挑戰。在不知不覺中，公司治理從股東控制移動到由CEO控制。變化悄悄發生，而且大多是自動進行，完全不管少數學術界的公開關切。

當股東變得不太投入時，CEO就開始向股東推薦董事名單，而董事很快就成爲CEO的橡皮圖章。每隔一陣子，當公司或其經理人闖禍時，這種範例就會被唾棄。但這種事件相當稀少。民主式的公司治理已經變形爲獨裁式。CEO進入董事會，說明公司的資本投資新計劃，然後轉向財務長，要求證實。董事會接著就通過這個計劃，沒有像樣的審酌。今天，一家賺錢公司的董事，基本上是由ＣＥＯ指派，ＣＥＯ擁有董事會所授予的龐大權力。數十年來，政府機關和各種利益團體都對大型投資機構，特別是退休基金施壓，要求他們所控制的股權在投票時要依循數十年前的那種「公司民主」。但這些機構認爲他們的責任是對退休金所有人的投資獲利負責，而且他們的專業是判斷金融市場價值而非他們感到陌生的公司管理實務。有些公立退休基金變得比較參與，但他們的行動只是聊勝於無。市場力量驅使私募基金承諾擴大監督他們所持股公司的管理部門，但這趨勢成長雖快，這種基金仍然只是公司監理非常小的部分。市場力量也驅動購併，經理人很少在這過程中全身而退。所謂的惡意購併，一旦我們瞭解，也許可以視之爲純粹的公司民主，因爲唯一的「惡意」僅存在於一組新股東和頑強抵抗的公司經理人之間；原股東自願賣出他們的股票，而且大多數的情形是急著賣，並且，我認爲他們對價格相當滿意。

既然到處是集權，當缺乏適當可信度的公司經理部門的濫權大量增生時，我們就不該感到訝異。可以確定的是，在我四分之一個世紀的公司董事會期間，輕微濫權相當普遍，而且偶爾還有點過分。

因此，近年來ＣＥＯ過度膨脹的待遇被人眾認爲不得體而加以關切，我並不訝異。ＣＥＯ的待遇相對於一般薪水階級呈大幅增加，這點最令人懊惱。決定高階經理人待遇的董事回應說，ＣＥＯ所作的關鍵決策，大幅提升企業的市場價值。一個正確行動和一個幾乎正確的行動之間，在今天的全球市場上，代表了數億美元的差距，一個世代之前，當時的舞臺較小，其差距可能是數千萬美元。董事會爲反應這個看法和競爭壓力，尋求「最優秀」的ＣＥＯ，他們顯然願意支付「明星」所要求的條件。

ＣＥＯ的待遇，平均而言，和公司的市場價值緊密地結合在一起。標準普爾五〇〇企業的平均市值從一九八〇年的二十億美元上升到二〇〇六年的二百六十億美元。二〇〇六年標準普爾五〇〇前十大企業的平均市值爲二千六百億美元。根據報告，這些大型美國企業的ＣＥＯ待遇從一九九三年到二〇〇六年之間，每年成長百分之十，①是一般民間企業生產工人或非主管工人百分之三·一年增率的三倍。簡單說，ＣＥＯ和工人待遇之間的差距幾乎是完全反應公司所增加的市值，而市值增加是市場力量所造成。但這是平均的ＣＥＯ待遇。躲在平均後面的是一大堆離譜數字。許多公司「未賺到」ＣＥＯ龐大無比的待遇，這個現象歷歷在目，我猜這是因爲公司在ＣＥＯ還沒有所表現之前就必須敲定高階主管的待遇條件所致。即使是最有洞察力的董事會，有時候也會作出遺憾的決策，而這些錯誤通常出現在付出高薪，卻只得到拙劣的績效。

在我的經驗裡，股價普遍大漲是造成ＣＥＯ待遇過高的另一個因素，而這是一般ＣＥＯ所無法控制的事。一家公司的股價及選擇權，嚴重受到經濟面力量的影響——受到利率、通貨膨脹，和無數與公司特定決策成功與否完全無關的變動因素之影響。已經有不少令人沮喪的例子，ＣＥＯ幾乎把公司帶到走投無路的困境，而且還一手造成公司股價對競爭者及整體股市呈相對大跌的走勢。然而ＣＥＯ依然得到巨額的報酬，因爲股市整體強勁的表現，帶動這家悲慘的公司股價也

①有人認爲還有其他因素。但全球競爭應該不是主要因素，因爲歐洲和日本高階經理人的待遇並沒有像美國增加得這麼快。有人認爲可能是公司的董事會照顧自己人，但這種說法和近年來步調相較，並不吻合。企業朋黨行爲，在早年比較盛行。

跟著上漲。②

把股票或選擇權拿來作爲高階經理人待遇，應該要求報酬必須反應管理決策的成敗。代替現金所配發的股票或選擇權，如果能和一段期間中，相對於仔細選取的標竿之表現綁在一起，就能有更好的效果。有些公司的確讓股票和選擇權價值與相對績效綁在一起，但大多數公司則否。③

CEO和一般職員間的待遇差距在二〇〇〇年達到高峰，如果這項差距又開始回升，我希望股東能夠把他們的焦點移出投資報酬率之外，注意CEO的待遇。如果待遇太離譜，被扒走的是他們的口袋。政府沒有立場作薪資管制。這和納稅人基金無涉。

我知道上一代的「離譜」待遇傾向。我記得一九八〇年代初期在一個薪資委員會上討論美孚公司高階主管薪水的事。經理單位僱用知名的高階主管薪資顧問葛瑞夫·「巴德」·克里斯多（Graef "Bud" Crystal）來「協助」委員會決定適當的薪資水準。④他提出一系列的圖表顯示當前美孚頂級主管的薪資和其同儕比起來，只是在平均水準。顯然，克里斯多斷言，美孚應該讓其高階主管的薪水高於平均。這迫使我的董事同仁，美國運通（American Express）CEO，霍華·克拉克（Howard Clark）眼冒金星地問道：「巴德，你的建議是所有企業的高階主管薪水都要高出企業

② 個別公司的股價和投資人投資組合裡的其他股票競爭。因此，如果一家或多家公司績效良好而股價大漲，績效較差的公司之股價，相對上，就對投資人產生吸引力。這也是爲什麼完全不相干的股票，其股價走勢存在顯著相關性的原因。

③ 股票選擇權似乎一直被濫用，甚至舞弊。例如二〇〇六年秋季所爆發的選擇權時間回溯醜聞案。

④ 幾年後，克里斯多立場反轉，成爲企業薪資決策程序上的批判者。

高階主管的平均薪水嗎?」我插進來說,巴德對具競爭力的高階主管薪資之回歸分析有問題。最後,美孚的頂級主管得到大部分他們唆使巴德到委員會提出的薪水,但可能不是全部。

但即使是二十世紀期間,在CEO所指派的一團和氣謙謙相讓的董事會裡,偶爾也會發生意見不一致情事,從而扭轉公司方向,以對資源作更好的運用。在我到聯準會工作之前,我參與了阿爾考董事會背叛CEO查爾斯·裴立(Charles Parry)的大多數活動,查爾斯對董事會施壓,在他退休時,要把營運長佛雷德·費德羅夫(C. Fred Fetterolf)升上來接他的位置。毫無疑問,費德羅夫對公司內部的技術面非常嫻熟,但我們外部董事有許多人認爲他缺乏阿爾考未來十年所需要的廣大全球觀。反對者在阿爾考前董事長克洛姆·喬治(W.H. Krome George)的領導之下,包括我、第一波士頓(First Boston)的保羅·米勒(Paul Miller),和國際紙業(International Paper)總裁保羅·歐尼爾等,一天晚上,在紐約的人脈俱樂部(Links Club)聚會,並作出結論,我們必須反對查爾斯所選擇的佛瑞德而另覓其他人選。我們調查所有與會人員的意見,決定選我的老朋友,福特政府時期的合作伙伴保羅·歐尼爾。來自董事會其餘成員的大多數支持,加上保羅略施壓力,讓他步上了阿爾考董事長這段非常成功的職場生涯,直到二〇〇一年小布希說服他去當財政部長。⑤

在我四分之一個世紀擔任積極參與型董事期間,我觀察到,很多大企業由CEO來挑選董事,他們一般多會挑選具有具體資格者,通常是其他公司的CEO。然而,我一直搞不清楚,籌組這

⑤無論如何,保羅·歐尼爾要退休了,由艾倫·貝爾達(Alain Belda)接任。

種高水準董事會，是因爲要借重他們的知識和顧問，還是ＣＥＯ要讓實質上爲獨裁領導的公司，具有多元的表象。很可能二者皆有。

儘管美國的公司治理顯然有缺點，但過去一個世紀以來，必定有些值得推薦之處。因爲如果不是這樣，美國經濟很難竄升到今日之世界經濟領導地位。毫無疑問，美國公司的營運，具高生產力和高獲利能力。這也造就了上一世紀科技的先鋒。這點，加上我四分之一世紀的董事會經驗，讓我作出結論，不管我們有多麼不情願，如果企業的擁有者不再是經理人，則ＣＥＯ控制以及其所造成的獨裁，可能是成功經營企業的唯一方式。把治理大權交給ＣＥＯ，卻信任由他所挑選的董事來限制他的工作，或者，如果董事證實爲無能或缺乏意願，則由企業入侵者接手，全面撤換經理人；除此之外，似乎別無可靠之法。

當醜聞爆發時，先是安隆，接著是世界通訊，現代公司治理的獨裁特性並未成爲議題，這讓我鬆了一口氣，雖然獨裁所滋生的企業濫權，引來非常多的正當關切。事件的主角是作假帳。大家即將學到，在相當大的程度上，現代企業會計的基礎建立在一系列的預測上，未必反應一家公司的過去歷史。這表示，企業的營運成果有相當顯著的一部分要靠寬大的裁量，而且，經常受到濫權之影響。例如，退休金責任之計算並依此計算結果成爲所得之費用，都需要作許多不確定的預測，以致於計算出來的潛在退休金成本，變動範圍相當寬大，但都可以合理解釋。每月收取貸款還本付息款項的銀行，在放款還沒完全清償或是違約之前，無法完全確定其放款是否能夠還本付息。反應固定資產經濟價值折減情形的折舊費用，我們知道，受到相當大的裁量之影響，視設備受到科技進步之影響而變成呆滯的預期速度有多快而定。難怪許多企業經理人，在競爭相當艱難時，傾向於在未達公然作假帳的範圍內，或是超出此範圍，採用對其經營成果有利的偏誤。有些則顯然超過界限。但會計裁量所能掩飾的就這麼多。屋頂終究要塌下來。也的確塌了。

安隆和世界通訊醜聞事件之後，公司CEO的權力受到删減，而董事會和股東的權力則提升。由於醜聞事件爆發，董事會的氣氛就變了。有個笑話是，當CEO於二〇〇二年走進董事會時，他一直在想，第一項議程是不是要他辭職。黑色幽默越講越黑。另一則笑話是說當年一般的CEO有一半的時間是花在和總顧問討論如何才能讓他們二人都不會被關起來。太誇張？當然。但黑色幽默和現實之間，經常只有微妙的差異。大家都同意當時，以及現在的CEO比較少花時間在有用的事業擴展上。

安隆和世界通訊高階主管竊取股東資產事件造成了一股政治風暴。至少自十九世紀後葉的搶錢大亨時代（Age of the Robber Barons）以來，反企業的民粹主義就一直潛伏在美國的政治表面底下。沙氏法於二〇〇二年在倉促思考下壓倒性通過立法。我很訝異其中竟包括一些有用的改革。要求CEO證實，就他或她的判斷，公司的帳務眞正反應該公司的價值就是其中之一。不管公認會計原則（GAAP）和美國財務會計準則委員會（FASB）的規定、不管國稅局和證管會的法律用語，要問CEO的問題是：你公司的帳，就你盡可能之所知，是否正確反應公司的財務狀況？

這項要求解決了我一個非常棘手的問題：到底以原則爲基礎的國際會計標準或以規則爲基礎的美國FASB和GAAP標準是不是表達企業成果的有效方式？沙氏法讓CEO及財務長跳脫這些複雜的判斷。該法把財務結果的解釋義務擺在該擺的地方。如果授予CEO選擇會計制度的法定裁量權，並要求CEO對結果負責，這應該最能符合股東利益。

但很清楚的是，尤其是事後看，沙氏法所增加的法律負擔已經降低了美國具競爭力的彈性。事實證明四〇四節特別麻煩——該節要求審計人員要執行特定的會計最佳實務，而審計人員則受到新機構，公開發行公司會計監督委員會（Public Companies Accounting Oversight Board, PCAOB）之監督。該機構的字母縮寫很快就被唸成英文的「躲貓貓」（peek-a-boo），暗示採暗中監管。新機構對此頗爲不悅。

時至今日，在實施多年之後，企業圈裡很少有人會主張爲執行四〇四節而付出努力和成本，更別說公司經理人要從擴張企業方案中分神過來處理四〇四節的成本，而可以對公司或美國整體經濟創造出淨效益。整體而言，沙式法被證實是不必要的麻煩，但同樣重要的，該法案的前提是建立在監理能夠達到某種水準的特定迷思上。

沙氏法強調公司審計委員會的角色並要求其主席必須具有專業資格。其用意是這個實力提升之後的委員會將有能力去搜索企業的罪行，尤其是舞弊行爲，並交給股東一份比以前更正確的財務報表。回想我擔任金融主管官員超過十八年的期間，很少有金融主管官員可以透過檢查程序發現舞弊或掏空事件，不管有沒有加強稽查。雖然我們承認銀行管理並不是尋找犯罪活動，然而聯準會的金檢人員竟一度對一家多年來窩藏龐大掏空弊案的日本銀行紐約分行給予高度評價。最後，一名告密者讓其關門。事實上，我發現我所認識的金融主管官員當中，很少能舉出案例，舞弊和掏空不是由告密者所舉發的。我非常同意沙氏法之前的審計委員會在發現高階主管的弊案上作得並不好。但事實上，不管是新的或是舊的審計委員會，如果不能部署一大群檢查部隊就無法發現不法情事。而檢查部隊的高成本監督會讓公司窒息，監督會扼殺企業的冒險行爲，最後危及企業活力。

沙氏法案其他的條款則大推「獨立」董事。不知爲什麼，該法認爲，多元競爭的聲音，可以讓經理人誠實。在實務上，獨立於管理部門之外的董事，對於他們被指派去監督的事業，通常經驗非常少。他們很可能不知道會有哪些詭詐。我一直認爲，當年羅斯福總統被質問爲什麼指派華爾街投機分子約瑟夫・甘迺迪（Joseph P. Kennedy，小甘迺迪的父親）去當證管會的第一任主委時，他的說法很正確。難道這不就是派狐狸去保護雞舍的經典案例嗎？羅斯福答說：「派賊去抓賊。」

一家公司只能有一種策略。相互鬥爭的「獨立」聲音，對未來各自有完全不同的規劃，這將削弱CEO及其餘公司董事的能力。我所任職的董事會中，曾經有不同主張的董事齊聚一堂。只有法律強制要求要召開董事會同意的事項才會通過。這種董事會缺乏大家對CEO的公司策略作意見交流。人類的天性就是這樣，只要有理念相左的董事在場——例如，有的董事代表想要併吞公司的潛在投資者——則公司派董事和當權公司主管就會在董事會會議室外頭進行意見交流。

我不希望毀謗企業購併。相反的，這是創造性破壞的關鍵措施，而且不用懷疑，這是股東的聲音影響公司僅存的最有效方法。雖然調整經理部門通常是必要的，但你不能讓一家公司有二個負責單位各自發出互相矛盾的官方聲音，公司將無法有效運作。二者必須擇一。如果董事會被衝突的利益所撕裂，則公司治理將會遭殃。如果董事不同意CEO的策略，他們就該撤換CEO。當然，企業在轉型期間難免會不和諧。但這並非企業所要追求的價值。雜音只會造成虧損。

把公司各式各樣的利害關係人（工會、社區代表、客戶，和供應商等）代表納入董事會的想法，在民主上相當好聽。但這是錯誤的建議，而且我強烈懷疑根本行不通。在今天高度競爭的世界裡，每家公司都必須和以前一樣，在單一的教練之下執行計劃。每場大賽都要全體隊員投票表決，是必敗的祕訣。我相信最後沙氏法中一些粗糙的邊角，尤其是四〇四節，將被磨掉。

美國的公司治理雖好，且已經存在了幾十年，但還是有些缺點，美國對不斷變化的全球環境之調適，暴露出值得注意的缺口。正確的會計是自由市場資本主義運作的核心。如果全球資源配置所賴以產生的訊號遭到扭曲，則自由市場在促進生活水準提升上，效率將會打個折扣。資本主義擴張財富的方式，主要透過創造性破壞——資金從停滯、低報酬的資本流出，加上新儲蓄投入高報酬的先進科技之過程。但市場需要可靠的資料以衡量資產報酬，這個過程才能運作。

股票選擇權費用化就是個適當的案例。二〇〇二年，我加入了這場對一九九〇年代達康熱潮中晦澀而關鍵之面向的論戰。我的好友華倫·巴菲特（Warren Buffett）絕非企業評價的生手，他已經先行加入這場論爭。高科技公司特別喜歡大規模運用這個方法，把會造成淨利減少的薪水，改成發放當時不會影響淨利的股票選擇權。這對某些公司的經營成果造成相當大的差異。例如，英特爾二〇〇五年的淨利爲八十七億美元；而英特爾自己的計算，如果考慮選擇權成本，則淨利要再減上十三億。我認爲選擇權把技術人員（實質資源）吸引到公司，原則上和現金或其他形式的支付方式並無區別。

正確的獲利評估需要正確的成本會計。勞工成本必須正確記錄，否則公司經理人對於公司策略是否賺錢，將會被誤導。不管是付現金、配發選擇權、或是使用主管餐廳，應該都不影響結果。企業必須知道新進員工的市場價值。員工一旦接受某種待遇條件（包括選擇權），其實就是設定了他自己的市場工資。而這個市場工資傳達出產生獲利所需的勞工資源之價格。

像我們這麼大、多元、而複雜的經濟，如果我們要把國家資源導入最有效的運用方式，則正確衡量企業績效就很重要。正確的投入成本，是判斷企業當前活動是否獲利的基礎。根據不確定的預測來改變資產負債表的評價，在判別特定策略是否成功上，已經成爲越來越重要的元素。但無論如何，產出價值減去投入價值就是利潤的基本原則並不會因複雜的衡量方式而有所改變。

假設配發選擇權不是一種費用，就等於假設有助於創造產出價值的實質資源是免費的。當然，配發選擇權給員工的股東，因爲沒有付出成本，也就不認爲公司股票的市值遭到稀釋。

選擇權對創投業很重要，而且，許多高科技業者費力地辯護，反對改變當前的流行實務。他們堅持選擇權之使用，是一種特殊而珍貴的薪資機制（正確）；把這些配發的選擇權作費用認列將會減少選擇權之使用，⑥而對高科技公司造成傷害（可能）；「充分稀釋每股盈餘」已經把選擇權效果納入考慮（無關）；⑦而且，我們在衡量選擇權成本上無法達到足夠的精確度，以作爲財務報表之允當認列（錯誤）。⑧

⑥若選擇權的收受者被愚弄而不知公司的眞正獲利表現，則此種說法爲眞。

⑦這項調整只更正每股盈餘的分母（股數）。會計上有所爭議之處爲分子（盈餘）之估計。配發選擇權的確可能增加流通股數，因而降低每股盈餘。

⑧選擇權費用之估計方法採近似法。但盈餘的其他項之估計，許多都是如此。而且，除了沒把選擇權列爲費用以外，每家公司都已經在損益表上以間接方式表達選擇權費用之估計值。當然，大多數公司所揭露的這項數字就是零。難道配發出去的這些選擇權，對公司而言，其價值或成本就眞的是零嗎？

選擇權費用化看起來好像是狹隘的會計問題，其實，對正確表達企業績效非常重要而關鍵。有些人把配發選擇權而不列爲費用視爲重要的增資補助，以資助公司迅速利用先進科技。雖然新科技對我們經濟成長的重要貢獻大家有目共睹，但並非所有的新點子都創造出淨價值。並非所有的新點子都應該投錢進去。在達康熱潮時，我認爲有非常多的錢就浪費在不切實際的夢幻企業上。這種浪費，是帶動我國經濟成長的冒險行爲所無法避免的副產品。然而，當協助投資人配置投資的盈餘報告不正確時，就會發生更多不必要的浪費。

股票選擇權之配發，如果妥善設計，可以非常有效地讓公司主管和股東的利益相結合。很遺憾，許多特別的選擇權配發案，似乎是只顧自己的利益。我想，我不該訝異高科技產業的共同遊說團體找到聯準會這邊來。曾經有多次的ＣＥＯ團體來拜訪我，通常是英特爾（Intel）的克雷格·貝瑞特帶來的。來訪的ＣＥＯ不知道我曾經擔任過四分之一個世紀的企業董事。我頗樂於反駁他們的論點。我很尊敬也很喜歡克雷格，或是其他爲了別的問題而來找我的遊說人士，我經常想問克雷格：「如果我能說服你，讓你相信你的論點是錯的，那麼你願意在你現在的工作崗位上改變你的看法嗎？」我一直沒問。沒必要問。一九九四年我和當時的中國總理李鵬作資本主義和共產主義辯論時，就曾經有過相同的處境（詳見第十四章）。

選擇權費用化的論點終於被普遍接受。二○○四年十二月，美國財務會計準則委員會改變其準則，要求股票選擇權之配發自二○○五年起要列爲費用。國會爲了表達高科技創業家的意見，差點把這個規定封殺掉，塵埃落定之後，新準則才正式上路。

即使在二○○二年的醜聞事件之前，ＣＥＯ待遇相對於一般生產線工人之差距，也引起相當大的政治憂慮。我將在第二十五章說明，我們的GDP中，觀念，尤其是技術所佔的比重不斷成長，幾代下來，造成智慧力量相對於體力的價值增加數倍之多。我的年紀夠大，還可以想到當年靠體力本事在工作上成爲傳奇和威望的故事。保羅‧班揚（Paul Bunyan）這個虛構的伐木工人之龐大雕像，至今仍俯視著北明尼蘇達的湖邊鄉野。一個世紀前的碼頭工人，以蠻牛般的神力而被頌揚。今天，以前碼頭工人所做的工作，通常是由電腦控制臺前的年輕女士來操作。

在我們的社會裡，由市場所決定的相對薪資，反應我們的經濟中所有參與者的價值偏好。有更好的仲裁者嗎？有一個同樣可以自圓其說的標準，但從未成功運用過，即集體努力的成果，應該由所有的工作者平均分配。在這樣的精神之下，任何工資上的差異都是不公平的。但斷言某一組所得不均等，不論是太大或太小，都需要一套標準來判斷。認爲差距「太大」者，等於接受了某種程度以內的不均等是公平的假設。爲什麼不該更低呢？或是，同樣的道理，更高呢？

我在第二十一章主張所得不均是社會的政治亂源。但我反對政府干預，以薪資管制而不是以——例如——協助低薪工人取得更有價值的技術之方式來解決，通常，管制的後果將比問題還嚴重。即使在公司治理有瑕疵的情況下，高階主管的薪資終究，而且必然是，經過公司股東同意的。我前面提過，這樣的交易，應該沒有政府插手的餘地。薪資管制，就像物價管制，必然導致悲慘的意外扭曲。

在股東和經理人分道揚鑣的情況下，專制的CEO方式似乎成了可以讓公司有效運作的唯一安排方式。我們無法避免今天企業結構裡的專制獨裁。但我們能確保表現不佳的CEO遭革除，如果不是靠現有股東將其撤職，就是靠購併變得更簡單。在這方向上有一個步驟要做，就是放寬取得股東名單的規定，目前，股東名單大部分是控制在經營團隊手中。那些想採匿名方式的股東可以用「券商名」⑨的方式來保護。合併、收購，和分割是競爭和創造性破壞的重要部分。私募基金之出現，似乎是市場對退休基金和其他大型投資機構不願介入所有權人監督公司管理部門的反應，而所有權人監督經理部門正是前幾代的標誌。私募基金投資於價值低估之資產，從而獲得高於平均的資本報酬率，證明我們的經濟不能有效配置資本。將那些資產移轉到能妥善管理的投資人手上，對經濟成長是一大貢獻。強化的股東控制無疑將除去經理人自肥的「金色降落傘」(golden parachutes)、過高的獎金、選擇權日期回溯（backdating of options），及退休後津貼等，這些花的都是現在股東的錢。

美國企業的最終控制，就在股東的手上，這是我們市場資本主義制度的基本要件。在企業中、在大多數的人類組織中，授權會導致一定程度的專制。而在公司治理和有效控制之間取得適當的平衡，永遠不可能沒有矛盾存在。

⑨「券商名」（street name）一詞用來表達股票以經紀商或其他名義持有，而不是以股東之名義持有。

24 能源長期吃緊

當卡崔娜（Katrina）和麗塔（Rita）颶風於二〇〇五年夏季掃過美國柔弱下腹部的德州—路易斯安那州石油區時，她們在世界石油的供給上撕開了一個大洞。汽油、柴油，和家庭加熱用油的價格飆漲。

這種意外遲早發生。油價自二〇〇二年以來即持續攀高，因爲全球石油之消費增加，進一步吸收掉全世界其他地區多餘的緩衝產能；此緩衝產能於一九八六年達到高峰，每日一千萬桶。在往年，該項緩衝可以適當地吸收衝擊，即使像卡崔娜和麗塔這樣的規模，也不用擔心價格會受到影響。然而，到了二〇〇五年，世界石油均衡已經變得岌岌可危，即使東岸某些煉油廠在年初進行意外維修，竟然也足以導致油價上揚。

儘管每隔一段期間，就會有全世界石油快用完了的預測，在一九八六年到二〇〇六年之間，地底下石油存量之成長，比石油消費還快。主要是因爲技術上的開發，提升了既有油礦所能開採的石油量。但全世界的石油生產者卻不能成功地建造實際產能，把深藏在洞穴中的石油抽出來處理。由於擁有巨大蘊藏量的國家，主要爲石油輸出國家組織（Organization of Petroleum Exporting

Countries, OPEC）的會員國，沒有在油井和原油處理的基礎設備上作足夠之投資，以符合不斷上升的需求，①探勘和完井（well completions）也就隨之落後了。於是，雖然全世界的石油消費和石油存量在一九八六年到二〇〇六年之間平均每年成長百分之一・六，原油產能成長率卻只有百分之〇・八。

爲什麼石油公司不把急遽增加的收入多拿些作再投資？所有ＯＰＥＣ的石油礦藏都爲國家壟斷機構所擁有或控制。其收入乃是支應人口快速增加之需求的主要來源。能源投資必須和其他重要事務相競爭，包括有些國家從石油多角化到天然氣的計劃。私部門的石油及天然氣公司，與國營石油公司相反，近年來已經把大部分的現金流量投注在能源投資上。但已開發國家的石油蘊藏，經過一個多世紀的開採已經嚴重耗竭，在這麼貧瘠環境下所增加的油礦開採報酬，只是ＯＰＥＣ國營石油公司現有報酬的一小部分。更重要的是，私部門的國際石油公司漸漸被禁止到ＯＰＥＣ取得石油礦源。②專業技術完全爲這些公司所壟斷的年代早已過去。他們已經沒有什麼東西可以換取中東豐富的石油。

半世紀之前，七姊妹（the Seven Sisters）——紐澤西的標準石油（Standard Oil）、荷蘭皇家殼牌、德士古（Texaco），和其他巨人——主導全世界的石油。今天，這些私營國際石油公司只不

①根據國際能源總署，全球在探勘和開採上的支出，二〇〇〇年到二〇〇五年成長了一倍，但成本每年成長超過百分之十，故平均每年實質支出成長不到百分之四。尚不足以支應把油礦轉化成原油的產能成長。

②沙烏地阿拉伯、科威特，和墨西哥完全禁止外國公司投資石油和天然氣礦。事實上，擁有國營石油公司的國家大多禁止外國企業取得石油資源。

過是以前光輝的陰影。當然，他們的利潤隨著龐大的石油庫存和資產之增加而上升。③但他們在投資開發上的獲利機會則乏善可陳。而且取得OPEC礦源已被禁止，這些國際公司已經沒什麼選擇，只能把大部分的現金流量以買回股票或發放股利的方式退回給股東。

除了沙烏地阿拉伯石油公司之外，OPEC的國營石油公司沒有一家公開希望以擴充原油產能的方式來抑制油價上漲。相反的，他們似乎非常擔心超額產能會把價格和龐大的收益拉下來，他們的內政目標已經和這些收益息息相關。當我在二〇〇五年五月和沙烏地石油部長阿里・阿納伊米（Ali al-Naimi）會面時，即使是他，顯然也對美國推動限制石油消費，從而使OPEC石油收入受到抑制的措施感到不安。阿納伊米的國家，影響力建立在已經證實的二千六百億桶藏量上，一般認為，其潛在藏量超過此數字。他很機敏地瞭解到，如果油價漲得太高，石油消費可能會永久減少，因為世界的主要消費者轉而強調節約用油。大多數的石油消費取決於機動車隊、工廠，和家庭等的石油消費傾向——雖然基礎結構無法一夕改變，但還是能改變，而且已經改變了。沙烏地阿拉伯在一九七〇年代就學到了這個教訓。石油危機之後的那幾年，消費成長從根本上減緩，而且即使在油價回跌之後，也無法完全恢復。當時所發生的，可能再度發生。今天，美國消費了全世界石油的四分之一；如果我們降低我國消費的成長趨勢，尤其是當其他國家也跟著做時，沙烏地阿拉伯的世界威望必然將有所減損。

自從羅斯福總統一九四五年二月於美國海軍昆西艦上（U.S.S. Quincy）會見薩烏德國王（King

③後進先出法的會計處理會減少利潤增加的幅度，但不致於使其完全消失。

Ibn Saud）後，美沙關係一直很密切。在一九三三年所核發的特許下，一家美國石油公司，加州的標準石油（即後來的雪佛蘭〔Chevron〕）於一九三八年三月在沙烏地的沙漠中發現石油。由美國各大石油公司聯合出資，成立阿—美石油公司（即阿拉伯石油公司）來開發這些資源。這個一九九二年全世界最大的產油國和美國這一向是全世界最大的消費國之間的關係相當牢固。這個關係，即使在一九七六年沙烏地阿拉伯把阿拉伯石油公司國家化了之後還繼續存在。④身爲美孚公司一九七七年到一九八七年的董事，我很敏銳地瞭解美國和沙烏地阿拉伯間持續的關係。一九七六年之前，阿拉伯石油公司百分之十的股利，一直是美孚公司的主要盈餘，而往後幾年所取得的沙烏地原油更在美孚營運上扮演重要角色。阿拉伯石油公司已經把過去五年來所增加的盈餘，大部分投資於產能擴充，但和美國、英國、加拿大、挪威，甚至於俄羅斯等國的石油公司相較，比重還是太小。

OPEC不願擴充產能，已經對石油市場產生劇烈影響。供需之間的緩衝已經縮小到一定的程度，在沒有價格調整之下，竟無法吸收全球一小部分產能停工的影響。油田、管線、儲存設備，和煉油廠所受到的威脅越來越嚴重，尤其在中東和奈及利亞，危及脆弱的均衡。二〇〇六年二月，對布蓋格（Abqaiq）這沙烏地阿拉伯日產七百萬桶原油的大煉油廠之恐怖攻擊雖然失敗，但並非完全無效。根據某些報導，攻擊者突破了第一道防線。如果他們攻擊成功，所導致的油價暴漲將造成世界金融市場的嚴重不安，而且視石油設備關閉的程度之不同，可能讓世界經濟之擴展嘎然

④一九七四年阿—美石油公司尚未國有化之前，沙烏地阿拉伯取得百分之六十的控制權。

而止，甚至更糟。最近，大家更加擔心，如果伊朗受到嚴重威脅或被激怒，可能把波斯灣的荷姆茲海峽（Strait of Hormuz）關閉，這道海峽是全球原油的動脈，佔全世界五分之一的運量。

幸好，市場行動已經創造出新種的緩衝。已開發世界的石油生產者、消費者，和最近的投資人，已把石油的地上庫存推上新高水準。回顧整個石油史，只有能實際儲存大量石油者，才有能力交易。庫存的目的主要在於預防，特別是預防世界任何地區的意外減產。但金融上的重大進步，已經開啓新方法，讓更多的參與者加入石油市場，並決定油價。於是，當二〇〇四年世界石油產業在擴充原油產能上的投資顯然不足以符合日益增加的需求時，避險基金和其他機構投資人預測還有更高的油價，尋求石油長期投資，開始把價格炒高。這個現象持續發展，直到擁有庫存者受到他們的誘惑而賣出一些給他們。投資者在原油期貨上累積大量的多頭淨部位，主要是在店頭市場。當所有的多空相抵請求權（offsetting claims）都結清之後，這些未交割合約的賣方，必然是全世界擁有數十億桶石油的私人庫存。

許多石油公司透過期貨合約出售石油給投資者，於是便暴露在石油飆漲的需求下而沒有避險。他們想辦法迅速補充這些附出售義務的新庫存。他們新增的庫存需求，對上升的消費需求造成超級擠壓，迫使石油生產和油價同步攀高。結果，所累積的庫存包括傳統的預防性庫存和業者爲履行期貨合約交付義務而以「附條件」方式所持有的庫存。換言之，全球的儲油槽和管線裡的石油，有一部分已經是屬於投資人的了。金融機構大量參與所累積的石油實物交割請求權，據國際清算銀行（Bank for International Settlements）報告，反應在二〇〇四年十二月到二〇〇六年六月之間，以石油爲主的大宗物資衍生性商品名目合約價值上：成長了將近六倍。

石油市場一年超過二兆美元，新近加入的投資人和投機者，對調整過程也有所貢獻，加速調整過程；全球供給的適當緩衝幾乎已完全消失，在這種情況之下，特別需要這種調整過程。來自投資社群的需求，造成油價漲得比以往還快，促使投資人刺激石油庫存進一步累積到新高紀錄，讓原本薄弱的石油供需緩衝，多了一分實力。亦即，投資人的加入並沒有增加全世界的石油供給，但他們的活動，讓必要的價格調整加速，並把一部分原油從OPEC的油礦裡，移轉到已開發世界的地上庫存。這讓石油更爲安全，我預測，長期而言，會降低油價壓力。

當然，加速的調整過程和伴隨而來的汽油價格高漲之間，產生了許多矛盾。當原油價格來到每桶七十五美元的歷史高點時，評論者確信這是投機者和石油業者哄抬油價的結果。美國歷史充斥著油價高漲後，大家控訴這是石油公司相互勾結，引發國會調查。當調查找不出勾結陰謀時，報告也就無疾而終。勾結一事讓人覺得很刺激，而價格大漲也很明顯，更不用提某些消費者的痛苦。但實際情形卻只是一般事務：我們再度見識到市場力量有效運作。

想想看：如果價格上漲沒有來自投資人的投機性買盤，石油消費將以更快的速度增加，讓需求超過供給上限的時機提早來臨。這時，全球消費者會快速耗盡庫存，而價格將一飛衝天，對全球經濟穩定造成嚴重後果。然而，投資人需求所引發的漲價，讓生產者大量增產，並抑制部分消費。雖然原油產能依然不足，但產能還是增加以反應高油價。結論是，如果沒有投資人的投機性需求，全世界必然會遭遇到比實際狀況更急促且更嚴重的石油危機。

如果我們還擁有二十年前那樣的一天一千萬桶備用產能，則需求的增加、或是因武力攻擊、颶風，或非表定維修所造成的暫時關廠，對價格並不會造成太大衝擊，甚至完全沒有影響。造成供需之間緊張關係的原因，並非來自地上石油短缺。問題在於，除了沙烏地阿拉伯石油公司之外，想要投資的人（私部門的國際石油公司）找不到有利的投資標的；而擁有有利投資標的者（國營石油公司），卻不願投資。

許多OPEC的會員國已經宣佈短期的生產擴充計劃以因應高油價。但這些計劃的確定程度尚難判斷。其他地區的石油增產機會僅限於少數幾個區域，最值得注意的是前蘇聯。但即使是那裡，在克里姆林宮控制下，俄羅斯石油產業重新整合覺醒，投資依舊相當遲緩。

除了令人害怕的原油產能短缺外，全球煉油產能是否足夠，也令人擔心。全世界的煉油產能，從一九八六年到二〇〇六年，每年的成長率只有百分之〇．九，和原油產能的成長率百分之〇．八相當，成長不足。事實上，過去十年來，原油生產和煉油投入之增加，已經比煉油產能還快。最近全球的煉油生產已經接近有效煉油產能。萬一煉油產能低於原油生產產能，煉油設備缺乏可能會成爲石油使用上的限制——除了少數例外，石油必須經過提煉才能使用。由於世界原油所生產出來的含硫（或酸）產品和世界對較輕、較低硫石油產品的需求出現無法配合現象，這種問題可能已經發生在某些等級的石油上。現在重油佔全球石油產量的三分之二。我們不能改變地底下的石油品質；因此，增加適當的焦化（coking）和去硫等煉油產能，把世界許多土產原油的比重和含硫量處理掉，轉成市場所需要的更輕、更不含硫產品，有其特殊的需求，尤其是運輸用燃油更應該符合越來越嚴格的環保要求。

然而煉油廠的擴建和現代化卻遲遲不前。例如，美國自一九七六年以來即無增建全新的煉油廠。未來的石油環保標準，雖然很多尚在研擬階段，卻是不確定性上的重大問題——因爲典型的一座煉油新廠，代表著三十年的財務承諾，這種不確定性，造成煉油廠之投資具有特殊風險。爲了鼓勵廠商在美國增建煉油廠，也許，我們的作法不是讓新增的煉油廠不受未來法令變動之規範，就是把未來的環保要求鎖定一段期間不變。這將大幅消除未知數，有助於建設之進行。

煉油廠遲遲不能現代化的結果反應在低硫高價的布倫特（Brent）原油和馬雅（Maya）重原油之間的顯著價差。而且，煉油產能壓力已經開啓煉油市場的利潤空間，讓汽油和其他提煉產品的價格漲得更高。

我們怎麼會讓供需均衡搞到如此脆弱的地步，以致於氣候，更不用提個人的破壞行爲或區域性暴動，竟能對世界能源供給和經濟擴張造成重大衝擊？

在十九世紀結束前幾年，石油產業第一大波成長的期間，生產者判斷，價格穩定性是市場持續擴張的基本條件。必要的定價力量掌握在美國人，特別是洛克斐勒的手裡。他以取得美國九成煉油產能控制權的方式，在世紀之交成功地做到穩定油價。即使美國最高法院於一九一一年將他的標準石油托辣斯打散之後，定價權仍留在美國——最初是在美國的石油公司，後來則在德州鐵路委員會（Texas Railroad Commission）。在數十年中，該會委員藉由提高產出的底限以抑制價格劇烈波動，並刪減產出之許可量以防止價格暴跌。⑤

⑤這是很特殊的一段歷史，一個鐵路委員會竟然成爲全球石油供需平衡的仲裁者。雖然該委員會最初所得到的授權是管理德州鐵路，後來卻成爲調配原油生產的工具。

事實上，一直到一九五二年，美國的原油產量（百分之四十四在德州）仍然佔全世界的一半以上。在一九五一年，超額的德州原油供給到市場上以抑制穆哈默德・莫薩德克（Mohammed Mossadeq）推動伊朗石油國家化而全面停產所造成的油價衝擊。爲了解決一九五六年蘇伊士運河危機和一九六七年六日戰爭（Six-Day War）所導致的油價壓力，超額的美國石油再度釋出到市場。

然而，當全世界日益增加的需求最後耗盡了美國的超額原油產能時，美國石油的歷史角色終於在一九七一年結束。那時候，美國能源自給自足的模式也畫下休止符。定價權的地點突然起了變化，最初落在少數幾家中東大型生產者手上，最後則爲全球市場力量所主導，遠非他們，或任何人所能控制。

一九七〇年代初期，許多產油國，特別是中東國家，爲了利用他們新近取得的定價權，把他們的石油公司收歸國有。然而，其力量要到一九七三年石油禁運時，才充分展現。在那段期間，沙烏地阿拉伯拉斯坦努拉（Ras Tanura）所公告的原油價格上升到一桶超過十一美元，遠超過一九六一年到一九七〇年之間的一・八美元。伴隨一九七九年伊朗革命而來的油價上漲，最後終於在一九八一年二月把油價推上每桶三十九美元——以二〇〇六年的物價來算是每桶七十七美元。二〇〇六年的油價高峰，經通貨膨脹調整後，和先前一九八一年的紀錄不相上下。

一九七〇年代的高油價造成當時美國及全世界石油消費的非凡成長期嘎然而止，當時，美國及全世界石油消費的成長已經遠超過GDP的成長。石油使用「強度」（intensity）增加，是二次大戰後數十年間的標誌。事後回顧，一九七二年到一九八一年間的石油產品價格飆漲，可以看得出來，幾乎讓全球的石油消費停滯。事實上，到了一九八六年，全球石油供給過剩，導致原油價格跌到每桶十一美元。只要時間夠長，石油消費對價格的敏感度就會變得超乎任何人的想像。一九七〇年代油價逐步上升之後，全球GDP每一約當美元所得的石油消費下跌超過三分之一。美國在一九四五年到一九七三年之間，石油產品消費的平均年增率高達驚人的百分之四・五，遠超過我們的實質GDP成長。相對地，在一九七三年到二〇〇六年之間，美國石油產品消費的平均年增率只有百分之〇・五，遠低於實質GDP的成長。結果，美國石油消費佔GDP的比重減了一半。

石油消費佔GDP比重之下滑，有一大部分是來自GDP在服務、高科技，和其他少耗油產業上的成長。其餘的下滑則來自節約能源之改善：更佳的住宅隔熱、更好的汽油里程數，和生產過程合理化等。大部分的更新工作在一九八五年就已經完成。此後，減少石油使用強度持續進行，但步調則趨緩。例如，我們在一九八〇年代為了對付早期的油價上漲，以輕型機動車輛大幅提升燃油效率，之後，改善就慢下來，成為細水長流。

由於實質油價在一九八五年之後普遍處於低檔，那段期間，美國經濟在降低石油耗用強度上的趨緩，這應該不意外。美國的長期需求彈性（即需求對價格變動的敏感度），過去三十年來已經證明遠高於一九六〇年代。

歐洲地區自一九七三年以來，使用強度也下跌了一半，而英國和日本甚至下跌超過一半，現階段的使用強度較美國為低。相較之下，開發中世界通常非常浪費；那裡的石油消費佔GDP比重平均遠超過已開發國家。除了墨西哥、巴西，或許還有中國之外，近年來開發中國家的使用強度並沒有顯著減少。

雖然過去三分之一個世紀以來OPEC的生產配額一直是決定油價的重要因素，但自一九七三年以來的故事是市場的力量以及加諸於市場的力量。一九七三年以阿戰爭之後的阿拉伯石油禁運導致許多觀察家，包括我，害怕供需缺口可能會大到讓配給制度成爲解決石油短缺問題在政治上唯一能被接受的方案。⑥然而供需失衡之解決，事實上並不是以這種方式進行。而是高油價壓力促使消費者改變他們的行爲，從而造成石油使用強度下降。（美國對汽車和輕型卡車規定燃油效率標準當然導致汽油需求之成長趨緩。然而，我和許多經濟顧問委員會的同仁相信，即使沒有政府所實施的標準，市場力量也會造成燃油效率提升。事實上，美國從日本進口高燃油效率小型車的數量，在整個油價高漲的一九七〇年代不斷上升。）

這個效應相當戲劇性。例如，美國能源部於一九七九年根據當時最新的石油使用趨勢預測，一九九五年的世界油價將會達到將近每桶六十美元——相當於二〇〇六年的一百五十多美元。油價無法如預測上漲是市場力量和此力量所培育的新科技之證明。

由於全球GDP中，石油投入所佔的比率，比三十年前的三分之二還低，因此，二〇〇六年上半年油價飆漲，對世界經濟的影響效果雖然醒目，但對經濟成長和通貨膨脹之影響，卻沒有一九七〇年代的狂飆來得顯著。二〇〇六年整整一年，我們很難發現世界經濟受到油價勁揚所造成

⑥由於我觀察到一九七三年之前美國消費迅速增加，對物價變動似乎並不敏感，我擔心，把需求壓低到長期禁運產出水準所需要的油價上漲，在政治上難以讓人接受。畢竟，尼克森總統在一九七一年實施工資和物價管制，目的就是爲了壓制通貨膨脹的焦慮。

的嚴重侵蝕。事實上，我們正經歷二次大戰結束以來世界經濟最強勁的擴張。尤其是美國，能夠完全吸收二〇〇六年油價上漲的隱含稅。

然而，石油私人庫存的擁有者，包括業界和投資人，顯然預期石油供需關係的基本面不太可能發生足以造成長期關切的變化。但這並不表示油價就必定會漲得更高。如果市場有效率，則所有影響未來供需均衡的知識，應該都已反應在原油的現貨價格上。⑦許多分析師認爲，二〇〇七年初的現貨價格包含龐大的「恐怖主義」風險貼水。（毫無疑問，中東和平將造成油價重挫。）要改變原油價格，未來的供需均衡就必須發生變化，或發生造成變化的威脅。歷史告訴我們這將會發生——均衡將會時常變動，而且是朝向二個方向之一。科技無法防止這點。但科技可以緩和這種緊張市場所造成的成本和價格衝擊。

石油產業早年在石油和天然氣上那種一翻兩瞪眼的探勘方法已經比不上更有系統的探勘方法。近年來科技上的劇烈變化，已經讓既有的油礦得以進一步使用，同時還把生產成本保持在比以前更低的水準上。震波影像和先進鑽探技術已經發現前景不錯的深海礦源，尤其是墨西哥灣一帶，而陸上成熟油田的繼續開採也成爲可能。因此，吾人可能會預期新油田的開發成本將因而下

⑦原則上，價格所包含的市場參與者知識中，不只是決定現貨價格力量的知識而已，還包括決定期貨價格力量的知識。事實上，當市場參與者看到未來價格將有一大波上漲時，長天期的期貨價格就會上升，同時也把現貨價拉上來。如果現貨價比長天期期貨低，幅度超過存貨的持有成本，投機者可以買進現貨，賣出遠期期貨，把石油現貨存起來，支付因持有現貨而貸款的利息，然後在合約到期日交付石油，獲利落袋。這種套利將持續進行，直到現貨價格漲到等於遠期期貨價減存貨的持有成本。

降，而新石油和天然氣的長期價格也將隨之下降。但開發成本上的減少，比不上短缺和高價的鑽探設備及石油技術工人不斷上升的工資。⑧科技尚無法完全解決這些因素。

ＯＰＥＣ以外地區，許多石油開發上的創新都導向克服越來越荒涼且探勘成本越來越高的環境，這是一個多世紀以來，立即可以開採的原油來源，已經開採殆盡之結果。但是原油的遠期期貨價格走勢卻符合長期邊際抽取成本的下跌趨勢，在一九九〇年代期間，呈現淨下跌的現象。最遠期（七年）期貨價格從第一次波斯灣戰爭前的每桶二十美元多一些，跌到一九九九年平均每桶不到十八美元。一九九一年到二〇〇〇年之間，雖然現貨價格分布於每桶十一美元到三十五美元之間，遠期期貨價格卻鮮少變動。我們有一陣子似乎已經達到自洛克斐勒時代以來石油公司所追求的油價穩定的極樂世界。但其實不然。當然，長期價格穩定，自二〇〇〇年以來已經遭到破壞。遠期期貨價格暴漲。在二〇〇七年六月，二〇一三年交割的低硫輕原油突破每桶七十美元。我認爲這一波所反應的是越來越多人研判ＯＰＥＣ以外地區原油產能之增加已無法滿足世界日益增加的需求，特別是來自亞洲新興國家的需求。而且，大家認爲自二〇〇〇年以來的長期原油價格上漲是因爲擔心中東和其他地區破壞供給。

由於現有油礦的地理集中度（三分之二在中東，五分之四在ＯＰＥＣ），大多數原油的生產性

⑧長期（一九八六至一九九九年）的低油價造成石油產業工作的需求和吸引力下降。從事石油和天然氣開採的員工人數從一九八二年高峰期的二十七萬一千人縮減至二〇〇三年底的十一萬八千人。二〇〇七年的就業人數顯著回升。勞動力供給趕不上需求；於是，自二〇〇四年秋季起，石油產業工人的平均時薪上漲得遠比全國平均還快。

產能之投資，如果必須在沒有價格過度上漲的情況下符合未來需求，這些投資就必須由OPEC和其他開發中經濟體的國營石油公司來執行。同時，有效產能的擴充儘管緩慢，還是持續進行，而探勘活動，即使是在已開發工業國家，也持續進行。把加拿大阿薩巴斯卡（Athabasca）龐大的油沙礦轉為實際生產的產能，雖然緩慢，但已經讓這種非傳統石油來源對最近的市場價格產生競爭作用。然而，僅管科技進步且價格高漲，已開發國家裡的油礦卻已經耗竭，因為這些油礦增加的速度趕不上石油抽用的速度。

在我向先知借水晶球偷看石油的未來之前，我們必須調查和石油具有密切關係的其他能源。和石油比起來，天然氣產業相對較新。雖然在早期的石油探勘史上，鑽探者無法分辨鑽到的東西到底是珍貴的原油或是天然氣，而因為缺乏運輸設備，天然氣只能白白地「燒掉」。但在許多運輸障礙克服之後，為市場所生產的天然氣在一九四〇年到一九七〇年之間成長了六倍以上。近數十年來，天然氣已經開花結果，成為能源的主要來源，反應出天然氣在工業上的廣泛新用途，並成為發電廠的乾淨燃燒能源。二〇〇五年，天然氣在能源的供應上，將近是石油的五分之三。和石油相反，美國所消耗的天然氣幾乎完全由美國和加拿大所生產，美國二〇〇六年消耗了二十二兆立方英呎的天然氣，其中五分之一來自進口。把重點放在國內生產的理由是天然氣仍然比石油難處理。天然氣在氣態之下難以用管線運送，而在低溫形態下，當以液化天然氣（liquefied natural gas, LNG）方式運輸時，又特別具挑戰性。其儲存也很困難：在氣態形式下，必須儲存在深鹽井裡。

近年來，供給有時候會趕不上需求的成長。事實上，儲存在儲存井裡的天然氣庫存在二〇〇三年冬季被拉到新低水準。結果，天然氣的現貨價格暴漲。改善我們石油和天然氣鑽探成功率的科技，同樣也讓我們能夠以更快的速度耗盡所發現的天然氣新礦源。例如，以德州的資料來看，自二〇〇〇年以來，新井的產出，在一年之後衰退超過百分之六十。相較之下，這個數字在一九八〇年代早期大約只有百分之二十五。結果，光是保持既有市場的天然氣供應量，新的探勘活動就必須增加。

我們發電廠對天然氣的需求組合——在使用上，對環境的破壞比燒煤或石油爲少——以及來自家庭、商業機構，和工業的持續需求，已經對天然氣的礦源基礎產生顯著的壓力。最近，幾乎所有規劃中的新電廠都採用「燒天然氣」或「雙燒」，即能夠燒天然氣或石油。爲了滿足更高的預計需求，未來幾年，一向存在於能量需求和環保關切之間的緊張關係必定會增加。

美國的天然氣價格，即使經過季節性調整，其歷史價格的波動性還是大於原油價格。毫無疑問，這有一部分是反應天然氣在全球貿易上相對原始的狀態——石油廣大而多元的市場傾向於讓狂亂的價格振盪弱化掉。過去幾年來，儘管美國的鑽探行動顯著增加，美國的天然氣產業卻無法顯著地擴充產量，而且我們也沒辦法對加拿大增加進口。⑨價格已經發生明顯壓力。

北美洲的天然氣進口量仍然有限，有效地限制了我們取得世界所供應的豐富天然氣。由於這個限制（二〇〇六年，美國的LNG供應只達消費的百分之二），⑩當美國的天然氣價格飆漲而其

⑨加拿大擴建阿薩巴斯卡油沙礦，及其所需投入的能源已經把許多加拿大的天然氣供給消耗殆盡。

他國家卻沒有時，我們的氨和肥料產業的競爭力就無法有效維持下去。國內供給不足所造成的困難，終將因消費者和生產者對市場價格所釋出的訊號作出反應而解決。事實上，這個過程已經開始進行。而且，由於液化和運送LNG的成本大幅下降，天然氣的全球貿易顯著興起——這是非常有前景的發展。

在這個過程中，全球在液化氣方面都有新投資在進行，尤其是卡達、澳洲，和奈及利亞。即使沒有具體的長期運送合約承諾，還是建造了大量的LNG油輪。全世界可供使用的LNG日益增加，必然導致天然氣資源在配置上更有彈性和效率。根據BP（英國石油公司）的表格，二〇〇五年全球天然氣的總進口量只佔消費總量的百分之二十六，而石油是百分之五十九。LNG佔全球天然氣的消費量不到百分之七。顯而易見，在全球交易市場有能力透過各國間貨品的快速流轉以供應給意外需求，從而抑制大幅的價格波動之前，天然氣產業還有一大段路要走。最後，天然氣的這種價格波動消弱功能，將需要一個廣大的LNG現貨市場，目前尚待開發。今天，幾乎所有水路運來的天然氣還是靠長期合約。現貨量目前還很少，但增加中。一個有效的現貨市場，將需要流動性高的LNG期貨市場，以及全世界各地合格的儲存地點，以便交割時設算運輸成本。現貨可以合約方式進行交易和交割，而LNG期貨市場最後終將可以對美國和英國現行以管線運送的天然氣市場作套利。這樣的市場還早得很，但如果天然氣市場要具備石油產品市場在供給上所具備的彈性，則這是不可或缺的。例如，卡崔娜颶風之後，美國市場的汽油缺口就迅速被來自

⑩二〇〇六年，我們進口的LNG有三分之二來自千里達（Trinidad），千里達是我們主要的長期供應者。

歐洲的現貨所塡補。

當然，更大的問題是，造成全世界ＬＮＧ貿易增加，並造成美國ＬＮＧ進口量增加的因素，也會對美國的天然氣市場產生同樣影響。以長期合約方式進口的ＬＮＧ價格會跟著美國亨利中心（Henry Hub）的現貨價格走，但不會有大幅的上下波動。⑪而在全球ＬＮＧ現貨市場，價格將會比這些長期合約價更具波動性，但我猜測其波動性將遠低於亨利中心的價格。

除了增加來自海外的供給之外，北美洲還有非常多未開發的天然氣資源。可開採的天然氣礦主要位於阿拉斯加和加拿大北方，而位於山地州的煤層甲烷礦和所謂的密砂天然氣（tight sands gas）也很豐富。氣體液化科技把天然氣轉化爲運輸用液化燃料，這提供重大的未來效益。但目前這項快速發展的技術因爲能源建設成本普遍高漲，以及試驗廠擴建成工廠規模困難重重等因素而進度落後。

在遙遠的未來，也許是一代或好幾代之後，天然氣水合物（natural-gas hydrates）似乎可以發展出龐大的產能。這些冰狀結構位於海底沉積物和極地中，含有大量的甲烷。雖然其潛在的存量並沒有適當的測量，但美國地質調查中心（Geological Survey）指出，光是美國可能就擁有二百千兆（quadrillion）立方英呎的水合物形式天然氣。各位瞭解這個數字有多大嗎？目前已知的全球天然氣礦藏量大概是六千兆立方英呎。

天然氣和石油的長期短缺，必然會刺激出擴充煤、核能，和再生能源的新興趣，其中最突出

⑪亨利中心位於路易斯安那州的天然氣管線地區，是天然氣價格的參考點。

的是水力發電和回收工業農業廢棄物所產生的能源。太陽能和風力發電已經在經濟上證明具小規模和專業用途，但合起來只及能源耗用的一小部分而已。

美國擁有豐富的煤礦，主要用於發電。但發電廠燃煤發電已因全球暖化和其他環境破壞的關切而受到限制。科技已經減輕一部分這方面的問題，由於煤以外的選擇相當有限，這可能仍是美國未來所依賴的主要能源。

核能顯然是燃煤發電的替代選項。雖然燃油低價競爭和安全考量多年來一直箝制著核能產業，但核能廠並不會排放溫室氣體。美國的核能發電佔總發電量的比重從一九七三年的不到百分之五增加到十年前的百分之二十，從此就一直維持在這個水準。由於多年來已經採取多項措施讓核能更爲安全，而且核能具有減少二氧化碳排放的明顯優勢，以燃煤來代替核能發電已不再是令人信服的方案。

找出令人滿意的核廢料和放射性廢棄物處理方式是最大的挑戰。核能所引發的恐懼超過任何理性的計算。當然，有不少關於蘇聯在不太考慮核能安全下所建造的核能設備的恐怖故事。這個在蘇聯地圖上找不到的神祕城市，其居民數十年來暴露在水和空氣的核放射線之下。如果沒有顯著的保護性基礎設施，核能發電並不安全。但同樣的道理，飲水也不安全。美國核能電廠的安全措施已經做到民眾從來沒有因爲電廠故障而受到放射線所導致的嚴重傷害或死亡。最近的一次意外事件當然是一九七九年造成極大恐慌的三哩島（Three Mile Island）事件。但經過密集研究，並未發現甲狀腺癌增加的跡象，而且在事件發生後十七年，美國地方法院駁回該損害求償案，經美國第三上訴法院確認定讞。然而，政治上的判決卻是：有罪。

核能是對付全球暖化的重要方法。只有在核能對我們平均壽命的威脅超過讓我們增加的部分，才不應該使用核能。根據這個標準，我相信我們在核能使用上明顯偏低。

可能有人會有些懷疑全球暖化到底是眞的問題還是杜撰出來的。當冰河國家公園（Glacier National Park）的冰河消失了，我們可能就必須爲其更名，而根據國家公園的科學家預測，這可能在二〇三〇年發生。然而，身爲經濟學者，我對全球對二氧化碳排放實施所謂「總量管制和交易」制度（cap and trade）的國際公約是否能實際執行，抱持著悲觀的懷疑。幾乎所有的經濟學家都對「交易」的部分贊成有加。付款以取得汙染許可將消除許多低經濟附加價值的二氧化碳排放活動。但「總量管制和交易」的關鍵部分是一個國家所被允許的整體排放總量。原則上，國家可以設定一個二氧化碳的排放總量。這個總量決定後，可以分成許多「許可證」，供出售或放棄。二氧化碳排放量未超出限額的公司可以把未使用的許可證拿到公開市場出售。而那些從事大量二氧化碳排放活動導致超出限額的公司則可以從市場買進其所需要的許可額度。

然而，總量管制方法是否有效，端視其總量之大小。這正是其罩門。例如，歐盟似乎已經在二〇〇五年成功地執行這項計劃，只是其「總量」設得太高了，表示歐洲爲全球所減少的排放量不會有多少。歐洲委員會於二〇〇六年五月報告，歐盟的十五個原始會員國到二〇一〇年時，和一九九〇年水準相較只減少百分之〇·六。京都議定書的日標是二〇一二年之前要達到百分之八。當這種狀況發生時，許可證價格跌了三分之二。這個制度所帶來的不便非常少。

沒有一種方法可以在不造成非常大一部分經濟的負面衝擊之下，有效降低排放量。從淨效果來說，這就是一種稅。如果總量設得夠低可以有效地打擊二氧化碳排放，許可證將變貴，而有非常多的公司會發生成本增加，導致競爭力下降情事。接著工人失業，實質所得受到抑制。一個國家的國會，有可能投票通過這種增加選民成本，而所產生的效益卻歸全球所共享，完全和誰減少了二氧化碳排放無關的法案嗎？

更廣泛來看，選民會指控，不管選民在政府的強迫下，減少了多少的二氧化碳排放，一九九七年的京都議定書並不包括許多開發中國家，因此其成果很可能會被這些開發中國家日益增加的二氧化碳排放給抹煞掉，一個民主政府，面對這樣的指控，還撐得下去嗎？而你能要求開發中國家放棄產生二氧化碳排放的開發活動嗎？萬一非常多的國家都成爲已開發國家之後，「自由」汙染許可證一證難求時怎麼辦？我非常懷疑京都型的協定可以讓全球形成共識，同意對排放溫室氣體採取某種形式的處罰。把二氧化碳排到大氣中，就如同我把垃圾丟到鄰居的院子裡一樣侵犯了財產權。但保護這種權利並對破壞所產生的成本課以罰金是極爲困難，因爲這種成本的監控根本就不可行。不論是在世貿組織或是聯合國，美國近年來在推動需要廣泛共識的國際公約之艱辛史，更讓我對此事感到不樂觀。「總量管制和交易」也好，二氧化碳稅也好，一旦造成活生生的人眞的失業，就不受歡迎了。

當然，理想的情形是二氧化碳排放應該和「總量管制和交易」制度實施前的生產技術脫鉤，但這卻造成後面不必要的困擾。強制脫鉤，即總量管制的做法，很少能讓資源作有效配置，世界在中央計劃經濟上已經有豐富的案例。產出被強制刪減，無疑將在政治上造成禁止進口的反應。這個過程將會漸漸把戰後的自由化成果向後倒退。課徵碳稅（carbon tax），如果全球一體適用，也許不會破壞就業，但我懷疑一體適用本身更難落實。除非我們找到讓排放和生產脫鉤的方式，否則只能以降低生產和就業的方式來達到減少排放。如果我們找到了這種科技，不用「總量管制和交易」制度，排放量也會降下來。有效的「總量管制和交易」制度也許可以預期為新科技之開發創造誘因，但開發過程可能太長而造成政治上的不安。這個令人苦惱的問題沒有簡單便宜的解決方案。

我擔心大家對全球暖化的態度是一直推拖應付，直到這個問題對國家經濟所造成的危機相當明顯——例如，直到各國都被迫在寶貴的城市四周圍上堤防以阻擋不斷上升的海平面和洪水。（荷蘭人已經成功地運用堤防好幾世紀了；而威尼斯人則沒有那麼成功。）事後補救很可能在政治上和民意上遠比事前預防更能得到適當的支持。事後補救還有一個優勢，負擔成本和享受效益的都是同一群公民。但如果全球暖化不只是造成洪水問題（例如氣候反轉），則這個解決方式就派不上用場了。

前面的分析引導我們到另一個殘酷的事實，只要傳統石油還存在，我們就不太可能與之脫離關係。尼克森總統於一九七三年所提出的「能源自給自足」政策，和後來各任總統的宣告一樣，不過是個政治花招。能源獨立的定義只有對地底下藏有豐富未開採油礦的世界油價領導者，或控制著封閉式超額原油的德州鐵路委員會有意義。從國家安全角度來看，美國在一九七一年以前所享有的石油自給自足早已消失。

石油還可以用多少年？現在，大多數的專家說，在本世紀結束之前，供給就會萎縮。當然，自從德瑞克上校（Colonel Drake）一八五九年於賓州的泰塔思維爾（Titusville）挖到石油後，就一直有好發議論者預測石油生產的高峰和衰退。沒多少人會懷疑石油終將用完。礦藏有限，一如數字所顯示。美國的石油生產，本土四十八州於一九七〇年達到高峰後開始下滑，阿拉斯加於一九八八年，北海則是一九九九年，而墨西哥龐大的侃特列（Cantarell）油田產量顯然在二〇〇五年已經達到頂點。最後，所有的油礦都會達到高峰而開始滑落，而在已經徹底挖得千瘡百孔的已開發世界裡，要再發現大規模新油礦的可能性不大。深水探勘有些希望，但很昂貴。BP是很有用的資料來源，其資料顯示，儘管OECD國家對探勘工作進行大量的投資，其礦藏量已經從一九九七年的一千一百三十億桶下跌到二〇〇六年的八百億桶。最近的重大發現是一九六七年十二月的阿拉斯加、一九六九年十一月的北海，和一九七一年的侃特列。

儘管這樣，要計算出哪一天傳統的石油產出會達到高峰並開始下降並不是那麼簡單，因爲科技已經持續增加油礦的最終開採量（ultimate recoveries），使得我們所估計之枯竭日向後延長。現在，美國能源部的「趨中性情境分析」（central-tendency scenarios）預測，全世界的石油生產會在世紀中達到峰點。

然而，在地質學上的油礦枯竭發生之前，很可能市場力量以及後續的價格壓力，早就讓美國以其他能源替代石油之使用了。如果歷史值得借鏡，則在傳統油礦用光之前，石油早就會被成本較低的其他選項所取代。事實上，儘管尚未開採的煤礦還很豐富，石油就已經取代了燃煤；而在我們的林地光禿禿之前，燃煤就已經取代了木柴。預測本世紀中葉，或任何時點之石油供需均衡變化情形，是個令人沮喪的挑戰，但無論如何，這是個有用的練習，可以求得未來能源的初步近似值。

過去五十年來的經驗——事實上遠比五十年還長——證實市場力量在節約稀有能源，導向最高價值之用途上，將扮演關鍵性角色。市場引發的技術進步和經濟活動結構之調整，正在降低全世界的石油使用強度，而且我認為近年來的油價上漲，將會加速能源密集生產設備的替換速度。不考慮德州鐵路委員會的行動，自二次大戰結束以來，行動主義政策的影響力一向是微乎其微，且經常被市場力量所掩蓋。美國於一九七三年所實施的汽油配給制度，只是在美國的加油站前造成大排長龍的難堪景象。雖然長期預測必然採用遠高於目前一天將近八千五百萬桶的需求水準來求出石油在均衡點上的供給，這樣的預測，太多東西都可能有問題，而市場則感受到這點。⑫（我擔心石油專家常常會忽略莫非定律〔Murphy's Law〕應有的重要性。）

雖然這些估計很粗糙，但國際能源總署所編列的資料的確描述了世界石油平衡的一般狀況。OECD精確地衡量出半數的煉油產能。其他數字不是來自報告就是合理推估得到。全世界的原油產量，經原油庫存調整後，是否與投入煉油廠的估計值吻合才是我們的最終考量點。二者的差額比我猜想的還小。

在美國，油電混合車在小轎車市場的市佔率快速增加。值得注意的還有充電式電動車，目前還在實驗階段。我最近有機會開過一臺。我唯一的抱怨是踩加速踏板時會向前猛衝，而且安靜得

⑫全球生產和消費的資料非常粗糙。OECD對工業國石油的生產、消費，和庫存編列了相當不錯的資料。但OECD產量只佔全球的四分之一。大多數OPEC會員國的生產資料為國家機密。估計值是由偵察員計算出港油輪的數量和噸數作出來的。他們觀察油輪的吃水深度以估計船上的載運量。找出出口者每桶一般是多重以後（部分是觀察收貨者的油桶），觀察者就可以把估計的噸數轉換成桶數。出口減進口加國內耗用量，得到產量。

令人毛骨悚然。我預測最好的銷售模式將是配上一套模擬汽油車踩油門時的音響系統。大家的習慣一下子改不過來。

今天，充電式油電混合車或電動車有其利基市場。如果世界亂局擴大，油價繼續上漲，則充電車看起來將會相當有吸引力。而且，如果我們用來自核電廠的電力網格（electric grid）來充電，則我們所消除的二氧化碳排放，將比目前任何可行的生活方式改變所減少的二氧化碳還多。能源部估計，我們一天有二億二千萬輛小轎車在路上跑，如果其中有百分之八十四爲充電式油電混合車，在不增加發電量的情況下，一個晚上就可以完成充電，這時剛好是用電離峰。稍微增加一些發電量就可以供應其他的用電需求。

誠如我前面所說的，全世界石油耗用佔實質GDP的比重，這項最通用的石油使用強度指標，在一九七三年達到最高點，然後就穩定下滑，目前的水準還不到一九七三年的三分之二。然而，開發中國家每一美元GDP的石油消費遠高於已開發國家；中國和印度是美國的二倍，而巴西和墨西哥則比美國高出一半。於是，即便我預期大多數國家，甚至於所有國家的石油使用強度下降，各國佔世界GDP的比重之消長，從已開發國家大幅移到（石油使用強度較高的）開發中國家，隱含全世界平均強度之下降，會顯著低於個別國家。

有二個強大的經濟力量造成全球GDP分配比例往開發中世界偏移。第一個是人口結構——全世界有一大部分的年輕工人住在開發中國家。第二是轉向自由市場資本主義所培育出來的生產力成長。我在本書的總結章裡會提到，已開發國家，依定義，科技處於領導地位，其生產力之成長必須有新的創新想法。而開發中國家通常只要引進既有技術就能升級。綜合這二因素，國際能源總署（International Energy Agency, IEA）估計二〇〇五年到二〇三〇年之間世界石油消費平均每年成長百分之一・三。而美國能源資訊管理局（Energy Information Administration, EIA）的預測則為百分之一・四。

依照IEA的推估，全世界石油需求將從二〇〇五年的每日八千四百萬桶上升到二〇三〇年的每日一億一千六百萬桶，而地底下當然有足夠的石油來滿足這個需求。但依據IEA的計算，供給之增加有將近一半要來自OPEC會員國，而他們願意這樣做嗎？有可能。這些會員國的人口快速成長，導致政府預算所需要的資金不斷成長，從而其所需要的石油收入也不斷上升。而且伊拉克暴動看起來極有可能會結束，伊拉克未開發的龐大油礦，依據EIA的推測，每日將產生五百多萬桶的石油（從二〇〇六年每日二百萬桶升上來）。但要達到IEA和EIA對二〇三〇年這麼樂觀的看法——實質油價只要再調高一點點，全世界石油的供需就能達到均衡——有太多的東西必須不出差錯。我無法忘記美國能源部在一九七九年預測一九九五年油價每桶為一五〇美元是錯得多離譜（以二〇〇六年的物價水準表達）。⑬

要同時達到加強國家安全及減少全球暖化之雙目標，美國在石油消費上的成長率就不應該再增加，而且石油消費最終還是要徹底降下來。美國公路是一大替換機會，全世界每燒掉七桶石油就有一桶是在美國公路上燒掉：二〇〇五年美國公路每天燒掉汽油九百五十萬桶、柴油二百五十

⑬能源部犯了一個基本錯誤，低估了石油的長期價格彈性。決定供需收斂所需價格變動的是價格彈性。顯然，價格彈性越小，價格變動就必須越大以平衡預測的供給和需求。

萬桶。後者是由全國八百萬輛的重型卡車所耗用，平均一加侖還跑不到七英哩。光是這些重型卡車就消耗掉相當於整個德國的石油使用量。光是中國、日本，當然還有美國加起來，就消耗掉相當大的部分。

展望未來，我們可能會發現，回答「OPEC必須做什麼事？」這個問題，還不如回答「他們可能會怎麼做？」這個問題來得有用。我認爲，企圖回答「該做什麼事？」在歷史記錄上，其成果有好有壞。因此，我比較願意接受IEA的「意外條件預測」（contingency forecast），在假設OPEC將會延遲擴充原油產能的條件下作預測。根據IEA預測，其結果爲，世界油價未來將是平均每桶一百三十美元（以二〇〇五年的物價表達是七十四美元），實際上二〇〇五年每桶約爲五十美元。在這個情境下，二〇三〇年的石油需求將是相當強勁——一天還是有一億零九百萬桶，從二〇〇五年的一天八千四百萬桶升上來。（IEA的「參考案例」，假設OPEC並沒有延遲擴充，得出來的預測值是一天一億一千六百萬桶。）這並不是一個驚人的情境，還有許多情境其結果比這個糟很多。

我相信，有關如何降低石油消費，我們終將讓市場來導引我們作選擇。一如我先前所提，我們在石油配給上的經驗一直很糟。⑭另一個抑制消費的方法是對汽油課稅，例如每加侖三美元，或更多，執行五到十年後之收入可以用來作所得稅或其他稅賦之減免。競爭市場可以做到的事，我非常不願意選擇課稅。但雖然石油市場在已開發國家是高度競爭，在單一恐怖行動就能造成一

⑭配給制在二次大戰期間的美國似乎行得通，但即使是那個時機，黑市依然猖獗。

大堆的石油生產停頓並癱瘓全球經濟的世界裡，市場運作顯然極易受到傷害。沒有保險或避險策略。我們經常忘記，競爭市場要有效運作，就必須出於自由意志且不受暴力之嚴重威脅，而交易則應不受拘束。記住，市場本身並非目的。建立市場之目的是爲了協助人們達成資源作最適分配。

我們必須大幅調高汽油價格才能讓我們和汽油車斷絕關係。地理政治上的汽油溢價顯然無法獨自運作。透過課稅（或石油供給緊縮），造成高油價預期，將可在乙醇生產上刺激出重大技術突破。玉米乙醇雖然有價值，但所能扮演的角色很有限，因爲它替代汽油的能力頂多只有一點點。一蒲式爾的玉米只能作成七・二加侖的乙醇，這表示美國二〇〇六年所生產一百一十億蒲式爾的玉米，每天只能生產五百二十萬桶的乙醇，其能量相當於每天三百九十萬桶的汽油，約爲美國公路每天耗用量的三分之一，也低於美國二〇〇六年每天耗用二千一百萬桶的五分之一。而且，如果所有的玉米都拿去作乙醇，我們的豬當然就要挨餓了。從牧草或農業廢料所提取出來的纖維素乙醇似乎還比較有希望。美國農業部和能源部的一項共同研究，可靠地估計，從植物或生物提煉出來的燃油，有「長期供應當前全國汽油用量三分之一以上的潛力」。其他國家所使用的生質柴油，提煉自植物油等物質，也可以用來取代ＯＰＥＣ的汽油。

另一個選擇是，如果乙醇失敗了，而且如果汽油價格還夠高，則一段時間之後，充電式混合車將顯著取代汽油車。電池科技正逐漸進步；現在已經有充裕的電力用於充電車，尤其如果有更多電廠採尖峰定價的話，更是沒問題。如果我們能夠擺脫對核能發電的恐懼，有關充電式混合車最後還是要靠傳統電廠以燃煤來發電的關切，將會解決。

傳統的油電混合車、燒纖維素乙醇的車，以及充電車可以把大部分在美國公路上所燃燒的石油給取代掉。更廣泛地使用更有效率的柴油引擎能進一步顯著取代石油。但要讓這種變化加速進行，就必須靠大幅增加纖維素乙醇的供給，或是非常貴的汽油。課稅可以確保後者。我認爲，大幅調高汽油稅在政治上行不通的主張與此無關。有時候，告訴選民說：「你們錯了」，是政治領導人的責任。做不到這點的領導人不過是個跟班的。

汽油稅並不會造成很大負擔，尤其是逐年分階段實施的話。美國家庭汽油支出佔可支配所得的比例，二〇〇六年下半年爲百分之三，和一九五三年到一九七三年的水準相當，而遠低於一九八〇年石油危機時的百分之四・五。即使在二〇〇六年七月每加侖三塊多美元的高價下，汽車消費仍然只佔個人可支配所得的百分之三・八。然而美國人對汽油價格很敏感。漲價時我們會抱怨。無論如何，美國人還是和以前一樣愛開車。面對油價高漲，他們只是把開車的里程數降下來一陣子。每個持有駕照駕駛人的平均里程數持續上揚：從一九八〇年的每名駕駛一萬五百英哩上升到二〇〇五年的一萬四千九百英哩，平均一年成長百分之一・四。但在高油價之下，自二〇〇二年以來已經減緩爲每年成長百分之〇・五。駕駛人耗用比較少汽油的原因只是因爲他們終於買了燃油效率較佳的車子。

只要美國還是受惠於潛藏著敵意的石油和天然氣來源，則我們很容易遭受難以控制的經濟危機之傷害，這應該是非常明顯的事。石油和今天的經濟世界息息相關，貿然斷絕其供給，可能毀滅我國和其他國家的經濟。基於美國國家安全考量，我們必須把石油視爲一種能源選項，而非不可或缺的來源。

迅速發展的全球經濟吃掉龐大的能源。儘管每一美元的世界產出所消費的石油量，以及更廣義的能源量正大幅下降，但所有可靠的長期預測，結論都是世界未來四分之一個世紀如果要繼續以過去四分之一個世紀的速度成長，則我們石油的使用量必須比今天所使用的還多四分之一到五分之二。這些多出來的石油需求，大多數要靠政治較爲不安定地區的供應，因爲我們已經看出來，那裡是碩果僅存，石油最容易開採的地區。

重度依賴石油進口的經濟和國民，當貨源已經不可靠時，其政府該怎麼做？已開發世界對中東政治問題的嚴重關切，重點就在於石油的安全上。一九五一年穆哈默德・莫薩德克把英國—伊朗石油公司收歸國有，引起反彈，而被推翻下臺、以及納賽爾（譯註：Nasser，埃及總統）把歐洲進口石油之關鍵，蘇伊士運河收歸國有，引起英法二國反制，但英法之行動被迫放棄；這只是二個知名的歷史案例。而不論美英當局如何公開宣稱對海珊持有「毀滅性武器」之憂慮，他們所關切的還有該地區的暴力行動，這個地區擁有世界經濟運作所不可或缺的資源。

我很遺憾政治上不方便提出一個大家都已經知道的事實：伊拉克戰爭的主要問題在於該地的石油。於是，對世界石油供需的預測，如果沒把中東地區高度不安的環境納入考慮，就等於忽略了八百磅重的大猩猩，而這隻大猩猩一旦跑出來，可以造成世界經濟成長停頓。我不會假裝我知道中東問題如何解決或能否解決。但我知道，中東的未來才是任何長期能源預測最重要的考慮問題。雖然石油使用強度已經大幅下降，但石油的角色仍然相當重要，一旦發生石油危機，就能對世界經濟造成嚴重傷害。在工業經濟體戒除布希總統所說的「我們的石油癮」之前，工業經濟體和全球經濟的穩定性將繼續存在風險。

25　先知所預示的未來

人類一向對窺探未來感到癡迷。古希臘將軍尋找聆聽過德爾菲神諭（Oracle at Delphi）的人，以指引軍隊之征戰方向。占卜算命至今仍歷久不衰。華爾街僱用一群非常聰明的人，解讀市場行爲內部對未來股價的看法。

我們對未來之事，可以預期到何種程度？我們天生都有衡量機率的能力，這項天分指引我們大小事務，從生活瑣事到生死交關之事。這些判斷並不一定正確，但顯然已經非常好，足以讓人類生存繁衍。現代經濟決策官員把這種決策化爲數學形式，但人類還沒發明數學來解釋現象之前，就一直以機率作判斷。

決策官員很幸運，民主社會和市場經濟的運作方式，有一定的歷史延續性。讓我們可以回顧過去，對未來作持續而穩定的推論，雖然比不上物理定律那麼明確，但無論如何，對於未來還是提供了一扇窗子，這比擲銅板的隨機結果更有把握。其實過去數十年來的美國經濟和世界經濟，値得參考之處非常多，尤其是如果我們採用邱吉爾的看法：「你回顧得越久遠，對未來就看得越遠。」

對於非常可能發生的未來結果，大多數立法和經濟機構的調整卻非常緩慢。然而，學術界有非常多的文章在探討人類正確預測金融的能力。支持「效率市場理論」(efficient-market theory)者，其主張人盡皆知，他們認爲所有導致股價變動的公開資訊，都已經被市場有效地納入當前的股價中。因此，除非投資人擁有整個市場所沒有的特殊或內部知識，他或她並不能預測價格變化。在證據方面，他們指出大家所熟悉的現象，股票型基金的績效無法長期打敗標準普爾五〇〇指數。某些投資人的確年復一年長期打敗市場，這並不足奇。這是可以預期的。即使投資結果是純粹機率問題，也會出現一小群表現非常好的投資人——其表現和連續擲出十次正面銅板的人一樣優秀。連續擲出十次銅板的機率是百分之〇．一，於是當你有數百萬名擲骰子者或投資人時，就會出現數千名非常成功的擲骰子者，或投資人。

然而效率市場理論不能解釋股市崩盤。我們要如何合理說明一九八七年十月十九日那次前所未見的大跌(道瓊工業平均指數的總市值損失超過五分之一以上)？我身爲粉墨登場不久的聯準會主席，非常密切地觀察市場。一九八七年十月崩盤那天的收盤，和前一天收盤之間，有哪些資訊浮上檯面？據我所知是沒有。當那天的股價一整天都在往下殺時，人性以非理性的形式成爲主導，而投資人則急於砍掉部位以解除痛苦，完全不管這麼做在金融操作上是否恰當。沒有金融資訊來驅動這些價格。害怕資產持續損失的恐懼感已經讓投資人無法容忍。①而且，雖然接下來的經濟

①經常被引用的說法是：程式交易導致崩盤，我覺得這種說法不足採信。當股價崩跌時，賣方可以把程式交易的開關關掉。

和企業獲利有所成長，道瓊指數卻花了將近二年才完全恢復。

當市場表現理性時，一如其大多數時候，它們看起來像是在做「隨機漫步」：過去股價對未來股價走勢的指示功能並不比擲骰子猜方向好多少。但有時候這種漫步會被衝動的行為給打斷。當陷入恐懼時，大家急於脫困，股價將會暴跌。而當大家感染貪婪時，會把股價炒高到荒謬的水準。

因此，剩下的關鍵問題是，正如我在一九九六年一次永遠忘不了的回顧中所作的結論：「……我們要如何知道，非理性繁榮已經把資產價值拉到非常高的水準，然後造成意外而漫長的緊縮……？」經常有人主張，最富有的投資者是那些最善於測量人類心理變化的人，而非最善於預測艾克森—美孚每股盈餘的人。整個股市心理學派就是建立在這個理論上。他們自稱為反向操作者。他們的交易乃根據非理性繁榮終將造成股票大跌的看法，因為在沒有實質理由下，股價被炒高，然後，當眞相大白，恐懼籠罩市場時，股價就會被破壞。反向操作者以和群眾心理對作為傲。由於股價具有週期性，有些人靠著和群眾對作而成功。但你很少聽到採用這種方法的人輪到一無所有。而擲輪骰子的人，我也沒聽過他們的消息。

也許有一天，投資人有能力度量何時市場偏離理性轉向非理性。但我很懷疑。人類天生從興奮擺盪到恐懼再擺盪回來的傾向似乎永遠存在：數代的經驗似乎無法磨鍊這種傾向。我同意我們從經驗中學習，而且從某個觀點看，我們的確如此。以我為例，當被問到，如果預測顯示供需失衡，那麼我會擔憂什麼問題時，我必然的反應是，市場參與者能夠預見的金融危機，很少眞正發生。如果某次市場大漲被視為崩裂的先兆，則投機者和投資人將會試著先行賣出。這就解除了蘊釀中的泡沫，而崩盤也就避掉了。突然發生的恐懼或興奮是無人可以預期的現象。可怕的「黑色星期一」股市重挫，來自意外。

成功投資很困難。一些史上最成功的投資人，像我的好友華倫·巴菲特，很早就瞭解現在已經汗牛充棟的異常機會，即，如果投資人以買進並持有的方式投資股票非常長的時間，則股票的報酬率，即使經過風險調整，還是超過較無風險的債券和其他固定收益工具。「我最喜歡的持股期間是永遠。」巴菲特在一次訪問中說道。市場對於願意忍受焦慮，看著淨值波動超過華爾街所謂「安睡點」(sleeping point) 的投資人，給予獎賞。

股票市場投資的教訓也適用於整體經濟的預測上。因爲市場傾向於自我穩定，結果，市場經濟長期而言，比短期更爲穩定，更可以預測——當然，假設市場經濟所依附之社會和機構也保持穩定。長期經濟預測建立在二組穩定的歷史資料上：㈠人口，這是經濟學家所處理的統計資料中最穩定的，以及㈡生產力成長，爲知識逐漸增長的結果，也是持續成長的來源。既然知識不會消失，生產力必然只會提升。②

那麼，我們能合理預測，譬如說，二〇三〇年的美國經濟嗎？很難，除非我們確定某些假設條件成立。我必須取得下列問題的確定答案才能開始。二〇三〇年的法治穩固嗎？在保護主義的抑制之下，我們是否還堅持全球化自由市場的原則？（我所謂的保護主義不只是國際貿易和金融的障礙而已，還有政府加諸國內市場的其他限制。）我們是否已經修正了有問題的中小學教育制度？全球暖化效應是否緩下來，讓美國經濟活動得以在二〇三〇年之前不受重大影響？以及最

②每小時產出爲傳統的生產力替代變數，有時候會下降。

後，我們能夠阻止恐怖主義對美國的攻擊嗎？還有一些可能發生的狀況未提及，例如大規模戰爭或流行病，任何預測都會受到這些因素的影響。這是非常長的假設條件表列，但除非我能作這樣的假設，否則大肆探討將徒勞無功。

在我的經驗裡，最重要的是我們的法治特性。我相信大多數的美國人並不瞭解美國憲法對美國過去的繁榮是多麼的關鍵，而且未來依然也是一樣關鍵。二個多世紀以來，對人權，尤其是財產權上無以倫比的保護，對我們經濟的所有參與者而言，包括本國出生者和移民，在冒險和繁榮上有著深遠而重要的貢獻。我們幾乎都免於祕密警察任意以莫須有的「罪名」把我們拖去審問的恐懼，但這並不能視爲理所當然之事。我們一輩子奉獻所建立的事業，免於任意沒收充公的威脅，也非理所當然。個人自由的原則觸及美國人的深層文化基調——我們的憲法信仰：法律之前人人平等。現實經常與理想不符，尤其是我們國家對少數族群的對待方式；特別是持續歧視非洲裔美國人，迫使我們每隔一段時間，就要重溫早期有關奴隸的憲法辯論，以及南北戰爭的暴力解決方式。我們已經有相當的成果，但離目標還很遠。

美國對財產權的保護無以倫比，長期以來一直吸引著外國人到美國投資。有些投資人來此參與活潑而開放的經濟；有些則視美國爲儲蓄的安全天堂，這是他們母國所沒有的。我將會說明，把珍貴的財產權延伸到由智慧財產所主導的經濟，對美國的法律制度而言，將是能力上的一大挑戰。還有，當然，對我們生活水準造成最大傷害的莫過於再度出現保護主義，以及爲尋求穩定而阻卻了成長所需之變化的政策。在我們追求未來榮景的旅程中，經濟管制將是明顯的走回頭路。

修正學校制度對我們未來經濟活動水準的衝擊程度也許不容易衡量，但除非我們做了，並把四分之一個世紀以來的所得不均扭轉過來，否則維繫我們社會的文化帶子將會鬆脫。不滿、政府機關瓦解，甚至於大規模暴動將可能發生，危及經濟成長所依賴之文明。

全球暖化的衝擊時機更難以預言。科學界一致把焦點放在本世紀下半葉可能發生的效應上——對氣象學而言不過是一眨眼，卻超過我們的預測期間。我們很難預測未來幾年會發生什麼事。但我的期望是，市場將會在答案明朗之前就有所反應——例如，已經有保險公司重新思考暴風雨和洪水保險。氣候變化也會影響能源市場。

最後，可能有恐怖攻擊復活的風險。當人們淹沒在恐懼中，就會脫離日常正常的市場互動，而這種市場互動是以分工和專業化爲基礎，是經濟不可或缺的一部分。九一一事件的恐怖主義低估了我們的經濟高度彈性和大量去除管制的關鍵價值，我們吸收了衝擊，只付出最少的代價。我們或許可以承受今天發生在中東和歐洲的恐怖攻擊。但更大規模的攻擊，③或是更全面的戰爭，必然造成動盪。

市場經濟堅此百忍以渡過暴力和暴力威脅的能力，帶給我鼓勵。世界銀行的資料指出，以色列努力創造出將近美國一半的人均國民所得，與希臘及葡萄牙相當。④黎巴嫩二〇〇六年的GDP，儘管面對眞主黨（Hezbollah）和以色列間的軍事衝突，只下降百分之四。甚至連伊拉克在近年的動亂中也維持著像樣的經濟功能。

③我擔心美國本土如果發生核彈爆炸，我們的經濟將暫時分崩離析。

④美援佔以色列經濟的比重很小。

這一長串的警告，並未把我們的預測工作綁死。畢竟，這一長串項目一直以某種形式存在，而對美國整體經濟的長期預測，根據我的經驗，成果一直是令人刮目相看。

那麼，在全球彈性市場受到法治保護的假設基礎之下，我們對於未來的預測是什麼？我們任意挑選二〇三〇年作爲預測年度，我們預期該年在整體活動上，最有可能達到的水準是什麼？只要我們預測出工作小時數和生產力，我們就能以每小時的實質GDP作爲代替項，預測實質GDP。我們對於二〇三〇年十六歲以上的人口是多少有一定程度的把握。這些人大多都已經出生。參與勞動的人口比率，尤其是六十五歲以下者，應該很高而且相當穩定。到了二〇三〇年，六十五歲以上的人口幾乎加倍，這些人的勞動參與率目前是百分之十五，屆時也會上升，於是二〇三〇年的老年工作人數將有相當大的增加。移民的規模，在政治和文化可能的變動範圍裡，對整體勞動力預測的影響不大。下一步，我們要決定二〇三〇年勞動人口最有可能的就業比率（如果二〇三〇年剛好是衰退年度，則取附近的年度）。在我們的假設和歷史經濟紀錄下，我們很難想像國民勞動力的就業率超出百分之九十到九十六這個相當窄小範圍之外（亦即，介於百分之四到十的失業率）。美國的五十年不均是百分之九十四點多，而在非衰退年度裡（一如我們所假設的二〇三〇年），則是將近百分之九十五。把勞動參與率、人口預測、將近百分之五的失業率，和每週相當固定的工作時數等結合起來，我們就得到美國二〇三〇年工作時數的年增率爲百分之〇．五。⑤

⑤工廠的每週工作時數自幾世紀之前的六十小時降下來之後，就一直維持在二次大戰後的四十小時。就業人口轉向服務業（每週工作時數較少），造成整體平均每週工作時數略微下滑。

生產力成長最令人感到振奮的面向是過去一個多世紀以來，一直非常穩定。在這段期間當中，生產力曾經有過一次重大的推升，反應工人從農業轉向都市工廠和服務公司的現象。⑥但人力移動到生產力較高的非農業工作所造成的全國生產力上升現象，基本上已經停止。美國還留在農業的人口不到百分之二，這個數量不太可能還有大幅變動。於是，全國生產力進一步的成長，密切反應非農業的生產力。每小時產出是這種成長的最佳衡量指標。

所有效率的提升，都來自人類對實體現狀的組織方式產生新構想的結果。當然，二十一世紀的人類，體格比以前世代還要高壯，這要感謝營養和健康上的改善。但這對我們生產能力的提升相當有限。數個世代以來，對人力作槓桿倍數運用的，一向是結合新構想的新廠房和新設備。從二個世紀前的紡織機，到今天網際網路的發展，每小時產出成長了將近五十倍。

統計學家把每小時產出的成長歸因於三大經濟「因素」：實體工廠和設備的數量，他們稱之為資本深化（capital deepening）；勞動投入的品質，即教育水準；及其他無法解釋的原因，他們指的是組織重整和產生國民所得的新觀念。這幾類因素，生產力成長都來自構想——轉化成有價值商品和勞務的構想。生產過程中所投入的原料品質只有些微貢獻。

如果我們把每小時產出的原始資料作平緩化處理，則自一八七〇年以來，出現了一個非常穩定的成長形態。自一八七〇年以來，非農業事業每小時產出的平均年成長率約為百分之二。即使不作景氣循環調整，每一年度每小時產出的交疊連續十年平均（overlapping consecutive ten-year

⑥儘管二次大戰後農作物收成和牲畜生長有長足之進步，今天農業地區的每小時產出還是低於非農業地區。

averages）穩定地界於百分之一到三之間。⑦我猜這麼小的波動性八成是統計上的「雜訊」（noise），來自資料品質不確定性的隨機偏離，尤其是二次大戰以前的資料。

然而，一九九五年到二〇〇二年美國非農業部門生產力的成長，無疑已經放慢腳步。例如，每小時產出成長率於二〇〇二年和二〇〇三年達到百分之四以上（四季變動率）的高峰之後，滑落到二〇〇七年第一季的百分之一。獲利進一步成長的機會變小了，一如往常一樣。創新上的擴建，似乎是以一波波的方式到來。新產品和新公司是一九九七年到二〇〇〇年之間新股大量發行的主要原因，而此後創新的應用明顯減少，造成新股發行也跟著減少。創新變慢了，這點可以從公司對內部現金流量（以前應用新科技所賺到的資金）之運用，從固定投資變成買回公司普通股和購併過程中把現金發還給股東上，明顯看得出來。這種非金融公司退還給股東的錢，從二〇〇三年的一千八百億美元上升到二〇〇六年的超過七千億美元。另一方面，固定投資於二〇〇三年到二〇〇六年之間，卻只從七千四百八十億美元上升到九千六百七十億美元而已。當企業未來投資機會經風險調整後的投資報酬率低於既有資本的投資報酬率，就會把資本發還給股東。公司把大量現金發還給股東經常是未來固定資產投資報酬率下降的訊號，運用創新以獲利的腳步很可能會慢下來。⑧

⑦一九七〇年代能源成本大漲後成長率就降下來了，這應該就是成長變慢的原因。過去十年的科技熱潮造成每小時產出加速成長，回復到原先的長期趨勢。

⑧股東把資金從不具投資前景的公司撤出，轉而投入先進科技的公司，是金融創造性破壞的重要例子。

類似訊號也反應在高科技設備的價格趨勢上，高科技設備是帶動一九九八年到二〇〇二年間整體非農業生產力成長的力量。在聯準會裡，我們把這種價格走勢當作高科技設備部門生產力成長率的替代項目，並加以監控。高科技設備是近年來整體生產力提升的主要部門。價格下降通常是單位勞工成本也長期下降才有可能，除非生產力快速提升，否則不太可能發生這種現象。因此，生產力的進步率，應該會反應在可以觀察的價格下降率上。例如，資訊處理設備和軟體的價格，二〇〇二年下跌超過百分之四，但二〇〇七年第一季的年下降率不到百分之一。資訊處理設備（和軟體）的價格自一九九一年以來每季都下跌。但創新湧現期間，價格降得特別快，就像一九九八年，當時PC的潛在買家經常猶豫不決，因爲價格掉得很快，他們在等機會買到更好更便宜的PC。因此，最近高科技產品跌價的速度變慢了，進一步證實可以用來提升整體生產力成長率的先進新科技已經變少了。

本書付梓時（二〇〇七年六月），生產力成長率回升，或高科技設備價格下降的跡象仍不明顯。但歷史告訴我們，成長遲早會再發生。一定會發生。

歷史強烈顯示，只要美國還是保持科技先鋒，長期而言，生產力年成長率應該介於零到百分之三中間。我提過，自一八七〇年以來，每小時產出的平均成長率一直都是每年百分之二，這表示每小時實質GDP的成長稍微少一些⑨。最近一個半世紀的資料裡包括戰爭、危機、保護主義、通貨膨脹，和失業。主導美國過去二個世紀的力量，將繼續主導我們到二〇三〇年，這個假

⑨除了非農業事業以外的部分，GDP係以投入而不是產出來衡量，因此隱含了沒有生產力成長的假設。

設，我相信並不離譜。人類在尖端創新上的平均進步速度，百分之二或許是個不錯的近似值，而且似乎也是我們對未來四分之一個世紀的最佳預測值。

我相信二〇三〇年的經濟學家會找出新方法來直接衡量經濟的生產力，而不是用替代項：每小時產出。

但爲什麼不是更高——譬如，一年百分之四以上？畢竟，在許多開發中國家，每小時產出的平均年成長率遠超過百分之二。但這些國家一向都能從已開發世界「借到」可靠的科技，而不必自己一步一步地慢慢努力，開發先進的技術。

美國二〇〇五年的生產力比一九五五年高了三倍。那是因爲我們在二〇〇五年比半個世紀前更瞭解實體世界的運作方式。每一年都有數以百萬計的創新，微幅提升整體生產力。這個過程，在二次大戰後發現矽半導體優越的電子特性後，更爲明顯。英特爾創辦人戈登・摩爾（Gordon Moore）於一九六五年提出，積體電路的複雜度，在考慮成本之下，每年倍增一次。⑩事實證明他有先見之明。所有電子器材的體積不斷縮小，讓二次大戰時笨重的無線對講機變形爲今天精巧的行動電話，而原始的箱型真空管電視和電腦顯示螢幕則變爲平板式。所有的機械產出，不論是舊科技的紡織機和機動車輛，或是網際網路的路由器和伺服器，都漸漸內建小型微處理器。我們把

⑩十年後，摩爾於一九七五年回顧他的分析，說道：「我當時並不知道這個預測竟這麼準，雖然沒有倍增十次，但已經夠神奇了，我們在十年期間倍增了九次。」他補充說，以後的倍增速度將會放慢，但還是很神奇的每二年倍增一次。摩爾的基本看法四十年來都正確。

光線聚成雷射，當與數位科技相結合時，創造出嶄新的資訊世界。讓企業能夠採用即時庫存管理，降低廢料率，也降低了爲防止生產和供應出差錯所僱用的備援人力。

然而，爲什麼生產力成長沒有更快一些呢？我們二〇〇五年所知道的東西，就不能在，譬如說，一九八〇年想出來，從而生產力成長（及生活水準）提升爲一九五五年到一九八〇年間的二倍嗎？簡單的回答是人類沒有那麼聰明。我們的歷史顯示，一個經濟在尖端科技上長期的生產力成長上限是每年頂多百分之三。新構想之應用需要時間，而且這些構想常常需要數十年才能展現在生產力的層次上。史丹佛大學經濟史教授保羅・大衛（Paul David）於一九八九年寫了一篇具開創性的文章，探討諾貝爾經濟學獎得主暨麻省理工學院教授羅伯・梭羅（Robert Solow）所說的名句，爲什麼電腦「隨處可見，就是不在生產力統計資料裡。」

大衛的文章提升了我對長期生產力趨勢的興趣。他指出，新發明通常要花數十年的時間才能廣爲流傳，從而影響生產力水準。他舉美國以電動馬達逐漸取代蒸汽引擎的經驗作例子。

愛迪生於一八八二年神奇地照亮了下曼哈頓之後，又花了四十多年的時間才讓全國一半的工廠電氣化。一次大戰後，整個世代的多樓層工廠於被完全取代之後，電力才充分展示出相對於蒸汽動力的優勢。大衛生動地解釋造成延遲的原因。他們以所謂的群組驅動（group drives）來運轉，以精心安排的皮帶輪盤把中央動力——蒸汽引擎或水輪機——傳遞給整廠的機器。爲避免動力損失或故障，分力傳動軸的長度必須有所限制。工廠蓋成直立式，每層樓有一或多具傳動軸，分別帶動一組機器，這種方式最爲合適。⑪

單純用電動馬達的動力取代既有的傳動軸，即使可行，對生產力也沒有多大改善。工廠主人知道，潛在的電氣革命需要更劇烈的變化：以電纜輸送電力，讓中央動力、群組驅動，和所使用的特殊廠房變得無用武之處。由於電力開啓了新的配置方式，每臺生產機器可以搭配自己小型而有效的馬達，於是單一樓層延展式的廠房廣爲流行。在這種廠房中，機器可以隨時重新安排，以達最大效率，而物料的移動也很容易。但放棄城市裡的工廠搬到郊區寬廣的空間則是個緩慢而資本密集的過程。這就是爲什麼，大衛解釋，美國工廠電氣化要花好幾十年的時間。但最後，數百萬英畝的單層工廠，內建馬達動力，佈滿了美國的中西部工業帶，而每小時生產的成長率也開始加速。

就我所知，一九六〇年代初期的低通膨低利率期間，肇因於二次大戰軍事科技的商業運用以及一九三〇年代所累積的大量創新。⑫數十年後，遲遲未現的生產力加速又再度出現了：電腦（和網際網路）隨處可見，包括在生產力統計數字上。⑬

這導出我們的結論。考慮先前所引用的人口統計假設，二〇〇五年到二〇三〇年之間工作時

⑪還記得我在一九六〇年代參觀一座建於世紀之交的沖壓廠，廠房高而窄小。我對這種特殊造型感到驚訝。但好幾十年之後我才知道，我看到的那座廠房，正是美國工業史上某些風貌的最後遺物。

⑫低通膨所反應的是非農業事業的單位勞工成本沒有變動，這是生產力穩健成長的的結果，而生產力穩健成長則是投資增加，尤其是投資於延後應用的早期科技上。大衛教授闡明，在總要素生產力（total factor productivity）快速增加之下，這段被異常延後運用的科技進步迅速開花結果。總要素生產力是衡量科技和其他觀點應用的指標。這段無通貨膨脹只維持了幾年，越戰整軍經武後就結束了。冷戰結束後又出現了一大段長期的無通貨膨脹期。

數的年成長率推估值為百分之〇・五，則略低於百分之二的生產力年成長率隱含從現在到二〇三〇之間，實質GDP平均的年成長率稍微低於百分之二・五。相較之下，過去四分之一個世紀裡，平均年成長率為每年百分之三・一，我們認為當時勞動力的成長較快。

得出二〇三〇年實質GDP水準的可靠預測是個開端，但這並不能詳細告訴我們，在未來四分之一個世紀裡，驅動美國經濟活動水準的動態特性，或是我們的生活品質。因為這些強烈趨勢，還將受到全球化主要面向必將結束之影響。

在某一點上，全球化的龐大經濟移民——劃時代地讓整整半個世界三十億人的勞動力從中央計劃經濟圍牆後面，進入世界競爭市場——將會完成，或是盡可能地完成。

過去十年來勞動力加速流入競爭市場，一直是抑制通貨膨脹的強大力量。這個加速，幾乎把全球的工資成長和通貨膨脹，均勻地壓制下來。除了委內瑞拉、阿根廷、伊朗，和辛巴威之外，二〇〇六年所有的已開發國家和主要開發中國家的通貨膨脹率都集中於百分之〇到七之間。⑭長

⑬近數十年來的生產力成長大部分來自持續進步和相關科技網路日漸密集。創新造成一部分的現有網路過時，因為新科技冒出來取代它們。效率和生產力提升。但在這個過程中的任何一點，已知的科技中只有一部分有時間拿來應用。多年來，採購經理人一直認為他們的設備只有一半是採用最先進的科技。隨時都有許多網路建設在進行，表示一旦建設完成，就會出現更高的生產力。而未完全的網路在未來二年或四年中是否可以提供充足的資訊，對生產力成長率的影響非常大。

⑭係消費者物價指數之膨脹率。

期利率也落在類似的狹窄區間。這麼溫和的物價和利率壓力，在我的預測經驗中，是非常罕見。

對東歐的前中央計劃經濟體而言，轉型已經大致完成。但中國則否，它目前是最大的轉型國家。其勞動力從農業省分遷移到珠江三角洲高度競爭工廠的行動已經趨緩也得到控制。中國將近八億名工人中，現在約有半數已經居住在由競爭力量所主導的都市地區。⑮

勞動力流向競爭勞動市場的流動率終將趨緩，結果，抑制通貨膨脹的壓力應該會開始鬆動。中國的工資成長率應該會上升，而其通貨膨脹也一樣。第一個跡象很可能是出口價格的上升，美國從中國進口的物價是最好的衡量指標。⑯它們已經下跌了好幾年了。從中國來的進口物價之下跌有強大的漣漪效應。它們壓制了受競爭的美國製商品的價格，並抑制生產這些商品工人的工資——而這些生產受到中國競爭商品的工人，也會透過競爭，抑制其他工人的工資。⑰因此，抑制通貨膨脹力量之鬆動，應該會造成美國工資恢復成長和通貨膨脹率上升。值得注意的是二〇〇七

⑮雖然印度的電話客服中心和迅速成長的高科技產業成爲頭條新聞，其就業的主力仍在農村。我預期人口從農村移往生產外銷品和服務的城市會不斷上升，但數字似乎不大。

⑯中國所發表的外銷價格，呈上漲趨勢，似乎是反應出口的產品組合轉換成高價商品。美國進口物價指數則採固定數量權重。

⑰這個過程，讓進口品對國內產品的競爭情況呈槓桿增加，尤其是進口品來自勞動成本和國內差很多的地區。如果進口商對現行市場價格提出百分之十的折價，國內廠商如果不能跟進，隱含著市佔率接著就會失去。假設我是市佔率很小的國內廠商，如果我堅持原價而其他國內廠商都隨著進口價作調整，則市佔率之喪失很可能是毀滅性的。這種結果的風險太高，大家通常不考慮。因此，經常一點點的進口就讓全美國國內市場的價格被打下來。

年春，來自中國的進口商品價格，多年來首次顯著上漲。

管理這項變動的擔子將會落在聯準會。通貨膨脹的最後仲裁者是貨幣政策。這些物價壓力對美國經濟有多大的影響——以及造成多大的侵蝕——主要視聯準會的反應能力而定。當原有的抑制通貨膨脹力量，全世界超額的儲蓄傾向開始鬆動——或是當通貨膨脹壓力或實質長期利率上升時，任何會造成同樣結果的因素開始鬆動——則同一個通貨膨脹率之下所需的貨幣抑制程度也會上升。

聯準會對再度發生的通貨膨脹和預期會下降的世界儲蓄傾向如何反應，將產生深遠影響，不只是對二〇三〇年的美國經濟狀況而已，其影響力還延伸到我們全世界的貿易伙伴。聯準會一九七九年之前抑制通貨膨脹的歷史，正如米爾頓・傅利曼常說的，並不怎麼優秀。這段歷史，有一部分是不良預測和分析所造成的，但這也反應了來自民粹主義政治人物的壓力，他們天生偏愛低利率。在我十八年的任職期間，我不記得總統或國會有多次來電要求聯準會提高利率。事實上，我認為完全沒有。就在最近，一九九一年八月，參議員保羅・薩班斯對他認為已經高到無法忍受的利率作出回應，想把他眼中「天生強硬派」的聯邦準備銀行總裁在FOMC上的投票權拿掉。⑱後來利率隨著一九九一年不景氣而掉下來，該案也就束之高閣。

我很遺憾地說，聯準會的獨立性並非牢不可破。FOMC的裁量權來自法律，而法律也可以

⑱歷史資料顯示，銀行總裁比理事還傾向於緊縮政策。銀行總裁之任命不需經參議院之同意；而聯準會的理事要。

撤除其權力。我擔心我的FOMC接任者，未來數十年，當他們努力地維持物價穩定時，將會遭受到來自國會，甚至於白宮的民粹主義之阻撓。身爲聯準會主席，我大致上免於遭受這種壓力，因爲長期利率，尤其是房貸利率，在我任期中持續下降。

可能國會已經觀察到，出現在美國和其他地區的驚人繁榮，是低通貨膨脹的結果，並從這個快樂的環境中學到一些東西。但我怕未來以高利率抑制通貨膨脹，會像二十五年前保羅・沃爾克在做時一樣的不受歡迎。「在私刑處置排行榜上，你名列前茅。」參議員馬克・安德魯斯（Mark Andrews）於一九八一年十月坦率地對沃爾克說道。參議員丹尼斯・狄康奇尼（Dennis DeConcini）於一九八三年抱怨沃爾克「幾乎是一手造成」美國史上「最嚴重的經濟危機。」一九八二年十二月，更不吉利，《商業週刊》報導：「數項法案正在籌備，將允許國會和行政機關對貨幣政策之制定有更直接的發言權，嚴重限制聯準會引以自豪的獨立性。」當大勢明朗，證明聯準會的作法正確時，這些批評幾乎一夜之間就消失了——但很遺憾，大眾對這些短視而沒有建設性批評的集體記憶也同樣消失了。除非政治人物記得他們對聯準會政策的批評證明是錯的，否則我們的政治領袖對貨幣政策的瞭解怎麼會進步？考慮未來的政治環境，聯準會未來所要面對的關鍵問題是追求並保持過去四分之一個世紀的低通貨膨脹率。

這把我們帶回全球化。如果我的推測精準地掌握到抑制通貨膨脹力量的特性，則低成本勞動力大量移動對工資和物價的壓制力量，自然地，必然會結束。從二〇〇七年春美國向中國進口的商品價格回升，以及本書付梓時堅挺的長期實質利率來看，意味著無通貨膨脹程度已經降低，而反轉時機可能很快就要來臨。因此，在未來數年中某一點，通貨膨脹除非受到控制，否則將回到

較高的長期利率

但那個利率是多少？物價水準，據優秀的經濟史學家估計，從十八世紀到二次大戰之間，美國和歐洲都沒有重大變化。當時的物價是用黃金或其他貴金屬來定義；雖然出現週期性變動，但並未顯示出長期趨勢。在戰爭期間，政府也許會印製不能換成黃金或白銀的鈔票，接著物價通常會出現暫時性飆漲。因此，我們獨立戰爭期間有一個片語叫「不値一文」（Not worth a Continental），其中英文字 Continental 就是戰時的貨幣名稱。南北戰爭期間，美鈔也有類似命運。法償貨幣——政府以命令創造出來的紙錢——當時是聲名狼藉。

在那年代裡，大家認爲政府無力影響景氣循環，而政府也很少試著去影響景氣。通貨膨脹預期，以我們今天的瞭解，是沒有。貨幣以黃金或白銀作後盾，而長期物價水準的升降主要來自黃金或白銀的供給變動。那年代的通貨膨脹率基本上是零。而且，有豐富的證據顯示，幾世紀以前的利率（通常是借黃金所產生的）和二十世紀初並無顯著不同。⑲這些都在在顯示，幾個世紀以來，通貨膨脹是處於休眠狀態，從而通貨膨脹貼水也是一樣。

十九世紀末葉，美國的貨幣環境開始變化，當停滯的農產品價格促成「自由鑄造銀幣運動」時，鼓吹以銀鑄幣，在一定的程度上，引發物價全面上漲。當時，大家普遍對於金本位對物價的

⑲英國十九世紀的「提貨券」（consols）就相當於今天美國長天期國庫券，從一八四〇年到一次大戰爲止，殖利率穩定地維持在百分之三左右。至於當時的投資環境，詳見西尼・荷馬（Sidney Homer）和理察・席拉（Richard Sylla）所著的《利率史》（*A History of Interest Rate*）。

拘束力量有著深深的關切，最有名的是一八九六年威廉・詹寧斯・布萊安的演說，「黃金十字架」(Cross of Gold)。

金本位的貨幣正統開始瓦解。英國費邊社會主義的興起，以及後來美國的拉福萊特進步行動(La Follette Progressive movement)，重新調整民主政府的施政重點。物價在一次大戰期間飆漲，然後崩潰，從未完全回到一九一四年以前的水準。中央銀行已經找到辦法來操控金本位規則。而在一九三〇年大蕭條之後，全世界幾乎都已經放棄金本位制度。

我一直對金本位與生俱來的物價穩定能力——其主要目標就是穩定的通貨——有著一股懷念之情。但我早就接受事實，金本位無法配合當前流行的看法中政府所應發揮的功能——尤其是要求政府提供社會安全網。國會爲選民創造福利而不提資金如何取得，已經造成自一九七〇會計年度以來，除了一九九八年到二〇〇一年之間因股市多頭帶來賸餘之外，連年赤字。執行這些功能所需的實質資源之移轉，已經顯示出通貨膨脹偏向。在政治舞臺上，承作低利放款的壓力普遍存在，而運用財政手段以增加就業，並避免名目工資和物價向下調整所引起的不快，幾乎是難以拒絕。大致而言，美國人已經容許通貨膨脹偏向成爲現代福利國不得不接受的代價。今天，金本位制得不到支持，而我也認爲不可能再回來了。

物價水準在二次大戰期間急速上升，雖然戰爭結束時通貨膨脹率趨緩，但從未出現夠大的負值讓物價回到一九三九年的水準。從此以後通貨膨脹率就變了，然而，過去七十年來，其數字一直都是正的，這表示物價水準一直在上升。美國二〇〇六年的消費者物價幾乎比一九三九年高了十五倍。事實上，近幾十年來，物價形態和全球暖化跡象頗爲相同。此二者的加速，都有人類干預的痕跡。

我們知道，對金本位或早期的商品本位制而言，平均通貨膨脹基本上是零。在金本位制全盛時期的一八七〇年到一九一三年之間，一次大戰之前，美國的生活費，根據紐約聯邦準備銀行的計算，平均每年只上升小小的百分之〇・二。從一九三九年到柏林圍牆倒塌的一九八九年以來，工資—物價之抑制通貨膨脹效果尚未開始的這段期間，CPI（消費者物價指數）上升九倍，或是每年增加百分之四・五。⑳這反應出法償貨幣制度並沒有與生俱來的靠山。完全由一個國家的文化和歷史來定義自己的「正常」通貨膨脹率。在我國，政治上可以忍受溫和的通貨膨脹，但接近二位數的通貨膨脹率就會造成政治風暴。其實，在一九七一年，即使通貨膨脹率不到百分之五，尼克森還是覺得有實施工資和物價管制的政治需要。於是，要壓制即將到來的通貨膨脹，雖然政治思考表示可以排除金本位，但諷刺的是，在舉國皆怒的政治下，或許也可以達到同樣的目的。但這至少在通貨膨脹超過百分之五以前不太可能發生。自放棄金本位後的半個世紀，平均通貨膨脹率百分之四・五未必就可以當成未來的基準。然而，對我們未來所要面對的通貨膨脹，這或許是個不錯的初步近似值。

百分之四到五的通貨膨脹率不可以掉以輕心——沒人會樂於見到自己的存款在十五年內喪失

⑳這段期間包括一九六〇年代早期似乎很異常的低通膨、低利率時期，具有許多今年全球無通貨膨脹現象的特性。我前面提過，其原因和冷戰之後的情形很類似，屬非經濟性：二次大戰軍事科技以及一九三〇年代累積的發明，延後至此時開始作商業應用。

一半的購買力。而雖然這個數字過去尚無造成經濟動盪不安的現象，但這個範圍的通貨膨脹率假設嬰兒潮退休對財政的衝擊相當溫和，至少到二〇三〇年以前相當溫和。我們已經看到，今天相對平靜的財政表象，掩蓋了即將發生的風暴。當國家有一大部分的高生產力人口退休，成爲財政自籌的健保和退休制度福利的接受者，而非貢獻者，這將是相當大的打擊。一段時間之後，除非我們處理這個問題，否則將大幅增加對經濟資源的需求，並拉高通貨膨脹壓力。

因此，在不調整政策之下，我們可以預期美國的通貨膨脹率將會更高。我知道聯準會在孤立無援的情況下，還是有能力和毅力有效抑制我所預見的貨幣壓力。但是把通貨膨脹壓到像金本位制那樣，低於百分之一的水準，或是沒那麼嚴格，在百分之一到二之間，在我的情境假設之下，聯準會將必須徹底抑制貨幣擴張，而可能把利率拉高到二位數的範圍，這種利率水準，自保羅・沃爾克之後即未曾見過。這些四十年來痛苦學到的貨幣政策經驗，聯準會是否會被允許去應用，則是關鍵的未知數。但美國政治運作不當的狀態，短期而言，並沒有帶給我多大的信心。我們反而會看到自一九九一即消聲匿跡的民粹主義及反政府言論又回來了。

我所擔心的是，華府努力履行其在美國當代文化特色之社會契約中所作的隱含承諾（譯註：即選舉支票），二〇三〇年的CPI通貨膨脹率將是百分之四・五以上。「以上」的部分，係反應嬰兒潮世代突如其來暴增的健保和退休給付，在不當融資下所增加出來的通貨膨脹貼水。最後，我看到一個正面的財政成果，一如我在二十二章所述。但我想，我們必須步步爲營地走過經濟和政治地雷區之後，才能採取果決行動，以維持政治之清明。我想到邱吉爾對美國人的看法：「放心，美國人總是作正確的事——在他們試盡了所有方法之後。」在我的預測中，通過地雷區之行程是風險的主要來源，可能很清楚地以高利率和高通膨方式表現出來。

上升之後的通貨膨脹率，如果我們任其發展的話，將產生和現在完全不同的金融環境。其中一部分的原因是，開發中世界目前高於正常水準的儲蓄傾向很可能隨著通貨膨脹上升而平行下降。前面提過，開發中國家的儲蓄率，其歷史平均只比已開發世界高出少數幾個百分點。但由於一向高儲蓄率的中國興起，㉑加上OPEC最近累積了龐大的流動資產，㉒開發中國家的儲蓄率膨脹到二〇〇六年的百分之三十二，而已開發國家平均低於百分之二十。

當中國繼續向西方消費主義邁進時，其儲蓄率將會下降。而油價雖然很可能漲得更高，但OPEC未來儲蓄率的增加，將遠低於二〇〇一年以來所發生的狀況。這些情境的意含是，超額的儲蓄意願對投資意願將會消除，結果，二〇〇一年以來這幾年壓制實質利率的重要因素隨之解除。而且，全球化的效益大致上已經發生，未來的步調將會慢下來。世界經濟成長近年來的狂亂腳步將會降下來。世界銀行估計，以市場匯率計價，未來四分之一個世紀，全球GDP的年成長率將會下降到百分之三。二〇〇三年到二〇〇六年之間，全球GDP年成長率爲百分之三．七。

經常帳餘額的離散度，即全球化分工和專業化步調的函數，應該也會慢下來。於是，美國的經常帳很可能會減少，雖然全世界整體的差額可能沒有減少。最後，其他國家應該會取代美國，

㉑中國的儲蓄率是政府對建保和退休準備不足以及企業儲蓄大幅增加的結果。

㉒根據報告，石油外銷國二〇〇六年底的外匯存底爲三千四百九十億美元，而二〇〇二年底只有一千四百億美元。

成爲跨國儲蓄資金的主要吸收者。

實質利率和通貨膨脹預期很可能在未來四分之一個世紀裡，平均呈上升狀態，在此情況下，名目長期利率也會跟著往上走。利率變動的數量級很難確定，因爲未來四分之一個世紀裡，不確定因素太多了。但舉例來說，如果美國國庫券十年期的實質利率，從現在的百分之二・五上升一個百分點（由於全球儲蓄意願下跌），而且如果法償貨幣的通貨膨脹預期，又再依過去水準加上百分之四・五，這就得出十年期國庫券的名目殖利率爲百分之八。同樣地，這並不包括嬰兒潮退休給付義務資金所需的各種貼水。但我們可以把這個水準當成示範：在二〇三〇年之前的某個時點，美國十年期國庫券會出現殖利率至少爲百分之八以上的交易價格。這個水準只是個底線——石油危機、重大恐怖攻擊，或是美國國會在未來預算問題上陷入僵局，都會造成長期利率在短期間內大幅上揚。

除了無風險名目利率上揚之外，美國及全世界其他國家的長期金融穩定還受到其他威脅。過去二十年來的標誌是風險貼水持續下降。我們不容易分辨究竟是投資人相信風險已經下降，因此，他們不需要依照過去所流行的方式，要求超過無風險國庫券殖利率的風險貼水，或是他們需要更多的利息所得，迫使他們追求殖利率較高的債券。美國國庫券和ＣＣＣ級公司債（即所謂的「垃圾債券」）之間的利差，二〇〇七年中，低到令人困惑的程度。例如，二〇〇二年十月，正是不景氣的尾巴，許多垃圾債券違約，利差從這時的二十三個百分點，下降到二〇〇七年六月的四點多個百分點，儘管其間發行了非常多的ＣＣＣ級債券。新興市場的債券殖利率和美國國庫券之間的利差從二〇〇二年的十個百分點下降到二〇〇七年六月的不到一・五個百分點。這種風險貼水壓縮是全球性的。我不確定人們是否不論所處的制度環境為何，在興奮期都會去追求人類容忍極限的風險。現行的金融基礎結構或許只運用這種風險容忍力的一部分。在南北戰爭之前數十年，銀行的資本必須超過其票券和存款的百分之四十才算安全。到了一九〇〇年，國家銀行的資本佔資產比降到百分之二十、一九二九年降到百分之十二、而近年來則降到低於百分之十。但由於金融彈性和更大的流動性來源，個別銀行以及一般投資人所承受的基本風險，在這麼一大段的期間裡，或許並沒有改變。

這也許不重要。一如二〇〇五年八月我在堪薩斯市聯邦準備銀行的傑克遜洞講座（Jackson Hole Symposium）上所作的告別演說：「……歷史在長期低風險貼水之後的態度不是很仁慈。」

至少，風險貼水裡所含的樂觀並不持久，當無風險利率上升，樂觀就被洗掉了，之後，收益性資產的價格很可能因而下跌，至少漲勢要遠比過去六個月緩慢。自一九八一年以來，長期名目利率一直下跌，結果，除了一九八七年和二〇〇一到二〇〇二年（達康泡沫破裂年代）以外，全世界資產價格幾乎每年都漲得比名目世界GDP還快。股票、不動產地契，和其他收益性資產的請求權——即對資產之直接和間接請求權，不論是實體資產或知識資產——這一波的價格上漲，就是我所說的流動性增加。這些紙上的請求權，代表著購買力，可以隨時用來買汽車或一家公司。

非金融公司和政府的股票及負債，其市場價值是投資以及銀行和其他金融機構創造負債的來源。這些金融中介，是四分之一個世紀以來全面流動性感覺充滿了整個金融市場的主要原因。如果利率開始上升，而資產價格普遍下跌，則流動性將會乾掉，而且可能相當快就乾掉。記住，收益性證券的市場價值就等於用折現因子調整後的預期未來所得，而折現因子則隨著對未來的興奮、恐懼，以及理性判斷而變動。就是這些判斷決定股票和其他收益性資產的價值。就是這些判斷決定一個社會有多少財富。大製造廠、辦公大樓，甚至住家都有價值，其多寡則根據市場所預期的未來使用價值而定。如果一個小時之後世界就會完蛋，則所有財富的象徵都將被視為毫無價值。如果沒有那麼嚴重——譬如說，我們的未來混雜著一團不確定性，則市場參與者將會壓低他們的叫價，並且對資產的現值給予較低的評價。我們的腦袋外面不必發生任何事情。價值是依人的認知而定。因此，這種流動性可能在新構想或恐懼出現之下，上上下下。

金融市場有一個相關的關切，外國央行，主要是亞洲的央行，持續建立了大量的美國國庫券部位。市場參與者害怕，如果這些央行不再購買美國證券，甚至更糟，想要把大量的部位賣掉時，對美元利率和匯率會造成衝擊。這些累積的部位主要來自中國和日本為壓制其匯率以培植出口和經濟成長。從二〇〇一年底到二〇〇七年三月，中國和日本總共累積了一・五兆的外匯，其中五分之四是以美元請求權的方式持有——亦即，美國財政部和各單位的有價證券和其他短期請求權，包括歐洲美元。㉓

萬一他們累積的速度減緩或是反手要賣，當然對美元匯率會有壓力，也會造成美國長期利率上漲的壓力。但主要貨幣的外匯交易市場，流動性已經大到足以完成美元存款國際換匯動作而不會造成市場的明顯波動。就利率來看，其變動程度很可能沒有許多分析師所擔心的那麼大，而且，當然是少於一個百分點，甚至遠低於此。各國中央銀行（或其他市場參與者）出售美國國庫券並

㉓中國已經宣布並著手進行其龐大外匯存底（約當一・二兆美元的美元和非美元的外匯）的分散計劃。

不會改變美國國庫券的流通餘額。各國央行所持有的證券和其他資產，全世界的流通餘額也不會因出售而有所變化。這些交易是交換，只會影響二種證券間的價差，但未必會影響整體利率水準。類似外匯交換。㉔

中央銀行（或其他人），對其所持有之龐大美國國庫券進行交換交易，對利差的衝擊視世界其他投資者部位的大小而定，更重要的，視這些投資部位在到期日、計價幣別、流動性，及信用風險上和國庫券的相似度而定。具高度替代效果的AAA級公司債和資產抵押證券之持有人，可以和他們作國庫券交換而不會對市場造成不當影響。

國際金融市場已經變得非常龐大而具非常大的流動性，㉕售出數百億美元的國庫券、甚至數千億的國庫券，可以在不造成危機衝擊下完成。近年來，我們有許多市場吸收美國國庫券大筆轉讓能力的證據。例如，日本貨幣主管機關在一個月累積將近四百億美元外匯，主要是美國國庫券的情況下，於二〇〇三年下和二〇〇四年初之間，突然於二〇〇四年三月中止先前的作法。然而美國十年期國庫券價格或日幣兌美元匯率卻很難找出突然變動的跡象。更早之前，日本主管機關在一天內買進二百億美元的美國國庫券，影響極微。

㉔這種交換和因爲股票未來預計盈餘的折現值降低而造成價值下降而賣出股票不同。股票的情形是整體價值下跌。沒有補償。這不是交換。

㉕全球央行總計持有的外匯和全球私部門所持有的外國流動性資產，根據BIS和IMF資料，於二〇〇七年初接近五十兆美元。國內非金融公司的負債也可以用來代替美國國庫券，但價格可能稍微要委屈一下。光是日本所持有的美國對外淨負債，二〇〇六年底就有三十三兆。

雖然我們知道部分金融危機的釀成另有原因，但外國央行大量處分美國國庫券部位還是能造成混亂，我認爲這甚至是一種壓力。

但金融恐懼則不只是這樣。自一九八〇年代初期以來，流動性劇烈增，新技術隨之開發出來，讓金融市場在風險分配上產生革命，我們在前面談過。三、四十年前，市場只能買賣簡單的股票和債券。衍生性金融商品簡單而且稀少。但隨著在全世界相互連結的市場裡即時交易能力的來臨，出現了複雜的衍生性金融商品，可以就各種商品、地區，和時間，以各種方式來配置風險。雖然紐約證券交易所在世界上的名氣已不如以前，其交易量卻已經從一九五〇年代的每日幾百萬股增加到近年來的一天將近二十億股。然而，除了一九八七年十月崩盤和一九九七到一九九八年間嚴重的危機造成金融陣痛之外，市場似乎一小時接著一小時，一天接著一天，平順地進行調整，就宛如我引用亞當斯密的話，由一隻「國際上看不見的手」所引導。實際上是全世界數百萬個交易員不斷搜尋，買進低估的資產而賣出似乎被高估了的資產。這個過程，持續提升把稀少的儲蓄導向最有生產力投資的效率。這個過程完全不具民粹主義批評者所稱的盲目投資特性，對一國生產力和生活水準之改善有重要貢獻。無論如何，爲了優勢而不斷使出的各種手段，造成供需間的均衡以人類無法理解的快速，不斷地重新調整。於是，交易必然要逐漸電腦化，而股票和商品期貨交易所傳統在場內的「喊價」(outcry) 交易方式，迅速地被電腦程式所取代。隨著資訊成本下降，美國經濟的特性將跟著改變。投資銀行、避險基金，和私募基金都在尋找利基或風險調整後的高報酬，這些機構間的差異將漸漸模糊。非金融事業和商業銀行在定義上的差別也會模糊，因爲金融和商業行爲之間的差異大致皆已消失。

市場已經變得太大、太複雜，而且變動太快，而無法用二十世紀的方式去監督管理。難怪這全球金融巨獸已經過度發展，連最老練的市場參與者都不能完全瞭解。金融主管官員必須去監督一個遠比原先法規制定時尚能管理的金融市場還要複雜的系統。今天，這些交易的監督基本上是靠個別的市場參與者做交易相對人監督（counterparty surveillance）。每個放款人，爲保護股東，會去監視其客戶的投資部位。主管官員還是可以假裝進行監督，但他們的能力已經大幅削減。

十八年來，我和我的理事同仁負責聯準會的這個程序。我明白行政管理的力量正逐漸消逝，但爲時已晚，我猜我的同仁也一樣。我們逐漸認爲我們必須靠交易相對人監督來從事這項繁重的工作。既然市場已經變得非常複雜而無法做有效人爲干預，最有可能的反危機政策就是維持最大的市場彈性——讓市場主要參與者，諸如避險基金、私募基金，和投資銀行等，有行動的自由。金融市場的無效率消除後，就可以提供流動性給自由市場以處理失衡狀態。避險基金和其他人的目的一樣，都是爲了賺錢，但他們的行動會消滅無效率和不均衡，從而減少稀少儲蓄的浪費。於是，這些機構對提高生產力和整體生活水準有貢獻。

許多批評認爲這樣依賴看不見的手令人不放心。爲了小心起見，也爲了多一層保障，他們認爲，難道全世界的資深金融官員，諸如主要國家的財政部長和央行官員，不該想辦法去管理這個龐大的全球新現象嗎?有人認爲，即使全球管制沒什麼用，至少也不會有什麼壞處。事實上是有。管制，就其特性而言，會阻卻市場行動的自由，而讓市場重新回到均衡，正是迅速採取行動的自由。一旦自由被削弱了，則整個市場的均衡過程就出現危機。當然，我們不知道，也無法全部知道每天所發生的數百萬筆交易。而美國空軍B－2飛機的駕駛也不知道、不必知道飛機在空中飛行時，電腦所作的數百萬個瞬間自動調整。

當然，「看不見的手」假設市場參與者基於自利心而行動，但有時候，這些市場參與者卻去冒愚蠢的險。例如，最近揭發的CDS（信用違約交換）交易商竟甘冒風險，對他們櫃檯買賣交易的條件細節馬馬虎虎，這令我驚訝。一旦價格大幅變動，合約用語上的爭議就會產生，造成實質但不必要的危機。㉖這個事件並非價格風險，而是作業風險——亦即維持市場運作的基礎結構發生故障的風險。

景氣循環凌駕在我所討論的這些長期力量之上，這點要好好記住。雖然景氣循環已經沉寂了二十多年，但還沒死。即時庫存程式出現，以及服務類產出之增加，無疑顯著降低了GDP的波動幅度。人性並沒有改變。歷史充滿了一波又一波的熱情和失望，這是人類的天性，並不遵從學習曲線。這些波動，都反應在景氣循環。

總之，未來四分之一個世紀所面對的金融問題並不樂觀。然而我們也經歷過更糟的。沒有一個金融問題可以對我們的金融機構產生永久性傷害，甚至也無法撼動美國的世界領導地位。事實上，當前許多大家所害怕的金融失衡，很可能在對美國的經濟活動產生遠低於一般預期的衝擊下，得到解決。我在第十八章提到，解決我們的經常帳赤字，很可能不會對我們的經濟活動或就業產生重大衝擊。對中國和日本拋售其龐大外匯存底導致美國利率高升匯率大跌的恐懼被誇大了。

㉖幸好，在紐約聯邦準備銀行的協助下，這個問題已經在處理中。

我們無法避免全球抑制通貨膨脹的力量逐漸鬆動。我視之爲回歸法償貨幣的正軌，而非新的脫軌現象。而且，我前面所提的情境中，更悲慘的未來我們都有能力精確化解。首先，總統和國會必須不要干預FOMC抑制即將出現而無法避免的通貨膨脹壓力(FOMC成員不需要鼓勵)。貨幣政策可以模擬出金本位制的穩定物價。高利率事件將是必要的。但沃爾克的聯準會已經證明這樣做有效。

其次，總統和國會必須確保讓美國經濟有能力承受九一一震撼的金融彈性不會減損。市場應該維持自由運作而不受政府的限制——尤其是工資、物價，和利率——過去政府曾經造成市場無法自由運作。在資金大量移轉、交易量龐大，以及因爲日形複雜而必然成爲不透明市場的世界裡，這種機制尤其重要。經濟和金融震撼一向難以預測，因此，吸收這些震撼的能力，對穩定生產和就業而言，是最重要的要求。

動手監督和管理——二十世紀的金融模式——已經淹沒於二十一世紀大量而複雜的金融裡。只有在作業風險和企業及消費者詐欺等領域，二十世紀的管理原則才能不受影響，繼續使用。許多管理繼續把目標設定在確保風險接踵而來的交易，其資金來源爲有錢的專業投資人而不是一般大眾。市場以超音速在運作，企圖對市場行爲加以監控或影響，必然失敗。監督今日全球交易所需的檢查大軍，本身的行動就會傷害我們未來不可或缺的金融彈性。除了讓市場運作之外，我們沒有好的選擇。市場失靈(market failure)是極少見的例外，而其結果可以彈性經濟和金融系統加以緩和。

不管我們是如何進入二〇三〇年，屆時，美國的經濟規模應該遠大於今日——就實質項目而言，將近是二倍大。而且，其產出將遠比現在更偏向觀念性。我們預期，長期趨勢將繼續擺脫人力和自然資源所生產的價值，而走向與今日數位經濟相結合的無形附加價值。今天，生產一單位產出所需要的實體物料遠比幾個世代之前還少。事實上，實體物料和燃料，不論是在生產中耗用掉的，或是留在產品上，成為產品的一部分，過去半個世紀以來，增加非常有限。我們經濟的產出不只是變輕了，還變得更貼身。

例如，纖細的光纖電纜已經取代噸位龐大的銅電纜。新的建築、工程，和材料科技已經讓我們可以用遠比五十或一百年以前少的實體材料，建造出擁有同樣空間大小的建築物。行動電話不只是體積縮小，還變成多功能溝通器材。數十年來，往實體投入較少的生產或服務移動，還是造成GDP金額對投入噸數比率顯著增加的最主要貢獻者。

如果你以二〇〇六年國內生產毛額的美元金額，即所有生產出來的商品和勞務的市場價值，和一九四六年的GDP作比較，經通貨膨脹調整後，美國在小布希時的GDP比杜魯門時大了七倍。然而，二〇〇六年生產產出所需投入材料的重量，只比一九四六年時溫和增加而已。這代表我們產出中幾乎所有的實質附加價值都在反應其所結合的構想。

過去半個世紀劇烈地移向較為無形而以觀念為主的變動——就是經濟減肥——來自幾個原因。實體商品之積存以及在擁擠的地理環境中移動所面臨的挑戰，顯然造成了成本壓力，而必須在體積和空間上有所節制。同樣地，為數越來越龐大的實體資源在不理想的地形中被發現、開發和處理，成本因而不斷上升，造成邊際成本上揚，迫使生產者轉而尋求較小型的選擇。而且，當科技前鋒向前邁進，要求資訊處理加速時，物理定律要求相關的微晶片要比以前更緊緻。

體積縮小後的新經濟以不同於以前的方式運作。在典型的商品生產案例中，增加一單位產出所增加的成本，最後會因擴充產能而增加。然而，在觀念性產品的王國裡，生產的特色經常是固定、而且通常是可以忽略不計的邊際成本。例如，雖然創造一套線上醫療字典的設立成本可能會很高，但如果配送是在網際網路上做，則重製和配送的成本就可能接近零。電子平臺之出現，以可忽略的邊際成本交換構想，無疑是近年來GDP觀念化比重日益增加的重要解釋因素。觀念性產品的需求，顯然遠不如實體商品那樣，受到邊際成本增加導致價格上揚而影響需求。

開發軟體的高成本及可以忽略的生產和配送成本（如果採線上配送的話），傾向於形成自然壟斷——商品或勞務由一家廠商供應的效率最佳。證券交易所就是個明顯的例子。所有的股票集中到一個市場去交易的效率最高。買進賣出的價差縮小，交易成本下降。在一九三〇年代，阿爾考是美國唯一的鋁原料生產者。他們靠不斷降價來充分反應效率之提升，從而得以維持壟斷。潛在的競爭者如果要以阿爾考的低價來競爭，則報酬率將使他們退避三舍。㉗

這種令人嚮往的自然壟斷，今天的版本就是微軟（Microsoft）卓越地以「視窗」來主導個人電腦作業系統。及早進入市場，有能力去定義新產業的模版，讓他們得以將潛在的競爭者阻卻於

㉗經常有人說，許多公司的確以降價的方式企圖把競爭者驅離市場。但除非他們的成本一直都比競爭者低，否則這是個失敗的策略。潛在競爭者一離開市場，公司就馬上漲價是短視的作法。儘管大家聲稱這是常見的作法，我在六十年的企業觀察中卻很少見到這種現象。這是流失消費者的有效方法。

圍籬之外。於是，創造並培植這種「閉鎖」效應就成了我們數位新世界的主要營運策略。儘管微軟擁有這個優勢，事實證明其自然壟斷並非絕對。微軟的主導力量也受到蘋果（Apple）和開放原始碼的 Linux 競爭的侵蝕。最後，自然壟斷被科技突破和新典範所取代。

策略會換來換去，但最終的競爭目標一直是得到風險調整後最大的報酬率。如果是自由而開放的市場，則不論採取什麼策略，競爭都會發生作用。依我判斷，反托辣斯政策從來都不是有效的促進競爭工具，吾人將會發現，其二十世紀的標準，在數位新時代來看，早已落伍，數位時代的創新，可以在一夕之間，讓一隻八百磅重的大猩猩變成絕種的恐龍。㉘

朝向觀念性產品的趨勢，不可逆地越來越強調智慧財產權及其保護——這是法律可能受到挑戰的第二個領域。總統經濟顧問委員會於二〇〇六年初舉出，像製藥、資訊科技、軟體和通訊等「高度依賴專利……和著作權保護」的產業，二〇〇三年，其產出幾乎佔了美國經濟活動的五分之一。該委員會還估計，美國二〇〇五年九月的上市公司，其市值（十五兆美元）有三分之一屬於智慧財產；而這三分之一裡面，軟體及其他著作權保護作品佔了將近五分之二，專利佔三分之一，其餘則屬於商業機密（trade secrets）。但我們幾乎可以確定，股票市值中，智慧財產所佔的比重遠高於經濟活動。含有相當高比重智慧財產的產業，也是美國經濟裡成長最快速的產業。我看

㉘美國的反托辣斯政策始於十九世紀，發展於二十世紀，以法律認定固定價格（price fixing）及其他違反當時對市場運作方式想法的行爲違法。我一直認爲，法院用來判定是否違法的競爭模式並不是讓經濟效率極大化的模式。我擔心把二十世紀的市場模式套用在二十一世紀可能造成更大的損害。撤銷補貼和刪除反競爭法規以讓市場自由，根據我的判斷，一向是最有效的反壟斷政策。

不出來二〇三〇年智慧財產佔GDP比重之增加有任何障礙。㉙

一次大戰之前，美國的市場基本上不受政府管制之限制，但有財產權之支持，在那年頭，財產權所指的主要是實體財產。智慧財產——專利、著作權，和商標——在經濟中所代表的重要性遠比現在低。十九世紀最重要的發明是軋棉機：軋棉機的設計從未受到有效保護，也許這就代表當時的狀況。

一直要到最近幾十年，當觀念性產品在美國經濟變得相當重要時，智慧財產權相關議題，才被視爲法律和企業不確定性的重要來源。這種不確定性有一部分是智慧財產實際上和實體財產有很大的不同。因爲實體財產有物質之存在，比較能夠受到警察、民兵，和私人警衛之保護。相對地，智慧財產很容易就被竊取，例如未經原作者許可就擅自發表其構想。顯然，當一個構想被某人使用時，並不會造成其他人無法同時使用。

更重要的是，新構想——智慧財產的構成基塊——幾乎都是以難以追查，甚至於無法追查的方式，建立在舊的構想之上。從經濟的觀點來看，這提供了一個理由，讓最初由牛頓和萊布尼茲（Leibniz）所發展出來的微積分，儘管其觀念世世代代以來，創造了無法衡量的財富，大家卻可以自由使用。法律應該保護牛頓和萊布尼茲的請求權，就像我們保護地主一樣嗎？或是法律應該允許他們的想法可以被其他人，在社會財富極大化的目標之下，自由地運用嗎？所有的財產權都

㉙二〇三〇年美國佔GDP比重主要下降的部門爲製造業（不包括高科技）。而且，生產力持續成長將會縮減製造業的就業人數。

不可剝奪嗎？還是它們必須屈服在現實的限制之下？

這些問題困擾著經濟學家和法學家，因爲它們觸及管理現代組織，及其社會的某些基本原理。我們在智慧財產的保護上，不論是將之視爲不可剝奪的權利，或是視爲最高統治者的特別恩賜，這些保護，必然是我們在創新者的利益和創新受惠者的利益之間，天人交戰取得平衡點後，所作出意義重大的抉擇。

我的自由意志主義把我帶回最初的結論，如果某個人創造了一個構想，他或她擁有所有權。但構想的創造者自動就已經使用了這個構想。問題是：應該限制其他人，不得使用這個構想嗎？至少，我們可以想見，如果限制他人使用構想的權利累積了數個世代，在遙遠的將來，總有一天，新生代會發現生存所需的所有構想都已經有人合法主張過，非經構想的所有權人之同意不得使用。顯然對一個人的權利保護，不能以犧牲他人生活的權利爲代價（本例就是這種情形），否則，偉大的人權建築將產生內部矛盾。這個情境雖然牽強，卻顯示，如果某些智慧性創造的國家保護，因可能會侵害到他人的權利而必須失效，結果，某些智慧創造不能受到保護。一旦通則被破壞了，還能適用到什麼程度？當然，實務上，在專利、著作權，和商標的法律架構下，只有非常小部分的智慧性創造受到保護。

在實體財產的部分，我們認爲，所有權理所當然應該和實際主體存在的期間一樣長。㉚然而對於構想，我們選擇不同的平衡點，因爲我們知道，要找出隱含在吾人現行工作中所有的構想，

㉚實務上，英國普通法允許把財產贈與活人，但不能贈予後代，這會造成財產被永遠綁住。

並一一支付權利金給原創者，將會相當混亂。於是，美國人沒有採用顯然行不通的方法，而是跟著英國普通法走，對智慧財產權設定時間限制。

但我們所選出的平衡點正確嗎？大多數參與智慧財產辯論的人都採取一套務實的標準：保護是否夠廣，足以鼓勵創新，但又不會太廣而扼殺了後續的創新？這些保護是否過於模糊而產生會增加風險貼水和資本成本的不確定性？

將近四十年前，年輕的史蒂芬・布雷爾引用哈姆雷特（Hamlet）爲這個兩難問題作出結論。這位未來的大法官在《哈佛法學評論》（*Harvard Law Review*）上寫道：

> 關於當前著作權保護——整體而言——是否允當的問題，除了採取矛盾的立場之外，別無他法。吾人也許可以拿這種立場和馬契普教授（Professor Machlup）作比較，他在研究專利制度之後，作出結論：「沒有任何一個我們所能接觸到的實證證據或理論主張，曾經針對專利制度有助於技術工藝和經濟生產力之進步的想法有過證實或駁斥。」這個立場顯示，以書籍而言，著作權並不是建立在實際的需求上，而是建立在如果保護除去之後會發生什麼問題的不確定性上。我們可能猜測，其傷害的風險很小，但無論如何，沒有著作權的世界是個「神祕之國」（undisover'd country），「它迷惑了我們的意志／使我們寧願忍受目前的磨折／不敢向我們所不知道的痛苦飛去。」

在一個價值逐漸體現於構想而非有形資本的經濟裡，我們當前的制度（發展自以實體資產爲主的世界）是否允當？我認爲，我們的立法人員和法院在未來二十五年所要面對的唯一而且重要的經濟抉擇就是：釐清智慧財產的規則。

總之，藉由對未來之探討，我們能夠有什麼收穫嗎？撇開沒人能處理得了的鬼牌不談——美國境內發生核子爆炸、瘟疫、保護主義全面復辟，或是解決健保財務缺口的非通貨膨脹方法無法通過等等——二〇三〇年的美國可能具備下列特性：

一、實質GDP較二〇〇六年高出四分之三。

二、觀念化商品佔GDP比重將持續上升，而智慧財產權之立法和爭訟之重大事件亦將增加。

三、近年來沉寂多時的通貨膨脹壓力和民粹主義政治將成爲聯邦準備制度所要面對的挑戰。

如果聯準會被迫不能壓制通貨膨脹力量，則我們會面臨下述特性：

四、核心通膨率（core inflation rate）明顯超過二〇〇六年的百分之二・二。

五、在二〇三〇年之前，十年期國庫券殖利率會出現在二位數附近震盪的情形，相較之下，二〇〇六年則是低於百分之五。

六、風險貼水和股票溢價顯著大於二〇〇六年。

七、股票的收益率較二〇〇六年爲高（因資產價格低估，預計在未來的四分之一個世紀裡將會持續上升到二〇三〇年），同時，不動產資本化的比率也將隨之下降。

讓我們回過頭來看看其他國家的展望，英國自一九八〇年代開始，柴契爾夫人大幅開放市場競爭之後，就有相當了不起的復甦。他們做得非常成功，這要歸功於東尼・布萊爾和格登・布朗所領導的「新工黨」擁抱新自由，把他們黨裡過去的費邊社會主義特色調整爲機會和平等的議題。英國歡迎外人投資、購併英國的代表性企業。目前的政府知道，撇開國家安全和自尊的問題不談，英國公司股東的國籍問題對英國一般老百姓的生活水準影響甚微。

今天倫敦可以說是跨國金融的領導者，雖然紐約仍是世界金融首都，提供美國龐大經濟的資金。倫敦從一九八六年開始「金融大改革」（Big Bang），大幅解除金融管制——而且絕不退縮——終於奪回其在十九世紀時的國際金融市場霸主地位。科技發明，讓全球儲蓄導入全球廠房設備上的投資效率大爲改善。資本生產力之改善，造成金融專家的所得增加，以及英國金融業的繁榮。英國的稅收大幅增加，工黨政府將之用於所得不均的問題上，這是科技導向之金融競爭所無法避免的副產品。

英國的人均GDP最近已經遠遠超出德國和法國。雖然英國的兒童教育也有美國的那些缺點，但其人口結構卻沒有歐陸那麼不樂觀。然而，如果英國繼續走這開放的新路線（相當合理的預期），他們在二〇三〇年的表現應該非常不錯。

歐洲大陸的未來，在他們還沒放棄「財源自籌」福利國之前，前景尙不明朗，因這種福利國需要人口不斷成長，才有足夠的資金去支應。歐洲大陸的出生率遠低於自然替代率，而且鮮少有預測者認爲其出生率會回升，因此，除非大量引進新移民來補充，否則其勞動力將日漸減少，而老年撫養比率（elderly dependency ratio）則日漸上升。然而，歐洲對增加移民的胃口似乎有限。要解決這個問題，歐洲生產力的成長率必須加速，但這似乎超出其目前的能力範圍。歐盟高峰會（European Council）瞭解這個問題，於二〇〇〇年雄心勃勃地推出「里斯本行動議程」，想把歐陸的科技水準提升到世界領導者的地位。後來該計劃暫停，等於是無疾而終。生產力沒有成長，則歐洲在二次大戰後所扮演的重要經濟角色將難以持續下去。但法國、德國，和英國新領導人的出現，可能是歐洲加強落實里斯本目標的跡象。尼古拉・沙柯吉、安琦拉・墨克爾（Angela Merkel）和格登・布朗對許多經濟前景的看法似乎頗爲一致，讓歐洲之復興更有可能。

日本未來的人口結構似乎較歐洲更不樂觀。日本非常排斥移民，具有日本血緣的移民除外。日本的科技水準已經是世界級，因此，其發展潛力將和美國一樣，有所限制。大多數的預測者都認爲在二〇三〇年之前，日本會喪失世界第二大經濟國（以市場匯率評價）的地位。日本人應該對這種發展有所不滿而採取行動以解決問題。無論如何，日本將一直會是科技和金融上富裕而可敬的力量。

俄羅斯擁有龐大的天然資源，但卻苦於人口減少，而且，正如我在第十六章所提，其經濟中的非燃料部門將面臨「荷蘭病」效應的危害。該國對法治的追求以及對財產權的尊重，已經在福拉登米爾・普丁的統治下蕩然無存，普丁依據國家主義的權宜性考量，採選擇性執法，否定了法治之重要基礎。俄羅斯由於擁有能源資源，將繼續在全球經濟舞臺上扮演可敬的角色。但除非該國恢復法治，否則不可能創造出世界級的經濟。如果俄羅斯的能源資源依然豐沛、依然高價，則其人均GDP還會繼續上升。但俄羅斯的人均GDP還不到美國的三分之一（以購買力平價衡量），因此，俄羅斯要加入已開發國之列，還有很長的路要走。

如果印度可以擺脫承襲自英國的費邊社會主義，其潛力無窮。該國在外銷導向，世界級的高科技服務上已經如此做。但現代化的核心，只佔印度廣大經濟的一小部分。雖然與觀光結合的服務業欣欣向榮，印度仍有四分之三的勞動力苦苦掙扎於生產力低落的農業。雖然該國是個令人讚賞的民主國家——全世界最大的民主國家——其經濟卻還是非常官僚而僵化。雖然近年來其經濟成長率在全世界裡名列前茅，但其成長的基準點卻非常低。四十年前，印度平均每人GDP和中國相等，但現在卻只是中國的一半，而且還越差越遠。我們認爲印度可以採行類似中國那樣的激進改革而成爲世界後起之秀。但本文寫作時，該國的政治似乎正把印度帶往令人失望的方向。幸好，印度在二十一世紀服務業上的領域雖然不大，卻大放異彩而難以消逝。想法很重要。該國必定會被二十一世紀的想法和科技所吸引。印度也許會發現追隨英國的作法很有用，英國革命似乎在啓蒙時代的自由市場思想中，融入費邊主義的感性。

在挑戰美國世界經濟領導地位的國家中，人口眾多的中國於二〇三〇年將是主要的競爭者。中國在十三世紀時比歐洲還要富庶。後來有幾個世紀走錯方向，卻可以幾乎在一夕之間大規模的轉型，展開令人讚嘆的復興。中國追求自由市場競爭，先從農業，然後工業，最後全面對國際貿易和國際金融開放，讓這個古老社會走向更大的政治自由之路。不管官方文章怎麼說，其領導人的權力一代不如一代，有希望以一個更民主的中國來取代專制的共產黨統治。雖然某些獨裁國家可以暫時成功地實施競爭市場政策，但長期而言，民主和貿易開放的相關性非常明顯而無法忽略。

我不會假裝能夠預見中國究竟是繼續走向政治自由的路子，成爲世界經濟強權，聲譽日隆；抑或是在市場力量之下日漸失去控制中，力圖保留共產黨的政治控制，讓鄧小平大膽改革之前的僵化經濟得以復辟。二〇三〇年的世界是什麼樣，關鍵就看他們如何選擇。如果中國繼續往自由市場資本主義推進，則中國必將把全世界的繁榮，推向更新的水準。

即使像美國和中國這麼強大，在新世界裡爭奪經濟霸權的國家，他們還是要向更強大的力量作部分屈服：完全開展的全球化。當市場資本主義擴大後，政府對人民日常生活的控制就大幅褪去。不用敲鑼打鼓，在個人的意願推動下，市場漸漸地取代了國家的許多力量。㉛許多限制商業交易的法規持續地悄悄撤銷，以利資本主義的市場自律。原理很簡單：你不能同時用市場和政府命令來設定，譬如說，銅價。其中一個必會取代另一個。美國經濟自一九七〇年代開始解除管制、英國在柴契爾夫人領導下解放企業、歐洲於二〇〇〇年把部分力量用於建立世界級的競爭市場、前蘇聯集團大部分國家試圖擁抱市場、印度努力脫離令人窒息的官僚制度，以及，當然，中國卓越的復興——全都降低政府對其經濟和社會進行行政干預。

我已經學到把經濟上的長期成果，視爲大致上（但非全然）決定於人類的天性，透過我們所建立的制度，進行分工，依此工作。人類基於互惠而分工的想法源自古代而難以找出源頭，但這

㉛戰後有相當多政府透過經濟手段來執行政治控制。

樣的實務，啓發洛克和其他啓蒙時代人物提出人權不可剝奪的想法，作爲管理社會的法治基礎。亞當斯密和他的同僚之見解就從這個自由思想的溫床培育出來，他發現了人類行爲的基本原理，至今仍主導生產力和市場的運作方式。

上個十年中，已開發和未開發世界雙雙出現前所未見的經濟成長，證實一項進行了七十多年的經濟實驗最後爲不可行。蘇聯集團驚人瓦解，導致大家以中國和印度爲先鋒，加速放棄中央計劃經濟。提升財產權，以及提升更廣泛的法治，可以帶來物質生活水準的提升，這種現象之證明，非常具說服力。由於法治的微妙變化難以量化測量，因此沒有正式的統計證明。但質上的證明則不容否認。許多國家控制的機構紛紛解散，改以市場爲基礎的組織取而代之，在在顯示全都爲了改善經濟績效。過去六十年來，這樣的進步一直在敲擊著中國、印度、俄羅斯、西德，和東歐，這只是犖犖大者。事實上，擴充自由市場、財產權，和法治而無法對經濟福祉有所貢獻者非常罕見，而加強實施中央計劃經濟卻能提升經濟福祉者，也極少有。然而，對可長可久的繁榮而言，法治只是必要條件而非充分條件。文化、教育，和地理等都扮演著重要角色。

爲什麼法治和物質福祉之間的關係顯得如此牢靠？在我的經驗中，這是基於人性上的一個主要面向。在生活上，除非我們採取行動，否則就會滅亡。但行動冒著無法預見結果的風險。人們願意冒險的程度，視他們認爲所能得到的報酬而定。一般而言，有效的財產權和人權會降低不確定性，開啓更寬的冒險領域和行動領域，從而能夠產生物質福祉。不行動則產生不了任何東西。

物質進步離不開理性冒險。當理性冒險受損或不存在時，吾人只採行必要之行動。經濟產出僅達最低水準，驅動力並非來自精心策劃的冒險，卻常來自被迫的狀態。人類史的證據強烈顯示，正面動機遠比恐懼和脅迫來得有效。個人財產權之外的選擇是集體所有權（collective ownership），在產生文明而富足的社會上，一再地失敗。羅伯・歐文一八二六年的「新和諧」、列寧和史達林的共產主義，或毛澤東的文化大革命都行不通。在今天的北韓和古巴也都行不通。

就我所知，證據顯示，在既定的文化和教育水準之下，競爭的自由越大，以及法治程度越強，則所產生的物質財富越大。㉜但很遺憾，競爭的程度越大——結果，所使用的資本設備和勞工技術也越快開始過時——市場參與者所體驗到的壓力和焦慮程度也越大。矽谷有許多成功的公司，我認為是「感應過時」(induced obsolescence) 的代表，每隔幾年，他們就必須對事業裡的一大部分進行再投資。

由於大家對創造性破壞的有害一面感到憂心忡忡，幾乎所有已開發世界以及越來越多的開發中世界都決定接受較低程度的物質福祉以換取競爭壓力之減輕。

在美國，共和黨和民主黨長期以來對於支持社會保險、健保，和其他源自羅斯福新政及詹森「偉大社會」的計劃，都有一致的共識，雖然在細節方面有許多不同的意見。如果我們現有的社會安全網到期而要展延續辦，幾乎所有的福利法案在國會中都會得到大多數同意而重新生效。這點我並不懷疑，經濟環境會隨著時間改變，人民的共識也會有所演變，但其演變範圍卻可能相當狹窄。

社會安全網幾乎每個地方都有，只是程度大小各有不同。就特性而言，社會安全網透過勞工

㉜我也發現，五到十年的經濟預測要能夠成功，法治程度和複雜的計量經濟學同樣重要。

法和所得重分配等方案，限制自由放任之充分運作。但目前已經很明顯，在全球競爭的世界裡，市場所能容忍的社會安全網之規模和性質有一定的限度，在此限度之內，不會造成嚴重的負面經濟後果。例如歐洲大陸，目前正努力找出可以接受的方法，把退休給付及失業保護的規模降下來。

事實證明，市場資本主義的生產力非常可觀，但越來越多的人認爲其報酬漸漸偏向技術工人則是其罩門，這樣的分配並不公平。由於新技術層層疊疊建立在另一項技術上，具全球規模的市場資本主義將需要更多的技能。現代人的天生智慧和古希臘人也許差不多，因此，我們的進步要靠世世代代所累積的浩瀚知識之增添。

美國初等及中等教育制度出現問題，無法迅速充分培養我們的學生，以防止技術工人短缺及非技術工人過剩，進而造成這二者間的工資差距不斷擴大。除非美國的教育系統可以儘速提升技術水準以滿足科技需求，否則技術工人的薪資將繼續快速增加，導致所得集中問題越來越嚴重。我提過，教育改革需要許多年的時間，而我們卻須馬上處理所得不均日益擴大的問題。對富人增稅似乎是個簡便的解決方法，事實證明，很可能對經濟成長帶來反效果。我們可以針對我們經濟所需要的技術，開放國界引進大量技術移民，此舉可立即抑制技術工人所得並提升美國勞動力的技術水準。這些改革似乎相當可行，但涉及教育和移民，很可能要等數年後，大家普遍接受美國實施這些資本主義作法，才可能成功。

人類處逆境時堅持到底並追求進步的行爲並非偶發事件。適應是我們的天性，因此，我對我們的未來深深感到樂觀。從德爾菲先知到華爾街的未來主義，預言家都想善用這個人性趨向：長期的正向趨勢。啓蒙運動在人權和經濟自由上的觀念，已經解放了數十億人，讓他們追求自己的希望——努力讓自己和家人的生活過得更好。然而，進步不會自動發生，必須靠未來適應，因爲現在還無法想像。但我們天生所要追求的希望，其邊界永不封閉。

謝詞

當我於二〇〇六年一月離開聯準會時，我知道，我會懷念和這群全世界最優秀的經濟學家一起工作的情形。從公職退下來，在本書工作小組合作無間的配合下，我轉入私人工作的過程，變得既輕鬆而又刺激。

以前的聯準會同事，對本書有許多重要貢獻：蜜雪兒・史密斯（Michelle Smith）、派特・帕金森（Pat Parkinson）、巴伯・艾格紐（Bob Agnew）、凱倫・強森（Karen Johnson）、路易斯・羅斯曼（Louise Roseman）、威吉爾・馬丁里（Virgil Mattingly）、大衛・司達登（Dave Stockton）、查理・席格曼（Charlie Siegman）、卓意絲・席克勒（Joyce Zickler）、妮莉・梁（Nellie Liang）、路易斯・雪納（Louise Sheiner）、吉姆・甘迺迪（Jim Kennedy），和湯姆・康諾斯（Tom Connors）等，他們每位都幫我把記憶模糊之處補足，並提供意見，讓本書之寫作得以順利進行。泰德・杜魯門（Ted Truman）很大方地花時間幫忙，並提供我們多次共同到海外出差時的筆記和照片。唐・科恩（Don Kohn）對本書部分初稿提供珍貴的心得和批評。

琳・福斯（Lynn Fox）擔任聯準會的通訊主任多年，證明是個資源豐富的研究人員、故事及點子大王、也是部分初稿的熟練編輯。前聯準會國際金融部副部長大衛・霍華（David Howard）和我一樣，最近才剛退休，以他的專業，在許多重要的技術性討論上提供我協助，他是個尖銳的批評者，也是個強悍的辯論家。

許多好友及專業上的舊識花時間提供重要的觀點、故事，和資訊。馬丁・安德森分享尼克森和雷根年代的記憶。史帝芬・布雷爾法官讓我在智慧財產權和其他法律事務上的想法更為清晰。傑克・麥洛克大使提供戈巴契夫的蘇聯回憶。和英國首相格登・布朗相處時，我喜歡和他天南地北地討論全球化及英國（和蘇格蘭）的啓蒙運動。前總統柯林頓提供他對經濟政策議題的思考觀點；前白宮顧問金・史伯齡更協助我充分瞭解柯林頓年代。

我要特別感謝前財政部長巴布・魯賓，他非常樂意把我們當年的共同回憶提出來分享。他的副部長，後來也升上部長的賴瑞・桑莫斯協助我們，讓我們對柯林頓總統時代以來之全球化演化現象有共同的瞭解。

巴布・伍德華提供非常多當年我在聯準會期間對我所作的訪問稿——此舉，對我這寫作新手而言，不只是慷慨大方，還有一份同情心。丹尼爾・葉金（Daniel Yergin）的傑作《世界經濟之戰》（*The Commanding Heights*，與約瑟夫・史坦尼斯洛〔Joseph Stanislaw〕合著）使我對當年曾經親身參與並見證的事件，有了清楚印象。麥可・貝奇羅斯（Michael Beschloss）讀了整份手稿；他深思熟慮，提供老練的編輯意見，讓我瞭解為什麼他自己的書是這麼棒。

資料查證和調查的工作由瓊安・李文斯坦（Joan Levinstein）和珍・凱佛萊納（Jane Cavolina）負責，加上莉莎・柏格森（Lisa Bergson）及薇琪・蘇斐安（Vick Sufian）義務協助；米亞・迪奧

(Mia Diehl）以專業手法整理我們的照片。

如果沒有凱蒂・拜爾（Katie Byers）、莉莎・帕納西堤（Lisa Panasiti），和麥蒂・艾斯楚達(Maddy Estrada）——我極爲俐落、極有耐心的助理——本書根本就無法動工。我對凱蒂能夠快速而正確地把我那難以辨識、經常還泡過水的手稿繕打出來感到神奇不已。本書數度從她的手指中誕生。

我再也找不到比企鵝出版社史考特・墨爾斯（Scott Moyers）更好的編輯。他是組織的能手，而且見廣識博。在寫作的那幾個月裡，史考特總是不斷的鼓勵我，作風明快心思細密而手法老道；而且，他還是前聯準會員工的兒子。史考特的得力助手，蘿拉・史帝尼（Laura Stickney）把本書散於各處的小組整合起來，爲共同目標努力——不簡單啊。企鵝出版社的董事長兼發行人，安・葛多芙（Ann Godoff）非常熱心地支持本案。製作小組——布魯斯・基福德（Bruce Giffords）、達仁・黑格（Darren Haggar）、阿頓・高柏格（Adam Goldberger），和阿曼達・杜威（Amanda Deway）——以技術和耐心，讓本書付梓。

巴布・巴內特（Bob Barnett）一直是我在書籍寫作與出版這神祕領域裡的指導。《我們的新世界》一書如果沒有他的協助，就不可能如此輕易完成，許多以華府爲主題的書也是如此。

彼得・培德（Peter Petre）一直是我寫作上的伙伴。他教我老式的第一人敘述法。我一向把自己當成事件的旁觀者，從來就不是故事的一部分。這種轉換有點掙扎，而彼得一直很有耐心。他是我讀者的窗口，在《財星》雜誌擔任作家和編輯長達二十年，有豐富的寫作經驗。他花了很多心思讓本書自傳部分生動呈現。

第一次出書的作者很少可以誇耀他有個繆思女神，一個美麗聰明的記者，本身也是頗有成就的作家。而我卻可以。我太太，安蕊亞・米契爾，是我的頭號伙伴，也是最親密的好友。在這個案子中，她是我精明的顧問，也是最有眼光的讀者，而她的建議則讓本書更爲完備。她是我的靈感，永遠的靈感。

但最後校閱和定稿是我的責任。本書有一些錯誤。我不知這些錯誤在何處。如果我知道，我就更正了。但本書將近二十萬言，我的機率頭腦告訴我，會有錯誤。在此先向讀者諸君致歉。

資料來源說明

《我們的新世界》書中有關經濟學和經濟政策之探討，資料幾乎全都來自公開資訊：政府統計機關、產業組織，和專業協會的網站及出版品。美國政府資料來源單位包括：商業部的經濟分析局（Bureau of Economic Analysis）和普查局（Census Bureau）；勞工統計局（Bureau of Labor Statistics）和其他勞工部所屬單位；國會預算辦公室（Congressional Budget Office）；預算管理局（Office of Management and Budget）；金融管理局（Office of the Comptroller of the Currency）；社會保險管理局（Social Security Administration）；聯邦存保公司（Federal Deposit Insurance Corporation）；聯邦房地產企業監管辦公室（Federal Housing Enterprise Oversight）；以及，當然，聯邦準備理事會。國際資料來源包括：國際貨幣基金、世界銀行、國際清算銀行、經濟合作發展組織（ＯＥＣＤ），及各國政府的統計單位，如：中國國家統計局、德國聯邦統計辦公室（Federal Statistical Office），及各國央行。

數十個專業組織、協會，和公司熱心提供資訊給我們：鋁業公會（Aluminum Association）、美國鋼鐵學會（American Iron and Steel Institute）、美國總統專案（American Presidency Project）、美國自來水工程協會（American Water Works Association）、美國鐵路協會（Association of American Railroads）、製罐業協會（Can Manufacturers Institute）、美國選民研究中心（Center for the Study of the American Electorate）、工商協進會（Conference Board）、歐洲復興開發銀行（European Bank for Reconstruction and Development）、美孚石油公司、福特行銷學會（Ford Marketing Institute）、喬治華盛頓中學、環球透視公司（Global Insight）、傳統基金會（Heritage Foundation）、JP摩根大通、茱莉亞學院、國家經濟研究局（National Bureau of Economic Research）、美國國家棉花總會（National Cotton Council of America）、紐約大學史登商學院、證券業及金融市場聯合會（Securities Industry and Financial Markets Association）、標準普爾、美國參議院史料辦公室（U.S. Senate Historical Office）、美國參議院圖書館、華信惠悅公司（Watson Wyatt），及維爾夏公司（Wilshire Associates）。CNET、斯文達爾（Gary S. Swindell）、英特爾，和WTRG經濟學的網站也有許多有用資料。

《我們的新世界》自傳部分的資料來源很廣，包括當代及歷史、出版及未出版，以及與老友舊識的交談，他們的名字已列在謝詞中。

口述史學家艾文・哈葛夫（Erwin C. Hargrove）和薩繆・莫力（Samuel A. Morley）於一九七八年我剛開始擔任經濟顧問委員會主席時，對我作長時間的採訪，我在寫第三章（〈經濟學遇上政治學〉）時，就採用了他們所出版的訪談記錄和未出版的手稿。我還引用我在民間公司當顧問那幾十年的演講和會議記錄，也引用那時期所發表的文章。一九八〇年代我定期參加公共廣播系統（Public Broadcasting System）的「夜間商事報導」（Nightly Business Report）節目，是另一個有用的資料來源。

第三章和第四章（〈平民百姓〉）採用了我分別以經濟顧問委員會主席及全國社會保險改革會議（National Commission on Social Security Reform）主席身分在國會聽證會上所作的證詞。我的經濟和公共政策之思想發展，可從我以聯準會主席身分到國會所作的數百次證詞中理出軌跡。演說和證詞都可從聯準會網站（www.federalreserve.gov/newsevents.htm）上的FRASER（Federal Reserve Archival System for Economic Research; http:// fraser.stlouisfed.org/historicaldocs）線上取得，或是依據資訊自由法（Freedom of Information Act）向聯準會索取。有時候我引用了我對聯準會的內部討論，這些資料來自聯邦公開市場操作委員會（FOMC）的會議記錄，二〇〇一年以來的資料都可在聯準會的網站上取得。所有引用的國會聽證會證詞都是公開記錄，可從政府出版品辦公室（Government Printing Office; www.gpoaccess.gov/chearings/index.html）、國會圖書館，及其他管道取得。

我在聯準會任職期間，堅持不上電視也很少接受留下公開紀錄的記者採訪，然而，我經常接受幕後訪問。第五章到第十一章，內容爲聯準會期間的職場生涯，資料來自巴布・伍德華對我多年所作的訪談手稿，蒙他慷慨提供，本書乃得以完成。這些手稿是《大師的年代》（*Maestro*）一書的基礎，描寫聯準會和我。第七章（〈民主黨的施政計劃〉）故事中與保羅・歐尼爾擔任財政部長時的討論內容，來自他和記者朗・薩斯金德（Ron Suskind）所合著的《忠誠的代價》（*The Price of Loyalty*）一書。同樣的，我在第八、九、十章中與巴布・魯賓及賴瑞・桑莫斯開會和交往的回憶資料，受益於記者雅各・衛斯柏格（Jacob Weisberg）所寫的魯賓回憶錄《不確定的世界》（*In an Uncertain World*）。

丹尼爾・葉金和約瑟夫・史坦尼斯洛的傑作《世界經濟之戰》強化了我對中央計劃經濟之瓦解及全球資本主義市場之成長的記憶（第六章〈圍牆倒塌〉、第十九章〈全球化和管制〉，及散見於各章之內容）。該書之介紹網站（www.pbs.org/commanding heights）上有許多世界領導人和經濟學家的訪談，我也有所引用。湯姆・佛里曼（Tom Friedman）之《世界是平的》（*The World Is Flat*）填補了我對近年科技進步認識上的許多空隙。

本書所作的訪問對象有：柯林頓、史帝芬・布雷爾、巴布・魯賓、馬丁・安德森、金・史伯齡，及保羅・大衛等。我的傳記作者也提供資料給本書。所有的故事都受到我太太安蕊亞・米契爾和她的作品《與總統、獨裁者，和各種惡棍對談》（*Talking Back...to Presidents, Dictators, and Assorted Scoundrels*）之影響與啟發。

我盡量從原始資料、當代新聞報導（尤其是《紐約時報》、《金融時報》、《華爾街日報》、BBC、《經濟學人》、《新聞週刊》，和《時代》）、標準參考資料，和市場資訊服務等引述其文字、數字和敍述細節，以減少錯誤。《我們的新世界》是我六十年知識之累積；如果要把所有資料來源就我所知一一列示，所需的篇幅恐怕和本書內文一樣厚。茲選擇部分書目臚列如后。

參考書目

Allen, Frederick Lewis, *The Lords of Creation*. New York: Harper &. Brothers, 1935.

Anderson, Benjamin M. *Economics and the Public Welfare: Financial and Economic History of the United States*, 1914-1946. New York: D.Van Nostrand, 1949.

Anderson, Martin. *Revolution*. San Diego: Harcourt Brace Jovanovich, 1988.

Baker, James A., III, with Steve Fiffer. "*Work hard, study... and keep out of politics!*": *Adventures and Lessons from an Unexpected Public Life*. New York: G. P. Putnam's Sons. 2006.

Beckner, Steven K. *Back from the Brink: The Greenspan Years*. New York: John Wiley & Sons, 1996.

Beman, Lewis. "The Chastening of the Washington Economists." *Fortune*, January 1976.

Bergsten, C. Fred, Bates Gill, Nicholas Lardy, and Derek Mitchell. *China: The Balance Sheet*. New York: Public Affairs (Perseus Books), 2006.

Breyer, Stephen. "The Uneasy Case for Copyright: A Study of Copyright in Books, Photocopies, and Computer Programs." *Harvard Law Review* 84, no. 2 (December 1970): 281-355.

Burck, Gilbert, and Sanford Parker. "The Coming Turn in Consumer Credit." *Fortune*, March 1956.

—— "The Danger in Mortgage Debt." *Fortune*, April 1956.

Burns, Arthur F, and Wesley C. Mitchell. *Measuring Business Cycles*. New York: National Bureau of Economic Research, 1946.

Cannon, Lou. *Reagan*. New York: G. P. Putnam's Sons, 1982.

Cardoso, Fernando Henrique, with Brian Winter. *The Accidental President of Brazil: A Memoir*. New York: Public Affairs, 2006.

Chernow, Ron. *Alexander Hamilton*. New York: Penguin Press. 2004.

——. *The House of Morgan: An American Banking Dynasty and the Rise of Modern Finance*. New York; Touchstone, 1990.

——. *Titan: The Life of John D. Rockefeller, Sr*. New York: Random House, 1998.

David, Paul A. "The Dynamo and the Computer; An Historical Perspective on the Modern Productivity Paradox." *American Economic Review* 80, no. 2 (May 1989): 355-61. See also David's longer paper: "Computer and Dynamo: The Modern Productivity Paradox in a Not-Too-Distant Mirror." *Center for Economic Policy Research* 172, Stanford University (July 1989).

Dornbusch, Rudiger, and Sebastian Edwards eds. *The Macroeconomics of Populism in Latin*

America. Chicago: University of Chicago Press, 1991.

Eichengreen, Barry, and David Leblang. "Democracy and Globalization." *Bank for International Settlements Working Papers* 219 (December 2006).

Engel, Charles, and John H. Rogers. "How Wide Is the Border?" *American Economic Review* 80 (1996): 1112–25.

Feldstein, Martin. "There's More to Growth Than China..." *Wall Street Journal*, February 16, 2006.

Ford, Gerald R. *A Time to Heal: The Autobiography of Gerald R. Ford*. New York: Harper & Row/Reader's Digest Association, 1979.

Friedman, Milton, and Rose D. Friedman. *Free to Choose: A Personal Statement*. New York: Harcourt Brace Jovanovich, 1980.

Friedman, Milton, and Anna (Jacobson) Schwartz. *A Monetary History of the United States, 1867–1960*. Princeton, N.J.: Princeton University Press, 1963.

Friedman, Thomas L. *The World Is Flat: A Brief History of the Twenty-first Century*. New York: Farrar, Straus & Giroux, 2005.

Garment, Leonard. *Crazy Rhythm: From Brooklyn and Jazz to Nixon's White House, Watergate, and Beyond*. New York: Times Books, 1997.

Gerstner, Louis V., Jr. "Math Teacher Pay Doesn't Add Up." *Christian Science Monitor*, December 13, 2004.

Goldman, Eric. *The Tragedy of Lyndon Johnson*. New York: Alfred A. Knopf, 1969.

Gorbachev, Mikhail. "Rosneft Will Reinforce Russian Reform." *Financial Times*, July 12, 2006.

Gordon, Robert, Thomas J. Kane, and Douglas O. Staiger. "Identifying Effective Teachers Using Performance on the Job." *The Hamilton Project Policy Brief 2006-01*. Washington, D.C.: Brookings Institution (April 2006).

Greenspan, Herbert. *Recovery Ahead! An Exposition of the Way We're Going Through 1936*. New York: H. R. Regan, 1935.

Hammond, Bray. *Banks and Politics in America: From the Revolution to the Civil War*. Princeton, N.J.: Princeton University Press, 1957.

Hargrove, Erwin, and Samuel Morley, eds. *The President and the Council of Economic Advisers: Interviews with CEA Chairmen*. Boulder, Colo.: Westview Press, 1984.

Heilbroner, Robert. *The Worldly Philosophers: The Lives, Times, and Ideas of the Great Economic Thinkers*. New York: Touchstone, 1999.

Heritage Foundation. "Index of Economic Freedom 2007." www.heritage.org/index/(accessed March 24. 2007).

Homer, Sidney, and Richard Sylla. *A History of Interest Rates*. New Brunswick, N.J.: Rutgers University Press, 1991.

Hubbard, Glenn, with Eric Engen. "Federal Government Debt and Interest Rates." *In NBER Macroeconomics Annual 2004*. Cambridge, Mass.: MIT Press, 2005.

Ingersoll, Richard M. *Out of Field Teaching and the Limits of Teacher Policy: A Research Report*. Center for the Study of Teaching and Policy, University of Washington (September 2003).

Keynes, John Maynard. *Economic Consequences of the Peace*. New York: Harcourt, Brace and Howe, 1920. www.historicaltextarchive.com/books.php?op = viewbook&bookid = 12 (accessed March 24, 2007).

——. *The General Theory of Employment, Interest and Money*. New York: Harcourt, Brace, 1936.

Klein, Joe. *The Natural: The Misunderstood Presidency of Bill Clinton*. New York: Coronet, 2002.

Lazear, Edward P. "Teacher Incentives." *Swedish Economic Policy Review* 10 (2003): 179-214.

Lefèvre, Edwin. *Reminiscences of a Stock Operator*. Hoboken, N.J.: John Wiley & Sons, 2005.

Locke, John. *The Second Treatise of Civil Government*. London: A. Millar, 1764. www.constitution.org/jl/2ndtreat.htm (accessed April 6, 2007).

Luce, Edward. *In Spite of the Gods: The Strange Rise of Modern India*. London: Little, Brown, 2006.

Maddison, Angus. "Measuring and Interpreting World Economic Performance 1500-2001." *Review of Income and Wealth* 51 (March 2005): 1-35.

——. "The Millennium: Poor Until 1820." *Wall Street Journal*, January 11, 1999.

——. *The World Economy: A Millennial Perspective*. Paris: Development Center of the Organization for Economic Cooperation and Development, 2001.

——. *The World Economy: Historical Statistics*. Paris: Development Center of the Organization for Economic Cooperation and Development, 2003.

McLean, Iain. “Adam Smith and the Modern Left.” Lecture delivered at MZES/Facultaet Kolloquium, University of Mannheim, June 15, 2005. www.nuffield.ox.ac.uk/Politics /papers/2005/mclean%20smith.pdf (accessed March 24, 2007).

Martin, Justin. *Greenspan: The Man Behind Money*. Cambridge, Mass.: Perseus, 2000.

Mitchell, Andrea. *Talking Back ... to Presidents, Dictators, and Assorted Scoundrels*. New York: Penguin Books, 2007.

Ned Davis Research Inc. *Markets in Motion: A Financial Market History 1900–2004*. New York: John Wiley & Sons, 2005.

Ottaviano, Gianmarco I. P., and Giovanni Peri. “Rethinking the Effects of Immigration on Wages.” *NBER Working Papers* 12497 (August 2006).

Perlack, Robert D., Lynn L. Wright, Anthony F. Turhollow, et al. *Biomass as Feedstock for a Bioenergy and Bioproducts Industry: The Technical Feasibility of a Billion-Ton Annual Supply*. Oak Ridge, Tenn.: Oak Ridge National Laboratory, 2005. http://feedstockreview.ornl.gov/pdf/billion%5Fton%5Fvision.pdf (accessed April 17, 2007).

Piketty, Thomas, and Emmanuel Saez. "Income Inequality in the United States, 1913-2002" (November 2004). http://elsa.berkeley.edu/~saez/ (accessed March 28, 2007).

Rand, Ayn. *Atlas Shrugged*. New York: Random House, 1957.

——. *The Fountainhead*. Indianapolis: Bobbs-Merrill, 1943.

Rand, Ayn, with Nathaniel Branden, Alan Greenspan, and Robert Hessen. *Capitalism: The Unknown Ideal*. New York: New American Library, 1966.

Reeves, Richard, *President Reagan: The Triumph of Imagination*. New York: Simon & Schuster, 2005.

Rogers, John H. "Monetary Union, Price Level Convergence, and Inflation: How Close Is Europe to the United States?" *Board of Governors of the Federal Reserve System, International Finance Discussion Paper* 740(2002).

Rubin, Robert E., and Jacob Weisberg. *In an Uncertain World: Tough Choices from Wall Street to Washington*. New York: Random House, 2003.

Sala-i-Martin, Xavier. "The World Distribution of Income (Estimated from Individual Country Distributions)." *NBER Working Paper* 8933 (2002).

Schumpeter, Joseph Alois. *Capitalism, Socialism and Democracy*. New York: Harper & Row, 1975.

Sen, Amartya. "Democracy as a Universal Value." *Journal of Democracy* 10, no. 3 (1999): 3-17.

Siegel, Jeremy J. *Stocks for the Long Run: The Definitive Guide to Financial Market Returns and Long-Term Investment Strategies*. New York: McGraw-Hill, 2002.

Smith, Adam. *An Inquiry into the Nature and Causes of the Wealth of Nations*. 5th ed. London: Methuen & Co., 1904. http://www.econlib.org/library/Smith/smWN.html (accessed March 24, 2007).

——. *Lectures on Jurisprudence. Vol. 5 of Glasgow Edition of the Works and Correspondence of Adam Smith*. Indianapolis: Liberty Fund, 1982. http://oll.libertyfund.org/ToC/0141-06.php (accessed March 24. 2007).

——. *The Theory of Moral Sentiments*. New York: Oxford University Press, 1976.

Strouse, Jean. *Morgan: American Financier*. New York: Random House, 1999.

Suskind. Ron. *The Price of Loyalty: George W. Bush, the White House, and the Education of Paul O'Neill*. New York: Simon & Schuster, 2004.

United States. *Historical Statistics of the United States: Colonial Times to 1970*. Washington, D. C.: U.S. Department of Commerce, Bureau of the Census, 1975.

——. *The Report of the President's Commission on an All-Volunteer Armed Force*. New York: Macmillan, 1970.

Useem, Jerry. "'The Devil's Excrement.'" *Fortune*, February 3, 2003.

Volcker, Paul, and Toyoo Gyohten. *Changing Fortunes: The World's Money and the Threat to American Leadership*. New York: Times Books, 1992.

Woodward, Bob. *The Agenda: Inside the Clinton White House*. New York: Simon & Schuster, 1994.

——. *Maestro: Greenspan's Fed and the American Boom*. New York: Simon & Schuster, 2005.

——. *State of Denial*. New York: Simon & Schuster, 2006.

Yergin, Daniel. *The Prize: The Epic Quest for Oil, Money, and Power*. New York: Simon & Schuster, 1991.

Yergin, Daniel, and Joseph Stanislaw. *The Commanding Heights: The Battle Between Government and the Marketplace That Is Remaking the Modern World*. New York: Simon & Schuster, 1998.

國家圖書館出版品預行編目資料

我們的新世界／ Alan Greenspan 著；林茂昌譯.
初版.-- 臺北市：大塊文化， 2007.09
面；　　公分.-- (From ; 47)
譯自： The Age of Turbulence:
Adventures in a New World
ISBN 978-986-213-001-8 (平裝)

1. 葛林斯潘 (Greenspan, Alan, 1926-　) 2. 經濟學家
3. 傳記 4. 經濟情勢 5. 國際經濟 3. 美國

552.1　　96013751

LOCUS

LOCUS